GONGCHENG JIXIE YEYA YU YELI CHUANDONG XITONG

工程机械
液压与液力传动系统
液 压 卷

初长祥　马文星　编著

U0196458

化学工业出版社

·北京·

《工程机械液压与液力传动系统》分为液压卷与液力卷。本书内容以工程机械为载体，密切关注液压与液力传动的典型系统组成与最新技术动向，在充分说明经典理论与应用的基础上，增加了很多最新的技术应用，如液压传动的负荷传感技术、液力传动的流动数值模拟与可视化等。液压卷包括基础知识、液压控制阀、液压回路、液压泵与执行元件、负荷传感液压系统及控制，以及典型工程机械液压系统与控制实例等。液力卷包括液力传动基础、液力变矩器与液力偶合器、液力元件设计、液力机械分流传动、液力传动装置、液力传动的试验等。作者根据多年教学、科研与工程实践的经验，使本书形成了严密完整的理论体系，对基本概念、典型元件、系统组成与应用都进行了深入阐述，思路清晰、言简意赅，易于读者理解。

　　本书可供液压、液力传动技术的科研人员、设计人员以及相关工程技术人员学习和参考。

图书在版编目（CIP）数据

　　工程机械液压与液力传动系统. 液压卷/初长祥，
马文星编著. —北京：化学工业出版社，2015.4（2022.3重印）
　　ISBN 978-7-122-23294-6

　　Ⅰ.①工…　Ⅱ.①初…②马…　Ⅲ.①工程机械-液压
传动系统　Ⅳ.①TH137

　　中国版本图书馆 CIP 数据核字（2015）第 049708 号

责任编辑：张兴辉　　　　　　　　　　文字编辑：陈　喆
责任校对：吴　静　　　　　　　　　　装帧设计：王晓宇

出版发行：化学工业出版社（北京市东城区青年湖南街 13 号　邮政编码 100011）
印　　装：北京七彩京通数码快印有限公司
787mm×1092mm　1/16　印张 21　字数 560 千字　2022 年 3 月北京第 1 版第 3 次印刷

购书咨询：010-64518888　　　　　　售后服务：010-64518899
网　　址：http://www.cip.com.cn
凡购买本书，如有缺损质量问题，本社销售中心负责调换。

定　　价：89.00 元

序

　　工程机械是国家基础建设的主要设备，广泛应用于矿山、公路、铁路、机场、水利、房地产以及其他公共设施的建设，特别是在重大工程施工中发挥着重要作用，如三峡工程、南水北调、高铁设施建设等。此外在核电、石油、化工、钢铁、风电、海洋工程等重大项目中工程机械同样发挥着举足轻重的作用。工程机械行业是国民经济的支柱产业，是国家重大装备制造业，更是国家综合经济实力的象征。

　　改革开放以来，我国的工程机械行业得到了持续稳定的发展，产品品种不断增加，门类日渐齐全。我国研制的工程机械不但满足了国内绝大部分施工建设的要求，而且还大量出口到国外，特别是在欧美等发达国家也能看到中国制造的工程机械。

　　液压与液力传动是工程机械基础性技术，是各主机产业升级、技术进步的重要保障，是工程机械的核心技术之一。液压传动在工程机械中应用非常广泛，尤其是高性能液压元件以及为适应不同机型和工况所组成的高性能液压控制系统是工程机械稳定、高效运行必不可少的支撑。液力传动是工程机械行走系统最主要的传动形式之一，工程机械经常处于低速重载的工作状态，为了提高其对工作载荷的适应能力，大多采用液力传动。此外液力传动还在冶金、化工、石油、矿山、风电等领域有着非常广泛的应用，如液力偶合器在大型泵与风机中的调速节能，导叶可调液力变矩器与行星传动组成调速系统的风电变速恒频新技术等。

　　以欧美日为代表的工业发达国家和地区历来对液压传动技术非常重视，在工程机械液压与控制系统、高性能液压元件、新材料与新工艺等方面长期投入大量的研发资金，确保了其液压传动与控制技术领域处于世界领先地位。众所周知，液压技术是阻碍我国工程机械良性发展的主要瓶颈之一。我国液压零部件落后于欧美日等发达国家，主要表现在液压原理和技术的深度研究、液压元件的试验技术、液压元件的制造工艺、液压元件和系统与整机的匹配技术以及电子控制技术等多个环节。目前我国国有、民营和外资企业都在加大投入，因此有望在不久的将来从根本上解决我国本土液压件依靠进口的局面。工程机械液力传动的主要部件为液力变矩器，多年来经过各高校、研究院所和企业的合作研发，大部分已实现国产化，但在绿色设计和节能减排技术的深度研究方面还需进一步提高。

　　柳工首席科学家初长祥同志30多年来一直工作在柳工研发一线，是伴随柳工发展壮大而成长起来的工程机械专家。吉林大学马文星教授是我国著名的液力传动专家、首批柳工特聘科学家。初长祥同志与马文星教授合著的这部《工程机械液压与液力传动系统》，系统地介绍了工程机械液压与液力传动技术，包括基础理论、典型元件、典型系统及应用等多个方面，也包括两位专家多年来的研究成果以及国外在液压和液力传动领域的新技术。这部著作较好地体现了两位专家深厚的技术底蕴和解决实际问题的能力，诚为工程机械行业液压和液力传动技术领域的一本好书。

前 言

液压传动与液力传动都为流体传动，一字之差，易让初学者或非专业人士混为一谈。两者从传动原理、理论到典型的元件，乃至系统的应用都大相径庭。液压传动依靠流动压力能进行能量传递，是根据 17 世纪帕斯卡提出的液体静压力传动原理而发展起来的，如今已在工程机械领域获得了广泛应用。液力传动依靠流动动能进行能量传递，迄今为止也有 100 多年的发展历史，是工程机械行走系统的重要传动元件。

有关液压与液力传动的教科书或专著众多，且不乏优秀的作品。但详尽阐述工程机械液压与液力传动的原理、元件、系统组成与最新技术的专业书籍尚不多见，本书即以此为目的而编著。本书可以提供给有关专业高校教师与企业技术人员作为参考。本书以工程机械为载体，密切关注液压与液力传动的典型系统组成与最新技术动向，在充分说明经典理论与应用的基础上，增加了很多最新的技术应用。如液压传动的负荷传感技术、液力传动的流动数值模拟与可视化等。笔者根据多年教学、科研与工程实践的经验，使本书形成了严密完整的理论体系，对基本概念、典型元件、系统组成与应用都进行了深入阐述，思路清晰，言简意赅，易于读者理解。

《工程机械液压与液力传动系统》分为液压卷与液力卷。液压卷共 7 章，第 1 章为基础知识，第 2 章介绍液压控制阀，第 3 章介绍液压回路，第 4、第 5 章分别介绍液压泵与执行元件，第 6 章介绍负荷传感液压系统及控制，第 7 章则以工程机械典型机械为例介绍液压系统与控制。液力卷也为 7 章，第 1 章为液力传动基础，第 2、第 3 章分别介绍液力变矩器与液力偶合器，第 4 章系统阐述液力元件的设计方法，第 5 章介绍液力机械分流传动，第 6 章则介绍液力传动装置，第 7 章则为液力传动的试验。液压与液力传动技术通过众多专业人士的不懈努力，正在不断取得进步。希望本书能够展现液压与液力传动技术的魅力，使读者不仅能学到理论知识，又能掌握理论知识在工程实践中的应用，并能感受到从理论到实践的严谨科学态度。借用唐代诗人刘禹锡的名句"千淘万漉虽辛苦，吹尽黄沙始到金"，与广大同仁共勉。

广西柳工集团有限公司董事长、广西柳工机械股份有限公司董事长曾光安先生对本书写作给予了热情的鼓励与帮助，并亲为作序，使本书蓬荜生辉，笔者表示衷心感谢。

笔者参考了诸多专业书籍和国外公司的产品样本、使用和维修手册等资料，在此一并表示感谢。

参加校对、整理、图表制作的还有：刘春宝、吕景忠、张雁、才委、卢秀泉、柴博森、袁哲、谭越、王松林、许文、吴岳诗等。

本书成书过程中虽数易其稿，但因液压与液力传动知识博大精深，而笔者水平有限，难免有不足之处，还望广大读者批评指正。

初长祥

马文星

目录

第1章 液压传动基础 **001**

1.1 流体力学基础 001
  1.1.1 流体静力学 001
  1.1.2 流体动力学 002
1.2 液压传动的定义和基本原理 006
  1.2.1 液压传动的定义 006
  1.2.2 液压传动的基本原理与
     组成 007
1.3 液压传动的工作介质 008
  1.3.1 液压传动工作介质的性质 ... 008
  1.3.2 对液压传动工作介质的
     要求 010

  1.3.3 液压传动工作介质的分类和
     选用 012
  1.3.4 液压系统的污染控制 014
1.4 液压油在流动中的压力损失 018
1.5 孔口和缝隙流动 021
  1.5.1 孔口出流 021
  1.5.2 缝隙流动 022
1.6 基本液阻网络 025
  1.6.1 液阻结构与特性 025
  1.6.2 串联与并联 026
  1.6.3 基本桥路 027

第2章 液压控制阀 **031**

2.1 压力控制阀 031
  2.1.1 溢流阀 031
  2.1.2 减压阀 034
  2.1.3 顺序阀 039
  2.1.4 平衡阀 041
2.2 流量控制阀 042
  2.2.1 节流阀 042
  2.2.2 调速阀 046

  2.2.3 溢流型调速阀 049
  2.2.4 分集流阀 052
  2.2.5 单支稳流阀 054
2.3 方向控制阀 056
  2.3.1 单向阀 056
  2.3.2 换向阀 058
  2.3.3 多路换向阀 066
2.4 逻辑阀（插装阀） 070

第3章 开式和闭式液压系统 **074**

3.1 开式系统 074
  3.1.1 压力控制回路 074
  3.1.2 速度控制回路 084
  3.1.3 方向控制回路 087

  3.1.4 顺序动作回路 088
  3.1.5 同步控制回路 090
3.2 闭式系统 093

第4章 液压泵 **097**

4.1 概述 097
  4.1.1 液压泵的工作原理 097
  4.1.2 液压泵的分类及图形符号 ... 098
  4.1.3 液压泵的性能参数 098

4.2 齿轮泵 102
  4.2.1 外啮合齿轮泵 102
  4.2.2 内啮合齿轮泵 105
4.3 叶片泵 106

4.4 柱塞泵 …………………… 107
  4.4.1 轴向柱塞泵 …………… 107
  4.4.2 变量柱塞泵 …………… 110
4.5 液压泵的变量伺服控制原理 110
  4.5.1 伺服控制系统概述 …… 110
  4.5.2 液压伺服控制系统的原理 111

4.5.3 液压伺服控制系统的组成及
    应用 …………………… 113
4.6 液压泵的变量控制 ……… 115
  4.6.1 变量控制原理及分类 … 116
  4.6.2 典型泵排量控制器原理
    分析 …………………… 117

第5章 液压执行元件 147

5.1 液压马达概述 …………… 147
  5.1.1 液压马达的分类 ……… 147
  5.1.2 液压马达的主要参数 … 147
  5.1.3 液压马达的使用性能 … 148
  5.1.4 液压马达的图形符号 … 149
5.2 齿轮马达 ………………… 150
  5.2.1 外啮合渐开线齿轮马达 150
  5.2.2 内啮合摆线齿轮马达 … 151
5.3 叶片马达 ………………… 153
  5.3.1 高速小转矩叶片马达 … 153
  5.3.2 低速大转矩叶片马达 … 153
5.4 轴向柱塞马达及其变量控制
    原理 …………………… 153

5.4.1 斜盘式轴向柱塞马达及其
    变量控制原理 ………… 154
5.4.2 斜轴式轴向柱塞马达及其
    变量控制原理 ………… 161
5.5 径向柱塞马达 …………… 165
  5.5.1 曲轴连杆式径向柱塞马达 166
  5.5.2 静平衡式径向柱塞马达 167
  5.5.3 内曲线径向柱塞马达 … 169
  5.5.4 意大利SAI马达简介 … 172
5.6 液压缸 …………………… 173
  5.6.1 液压缸的类型及特点 … 173
  5.6.2 液压缸的结构 ………… 176
  5.6.3 液压缸参数设计 ……… 176

第6章 负荷传感液压系统及控制 179

6.1 负荷传感液压系统及控制原理 … 179
  6.1.1 负荷传感系统的主要组成
    元件 …………………… 179
  6.1.2 负荷传感基本原理 …… 179
  6.1.3 负荷传感控制回路 …… 182
6.2 补偿阀的布置形式及特性分析 … 188
  6.2.1 阀后压力补偿 ………… 189
  6.2.2 阀前压力补偿 ………… 195
  6.2.3 回油压力补偿 ………… 198
6.3 流量饱和 ………………… 199

6.3.1 流量饱和的基本概念 … 199
6.3.2 补偿阀布置形式与抗流量
    饱和性能 ……………… 199
6.3.3 改善阀前补偿形式抗流量
    饱和性能 ……………… 200
6.4 负荷传感系统的元件选型与系统
    调试 …………………… 201
  6.4.1 负荷传感系统的元件选型 … 201
  6.4.2 负荷传感系统的调试 … 202
6.5 定量负荷传感系统 ……… 203

第7章 工程机械液压系统及控制 206

7.1 装载机的液压系统及控制 … 206
  7.1.1 典型装载机液压系统分析 … 207
  7.1.2 装载机转向液压系统 … 218
  7.1.3 装载机变量负荷传感液压

    系统 …………………… 240
7.2 履带式挖掘机液压系统及控制 … 250
7.3 履带式起重机液压系统及控制 … 300
  7.3.1 下车液压系统 ………… 302

7.3.2 行走液压系统 ……………… 303

7.3.3 回转液压系统 ……………… 304

7.3.4 起升液压系统 ……………… 305

7.3.5 变幅液压系统 ……………… 307

7.3.6 平衡阀 ……………………… 308

7.4 履带式摊铺机的液压系统及
控制 …………………………… 318

7.4.1 行走液压系统 ……………… 318

7.4.2 输料液压系统 ……………… 321

7.4.3 分料液压系统 ……………… 321

7.4.4 振捣液压系统 ……………… 322

7.4.5 振动液压系统 ……………… 323

7.4.6 辅助液压系统 ……………… 323

参考文献 326

第1章 液压传动基础

1.1 流体力学基础

1.1.1 流体静力学

液体静力学研究的是静止液体或内部质点之间没有相对运动的液体的力学性质。

（1）液体的压力

液体单位面积上所受的法向力称为压力。在物理学中称为压强，但在液压传动中习惯称为压力。压力通常以 p 表示。

当液体面积 ΔA 上作用法向力 ΔF 时，液体内某点处的压力为

$$p = \lim_{\Delta A \to 0} \frac{\Delta F}{\Delta A} \tag{1-1}$$

液体的压力有两个特性：

① 液体的压力沿着内法线方向作用于承压面。

② 静止液体内任意一点的压力在各个方向上都相等。

（2）液体静力学基本方程

静止液体内任意一点处的压力都由两部分组成：一部分是液面上的压力 p_0，另一部分是该点以上液体自重产生的压力，即 ρg 与该点离液面高度 h 的乘积。

$$p = p_0 + \rho g h \tag{1-2}$$

式(1-2) 即为液体静力学基本方程。

当液面上受大气压 p_a 作用时，则液体内任意一点处的压力为

$$p = p_a + \rho g h \tag{1-3}$$

静止液体内的压力随液体深度变化呈直线规律分布。离液面深度相同的各点组成了等压面，此等压面为一水平面。

（3）压力的表示方法和单位

液体压力分为绝对压力和相对压力两种。如式(1-3) 表示的压力 p，其值是以绝对真空为基准来度量的，为绝对压力；而式中超过大气压的那部分压力 $(p - p_a) = \rho g h$，其值是以大气压力 p_a 为基准来度量的，为相对压力。一般压力表在大气中的读数为零，用压力表测得的压力数值显然是相对压力。正因为如此，相对压力又称表压力。在液压技术中，如不特别指明，压力均指相对压力。如果液体中某点的绝对压力小于大气压力，这时，比大气压力小的那部分数值称作真空度。以大气压力为基准计算压力时，基准以上的正值是表压力，基准以下的负值是真空度。

压力的常用单位为 Pa（帕，N/m^2）、MPa（兆帕，N/mm^2），有时也使用 bar（巴）（bar 为非法定计量单位）。常用压力单位之间的换算关系为：$1\text{MPa} = 10^6 \text{Pa}$，$1\text{bar} = 10^5 \text{Pa}$。

（4）静止液体内压力的传递

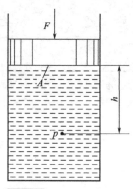

图1-1 密闭容器内液体

如图 1-1 所示密闭容器内的液体，假设活塞的重量忽略不计，由外力 F 引起的活塞与液体接触面的压力为 p_0。则深度为 h 处的压力 $p = p_0 + \rho gh$，由于液体自重形成的那部分压力相对很小，在液压系统中可以忽略不计，因而可以认为液体内部各处的压力是相等的。在外力 F 变化引起压力 p_0 发生变化时，只要液体仍保持原来的静止状态不变，则液体内任意一点的压力将发生同样大小的变化。也就是说，在密闭容器内，施加于静止液体的压力将以等值传递到液体各点。这就是帕斯卡原理，或称静压力传递原理。活塞上的作用力 F 是外加负载，A 为活塞横截面面积，根据帕斯卡原理，容器内液体的压力 p 与负载 F 之间总是保持着正比关系，即

$$p = \frac{F}{A} \tag{1-4}$$

可见，液体内的压力是由外界负载作用所形成的，即系统的压力大小取决于负载，这是液压传动中的一个非常重要的基本概念。

图 1-2 所示为相互连通的两个液压缸，已知大缸内径 D，小缸内径 d。大活塞上放置物体的重量为 G，小活塞上所加的力为 F。根据帕斯卡原理，由外力产生的压力在两缸中相等，即

$$\frac{F}{\frac{\pi d^2}{4}} = \frac{G}{\frac{\pi D^2}{4}} \tag{1-5}$$

故为了顶起重物，应在小活塞上加力为

$$F = \frac{d^2}{D^2}G \tag{1-6}$$

式(1-6) 说明了液压千斤顶等液压起重机械的工作原理，小活塞上较小的力即可以顶起大活塞上较重的重物，体现了液压装置的力放大作用。但能量是守恒的，小活塞移动距离会大于大活塞。

（5）液体对固体壁面的作用力

在液压传动中，由于不考虑由液体自重产生的那部分压力，液体中各点的静压力可看作是均匀分布的。液体和固体壁面相接触时，固体壁面将受到总液体压力的作用。当固体壁面为一平面时，静止液体对该平面的总作用力 F 等于液体压力 p 与该平面面积 A 的乘积，其方向与该面垂直，即

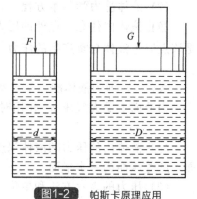

图1-2 帕斯卡原理应用

$$F = pA \tag{1-7}$$

当固体壁面为曲面时，曲面上各点所受的静压力的方向是变化的，但大小相等。可通过积分计算液体对固体壁面的作用力。实际上，曲面在某一方向上所受的总作用力，等于曲面在该方向的投影面积和液体压力的乘积。

1.1.2　流体动力学

流体动力学主要研究流动状态、运动规律、能量转换以及流动液体与固体壁面的相互作用力等问题。这些内容是液压技术中分析问题和设计计算的理论依据。

（1）基本概念

① 理想流体与实际流体、定常流动与非定常流动　一般把既无黏性又不可压缩的流体称为理想流体。所谓理想流体实际上是不存在的，主要在于使所分析讨论的问题理论上简单化。自然界的实际流体都是有黏性的。研究液体流动时，必须考虑黏性的影响。但由于这个问题非常复杂，所以可以先假设液体没有黏性，然后再考虑黏性的作用，并通过实验验证的办法对结论进行补充或修正。这种办法同样可以用来处理液体的可压缩性问题。

液体流动时，若液体中任意一点处的压力、速度和密度等参数都不随时间而变化，则这种流动称为定常流动。反之，只要压力、速度或密度中有一个参数随时间变化，就称非定常流动。

② 流线、流管、流束、通流截面　流线是某一瞬间液流中标志流体质点运动状态的曲线，在流线上各点的瞬时液流方向与该点的切线方向重合，如图 1-3 所示。由于液流中每一点在每一瞬间只能有一个速度，因而流线既不能相交，也不能转折，是一条条光滑的曲线。在流场内作一封闭曲线，过该曲线的所有流线所构成的管状表面称为流管，流

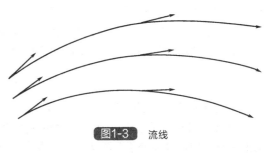

图1-3 流线

管内所有流线的集合称为流束。根据流线不能相交的性质，流管内外的流线均不能穿越流管表面。

垂直于流束的截面称为通流截面（或过流断面），通流截面上各点的运动速度均与其垂直。因此，通流截面可能是平面，也可能是曲面。

通流面积无限小的流束称为微小流束。

③ 流量和平均流速　单位时间内流过某一通流截面的液体体积称为体积流量。流量以 q 表示，单位为 $\mathrm{m^3/s}$ 或 $\mathrm{L/min}$。

当液流通过微小的通流截面 $\mathrm{d}A$ 时（图 1-4），液体在该截面上各点的速度 v 可以认为是相等的，所以流过该微小断面的流量为

$$\mathrm{d}q = v\mathrm{d}A \tag{1-8}$$

则流过整个过流断面 A 的流量是

$$q = \int_A v\mathrm{d}A \tag{1-9}$$

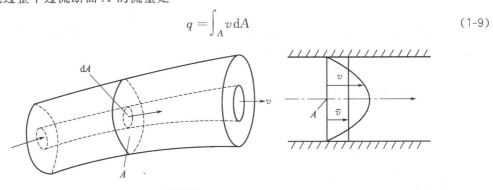

图1-4 流量和平均流速

对于实际液体的流动，由于黏性力的作用，整个过流断面上各点的速度 v 是不等的，故按式(1-9)积分计算流量是不方便的。因此，采用平均流速 $\bar{v}$ 的概念，即假设过流断面上各点的流速均匀分布（图 1-4），液体以此均布流速 $\bar{v}$ 流过此断面的流量等于以实际流速流过的流量，即

$$q = \int_A v\mathrm{d}A = \bar{v}A \tag{1-10}$$

由此得出过流断面上的平均流速为

$$\bar{v} = \frac{q}{A}$$

(1-11)

在工程实际中，平均流速 $\bar{v}$ 才具有应用价值。以下为方便，用 v 表示平均流速。液压缸工作时，活塞运动的速度就等于缸内液体的平均流速，因而可以根据式(1-11) 建立起活塞运动速度 v 与液压缸有效面积 A 和流量 q 之间的关系。当液压缸有效面积一定时，活塞运动速度取决于输出液压缸的流量。

④ 雷诺数、层流、湍流　液体的流动有两种状态，即层流和湍流，这两种流动状态的物理现象可以通过著名的雷诺实验观察出来。实验证明，液体在圆管中的流动状态不仅与管内的平均流速 v 有关，还和管道内径 d、液体的运动黏度 ν 有关。实际上，判定流动状态的是上述三个参数所组成的一个无量纲数即雷诺数

$$Re = \frac{vd}{\nu}$$

(1-12)

对通流截面相同的管道来说，若流动的雷诺数 Re 相同，它的流动状态就相同。雷诺数的物理意义：雷诺数是液流的惯性力对黏性力的量纲为1的比值。当雷诺数较大时，液体的惯性力起主导作用，液体处于湍流状态；当雷诺数较小时，黏性力起主导作用，液体处于层流状态。

液流由层流转变为湍流时的雷诺数和由湍流转变为层流时的雷诺数是不同的，后者的数量较前者小，所以一般都用后者作为判断流动状态的依据，称为临界雷诺数，记作 Re_r。当液流的实际雷诺数 Re 小于临界雷诺数 Re_r 时，为层流；反之，为湍流。

对于非圆截面的管道，Re 可用下式计算

$$Re = \frac{d_H v}{\nu}$$

(1-13)

式中　d_H——通流截面的水力直径，m。

d_H 可按下式求得

$$d_H = \frac{4A}{x}$$

(1-14)

式中　A——通流截面的面积，m^2；

　　　x——湿周长度，即通流截面上与液体相接触的管壁周长，m。

水力直径的大小反映了管道通流能力的大小。水力直径大，意味着液流和管壁的接触周长短，管壁对液流的阻力小，通流能力大。

(2) 基本控制方程

① 连续性方程

$$\frac{\partial \rho}{\partial t} + \mathrm{div}(\rho \boldsymbol{V}) = 0$$

(1-15)

式中　ρ——流体的密度，kg/m^3；

　　　$\boldsymbol{V}$——流动速度矢量。

对于不可压缩均质液体 ρ 为常数，于是有

$$\mathrm{div}\boldsymbol{V} = 0$$

(1-16)

② 运动微分方程

$$\frac{\mathrm{d}\boldsymbol{V}}{\mathrm{d}t} = \boldsymbol{F} - \frac{1}{\rho}\nabla p + \nu \nabla^2 \boldsymbol{V}$$

(1-17)

$$\nu = \mu/\rho$$

式中　ν——运动黏度，m^2/s；

F——流体的质量力，N；

p——压力，Pa。

式(1-16) 和式(1-17) 为不可压缩均质流体三维流动基本方程组，是对液压和液力元件进行计算流体动力学（CFD）分析的基础。

对于一维流动，也可以用流量方程和伯努利方程来描述。

当流体沿着某一几何形状的管路流动时，在流场中取一控制体积，如图 1-5 中控制面 1 和 2 以及管路壁面所包围的体积，并研究流进与流出这个控制体积的流体质量和控制体积内流体质量的变化关系。若在某一时间间隔 Δt 内，当流出控制体积的流体质量大于流进的流体质量时，那么，在控制体积内流体质量必然减少。但由于控制体积的大小已经确定，并且不变，所以流体的密度 ρ 就要减小；反之，就要增大。如果控制体积内流体的密度 ρ 不变，那么，流出控制体积的流体质量就必然等于流进控制体积的流体质量。这就是流量方程的物理本质。

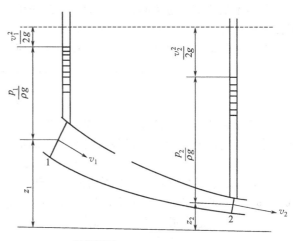

图1-5 流体在管路中的流动

在对管路进行计算时，只要对管路的两个过流断面作为控制面进行计算，就可以得出流量方程。在稳定流动时有

$$\rho_1 v_1 A_1 = \rho_2 v_2 A_2 \tag{1-18}$$

式中　A_1——过流断面 1 的面积，m^2；

　　　A_2——过流断面 2 的面积，m^2；

　　　v_1——过流断面 1 的流体平均流速，m/s；

　　　v_2——过流断面 2 的流体平均流速，m/s。

对不可压缩的均质流体有

$$v_1 A_1 = v_2 A_2 = q \tag{1-19}$$

式(1-19) 就是管流的流量方程或连续性方程。

当连续的、不可压缩的流体沿任意形状的静止流道（图 1-5）做稳定流动时，只要在流体的流动过程中没有能量的输入和输出，如在流体的流动过程中不对流道进行加热或冷却，或者在流体流动过程中没有流量的输入和输出，那么，在流道任意两个缓变流的过流断面上，都将遵循下面的等式关系

$$Z_1 + \frac{p_1}{\rho g} + \frac{\alpha_1 v_1^2}{2g} = Z_2 + \frac{p_2}{\rho g} + \frac{\alpha_2 v_2^2}{2g} + \sum h_s \tag{1-20}$$

式中　Z_1，Z_2——断面 1 和 2 处单位重量流体位能的平均值，m；

　　　ρ——工作流体的密度，kg/m^3；

　　　$\dfrac{p_1}{\rho g}$，$\dfrac{p_2}{\rho g}$——断面 1 和 2 处单位重量流体压力能的平均值，m；

　　　$\dfrac{\alpha_1 v_1^2}{2g}$，$\dfrac{\alpha_2 v_2^2}{2g}$——断面 1 和 2 处单位重量流体动能的平均值，m；

$\sum h_s$——单位重量流体由断面 1 流至断面 2 时的能量损失总和，m；

α_1、α_2——动能修正系数，其值与液体的流态有关，湍流时 $\alpha = 1$，层流时 $\alpha = 2$。

式(1-20) 即为实际流体在静止流道中流动时能量守恒定律的数学表达式，也称为流体做绝对运动时的伯努利方程。如果不考虑流体在流动过程中的能量损失，可以看出，在任意一个缓变流的过流断面上，单位重量流体都具有三种形式的能量，即位能、压力能和动能。这三种能量随流道中过流断面面积的大小而变化，但能量之和却是不变的、守恒的。这就是流体做绝对运动时伯努利方程的物理意义。

在液压传动中，要计算液流作用在固体壁面上的力时，应用动量方程求解比较方便。

作用在物体上的外力等于物体在单位时间内的动量变化量，即

$$F = \frac{\mathrm{d}(m\boldsymbol{v})}{\mathrm{d}t} \tag{1-21}$$

对于做定常流动的液体，忽略其可压缩性，可将 $m = \rho q \mathrm{d}t$ 代入式(1-21)，并考虑以平均流速代替实际流速会产生误差，因而引入动量修正系数 β，则可写出如下形式的动量方程

$$F = \rho q (\beta_2 \boldsymbol{v}_2 - \beta_1 \boldsymbol{v}_1) \tag{1-22}$$

式中　F——作用在液体上所有外力的矢量和；

$\boldsymbol{v}_1$、$\boldsymbol{v}_2$——液流在前、后两个过流断面上的平均流速矢量；

β_1、β_2——动量修正系数，湍流时 $\beta = 1$，层流时 $\beta = 4/3$；

q——液体的流量，m^3/s。

式(1-22) 为矢量方程，使用时应根据具体情况将式中的各个矢量分解为指定方向的投影值。

1.2　液压传动的定义和基本原理

1.2.1　液压传动的定义

在传动系统中，若有一个或一个以上的环节以液体为工作介质传递动力，则此传动系统定义为液体传动系统。在液体传动系统中，以液体传递动力的环节称为液体传动元件，简称为液体元件。

在液体元件传递能量过程中，机械能首先转变为液体能，再由液体能转变为机械能。液体能以三种形式存在：位能、压力能和动能。在液体元件中液体相对高度位置没有变化或变化很小，位能变化可以忽略不计。因此，在液体元件中运动液体的能量变换主要表现为动能和压力能两种形式。

主要依靠工作液体压力能的变化传递或实现能量变换与控制的液体元件称为液压传动元件，如液压泵、液压马达和液压缸。在传动系统中有一个或一个以上的环节采用液压传动元件传递动力时称为液压传动。

与机械传动等其他传动方式相比，液压传动主要具有以下优、缺点。

（1）优点

① 体积小、重量轻、结构紧凑，传递转矩大。

② 可无级变速，传动平稳。

③ 易标准化、系统化和通用化。

④ 安装方便，运行安全可靠。

⑤ 自润滑性好，元件寿命长。

（2）缺点

① 不能得到严格的传动比。

② 传动效率低，不适于远距离传动。

③ 受温度条件限制元件制造精度要求高，对液压油性能要求严。

④ 对密封有较高要求。

⑤ 发生故障不易检查。

1.2.2　液压传动的基本原理与组成

以某型号装载机工作装置液压系统（图 1-6）为例，说明液压传动的基本原理。

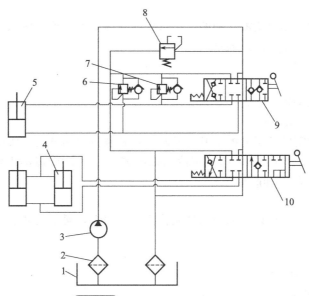

图1-6 装载机工作装置液压系统

1—油箱；2—滤清器；3—液压泵；4—动臂油缸；5—铲斗油缸；6—铲斗油缸大腔双作用安全阀；
7—铲斗油缸小腔双作用安全阀；8—主安全阀；9—铲斗油缸换向阀；10—动臂油缸换向阀

　　当铲斗油缸换向阀 9 的控制手柄和动臂油缸换向阀 10 的控制手柄都处于中位时，液压油直接回油箱。此时，将换向阀 9 的控制手柄置于左位，铲斗油缸的小腔接通高压油，铲斗油缸的大腔接通油箱，在高压油的作用下，铲斗油缸活塞向里收回。将换向阀 9 的控制手柄置于右位，铲斗油缸的大腔接通高压油，铲斗油缸的小腔接通油箱，在高压油的作用下，铲斗油缸活塞向外伸出。将换向阀 9 的控制手柄置于中位，同时将换向阀 10 的控制手柄置于左位，动臂油缸的小腔接通高压油，大腔接通油箱，在高压油的作用下，动臂油缸活塞向里收回。此时，将换向阀 10 的控制手柄置于右位，使动臂油缸大腔接通高压油，小腔接通油箱，在高压油的作用下，动臂油缸向外伸出。这样，控制手柄置于不同的位置，就可以实现动臂和铲斗油缸活塞的不同动作。

　　液压系统通常由以下几部分组成。

　　① 液压泵　将机械能转变为工作介质的压力能，并输出具有一定压力的工作介质的元件。

　　② 执行元件　将工作介质的压力能转变为机械能，驱动工作机构做功的元件，如铲斗油缸 5 和动臂油缸 4。

　　③ 控制元件　通过对工作介质的压力、流量、流动方向的控制，实现对执行元件的运动速度、方向、作用力等的控制。也用于实现过载保护、程序控制等。如铲斗油缸换向阀 9 和动臂油缸换向阀 10。

④ 辅助元件　除上述三个组成部分以外的其他元件，如油箱、管件、过滤器、蓄能器等。

⑤ 工作介质　系统的载能介质，在传递能量的同时还起到润滑冷却作用。

1.3　液压传动的工作介质

1.3.1　液压传动工作介质的性质

（1）密度

密度是液压传动工作介质液压油的一个重要的物理参数。单位体积液压油的质量称为液压油的密度，通常用ρ（kg/m^3）表示。

$$\rho = \frac{m}{V} \tag{1-23}$$

式中　V——液体的体积，m^3；

　　　m——液体的质量，kg。

石油基液压油的密度随温度的上升有所减小，随着压力的增大有所增大，但是变化值不大，通常认为是常数。我国采用 20℃时液压油的密度作为液压传动工作介质的标准密度。常用液压油的密度约为 900kg/m^3。

（2）可压缩性

液压油受压力作用而使体积减小的性质称为可压缩性，通常用体积压缩系数 k 表示。

$$k = -\frac{1}{\Delta p} \times \frac{\Delta V}{V} \tag{1-24}$$

式中　Δp——压力增量，Pa；

　　　ΔV——体积增量，m^3；

　　　V——液压油体积，m^3。

由于压力增大时，液体的体积减小，即 Δp 与 ΔV 的符号始终相反。为保证 k 为正值，在式（1-24）的右边加一负号。

k 的倒数称为液体的体积模量，以 K 表示，即

$$K = \frac{1}{k} = -\frac{V \Delta p}{\Delta V} \tag{1-25}$$

K 表示液体产生单位体积相对变化量所需要的压力增量。在常温下，纯净液压油的体积模量 $K = (1.4 \sim 2.0) \times 10^9 Pa$，数值很大，故一般可认为液压油是不可压缩的。若液压油中混入空气，其抗压缩能力会显著下降，并将严重影响液压系统的工作性能。因此，在考虑液压油的可压缩性时，必须综合考虑液压油本身的可压缩性、混在油中的空气的可压缩性，以及盛放液压油的封闭容器（包括管道）的容积变形等因素的影响，常用等效体积模量 K' 表示。

$$K' = (0.7 \sim 1.4) \times 10^9 Pa$$

在变动压力下，液压油的可压缩性的作用极像一个弹簧，即压力升高，油液体积减小；压力降低，油液体积增大。

（3）黏度

液压油在外力作用下流动（或有流动趋势）时，分子间产生阻止分子间相对运动的剪切摩擦阻力，这种现象称为液压油的黏性。黏性的大小用黏度表示。常用的黏度有三种，即动力黏度、运动黏度和相对黏度。

① 动力黏度 μ　动力黏度又称绝对黏度。根据牛顿液体的内摩擦定律

$$\mu = -\frac{\tau}{\mathrm{d}u/\mathrm{d}y}$$

动力黏度的物理意义是：液体在单位速度梯度下流动时，流动液层间单位面积上的内摩擦力，单位为 $N \cdot s/m^2$ 或 $Pa \cdot s$。

② 运动黏度 ν　动力黏度与该液体密度的比值称作运动黏度，用 $\nu(m^2/s)$ 表示。

$$\nu = \frac{\mu}{\rho} \tag{1-26}$$

运动黏度的单位换算：

$$1m^2/s = 10^4 cm^2/s = 10^4 St(斯) = 10^6 mm^2/s = 10^6 cSt(厘斯)$$

液压油牌号，常用它在某一温度下的运动黏度平均值来表示，如 32 号液压油，就是指这种液压油在 40℃时运动黏度的平均值为 $32mm^2/(cSt)$。旧牌号 20 号液压油是指这种液压油在 40℃时运动黏度的平均值为 $20mm^2/s(cSt)$。

③ 相对黏度　相对黏度又称条件黏度，它是采用特定的黏度计在规定的条件下测量出来的黏度。由于测量条件不同，各国所用的相对黏度也不同。中国、德国和俄罗斯等一些国家采用恩氏黏度，美国用赛氏黏度，英国用雷氏黏度。

恩氏黏度用恩氏黏度计测定，即将 200mL 被测液体装入恩氏黏度计中，在某一温度下，测出液体经容器底部直径为 $\phi2.8mm$ 小孔流尽所需的时间 t_1，与同体积的蒸馏水在 20℃时通过同一小孔所需的时间 t_2（通常 $t_2 = 52s$）的比值，便是被测液体在这一温度时的恩氏黏度。

$$°E = \frac{t_1}{t_2} \tag{1-27}$$

恩氏黏度与运动黏度 $\nu(mm^2/s)$ 之间的换算关系式为

$$\nu = 7.31°E - \frac{6.31}{°E} \tag{1-28}$$

④ 调和油的黏度　选择合适黏度的液压油，对液压系统的工作性能起到重要的作用。当能得到的液压油的黏度不符合要求时，可把两种不同黏度的液压油按适当的比例混合起来使用，这就是调和油。

调和油的黏度可用下列经验公式计算

$$°E = \frac{a°E_1 + b°E_2 - c(°E_1 - °E_2)}{100} \tag{1-29}$$

式中　$°E_1, °E_2$——混合前两种油液的黏度；

　　　$°E$——混合后的调和油黏度；

　　　a, b——参与调合的两种油液所占的百分数（$a + b = 1$）；

　　　c——实验系数，见表1-1。

表1-1　系数 c 的数值

a	10	20	30	40	50	60	70	80	90
b	90	80	70	60	50	40	30	20	10
c	6.7	13.1	17.9	22.1	25.5	27.9	28.2	25	17

⑤ 黏度与压力的关系　当压力增大时液压油的黏度增大。对于一般的液压系统，当压力在 20MPa 以下时，压力对黏度的影响不大，可以忽略不计。当压力较高或压力变化较大时，黏度的变化则不容忽视。石油型液压油的黏度与压力的关系可用下列公式表示

$$\nu_p = \nu_0(1 + 0.003p) \tag{1-30}$$

式中　ν_p，ν_0——油液在压力 p 时和相对压力为 0 时的运动黏度，m^2/s。

⑥ 黏度与温度的关系　油液的黏度对温度的变化极为敏感，温度升高，油的黏度即显著降低。油的黏度随温度变化的性质称为黏温特性。不同种类的液压油有不同的黏温特性，黏温特性较好的液压油，黏度随温度的变化较小，因而油温变化对液压系统性能的影响较小。只有保证正常的液压油温度，才能保证液压系统稳定、可靠地运行。液压油黏度与温度的关系可以用下式表示

$$\mu_t = \mu_0 e^{-\lambda(t-t_0)} \approx \mu_0(1-\lambda\Delta t) \tag{1-31}$$

式中　μ_t，μ_0——温度为 t、t_0 时的动力黏度，$Pa\cdot s$；

　　　　λ——系数。

液压油的黏温特性可以用黏度指数 VI 来表示，VI 值越大，表示油液黏度随温度的变化率越小，即黏温特性越好。一般液压油要求 VI 值在 90 以上，精制的液压油及加有添加剂的液压油，其 VI 值可大于 100。

（4）颜色

液压油的颜色可以标识液压油中氧化物和硫化物的除净程度。每种标准液压油都有一定的颜色。将使用的液压油的颜色与标准色对比，可以评价新油的质量或者旧油的老化程度。

一般液压油颜色相对变黑，表示液压油已经氧化变质；液压油颜色变得有乳白色倾向时，表示液压油中有水或者气泡。

（5）其他性质

液压油还有一些其他性质，如润滑性、相容性、抗乳化性、抗泡性、抗燃性等，对液压油的选择和使用有较大影响。

1.3.2　对液压传动工作介质的要求

液压油是液压传动系统的重要组成部分，不同的工作机械和不同的工作环境对它的要求有很大不同。为了使液压传动可靠地运行，对液压传动的工作介质有以下要求。

① 适宜的黏度和良好的黏温性能　在液压系统中，如果液压油黏度太低，会造成机械内部漏损及磨损增大，使泵的容积效率下降；如果液压油黏度太高，泵的吸油困难，造成气蚀，使进入系统内的供油压力不足，动力损失增大。所以必须选择合适的黏度，既照顾机械效率，又顾及容积效率。

温度是影响液压油黏度的重要因素，液压系统工作温度及环境温度差异较大，温度的变化必然引起液压油黏度变化，这就要求液压油的黏度随温度变化越小越好，即要求黏度指数应高一些，通常是靠加入黏度指数改进剂来提高液压油的黏度指数。

② 良好的润滑性能　随着液压系统的工作压力、流速、温度、精度、功率和自动化程度的不断提高，以及液压元件的小型、轻型化，使得液压系统滑动部位多处于边界润滑状态。特别是在启动和停运时，情况更为严重。为防止磨损及擦伤，液压油良好的润滑性能、抗磨性能就显得更为重要，以期最大限度地减少轴承及传动装置零部件的磨损，确保泵和系统的使用寿命，使其长期稳定运行。

③ 良好的抗氧化安定性及热稳定性　液压油在使用过程中，与空气接触即发生氧化，氧化后的液压油颜色变深，黏度增加，产成沉淀，氧化后的酸生成物腐蚀设备，增加磨损，特别是氧化产生的油泥会堵塞间隙很小的润滑部位和精细滤油器，使液压系统操作失灵和寿命缩短。因此，液压油必须具备良好的抗氧化安定性。另外，液压油经常处于高温下运行，因此必须具有较好的热稳定性，否则液压油因受热分解使系统出现大量油泥堵塞过滤器、油路和伺服阀等，造成液压系统失灵。

④ 良好的剪切安定性　液压油经过液压元件（如泵、阀、微孔）时，受到较大的剪切

力作用，液压油中的高分子聚合物会被剪断，引起液压油黏度下降。这种黏度下降包括暂时性黏度下降和永久性黏度下降两种。暂时性黏度下降在剪应力撤除后，能恢复到原黏度值。永久性黏度下降在剪应力撤除后黏度不能恢复到原黏度值。

为了防止液压油在剪切力作用下的黏度下降，一般选择性能优良的高分子聚合物（稠化剂）加入到液压油中，来提高液压油的抗剪切性能。

⑤ 良好的防锈性能　液压油使用过程中，由于与水、空气作用，会使液压元件发生锈蚀，影响液压系统正常工作。锈蚀产生的金属粒子在随液压油循环时，作为磨料加重系统的磨损，同时又进一步促使液压油的催化氧化，使液压元件和液压油寿命都受到影响。所以必须在液压油中添加适量的防锈剂，以提高液压油的防锈性能。

⑥ 良好的抗乳化性和水解安定性　液压油在工作过程中，可能从不同途径混入水分，在液压元件的剧烈搅动下与油形成乳化液，乳化液能引起金属锈蚀甚至相互作用生成沉淀或腐蚀性物质，降低了液压油的润滑性，因此具有良好的抗乳化性能是液压油极为重要的指标。另外，液压油中的游离水能引起液压油中某些皂类、醋类添加剂的水解，水解产生的酸性物质会腐蚀金属元件，如柱塞泵的铜及铜合金元件，同时液压油降解后质量下降，水解后不溶物会堵塞过滤网，使液压系统运转失灵。因此，要求液压油同时具有良好的水解安定性。

⑦ 良好的抗泡沫性和空气释放性　液压系统在工作时，如果负压的吸油口和油泵处泄漏而吸入空气，或油箱中液压油过分地飞溅都会使空气存留在液压油中。混有空气的液压油工作时会使系统的效率降低，润滑条件恶化，严重时产生异常的噪声、气穴、振动，严重时会损坏设备。

夹带在液压油中的空气存在两种形式：较大气泡（直径大于 1mm）和雾沫空气。常用润滑油泡沫性能测定液压油中较大气泡的生成及消泡倾向，而雾沫空气从液压油中逸出的能力用空气释放值测定法测定。

为了改善液压油的泡沫性能（即生成泡沫倾向小，生成泡沫后又迅速消泡），常加入硅油消泡剂，但硅油消泡剂抑制了液压油中雾沫空气的上升和释放，空气释放性能变差。因此目前人们使用非硅消泡剂，它不仅能改善液压油的抗泡沫性能，而且对空气释放性影响极小。

⑧ 对密封材料的适应性　液压系统的密封是保证系统安全可靠工作的重要因素。如果密封不良，会引起漏油或混入空气，漏油不仅增加液压油的损耗，还能破坏系统的正常工作，甚至引起爆炸。所以要求液压油不能使液压系统中各种密封材料（如橡胶密封件、尼龙、塑料、皮革等）过分膨胀、软化、硬化，与系统的各件材料具有良好的适应性。

⑨ 良好的清洁性和过滤性　为防止油路堵塞及早期磨损，特别对高度自动化的液压装置（如电液伺服阀），进入液压系统的液压油必须十分清洁，不允许含有超过限度的固体颗粒和其他可溶性脏物，以保证液压装置的正常工作。一些含有 ZDDP（二烷基硫代磷酸锌，一种抗磨润滑油添加剂）的液压油受水污染后，很难过滤，往往造成过滤器堵塞，泵与部件的磨损，因此，近年来，对液压油提出了过滤性的要求。

⑩ 其他　对于在密闭舱室（如潜水艇）工作的液压系统，所用的液压油无毒、无臭、不污染环境就显得特别重要。对环保型液压油，其特性要求是生物降解率和无毒性。闪点要高，凝固点要低。

随着液压系统工作条件越来越苛刻，系统的工作温度和工作压力不断提高，对液压油的防火性能也提出了较高的要求。对于可能接触明火或高温热源的液压系统，如冶金设备、飞机、舰艇等液压系统，要求液压油有一定的防火性能，有的则要求用抗燃液压油，以免发生着火事故。

综上所述，液压油要满足液压系统的使用要求，必须具备的性质是多方面的。随着液压技术的不断发展，对液压油的具体要求也不断提高，需要不断研制和生产新型的液压油以适应液压技术发展的需要。

1.3.3 液压传动工作介质的分类和选用

（1）液压油的分类

液压油的分类方法过去主要有以下几种。

① 按用途，分为航空液压油、舰船液压油、数控机床液压油、特种液压油等。

② 按使用温度范围，分为普通、高温、低温、宽温范围液压油。

③ 按液压油的组成，分为无添加剂型、防锈抗氧型、抗磨型、高黏度指数型液压油等。

④ 按使用特性，分为易燃、难燃、环保型等。

⑤ 按使用压力，分为普通、高压液压油等。

目前我国应用的液压油分类标准是 GB/T 7631.2—2003（等效采用 ISO 6743-4—1999），并在 GB 11118.1—2011（等效采用 NF E48-603：1983）矿物油型和合成烃型液压油中对液压油技术性能进行了统一的规范化的标记。

（2）液压油的选用

对于不同类型的液压系统，首先应根据以下几个方面选择液压油的类型。

① 液压系统的工作环境　如室内固定设备的环境温度变化的大小；露天、寒区或严寒区，行走液压设备环境温度变化的大小；地下、水上的液压设备环境的潮湿度；在高温热源和明火附近的温度状况。

② 液压系统的主要工况条件　如压力、温度、排量等。

按照上述四种工作环境，根据液压系统的主要工况条件，参照表 1-2 进行液压油品种的选择。

表1-2　依据环境和工况条件选择液压油

环境	系统压力：7.0MPa 以下 系统温度：50℃以下	系统压力：7.0～14.0MPa 系统温度：50℃以下	系统压力：7.0～14.0MPa 系统温度：50～80℃	系统压力：14.0MPa 以上 系统温度：80～100℃
室内固定液压设备	HL 液压油	HL 或 HM 液压油	HM 液压油	HM 液压油
露天、寒区和严寒区	HV 或 HS 液压油	HV 或 HS 液压油	HV 或 HS 液压油	HV 或 HS 液压油
地下、水上	HL 液压油	HL 或 HM 液压油	HL 或 HM 液压油	HM 液压油
高温热源或明火附近	HFAE HFAS 液压液	HFB HFC 液压液	HFDR 液压液	HFDR 液压液

液压油、液压液的品种与质量性能如下。

HL 液压油是由精制深度较高的中性油作为基础油，加入抗氧、防锈和抗泡添加剂制成，适用于机床等设备的低压润滑系统。HL 液压油具有较好的抗氧化性、防锈性、抗乳化性和抗泡性等性能。使用表明，HL 液压油可以减少机床部件的磨损，降低温升，防止锈蚀，延长油品使用寿命，换油期比机械油长达一倍以上。我国在液压油系统中曾使用的加有抗氧剂的各种牌号机械油现已废除。

HM 液压油是在防锈、抗氧液压油基础上改善了抗磨性能发展而成的抗磨液压油。HM 液压油采用深度精制和脱蜡的 HVIS 中性油为基础油，加入抗氧剂、抗磨剂、防锈剂、金属钝化剂、抗泡沫剂等配制而成，可满足中、高压液压系统油泵等部件的抗磨性要求，适用于使用性能要求高的进口大型液压设备。从抗磨剂的组成来看，HM 液压油分含锌型（以二烷基二硫代磷酸锌为主剂）和无灰型（以硫、磷酸酯类等化合物为主剂）两大类。不含金属盐的无灰型抗磨液压油克服了同于锌盐抗磨剂所引起的如水解安定性、抗乳化性差等问题，目前国内该类产品质量水平与改进的锌型抗磨液压油基本相当，在液压油产品标准 GB 11118.1—2011 中，HM 液压油一等品与法国 NF E48-603 和德国 DIN51524（Ⅱ）规格相当，含有 15、22、32、46、68、100、150 七个黏度等级，优等品质量水平与美国 Denison HF-0 理化性能相当。

HV 液压油是具有良好黏温特性的抗磨液压油。该油是以深度精制的矿物油为基础油并添加高性能的黏度指数改进剂和降凝剂，具有低的倾点、高的黏度指数（大于 130）和良好的低温黏度。同时还具备抗磨液压油的特性（如很好的抗磨性、水解安定性、空气释放性等），以及良好的低温特性（低温流动性、低温泵送性、冷启动性）和剪切安定性。该产品适用于寒区 -30℃以上、作业环境温度变化较大的室外中、高压液压系统的机械设备。

HS 液压油是具有更良好低温特性的抗磨液压油。该油是以合成烃油、加氢油或半合成烃油为基础油，同样加有高性能的黏度指数改进剂和降凝剂，具备更低的倾点、更高的黏度指数（大于 130）和更优良的低温黏度。同时具有抗磨液压油应具备的一切性能和良好的低温特性及剪切安定性。该产品适用于严寒区 -40℃以上、环境温度变化较大的室外作业中、高压液压系统的机械设备。

HFAE 液压液为水包油型（O/W）乳化液，也是一种乳化型高水基液，通常含水 80% 以上，低温性、黏温性和润滑性差，但难燃性好，价格便宜。适用于煤矿液压支架静压液压系统和其他不要求回收废液和不要求有良好润滑性，但要求有良好难燃性液体的其他液压系统或机械部位。使用温度为 5～50℃。

HFAS 液压液为水的化学溶液，是一种含有化学品添加剂的高水基液，通常呈透明状的真溶液。低温性、黏温性和润滑性差，但难燃性好且价廉，适用于需要难燃液的低压液压系统和金属加工机械。使用温度为 5～50℃。

HFB 液压液为油包水型（W/O）乳化液，常含油 60% 以上，其余为水和添加剂，低温性差，难燃性比 HFDR 液差。适用于冶金、煤矿等行业的中压和高压，高温和易燃场合的液压系统。使用温度为 5～50℃。

HFC 液压液通常为水-乙二醇或含其他聚合物的水溶液，低温性、黏温性和橡胶适应性好。它的难燃性好，但比 HFDR 液差。适用于冶金、煤矿等行业的低压和中压液压系统。使用温度为 -20～50℃。

HFDR 液压液通常为无水的各种磷酸酯作基础油加入各种添加剂而制得，难燃性较好，但黏温性和低温性较差，对腈橡胶和氯丁橡胶的适应性不好。适用于冶金、火力发电、燃气轮机等高温高压下操作的液压系统。使用温度为 -20～100℃。

③ 液压系统的特殊要求　对液压油品种的选择，除上述的要求外，还有一些特殊的要求。比如，对于使用电液伺服机构的闭环系统，使用清净性好的清净液压油；液压及导轨润滑共用一个系统，应选用液压导轨油；含有银部件的液压系统使用抗银液压油或无灰型抗磨液压油。

当确定液压油类型后，紧接着则是确定液压油的黏度即牌号。黏度是液压油的重要使用性能之一，如黏度选择有偏差，则会引起系统功率损失过大或降低泵的容积效率、增加磨损、增大泄漏等不良后果。

液压油黏度的选择应考虑液压系统的结构特点、工作温度和工作压力。在液压传动系统中，液压泵是对液压油黏度变化最敏感元件之一，一般情况下，系统其他元件都是根据所规定的液压油黏度进行设计和选择的。不同类型的液压泵，各自均有一个最小和最大的允许黏度。为减少动力消耗，一般应尽量采用黏度低的液压油，但为了满足关键部件的润滑要求以及防止泄漏，则需选用合适黏度的液压油。目前有关资料上，虽然有些图表可查出各类轴承、泵的使用黏度范围，但最佳黏度一般仍要通过台架试验来确定。最佳黏度通常接近于最小黏度。

表 1-3 给出了不同液压泵选用液压油类型的参考，表 1-4 给出了不同黏度等级的液压油

在不同要求下的适用温度的参考。

表1-3 矿物油型液压油黏度、品种的选择

泵类型		黏度(40℃)/(mm²/s)		品种
		液压系统 5～40℃	液压系统 40～80℃	
叶片泵	7MPa 以下	30～50	40～75	HL
	7MPa 以上	50～70	55～90	HM
螺杆泵		30～50	40～80	HL
齿轮泵		30～70	95～165	HL 或 HM
径向柱塞泵		30～50	65～240	HL 或 HM
轴向柱塞泵		40	70～150	HL 或 HM

注：5～40℃、40～80℃指液压系统温度。

表1-4 不同黏度等级的液压油在不同要求下的适用温度

黏度等级 (38℃) /(mm²/s)	要求启动时黏度为 860mm²/s	要求启动时黏度为 220mm²/s	要求启动时黏度为 110mm²/s	要求运转时最大黏度为 54mm²/s	要求运转时最小黏度为 13mm²/s
32	−12℃	6℃	14℃	27℃	62℃
46	−6℃	12℃	22℃	34℃	71℃
68	0℃	19℃	29℃	42℃	81℃

当确定好所使用的液压油的类型和黏度等级之后，就应确定液压油的质量等级。这关系到使用液压油的经济性和操作可靠性。一般液压油泵负荷大，油品使用周期长，或者所处环境条件恶劣，应选择液压油优等品；如果工作状况缓和，使用周期短，应选用液压油一等品。

1.3.4 液压系统的污染控制

对液压系统正常工作、使用寿命和工作可靠性产生不良影响的外来物质统称为污染物。污染物按照来源可分为：固有污染物，内部生成污染物，外界侵入污染物，维修中产生的污染物等。有害颗粒、水和空气是液压和润滑系统中的主要污染物。

（1）有害颗粒

有害颗粒最大的危害是对设备造成磨损，此外还会堵塞过滤器和节流孔，加速液压油的老化和对元件的腐蚀。从图1-7可以看出，液压系统故障大约有70%是由于液压油污染引起的。有害颗粒主要来源于机械磨损，磨损的形式有：磨料磨损、黏着磨损、冲蚀磨损和疲劳磨损。

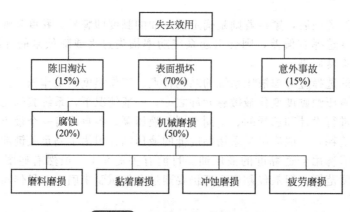

图1-7 影响设备使用寿命的因素

液压油污染度是指单位体积液压油中有害颗粒的含量，也就是液压油中有害颗粒的浓度。其测量方法主要有：铁谱分析法、光谱分析法、重量分析法、光学显微镜颗粒计数法、自动颗粒计数法和显微镜污染比较法。

液压油污染度主要有以下两种表示方法。

① 质量污染度　即单位体积液压油中含有固体颗粒污染物的质量，一般用 mg/L 表示。

② 颗粒污染度　即单位体积液压油中所含各种尺寸范围的固体颗粒污染物的数量。尺寸范围的表示方法有两种：一种是区间表示，如 $5\sim15\mu m$；另一种是用大于某一尺寸表示，如大于 $100\mu m$。

为了定量地描述和评定液压油的污染程度，需要按照液压油中固体颗粒污染物的含量划分污染度等级。我国现行标准是 GB/T 14039—2002《液压传动　油液固体颗粒污染等级代号》（ISO 4406：1999）。表 1-5～表 1-7 中分别列出了 SAE 749D、NAS 1638 和 ISO 4406 液压油污染度等级标准。

表1-5　SAE 749D 污染度等级（100mL 中的颗粒数）

污染度等级	颗粒尺寸范围/μm				
	5～10	10～25	25～50	50～100	＞100
0	2700	670	93	16	1
1	4600	1340	210	26	3
2	9700	2680	350	56	5
3	24000	5360	780	110	11
4	32000	10700	1510	225	21
5	87000	21400	3130	430	41
6	128000	42000	6500	1000	92

表1-6　NAS 1638 污染度等级（100mL 中的颗粒数）

污染度等级	颗粒尺寸范围/μm				
	5～15	15～25	25～50	50～100	＞100
00	125	22	4	1	0
0	250	44	8	2	0
1	500	89	16	3	1
2	1000	178	32	6	1
3	2000	356	63	11	2
4	4000	712	126	22	4
5	8000	1425	253	45	8
6	16000	2850	506	90	16
7	32000	5700	1012	180	32
8	64000	11400	2025	360	64
9	128000	22800	4050	720	128
10	256000	45600	8100	1440	256
11	512000	91200	16200	2880	512
12	1024000	182400	32400	5760	1024

表1-7　ISO 4406颗粒污染度等级

等级	污染物颗粒数(1mL 液压油)	等级	污染物颗粒数(1mL 液压油)	等级	污染物颗粒数(1mL 液压油)
00	0.0025～0.005	8	1.3～2.5	17	640～1300
0	0.005～0.01	9	2.5～5	18	1300～2500
1	0.01～0.02	10	5～10	19	2500～5000
2	0.02～0.04	11	10～20	20	5000～10000
3	0.04～0.08	12	20～40	21	10000～20000
4	0.08～0.16	13	40～80	22	20000～40000
5	0.16～0.32	14	80～160	23	40000～80000
6	0.32～0.64	15	160～320	24	80000～160000
7	0.64～1.3	16	320～640		

表1-8 是 ISO 等级与其他标准的对比。

表1-8　ISO 等级与其他标准等级的对比

ISO 等级	NAS1638 等级	SAE 等级	ISO 等级	NAS1638 等级	SAE 等级
21/18	12		14/11	5	2
20/17	11		13/10	4	1
19/16	10		12/9	3	0
18/15	9	6	11/8	2	
17/14	8	5	10/7	1	
16/13	7	4	9/6	0	
15/12	6	3	8/5	00	

表 1-9 列出了工程机械典型液压元件对系统清洁度等级的选择标准。

表1-9　工程机械典型液压元件对系统清洁度等级的选择标准

伺服阀	A	B	C	D	E			
比例阀		A	B	C	D	E		
变量泵			A	B	C	D	E	
插装阀				A	B	C	D	E
定量柱塞泵				A	B	C	D	E
叶片泵					A	B	C	D	E
压力/流量控制阀					A	B	C	D	E
电磁阀					A	B	C	D	E
齿轮泵					A	B	C	D	E

注：A 表示＞25MPa，B 表示 17.5～25MPa，C 表示＞17.5MPa，D 表示 10.5～17.5MPa，E 表示＜10.5MPa。

确定系统清洁度等级的方法如下。

① 在表 1-9 中找出液压或润滑系统中所选用的元件。

② 根据系统的工作压力，在表 1-9 中找出相应的方框。

③ 如出现下列情况之一，所选清洁度应向左移一栏。

a. 该系统对整个生产过程正常运行是至关重要的。

b. 高速/重载的工作状况。

c. 液压油中含水分。

d. 系统的寿命要求在七年以上。

e. 系统失效会导致安全方面的问题。

④ 如上述情况同时出现两种或两种以上，清洁度等级向左移两栏。

只有高性能的间隙保护过滤器才能有效控制有害的间隙尺寸颗粒，把磨损降到最低，并最大限度地延长元件和流体的寿命。表 1-10 列出了间隙保护过滤器的效果。

表1-10 间隙保护过滤器的效果

元件	效果	元件	效果
泵/马达	泵和马达的寿命提高 4～10 倍	滚子轴承	疲劳寿命延长 50 倍
液力传动	HST 寿命提高 4～10 倍	径向轴承	轴承寿命延长 10 倍
阀	阀的寿命提高 5～300 倍	油液	滤除引起油液氧化的杂质，
阀芯	消除阀芯的静摩擦		延长油液寿命,降低油液成本

（2）水和空气

液压油中水的来源有：热交换器泄漏，密封失效，潮湿空气的冷凝，油箱顶盖的配置不当，以及温度降低等。水污染的危害有：使液压油变质，润滑油膜变薄，加速金属表面疲劳失效、腐蚀，以及低温时产生冷结，淤塞运动元件等。空气污染的危害有：产生气泡，使系统响应慢、不稳定，以及使液压油温度升高、出现气蚀，令泵受损、加速油液氧化等。

水在液压油中的存在形式有游离水（乳化或水滴）和溶解水（低于饱和度）两种，游离水和溶解水都会导致元件失效以及液压油变质，因此应使液压油中水的含量尽可能低于其溶解饱和度。常用油的含水饱和度如表 1-11 所示。

表1-11 常用油的含水饱和度 %

油种类	饱和度	油种类	饱和度
液压油	0.02～0.04	变压器油	0.003～0.005
润滑油	0.02～0.075		

含水量对轴承寿命的影响如表 1-12 所示。

表1-12 含水量对轴承寿命的影响（润滑油：SAE20）

含水量	轴承寿命比率	含水量	轴承寿命比率
25	2.59	400	0.52
100	1		

水和金属颗粒对油氧化的影响如表 1-13 所示。

表1-13 水和金属颗粒对油氧化的影响

序号	金属颗粒	水	小时	酸值变化
1	无	无	3500＋	0
2	无	有	3500＋	＋0.73
3	铁	无	3500＋	＋0.48
4	铁	有	400	＋7.93
5	铜	无	3000	＋0.72
6	铜	有	100	＋11.03

常见的除水方法有分离式、离心式、吸附式和真空分离式。前三种除水方法只能去除游离水，而"真空分离式"可以去除游离水和溶解水，适合单机及大批量处理。Pall 公司生产的 HNP021 油液净化机能去除 100％的游离水和 80％的溶解水，还可去除 100％的游离气体和 80％的溶解气体。去除有害颗粒后使液压油清洁度最高可达 NAS4 级，图 1-8 是 HNP021 油液净化机的外形。

1.4   液压油在流动中的压力损失

在能量方程中的 $\sum h_s$ 表示流体在流动过程中产生的能量损失。在液压系统中，这种能量损失主要表现为液压油的压力损失。

（1）沿程压力损失

在等直径管路中，由于流体与管壁以及流体本身的内部摩擦而产生的压力损失，称为沿程压力损失，用 h_f 表示。计算沿程压力损失的达西公式为

$$h_f = \lambda \frac{l}{d} \times \frac{v^2}{2g} \tag{1-32}$$

式中 λ——沿程阻力系数；

l——管路长度，m；

d——管道水力直径，m；

v——流体的平均流速，m/s。

实验证明，流体做层流运动时，λ 仅与雷诺数有关，与管道内壁的粗糙度无关。对于水的层流运动，$\lambda = 64/Re$；金属管中油的层流运动，$\lambda = 75/Re$；橡胶软管中油的层流运动，$\lambda = 80/Re$。

流体在圆管中做紊流运动时，λ 不仅与雷诺数有关，还与管道内壁的表面粗糙度有关。此时的沿程压力损失要比层流时大得多。

由于流体黏性的作用，在紊流运动中，靠近管壁处有近壁层流。近壁层流层厚度 δ 的经验公式

$$\delta = 30 \frac{d}{Re\sqrt{\lambda}} \tag{1-33}$$

假设管道内壁表面粗糙度的平均值为 ε，当 $\delta > \varepsilon$ 时，称管道为水力光滑管；当 $\delta < \varepsilon$ 时，称管道为水力粗糙管。对于两种管道的 λ 值计算，有以下经验公式：

对于水力光滑管，当 $3 \times 10^3 < Re < 10^5$ 时

$$\lambda = 0.3164Re^{-0.25} \tag{1-34}$$

对于水力粗糙管，当 $Re > 3 \times 10^6$ 时

$$\lambda = \left(2\lg\frac{d}{\varepsilon} + 1.14\right)^{-2} \tag{1-35}$$

几种常见管道内壁的表面粗糙度如表 1-14 所示。

表1-14 几种管材的绝对粗糙度的数值

管材	ε/mm	管材	ε/mm	管材	ε/mm
铜、铝管	0.0015	新铸铁管	0.25	普通钢管	0.2
玻璃、塑料管	0.001	普通铸铁管	0.5	旧钢管	$0.5\sim1$
橡胶软管	$0.01\sim0.03$	旧铸铁管	$1\sim3$	混凝土管	0.33
无缝钢管	$0.04\sim0.17$	沥青铁管	0.12	木材管	$0.25\sim1.25$
新钢管	0.12	镀锌铁管	0.15		

雷诺数 Re 采用式(1-13)计算。将计算的雷诺数 Re，与临界雷诺数 Re_r 相比较，当 $Re < Re_r$ 时，流动为层流；当 $Re > Re_r$ 时，流动为紊流。表 1-15 是英国物理学家雷诺通过大量实验得出的常见液流管道的临界雷诺数值。

表1-15 常见液流管道的临界雷诺数

管道形状	Re_r	管道形状	Re_r
光滑金属圆管	$2000\sim2300$	有环槽的同心环缝	700
橡胶软管	$1600\sim2000$	有环槽的偏心环缝	400
光滑同心环缝	1100	滑阀阀口	260
光滑偏心环缝	1000		

（2）局部压力损失

当流体在流动中，遇到流道发生弯曲、过流断面发生变化或者流经液压元件及其附件等局部装置时，由于受到这种局部阻碍而产生的压力损失，称为局部压力损失。用 h_j 表示，计算公式为

$$h_j = \zeta \frac{v^2}{2g} \tag{1-36}$$

式中　ζ——局部阻力系数；

v——管道过流断面的平均流速，m/s。

需要注意的是当局部装置装在两种直径的管路中间时，会出现两个局部阻力系数

$$h_j = \zeta_1 \frac{v_1^2}{2g} = \zeta_2 \frac{v_2^2}{2g} \tag{1-37}$$

式中　v_1，v_2——流经局部装置前后过流断面上的平均流速，m/s；

ζ_1，ζ_2——与 v_1、v_2 相对应的局部阻力系数。

对于突然扩大管，设 A_1、A_2 分别为流经局部装置前后过流断面的面积。由包达定理

$$h_j = \frac{(v_1 - v_2)^2}{2g} \tag{1-38}$$

得到理论公式

$$\zeta_1 = \left(1 - \frac{A_1}{A_2}\right)^2 \tag{1-39}$$

$$\zeta_2 = \left(\frac{A_2}{A_1} - 1\right)^2 \tag{1-40}$$

对于突然缩小管，设 A_c 为过流断面最小的收缩面积，定义

$$\frac{A_c}{A} = C_c < 1$$

为断面收缩系数。突然缩小管的 ζ 与 C_c 有直接关系。表 1-16 是 Weisbach 实验的 C_c 值以及

弗里曼实验的 ζ 值。

表1-16　突然缩小管的 C_c 与 ζ 值

$\dfrac{A_2}{A_1}$	0.01	0.1	0.2	0.3	0.4	0.5	0.6	0.7	0.8	0.9	1
C_c	0.618	0.624	0.632	0.643	0.659	0.681	0.712	0.755	0.831	0.892	1
ζ	0.490	0.469	0.431	0.387	0.343	0.298	0.257	0.212	0.161	0.07	0

对于管道出口，当 A_2 远大于 A_1 时，$\zeta=0$，即流体进入容器后动能全部损失。

对于管道入口，当 A_1 远大于 A_2 时，$\zeta=0.5$；管道入口稍加修圆时，$\zeta=0.1$；管道入口非常圆滑时，$\zeta=0.01\sim0.05$。

表 1-17、表 1-18 分别列出了图 1-9、图 1-10 所示管道的 ζ 值。表 1-19～表 1-21 分别列出了不同管接头、液压阀及液压附件的局部阻力系数。

图1-9　弯管　　　　　　　　　　　　　　　　图1-10　折管

表1-17　$\theta=90°$ 弯管的局部阻力系数

$\dfrac{r}{R}$	0.1	0.2	0.3	0.4	0.5	0.6	0.7	0.8	0.9	1
ζ	0.132	0.138	0.158	0.206	0.294	0.44	0.661	0.977	1.408	1.978

表1-18　折管的局部阻力系数

θ	20°	40°	60°	80°	90°	100°	110°	120°	130°	160°
ζ	0.046	0.139	0.364	0.741	0.985	1.26	1.56	1.861	2.15	2.431

表1-19　常用标准管接头局部阻力系数

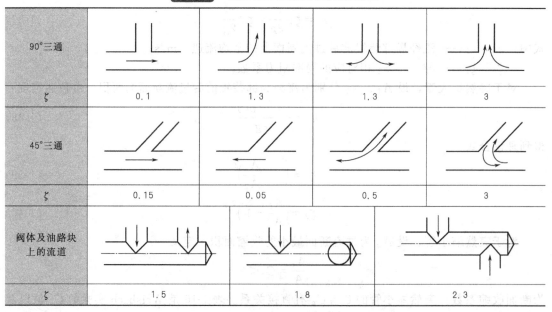

90°三通				
ζ	0.1	1.3	1.3	3
45°三通				
ζ	0.15	0.05	0.5	3
阀体及油路块上的流道				
ζ	1.5	1.8	2.3	

表1-20   闸板阀和截止阀的局部阻力系数

开度	0.1	0.2	0.3	0.4	0.5	0.6	0.7	0.8	0.9	1
闸板阀 ζ	60	15	6.5	3.2	1.8	1.1	0.6	0.3	0.18	0.1
截止阀 ζ	85	24	12	7.5	5.7	4.8	4.4	4.1	4.0	3.9

表1-21   液压附件的局部阻力系数

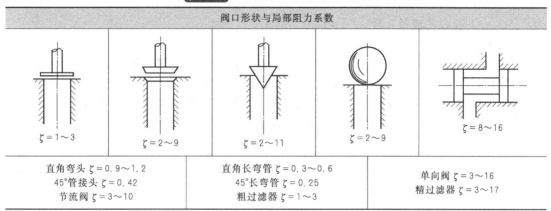

阀口形状与局部阻力系数

直角弯头 ζ=0.9～1.2   直角长弯管 ζ=0.3～0.6   单向阀 ζ=3～16
45°管接头 ζ=0.42   45°长弯管 ζ=0.25   精过滤器 ζ=3～17
节流阀 ζ=3～10   粗过滤器 ζ=1～3

1.5 孔口和缝隙流动

1.5.1 孔口出流

液压系统中经常遇到液压油经过孔口出流的情况。例如液压油经过换向阀、减压阀、节流阀、溢流阀等元件都是孔口出流问题。

(1) 薄壁孔口

图 1-11(a) 是薄壁孔口 ($l/d \leqslant 0.5$)。液压油经过薄壁孔口出流时，因为流线不可以突然弯折，所以液压油流出孔口后会形成收缩断面 c—c（断面直径最小）。设收缩断面面积为 A_c，孔口断面面积为 A，定义两者之比为孔口的收缩系数，用 C_c 表示，则

$$C_c = \frac{A_c}{A} \tag{1-41}$$

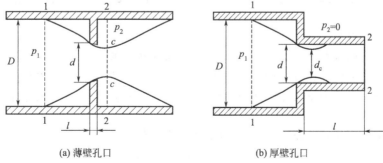

(a) 薄壁孔口   (b) 厚壁孔口

图1-11   孔口出流

列断面 1—1 和 c—c 的伯努利方程，并假设 $p_c \approx p_2$，$D \gg d$，令 $\Delta p = p_1 - p_2$，得到孔口的流速与流量公式分别为

$$v_c = \frac{1}{\sqrt{1+\zeta}}\sqrt{\frac{2\Delta p}{\rho}} = C_v\sqrt{\frac{2\Delta p}{\rho}} \tag{1-42}$$

$$q = A_c v_c = C_c A v_c = C_c C_v A\sqrt{\frac{2\Delta p}{\rho}} = C_q A\sqrt{\frac{2\Delta p}{\rho}} \tag{1-43}$$

式中　C_v——孔口的流速系数，$C_v = \dfrac{1}{\sqrt{1+\zeta}}$；

　　　C_q——孔口的流量系数，$C_q = C_c C_v$。

（2）厚壁孔口

如图 1-11(b) 所示，当 $0.5 < l/d \leqslant 4$ 时，称为厚壁孔口，或外伸嘴管。收缩断面 c—c 在入口处，而出口的收缩系数等于 1，这种收缩称为厚壁孔口的内收缩。厚壁孔口的阻力损失包括入口阻力损失，c—c 断面之后的扩张阻力损失以及孔口后半段上的沿程损失。这三种损失的阻力系数分别用 ζ_1、ζ_2 和 ζ_e 表示。用 l 表示厚壁孔口后半段上的长度。则

$$C_v = \frac{1}{\sqrt{1+\zeta_1+\zeta_2+\zeta_e}} \tag{1-44}$$

$$C_q = C_v \tag{1-45}$$

$$q = C_v A\sqrt{\frac{2\Delta p}{\rho}} \tag{1-46}$$

（3）细长孔

当孔的长径比 $l/d > 4$ 时，称这样的孔为细长孔。流量公式为

$$q = \frac{\pi d^4 \Delta p}{128\mu l} \tag{1-47}$$

式中　μ——流体的动力黏度，Pa·s；

　　　d——孔口直径，m；

　　　Δp——孔口两端压差，Pa；

　　　l——细长孔的长度，m。

1.5.2　缝隙流动

在机械传动中经常存在着充满液压油的各种配合间隙，流体在这种间隙中的流动称为缝隙流动。缝隙流动中，缝隙的高度相对于它的长度和宽度要小得多，同时液压油黏度较大，缝隙流动通常看作层流。

（1）平行平板缝隙

两平行平板间的缝隙流动如图 1-12 所示。液压油在压差 Δp（$\Delta p = p_1 - p_2$）作用下产生的流动，称为压差流。在缝隙中任取一液压油微元，对其沿 x 方向进行受力分析。在不计重力的情况下，微元上下表面受切应力作用，合力大小为 $b\mathrm{d}\tau\mathrm{d}x$，微元前后表面在压差作用下的合力大小为 $b\mathrm{d}p\mathrm{d}z$。

缝隙流大多属于层流，压力 p 是 x 的线性函数，有

$$\frac{\mathrm{d}p}{\mathrm{d}x} = \frac{p_2 - p_1}{l} = -\frac{\Delta p}{l} \tag{1-48}$$

沿 z 方向的速度分布公式

$$v = \frac{\Delta p}{2\mu l}(\delta z - z^2) \tag{1-49}$$

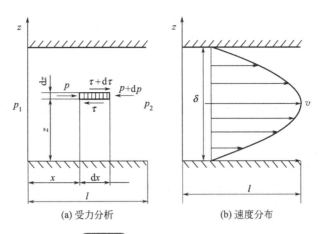

(a) 受力分析   (b) 速度分布

图1-12 两固定平板间的压差流

由速度公式可以看出，速度分布曲线呈抛物线形。

流量 $q = \int_0^\delta vb\,\mathrm{d}z$ ，积分得

$$q = \frac{b\delta^3}{12\mu l}\Delta p \tag{1-50}$$

图 1-13 中的缝隙两端没有压差，缝隙中的液压油在上下平板的相对运动的作用下的流动，称为剪切流。假设下平板固定，上平板的运动速度为 v_0，方向沿正 x 方向。速度分布规律近似呈线性规律。设缝隙宽度为 b，高度为 δ，在缝隙 z 处的速度为

$$v = \frac{v_0}{\delta}z \tag{1-51}$$

流量公式

$$q = \int_0^\delta vb\,\mathrm{d}z = \frac{b\delta}{2}v \tag{1-52}$$

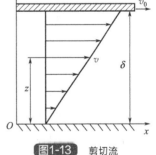

图1-13 剪切流

图 1-14 所示的缝隙两端既有压差，同时两平板间又有相对运动，这种缝隙流动称为压差、剪切合成流。流速沿高度方向的分布可以看成是由压差流和剪切流叠加而成的。

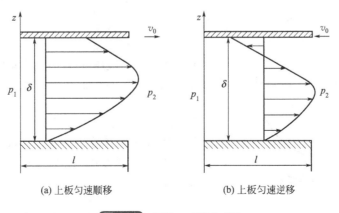

(a) 上板匀速顺移   (b) 上板匀速逆移

图1-14 压差、剪切合成流

假设下板固定，流速

$$v = \frac{\Delta p}{2\mu l}(\delta z - z^2) \pm \frac{v_0}{\delta}z \tag{1-53}$$

流量

$$q = \frac{b\delta^3}{12\mu l}\Delta p \pm \frac{b\delta}{2}v \tag{1-54}$$

注意：平板运动方向与压差流方向相同时，式（1-53）与式（1-54）中的"±"都取"+"；否则都取"-"。

（2）圆柱环形缝隙

液压油在内外圆柱面围成的间隙中的流动，称为圆柱环形缝隙流。通常缝隙高度比内圆柱直径要小得多。图 1-15(a) 是内外圆柱同心的情况。

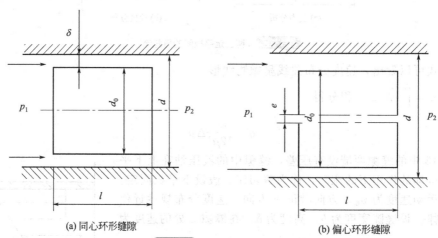

(a) 同心环形缝隙   (b) 偏心环形缝隙

图1-15 圆柱环形缝隙流动

其流量

$$q = \frac{\pi d\delta^3}{12\mu l}\Delta p \tag{1-55}$$

在工程实际中，两同心环形缝隙往往由于受力不均等原因变成偏心环形缝隙。图 1-15(b) 是内外圆柱偏心距为 e 的情况。其流量计算公式为

$$q = \frac{\pi d\delta^3}{12\mu l}(1 + 1.5\varepsilon^2)\Delta p \tag{1-56}$$

式中　ε——偏心比，$\varepsilon = e/\delta$。

（3）平行圆盘缝隙

工程实际中，液压油在平行圆盘断面缝隙中的径向流动也比较常见，比如端面推力轴承以及各种阀类元件。

平行圆盘缝隙如图 1-16 所示。

设圆盘内外半径分别为 r_1、r_2，内外压强分别为 p_1、p_2，缝隙高度为 δ，流量为 q。应用平行平板压差流公式，即得

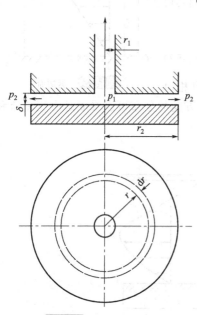

图1-16 平行圆盘缝隙

$$q = \frac{\pi \delta^3(p_1 - p_2)}{6\mu \ln \dfrac{r_2}{r_1}} \tag{1-57}$$

1.6 基本液阻网络

1.6.1 液阻结构与特性

在液压传动中，液压油流经液阻元件，它的两端会产生一定的压差。一般情况下，通过液阻的流量 q 与液阻两端的压差 Δp 之间的关系可以用下式来表示

$$q = kA\Delta p^m \tag{1-58}$$

式中　k——与液阻的过流通道形状和液体性质有关的系数；

　　　A——液阻过流截面面积，m^2；

　　　m——与液阻结构形式有关的指数。

我们称液阻两端压差与流量的比值为静态液阻，而液阻两端压差的微分与流量的微分的比值为动态液阻。定义公式如下

$$R = \frac{\Delta p}{q} \tag{1-59}$$

式中　R——静态液阻，$N \cdot s/m^5$。

$$R_d = \frac{d\Delta p}{dq} \tag{1-60}$$

式中　R_d——动态液阻，$N \cdot s/m^5$。

常见的液阻形式主要有三种：薄刃型（$L/d \ll 1$）、细长孔型（$L/d \geqslant 4$）及混合型（介于薄刃型与细长孔型之间），如图 1-17 所示。

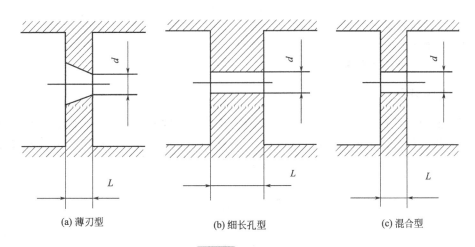

| (a) 薄刃型 | (b) 细长孔型 | (c) 混合型 |

图1-17 液阻形式

薄刃型液阻的压力损失以局部阻力损失为主，其流量-压力特性公式如下

$$q = c_d A \sqrt{\frac{2}{\rho}\Delta p} \tag{1-61}$$

它的静态液阻

$$R = \frac{\Delta p}{q} = \frac{\sqrt{\Delta p}}{c_d A \sqrt{2/\rho}} \tag{1-62}$$

动态液阻

$$R_d = \frac{d\Delta p}{dq} = \frac{2\sqrt{\Delta p}}{c_d A \sqrt{2/\rho}} \tag{1-63}$$

式中　c_d——液阻的流量系数；

　　　　A——液阻过流断面面积，m^2。

　　细长孔型液阻的压力损失以沿程阻力损失为主，它的流量-压力特性、静态液阻和动态液阻公式如下

$$q = \frac{\pi d^4}{128\mu L}\Delta p \tag{1-64}$$

$$R = \frac{128\mu L}{\pi d^4} \tag{1-65}$$

$$R_d = \frac{128\mu L}{\pi d^4} \tag{1-66}$$

混合型液阻的流量-压力特性、静态液阻和动态液阻公式如下

$$q = c^3\sqrt{\Delta p^2} \tag{1-67}$$

$$R = \frac{\sqrt[3]{\Delta p}}{c} \tag{1-68}$$

$$R_d = \frac{3\sqrt[3]{\Delta p}}{2c} \tag{1-69}$$

系数 c 为

$$c = \left(\frac{\pi^2 d^4}{224\rho}\sqrt{\frac{4}{\pi L \nu}}\right)^{2/3} \tag{1-70}$$

式中　L——液阻通流孔长度，m；

　　　　d——液阻直径，m；

　　　　ν——液压油的运动黏度，m^2/s。

1.6.2　串联与并联

　　当多个液阻元件在一起串联、并联或者既有串联又有并联使用时，可以将它们等效为一个液阻来分析、计算。下面介绍薄刃型的串、并联特性。通流孔为圆孔时，流量公式为

$$q = kd^2\sqrt{\Delta p} \tag{1-71}$$

$$k = c_d\frac{\pi}{4}\sqrt{\frac{2}{\rho}} \tag{1-72}$$

$$R = \frac{\Delta p}{q} = \frac{q}{k^2 d^4} \tag{1-73}$$

　　图 1-18 是两液阻串联的情况，有以下关系式

$$R_{1+2} = R_1 + R_2 \tag{1-74}$$

$$d_{1+2} = \left[\frac{(d_1 d_2)^4}{d_1^4 + d_2^4}\right]^{0.25} \tag{1-75}$$

式中　R_{1+2}——液阻串联后的等效液阻；

　　　　d_{1+2}——液阻串联后的等效液阻通流孔直径，m。

$$\Delta p_1 = \frac{1}{1 + \left(\frac{d_1}{d_2}\right)^4}\Delta p \tag{1-76}$$

$$\Delta p_2 = \frac{1}{1 + \left(\dfrac{d_2}{d_1}\right)^4} \Delta p \tag{1-77}$$

对于图 1-19 所示两液阻的并联，有以下关系式

$$R_{1//2} = \frac{R_1 R_2}{R_1 + R_2} \tag{1-78}$$

$$d_{1//2} = \sqrt{d_1^2 + d_2^2} \tag{1-79}$$

$$q_1 = \frac{1}{1 + \left(\dfrac{d_2}{d_1}\right)^2} q \tag{1-80}$$

$$q_2 = \frac{1}{1 + \left(\dfrac{d_1}{d_2}\right)^2} q \tag{1-81}$$

式中　$R_{1//2}$——并联后的等效液阻；

　　　$d_{1//2}$——并联后的等效液阻直径，m。

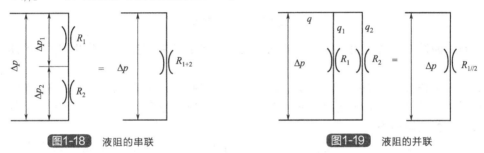

图1-18　液阻的串联　　　　图1-19　液阻的并联

综上所述，无论是串联还是并联的两个液阻，均可以用一个等效液阻代替。同理，串联或者并联的多个液阻也可以用一个等效液阻代替。在工程机械液压系统中，经常遇到因液阻直径太小而产生堵塞的现象。为了增大液阻的直径，可以采用两个液阻串联。假设串联的两个液阻直径相等，由式(1-75)可以算出每个液阻的直径是串联后等效液阻直径的 1.19 倍。

1.6.3　基本桥路

与电路中的桥路相类似，液阻网络中也存在着基本的桥路网络，主要有全桥液阻网络、半桥液阻网络和 π 桥液阻网络。在液压系统的伺服控制以及阀的调速控制中会应用到液阻网络的相关知识。下面分别简单介绍。

（1）全桥液阻网络

图 1-20(a) 是 4 边滑阀控制双活塞杆液压缸的示意图。p_0 是滑阀的输入，p_1、p_2 是滑阀的输出。滑阀阀芯和阀体之间形成的 4 个阀口，相当于 4 个阻值可变的液阻 R_1、R_2、R_3、R_4。液阻阻值的大小通过滑阀阀芯的位移来控制，移动阀芯的力可以是液压力、电磁力或机械力等。

用可变液阻符号表示 4 边滑阀形成的液阻网络系统 [图 1-20(b)]，称该液阻网络为全桥液阻网络。图中 y 代表滑阀阀芯的位移。假设 y 等于 0 时，4 个阀口的开度相等并且各阀口结构参数相同，因此 4 个液阻阻值相等，两个输出口压力 p_1、p_2 相等。移动滑阀阀芯时，四个液阻的阻值也要改变，液阻符号中的实心箭头表示液阻阻值随阀芯位移的增大而增大，空心箭头表示液阻阻值随阀芯位移的增大而减小。当 y 值增大即阀芯向右移动时，液阻 R_2、R_4 的阻值增大，液阻 R_1、R_3 的阻值减小，因此 $p_1 > p_2$。假设液压缸固定并且左、

右两腔活塞的有效面积都等于 A，外负载等于 F_L。当 $(p_1-p_2)A>F_L$ 时，活塞将在压差作用下向右移动，并且如果负载不变，活塞移动的速度将随 y 值的增大而增加。相反，如果 y 值减小即阀芯向左移动，则可以实现活塞向左移动。所以全桥液阻网络可以控制执行元件正反两个方向的运动。

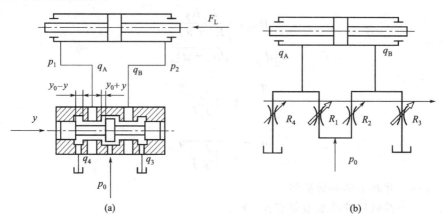

图1-20　全桥液阻网络

　　全桥液阻网络广泛应用在伺服阀的先导级和主级的控制回路中，总共有九种结构形式，如图 1-21 所示。

　　这九种全桥液阻网络的共同点是：有一个输入控制口、两个输出控制口，可以控制双作用液压缸或液压马达的双向运动，同时有部分液压油通过液阻流回油箱，产生能量损失。

　　（2）半桥液阻网络

　　图 1-22(a) 是由锥阀和固定液阻控制单作用液压缸的原理图。液压缸无杆腔作用压力 p_1，有杆腔作用弹簧力和负载 F。将该液阻网络用液阻符号表示 [图 1-22(b)]，称为半桥液阻网络。在该液阻网络中，R_1 是固定液阻，锥阀口 R_2 是可变液阻，输入、输出压力分别是 p_0、p_1。

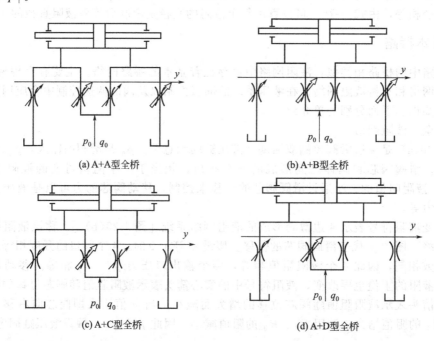

(a) A+A型全桥　　　　　　　　　　(b) A+B型全桥

(c) A+C型全桥　　　　　　　　　　(d) A+D型全桥

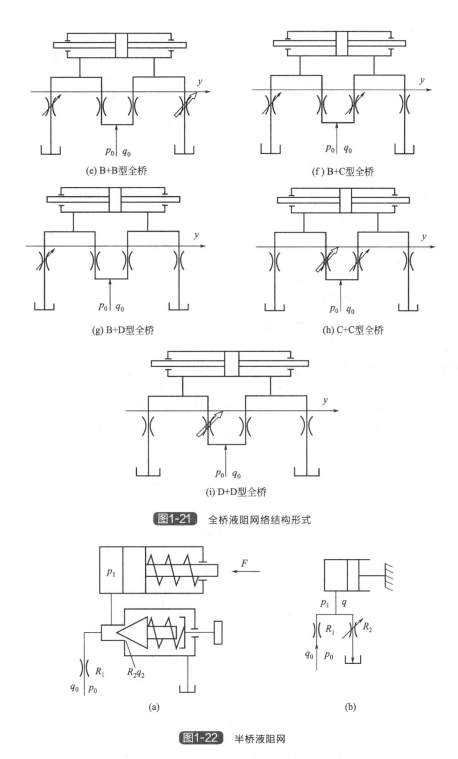

(e) B+B型全桥

(f) B+C型全桥

(g) B+D型全桥

(h) C+C型全桥

(i) D+D型全桥

图1-21 全桥液阻网络结构形式

(a)

(b)

图1-22 半桥液阻网

按照液阻是否可变以及它们之间的不同排列方式，可以将半桥液阻网络分为四种基本类型，如图 1-23 所示。

这四种半桥液阻网络的共同点是：只有一个输入控制口、一个输出控制口，只能控制单作用液压缸，并且有部分液压油流回油箱，产生能量损失。目前半桥液阻网络广泛用在液压控制阀和泵的先导控制回路中，有时也用于液阻网络的分压。

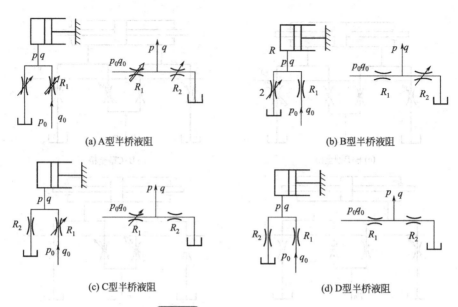

(a) A型半桥液阻 (b) B型半桥液阻

(c) C型半桥液阻 (d) D型半桥液阻

图1-23　基本的半桥液阻网络

（3）π桥液阻网络

三个液阻可以构成π桥液阻网络。根据每个液阻值是否可变的不同排列，可以构成七种不同的液阻网络，如图1-24所示。π桥液阻网络有一个输入控制口，两个输出控制口。在输入参数不变时，通过调节可变液阻值来调节两个输出口参数。π桥液阻网络可以单独控制非对称液压缸的双向运动，并且与复位弹簧配合使用时也可以控制对称液压缸的双向运动。

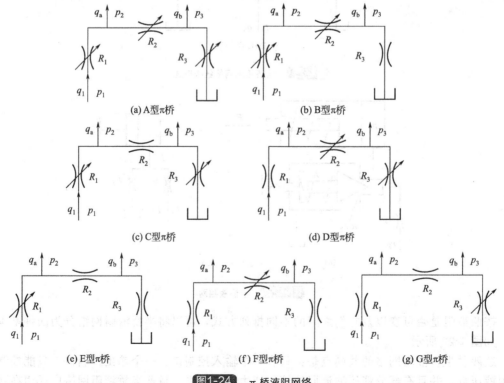

(a) A型π桥 (b) B型π桥

(c) C型π桥 (d) D型π桥

(e) E型π桥 (f) F型π桥 (g) G型π桥

图1-24　π桥液阻网络

第2章 液压控制阀

在液压系统中，用于控制系统中液流的压力、流量和液流方向的元件总称为液压控制阀。借助于不同的液压控制阀，经过不同的形式组合，可以满足不同的液压设备的性能要求，控制执行元件（液压缸和液压马达）输出的力或转矩、运动速度和运动方向。

根据用途的不同可以将液压控制阀分为以下几类。

① 压力控制阀类　属于控制和调节液压系统中液流压力的阀类，如溢流阀、减压阀、顺序阀等。

② 流量控制阀类　属于控制和调节液压系统中液流流量的阀类，如节流阀、调速阀、溢流节流型调速阀、分流阀、集流阀等。

③ 方向控制阀类　属于控制和改变液压系统中液流方向的阀类，如单向阀、换向阀、多路换向阀等。

还有一类液压控制阀是将阀按照标准参数做成圆筒形专用元件，然后将这些元件插入不同的阀体（或集成块），得到不同组合的一种集成形式的阀，一般称为插装阀。插装阀可以实现压力、流量或者方向的控制，这类形式的阀不仅结构紧凑，而且具有一定的互换性。

2.1　压力控制阀

压力控制阀是用来控制液压传动系统中的油液压力的阀类，根据其在系统中发挥作用的不同，可分为溢流阀、减压阀、顺序阀以及平衡阀等。

2.1.1　溢流阀

溢流阀的作用是限制所在油路的液体的工作压力。当液体压力超过溢流阀的调定值时，溢流阀阀口会自动开启，使油液溢流回油箱。

溢流阀根据系统不同的需要可以实现不同的用途。在定量泵的节流调速系统中，溢流阀的作用之一是限制系统的最高压力，作用之二是用来保持系统的压力在调定的范围内，维持系统压力的稳定（尤其是系统在进行小流量的微调动作时），这时溢流阀的作用相当于定压阀。在变量泵的容积调速系统中，溢流阀的调定压力调到最大工作压力，当系统过载时溢流阀溢流，起到过载保护的作用。溢流阀还能配合电磁换向阀起到系统卸荷的作用，当把溢流阀的控制口和电磁换向阀的回油箱油通路接通时，液压泵即实现了卸荷。

溢流阀按照结构形式分为直动式和先导式两种。前者使用压力一般较低，一般其额定压力为 2.5MPa，后者使用压力较高，其额定压力可达到 35MPa 或者更高。下面将分别介绍它们的工作原理。

（1）直动式溢流阀

直动式溢流阀又可分为滑阀式、锥阀式和球阀式三种形式，如图 2-1(a)～(c) 所示，图 2-1(d) 所示为直动式溢流阀的图形符号。下面以滑阀式直动式溢流阀为例，介绍直动式溢流阀的工作原理。

图 2-1(a) 所示为滑阀式直动式溢流阀的结构原理。它主要由阀体 6、滑阀 7、调压弹簧

3、调节杆1、调节螺母2等零件组成。当阀的进油口P接液压泵，回油口T接油箱时，压力油流经滑阀7下端的径向孔和轴向小孔a进入滑阀的底部，形成一个向上的液压力 $P = pA$（p 为溢流阀的进口油压，A 为滑阀底部面积）。当滑阀底部受到的压力 P 小于滑阀上的弹簧预紧力 F_0 时，滑阀处于如图2-1(a) 所示的最底下位置，这时由于溢流阀进油口和回油口之间封闭，因此溢流阀不溢流。随着溢流阀进口油压 p 的不断升高，液压力不断增大。当液压力 P 增大到等于弹簧的预紧力 F_T、滑阀的自重 G 以及滑阀和阀体之间的摩擦力 S 之和时，滑阀开始向上移动，将溢流阀的阀口开启，于是油液经过阀的回油口溢流回油箱。

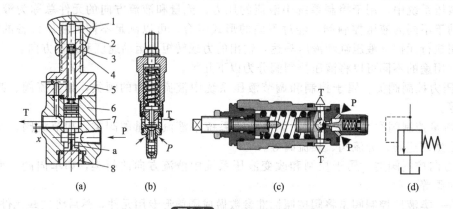

图2-1　直动式溢流阀
1—调节杆；2—调节螺母；3—调压弹簧；4—锁紧螺母；5—盖；
6—阀体；7—滑阀；8—底盖

使阀开启的压力称为溢流阀的开启压力，如果这个开启压力设为 p_k，则滑阀的受力平衡方程为

$$p_k A = F_0 + G + S$$

即

$$p_k = \frac{F_0 + G + S}{A} \qquad (2\text{-}1)$$

$$F_0 = K(x_0 + x)$$

式中　p_k——溢流阀的开启压力，Pa；

　　　A——滑阀端面面积，m^2；

　　　F_0——弹簧预紧力，N；

　　　K——弹簧刚度，N/m；

　　　x_0——弹簧预压缩量，m；

　　　x——滑阀与阀体之间的封油长度，m；

　　　G——滑阀自重，N；

　　　S——滑阀与阀体之间的摩擦力，方向与滑阀运动方向相反，N。

如果视 G 和 S 为常量，则对应一定的 F_0 值有一个对应的 p_k。因此可以通过调整调节螺母2来改变弹簧的预压缩量 x_0，从而改变溢流阀的溢流压力 p_k。

由于作用在滑阀上的弹簧力直接与滑阀底部的液压力相平衡，故称这种溢流阀为直动式溢流阀。这类直动式溢流阀一般只用于低压小流量的场合，因为控制高压大流量时，只能依靠安装刚度较大的硬弹簧实现，不仅手动调节困难，而且弹簧压缩量略有变化便引起较大的压力变化，使得阀控制压力的灵敏度较低。

（2）先导式溢流阀

图2-2所示为先导式溢流阀的结构，它由上半部分的先导阀和下半部分的主阀组成，其

中先导阀就是一个小规格的直动式溢流阀。

当压力油通过进油口P进入溢流阀时，压力油作用在主阀芯1的下端面，同时压力油还经过节流孔5进入主阀芯上腔a，再经通道7进入先导阀阀体9，并作用在先导阀10上。如果P口压力没有达到先导阀弹簧11的设定值，则整个溢流阀中的油液都没有流动，根据连通器原理可知，P口、主阀芯1的下端面，主阀芯上腔a，通道7以及先导阀10前的压力均相等，主阀芯1在主阀弹簧2的作用下压紧在阀座上，溢流阀处于关闭状态。如果P口的压力超过了先导阀弹簧11的设定值，根据直动式溢流阀的原理可知，先导阀10打开溢流，油液经通道6和通道3回到油箱T，溢流后a腔压力继续保持先导阀的溢流压力值，而P口处的高压油将补充进入a腔，流动的油液经过主阀芯1上的节流孔5进入a腔时产生了一个压差，这个压差就是主阀芯1上下两端的压差，方向为指向上。这个向上的压差克服主阀弹簧2的力、主阀芯1的自重以及主阀芯1与主阀阀体4之间的摩擦力使主阀芯1向上移动，打开进油口P与回油口T之间的通道，于是大量的压力油通过回油口T回到油箱。溢流阀刚开启时受液动力的影响，P口的油压还会有一些变化，但很快就会达到主阀芯的受力平衡状态，压力达到一个稳定值，这个压力值即为溢流阀的调定压力。压力调整螺钉13用来调节阀的溢流压力。

通过上述原理分析可知，先导式溢流阀工作时，先导阀先开启，只溢流很小一部分的压力油，流动的液压油经过主阀芯后产生压差，压差的作用使主阀芯开启，因为主阀芯的通流面积比先导阀大很多，所以绝大部分的压力油将通过主阀芯溢流回油箱。

主阀芯1开启时其受力平衡方程为

$$p_k A = F_O + p_1 A + G + S$$

即

$$p_k = \frac{F_O + G + S}{A} + p_1 \tag{2-2}$$

式中 p_k——溢流阀的开启压力，Pa；

A——主阀芯1的端面环形面积，m^2；

F_O——主阀弹簧2的预紧力，N；

p_1——主阀芯上腔a的液压力，Pa；

G——主阀芯自重，当主阀芯水平布置时取 $G = 0$，N；

S——主阀芯与阀体之间的摩擦力，方向与主阀芯运动
方向相反，N。

主阀弹簧2只起到复位的作用，一般都设计为弱弹簧，其F_O比较小，忽略式(2-2)中的前一项，可认为溢流阀的开启压力 $p_k \approx p_1$。

图2-2中的序号8为溢流阀的远控口，当远控口8通油箱时，主阀芯上腔a中的压力油将经通道7泄压，这在主阀芯1的上下两端产生了很大的压差，主阀芯将迅速开启，使P口与T口相通，让大量的油回到油箱，这种工况称为卸荷。我们可以利用溢流阀的这种卸荷特性实现对溢流阀的远程控制。如图2-3所示，当电磁换向阀2处于中位时，远控口x关闭，主溢流阀1按照自身的调定压力实现溢流。当电磁换向阀2处于左位时，控制口x与油箱相通，主溢流阀1卸荷。当电磁换向阀2处于右位时，远控口与一个远程调压阀3相连，当这个远程调压阀3的溢流压力低于主溢流阀1的设定压力时，主溢流阀的溢流压力将由远程调压阀3决定。

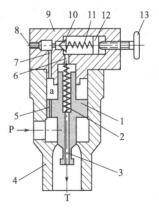

图2-2 先导式溢流阀

1—主阀芯；2—主阀弹簧；
3,6,7—通道；4—主阀阀体；
5—节流孔；8—远控口；
9—先导阀阀体；10—先导阀；
11—先导阀弹簧；12—弹簧座；
13—压力调整螺钉；a—主阀芯上腔

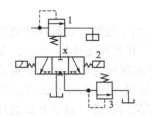

图2-3　系统压力的远程控制

1—主溢流阀（先导式）；

2—电磁换向阀；

3—远程调压阀；x—远控口

进一步拓展思路，如果图 2-2 中的先导阀弹簧 11 能够实现预压缩量的无级调节，我们就能得到可无级调节的系统压力，而这可以通过电比例控制技术来实现。

溢流阀的主要性能参数是溢流压力、溢流流量和开启特性。其中有些设计者重视溢流压力却不太重视溢流的流量，将小流量的溢流阀用在了大流量的场合，由于大量的油涌进、涌出溢流阀阀口，导致系统的溢流压力上升、溢流压力不稳定、温度升高以及噪声大等诸多问题。溢流阀的开启特性指的是溢流阀稳定工作时其进口压力与溢流量之间的关系曲线，一般产品样本中都有这些参数提供。

2.1.2　减压阀

减压阀是一种将出口压力调节到低于进口压力的压力控制阀。减压阀可分为定值减压阀、定差减压阀和定比减压阀三种。其中以定值减压阀的应用最为广泛，它能够使减压阀出口的压力降低到某一恒定值，常常用在系统中得到比主系统供油压力低的某一稳定压力，例如从系统的主回路（压力高）引出一路经减压阀减压后供给先导控制回路（压力低），这样可以节省一个泵源，人们通常所说的减压阀一般都指的是这种定值减压阀。定差减压阀用来控制它的进出口压差为一恒定值，由于节流阀的进出口压差为一恒定值时能够使它获得比较好的流量调节性能，所以定差减压阀多与节流阀串联使用组成调速阀。定比减压阀用来控制它的进出口压力比值为一调定的值，从而实现将进口压力按照一定的比例降低。

（1）定值减压阀

定值减压阀（简称减压阀）又可分为直动式和先导式两种。如图 2-4 所示为直动式减压阀的结构原理图，左上角为其图形符号。由图可知，它与直动式溢流阀的结构相似，差别在于减压阀的控制压力来自出口压力，且阀口为常开式。当出口压力未达到（小于）调定压力时，调压弹簧 3 的力大于阀芯 1 底部的液压作用力，阀芯处于最下方，阀口全开。当出口压力达到阀的设定压力值时，阀芯上移，阀口开度 B 减小乃至完全关闭，依靠环形缝隙 x 产生节流损失而实现减压。设高压进油输入口 A 的压力（一次压力）为 p_A，减压阀输出口 C 的压力（二次压力）为 p_C，液压油通过缝隙 x 产生的压力降为 Δp，则满足

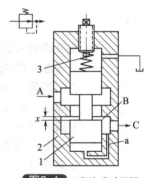

图2-4　直动式减压阀

1—阀芯；2—阀体；

3—调压弹簧；A—输入口；

B—阀口开度；C—输出口；

a—油道；x—缝隙

$$p_C = p_A - \Delta p \tag{2-3}$$

阀正常工作时，如果忽略液动力的影响，则阀芯 1 的受力平衡方程为

$$p_C S = K(x_0 - x) \tag{2-4}$$

得到

$$p_C = \frac{K(x_0 - x)}{S} \tag{2-5}$$

式中　p_C——出口压力，Pa；

　　　K——调压弹簧刚度，N/m；

　　　S——阀芯端面面积，m^2；

　　　x_0——阀芯开度 $x=0$ 时（即阀口 B 完全关闭）弹簧的压缩量，m；

　　　x——阀芯开口量，m。

对于一个减压阀来说，x_0 和 x_{max} 是常数，如果调压弹簧的刚度 K 较小，即采用较软的弹簧时，x_0 和 x_{max} 就较大，而阀芯开口量即缝隙 x 的变化就较小，则弹簧 3 的力变化也很小，即可以将减压阀的出口压力 p_C 看为一个常数。式(2-5) 的含义说明，这个出口压力只与弹簧的参数和阀芯面积相关，而与进口压力 p_A 无关。这也可以从阀的结构和工作原理看出：从阀的出口引出一条油道 a 到阀芯 1 的底部，当某种原因引起进口压力 p_A 增大时，如果阀口 B 的开度 x 保持不变，出口压力 p_C 势必增大，那么通过油道 a 作用在阀芯底端的液压力将增大，液压力克服弹簧力将阀芯向上推，使阀口开度减小，节流作用增强，阀口 B 的液阻增加，Δp 变大，从而保持出口压力 p_C 基本不变；同理，当进口压力 p_A 减小时，出口压力 p_C 势必也减小，但这时弹簧力将阀芯向下推，使阀口开度增大，节流作用减弱，阀口 B 的液阻减小，Δp 变小，从而继续保持出口压力 p_C 基本不变。由此可见，减压阀保持出口压力稳定的措施就是用出口压力来控制阀芯的位移，使阀芯开度随着出口压力的升高或降低而自动地关小或开大。

阀的输出压力可以用螺钉来调整。当顺时针转动螺钉使得调压弹簧 3 的预压缩量增加时，阀的输出压力升高；当逆时针转动螺钉使得调压弹簧 3 的预压缩量减少时，阀的输出压力降低。

出口压力作用在阀芯底部并能自动调节出口压力使得减压阀呈现负反馈特征，建议读者学习到第 4 章伺服控制系统的负反馈相关内容时再重温本节内容，相信会对减压阀有更加深刻的理解。

减压阀的重要设计参数是弹簧刚度和阀芯直径，同时阀芯直径还是减压阀输出流量的重要参数，当系统需要考虑减压阀的输出流量时就必须注意这个问题了。例如，当减压阀直接用于车辆的液压制动阀时，由于车辆的制动器容量较大，因此制动阀输出流量的大小将对制动系统的反应速度，即车辆的制动距离造成影响。

从上述分析看出，减压阀的出口压力越高，弹簧力就越大，这将导致弹簧粗大，阀的尺寸增大。另外，粗大的弹簧其刚度 K 将会很大，这会使阀在工作时弹簧力的变化较大，导致出口压力不稳定，所以直动式减压阀一般用于低压范围。如果减压阀用在高压系统时，最好采用图 2-5 所示的先导式减压阀，它由上半部分的先导阀和下半部分的主阀组成，其中先导阀就是一个小规格的直动式溢流阀。

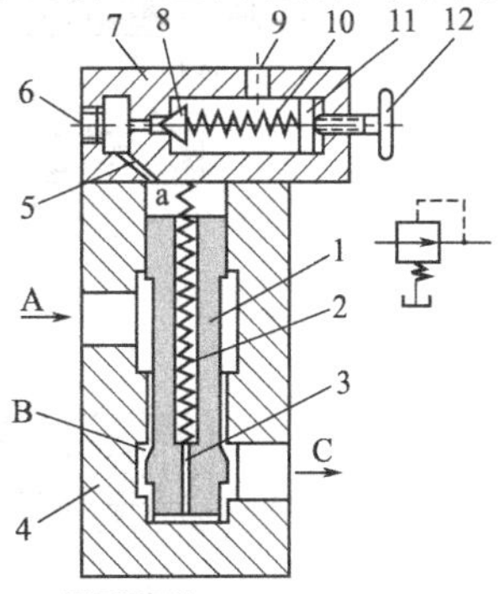

先导式减压阀的工作原理为：当高压油（一次压力）p_A 从输入口 A 进入主阀阀体 4 后，经过阀口 B 的缝隙减压，到输出口 C 处的压力（二次压力）降低为 p_C 并流入主阀芯 1 下端的腔体，然后经主阀芯上的节流孔 3 充满主阀芯的上腔 a，再经通道 5 进入先导阀阀体 7，作用在先导阀 8 的前端。如果输出口压力 p_C 没有达到先导阀弹簧 10 的设定值，则先导阀 8 处于关闭状态，主阀上腔 a 中的油液没有流动，其压力值 p_a 与主阀芯 1 下端的压力 p_C 相等，主阀芯 1 在主阀弹簧 2 的作用下处于最下端位置，减压阀阀口 B 全开，节流作用最弱，减压阀几乎不起减压作用。如果输出口压力 p_C 超过了先导阀弹簧 10 的设定值，先导阀 8 打开溢流，油液经通道 9 回到油箱 T，溢流后 a 腔压力继续保持先导阀的溢流压力值，而 C 口处的压力油将补充进入 a 腔，流动的油液经过主阀芯上的节流孔 3 进入 a 腔时产生了一个方向向上的压差，这个压差克服主阀弹簧 2 的力向上移动，关小阀口 B 的缝隙，使节流作用增强，输出口压力降低。先导式减压阀就是依靠主阀芯的上下移动来改变阀口

图2-5 先导式减压阀

1—主阀芯；2—主阀弹簧；
3—节流孔；4—主阀阀体；
5—通道；6—远控口；
7—先导阀阀体；8—先导阀；
9—通油箱；10—先导阀弹簧；
11—弹簧座；12—压力调整螺钉；
A—输入口；B—阀口；
C—输出口；a—主阀芯上腔

节流缝隙，自动调节输出压力使其稳定在额定值。

忽略液动力，主阀芯的受力平衡方程式为

$$p_C S = p_a S + K(x_0 - x) \tag{2-6}$$

得出

$$p_C = p_a + \frac{K(x_0 - x)}{S} \tag{2-7}$$

式中　p_C——出口压力（二次压力），Pa；

　　　p_a——a 腔压力，Pa；

　　　K——主阀芯弹簧刚度，N/m；

　　　S——主阀芯端面面积，m^2；

　　　x_0——主阀芯开度 $x = 0$ 时（即阀口 B 完全关闭）弹簧的压缩量，m；

　　　x——主阀芯开口量，m。

对于一个减压阀来说，x_0 和 x_{max} 是常数，而 K 又很小，因此，如果 x 的变化不大，可以认为输出压力的变化不大，为一个常数。

如果先导阀的远控口 6 接远程调压阀（即直动式溢流阀）时，可以实现远程调压，也可以采用电比例控制技术对先导阀弹簧实现预压缩量的无级调节，从而得到无级调节的输出压力。

需要注意的是，在回路中使用减压阀时应将回油口直接接油箱，否则会影响出口压力的稳定。另外，减压阀的压力输出口油路不能卸载，否则阀芯将会全开，油路建立不起压力，这会导致减压阀无法工作。

图 2-6 所示为 BUCHER 液压公司生产的电控两级先导式减压阀的结构，右上角为符号图，左上角为压力调节示意图。该阀为插装式结构，分为主阀、先导阀和压力调节三个部分。其中主阀部分包括圆管 16、主阀弹簧 17 和主阀芯 18。先导阀部分包括阀座 14、先导阀 6、钢球 5、弹簧座 12 和导阀弹簧 11。压力调节部分包括高压调节螺杆 1、低压调节螺杆 2、比例电磁铁 19、衔铁 3、顶杆 4 和弹簧座 9 等。

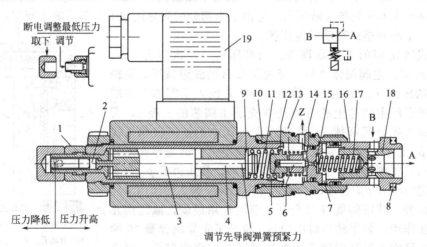

图2-6 BUCHER 电控两级先导式减压阀结构（断电时）

1—高压调节螺杆；2—低压调节螺杆；3—衔铁；4—顶杆；5—钢球；6—先导阀；7—调整垫片；
8—密封垫片；9,12—弹簧座；10—阀体；11—导阀弹簧；13—弹簧；14—阀座；15—垫片；16—圆管；
17—主阀弹簧；18—主阀芯；19—比例电磁铁

该阀的工作原理如下：高压油从 B 口输入，进入主阀芯 18 的内腔后，一路经主阀芯中间的节流孔进入主阀芯左边的弹簧腔，另一路从 A 口流出。当输入压力小于或等于输出压力时，油没有经过减压，直接从 A 口流出。当输入压力大于输出压力时，主阀芯左边的弹簧腔内的高压油顶开先导阀 6，然后从 Z 口回到油箱，油液的流动使得主阀芯 18 的左右两端产生压差，压差方向指向左，于是主阀芯 18 在这个压差的作用下向左移动，关小 B—A 之间的通道，A 口输出低压油。注意到 A 口输出的低压油作用在主阀芯上，起到了出口压力反馈、稳定出口压力的作用。

先导阀的压力调节有螺杆调节和电控调节两种方式。从图 2-6 上可以看出，无论哪种调节方式，只要当调节顶杆向右移动时即可增大导阀弹簧 11 的预紧力，减压阀的输出压力就增大；当调节顶杆向左移动时则减小导阀弹簧 11 的预紧力，减压阀的输出压力就减小。下面具体分析如何通过螺杆调节和电控调节来实现先导阀输出压力值的变化。

比例电磁铁断电时，可以调节阀的最低输出压力，调整方式见图 2-6 的左上角。

当比例电磁铁 19 通电时，衔铁 3 将受到向右的电磁力，推动顶杆 4 右移，压缩导阀弹簧 11，阀的输出压力将会升高。假设比例电磁铁 19 通入某个电流值时，衔铁尾部的限位锥被高压调节螺杆 1 阻挡，衔铁不能继续右移，如图 2-7 所示的位置 a，那么这个位置就是阀的最高输出压力位置，即高压调节螺杆 1 的位置决定了阀的最高输出压力，调整方式见图 2-7 的左上角。

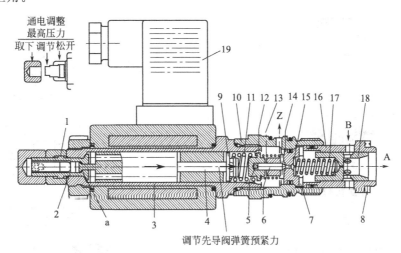

图2-7 BUCHER 电控两级先导式减压阀结构（通电时）

a—最高输出压力限位；1—高压调节螺杆；2—低压调节螺杆；3—衔铁；4—顶杆；5—钢球；6—先导阀；
7—调整垫片；8—密封垫片；9,12—弹簧座；10—阀体；11—导阀弹簧；13—弹簧；14—阀座；
15—垫片；16—圆管；17—主阀弹簧；18—主阀芯；19—比例电磁铁

在阀的最高输出压力和最低输出压力这两个极限压力之间，可以通过控制输入比例电磁铁的电流大小来无级调节减压阀的输出压力，这种阀通常称为先导式电比例减压阀。

图 2-8 所示为一种插装结构的直动式电比例减压阀的结构。它的工作原理是，P 口输入高压油，比例电磁铁 1 把输入的电信号转换成衔铁 2 的向下位移，衔铁 2 推动阀杆 5 下移的同时压紧弹簧 3，从而使阀杆 5 的台肩与阀套 4 的 P 口之间产生间隙，减压后的油通过阀套 4 上的孔与阀杆 5 之间的环形通道从 A 口输出。

图 2-8 中显示出出口油压反馈到阀杆 5 底部的油路，以保证 A 口输出压力的稳定。当改变比例电磁铁的输入电流时，衔铁将对应不同的位移，并与弹簧 3 的力平衡。

本书第 4 章液压泵章节里还有电比例减压阀更加详细的原理分析，请读者参阅。

（2）定差减压阀

定差减压阀不但能够实现对出口压力的降低，而且能够保证不管进口压力如何变化，其进出口的压力差为一恒定值。

定差减压阀的结构示意图和工作原理如图2-9所示，左上角为符号。初始状态时，阀芯在弹簧力的作用下处于最下端的位置，进出油口封闭。当有压力油 p_A 从 A 口进入时，液压力将克服弹簧力将阀芯向上推，阀口被开启环形缝隙 x，进口压力经阀口的减压后降低至 p_C。忽略液动力的影响，阀芯处于平衡位置时的受力平衡方程为

$$p_A S = p_C S + K(x_0 + x) \tag{2-8}$$

得出阀的进出口压力差为

$$p_A - p_C = \frac{K(x_0 + x)}{S} \tag{2-9}$$

式中　p_A——进口压力，Pa；

　　　p_C——出口压力，Pa；

　　　K——弹簧刚度，N/m；

　　　S——阀芯端面面积，m^2；

　　　x_0——阀芯开度 $x = 0$ 时（即阀口 B 完全关闭）弹簧的压缩量，m；

　　　x——阀芯开口量，m。

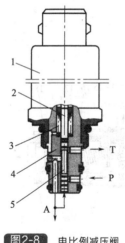

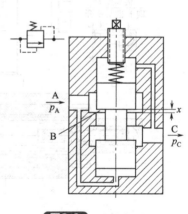

图2-8　电比例减压阀
1—比例电磁铁；2—衔铁；
3—弹簧；4—阀套；5—阀杆

图2-9　定差减压阀

当弹簧刚度 K 较小，即采用较软的弹簧时，x_0 和 x_{max} 就较大，x 的变化就较小，阀的进出口压差 $p_A - p_C$ 就近似为一定值。这也可以从图中看出，当其他回路引起进口压力 p_A 升高时则阀芯上移，使阀芯开口量 x 增大，节流效果减弱，出口压力 p_C 随之增大，继续维持 $p_A - p_C$ 不变。如进口压力 p_A 减小时则阀杆下移，使阀芯开口量 x 减小，节流效果增强，出口压力 p_C 也随之下降，依然能够维持 $p_A - p_C$ 不变。鉴于定差减压阀在任何情况下都能保持阀的进出口压差为一常数的特性，如果将它与节流阀串联使用，将可以保持节流阀前后的压差恒定，从而使通过节流阀的流量保持不变，这就是调速阀的设计原理。调速阀常用于对回路进行精确的调速控制。

（3）定比减压阀

定比减压阀能够维持阀进出口的压力比值恒定。图 2-10 所示为其工作原理，左上角为符号。稳定工作状态下阀芯的受力平衡方程式为

$$p_1 S_1 + K(x_0 - x) = p_2 S_2 \qquad (2\text{-}10)$$

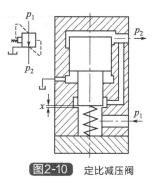

图2-10 定比减压阀

式中　p_1——进口压力，Pa；

　　　p_2——出口压力，Pa；

　　　K——弹簧刚度，N/m；

　　　S_1——阀芯的小端面作用面积，m^2；

　　　S_2——阀芯的大端面作用面积，m^2；

　　　x_0——阀芯开度 $x = 0$ 时（即阀口完全关闭）弹簧的压
　　　　　缩量，m；

　　　x——阀口开度，m。

如果弹簧刚度比较小，阀口开度变化不大时，式（2-10）中的弹簧力的变化就不大，如果忽略弹簧力这一项，则有

$$\frac{p_1}{p_2} = \frac{S_2}{S_1} \qquad (2\text{-}11)$$

只要选择合适的阀芯端面面积，便可以获得所需的进出口压力比，且压力比近似恒定。

2.1.3　顺序阀

顺序阀是一种结构和工作原理与溢流阀极为相似的压力控制阀。顺序阀的主要功用是通过压力来控制两个或两个以上执行元件的动作顺序，当顺序阀与单向阀并联使用时又可组成单向顺序阀。

按照其控制方式的不同可分为直动式顺序阀和先导式顺序阀。直动式顺序阀适用于需要控制的系统压力比较低的场合。它具有机构简单、易加工、反应灵敏等优点，缺点是启闭特性差，泄漏量大。当系统需要调节的压力比较高的场合常常使用先导式顺序阀，先导式顺序阀与先导式溢流阀在结构上唯一的不同点是，顺序阀的先导阀上的泄油孔单独接油箱，而溢流阀的先导阀上的泄油孔是与出油口相通的。

先导式顺序阀按照压力控制来源的不同可以分为内控式顺序阀和外控式顺序阀，前者利用阀进口处的压力控制阀芯的启闭，后者用外来的控制压力油来控制阀芯的启闭。通过改变控制方式、泄油方式和二次油路的接法，顺序阀还可以构成其他功能，如背压阀、卸荷阀和平衡阀，各种顺序阀的控制方式及图形符号如表2-1所示。

表2-1　顺序阀的功用及图形符号

阀的名称	泄油方式	控制方式	二次油路接法	图形符号	用　途
（内控）顺序阀	外泄	内控	接系统	p_1 W p_2 Y	顺序控制，用于泵与换向阀之间
（外控）顺序阀		外控	接系统	X p_1 W p_2 Y	顺序控制，用于泵与换向阀之间

阀的名称	泄油方式	控制方式	二次油路接法	图形符号	用　　途
背压阀	内泄	内控	接回油箱	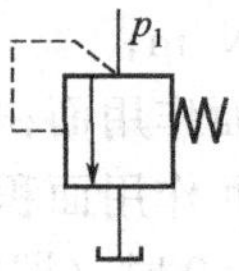	加背压
卸荷阀	内泄	外控	接系统	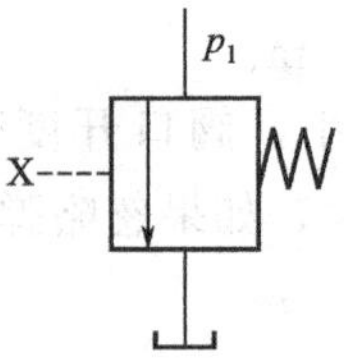	使泵卸荷
(内控)单向顺序阀		内控	接系统	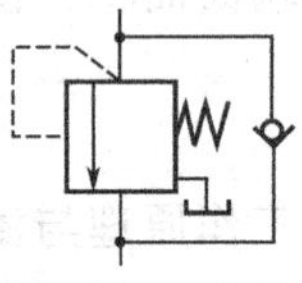	顺序控制,用于换向阀与执行元件之间
(外控)单向顺序阀	外泄	外控	接系统	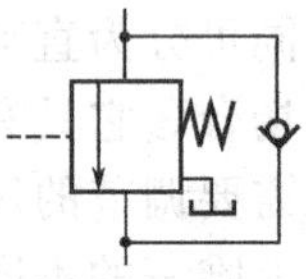	顺序控制,用于换向阀与执行元件之间
(内控)平衡阀		内控	接系统	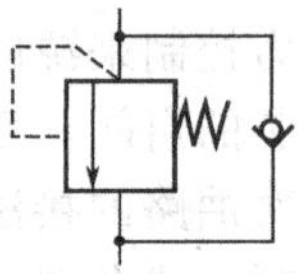	防止自重引起的活塞自由下落
(外控)平衡阀	内泄	外控	接系统	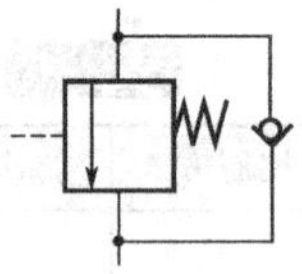	防止自重引起的活塞自由下落

　　下面以内控式先导顺序阀为例分析顺序阀的工作原理。如图 2-11 所示,压力油经过 P 口作用在主阀芯 11 的下端,同时经过液阻 14.1 作用在先导阀 5 中的先导阀阀芯 6 上,压力油还经过主阀芯上的节流孔 12 作用于主阀芯的弹簧腔。当 P 口的压力超过先导阀弹簧 8 的设定值时,先导阀阀芯 6 克服先导阀弹簧 8 的作用力向右移动,主阀芯弹簧腔的油液经过液阻 3、控制台肩 7、通道 4、通道 2 流入 A 口,压力油流过节流孔 12 之后产生了一个向上的压差,于是这个压差推动主阀芯 11 克服主阀芯弹簧 9 的力上移,打开了 P 到 A 的阀口通道。内控式先导顺序阀按照回油方式不同分为内部回油和外部回油两种形式。先导阀阀芯 6 的泄漏油经过通道 10 引入内部油道 A,这种回油方式称作内部回油。先导阀阀芯 6 的泄漏油经过通道 13 引入外部油道 Y,这种回油方式称作外部回油。可以看出,通过改变先导阀弹簧 8 的预紧力就可以调节顺序阀的开启压力。

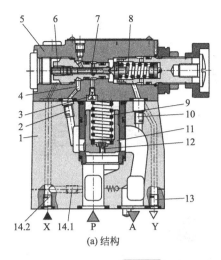

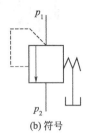

(a) 结构　　　　　　　　　　　　　　(b) 符号

图2-11　内控式先导顺序阀

1—主阀；2,4,10,13—通道；3,14.1—液阻；5—先导阀；6—先导阀阀芯；
7—控制台肩；8—先导阀弹簧；9—主阀芯弹簧；11—主阀芯；12—节流孔
14.2—外控口

由此可见，顺序阀相当于一种液控式开关，在进油口压力低于调定压力值时，顺序阀阀口关闭，在进油口压力大于或等于调定值时顺序阀开启。

当控制先导阀开启的压力油不是来自于顺序阀自身的进口压力，而是由单独的外部油源来控制时，这类顺序阀被称作外控式顺序阀，X口可接入外部油源作为控制压力，使得内控式顺序阀成为外控式。

2.1.4　平衡阀

平衡阀其实是顺序阀与单向阀并联组成的一个组合阀。平衡阀常常用于在系统执行元件的回油侧建立背压，例如使立式液压缸或液压马达在负载变动时仍能平稳运动。并联单向阀的目的是使液流能顺利地反向通过。在平衡回路中使用平衡阀相当于平衡锤的作用，因此称为平衡阀。

图2-12所示为起重机用的一种带单向阀的直动式平衡阀，它安装在主控阀与油缸之间，用来防止油缸在下降过程中的超速运行。

图2-12(a)表示平衡阀处于保持位置时的工作状态。油缸支撑的重物W在单向阀的锁止下不动。

图2-12(b)表示液压油流向为A→B时的工作状态，A口压力油直接推开单向阀3，进入B口，然后进入油缸大腔，油缸活塞杆伸出，将重物W举升上去。

图2-12(c)表示液压油流向为B→A时的工作状态，来自油缸小腔的控制油压通过控制口X进入平衡阀并作用在推杆1上，当控制压力达到弹簧4的调定值时，推杆1推动主阀芯2右移，B口的油通过主阀芯2圆周上的纵向节流槽（相当于可变阻尼）流入A口，此时X口的控制压力与弹簧4的力相平衡，主阀芯2处于某一位置。油缸小腔的油压越高，则控制压力也越高，主阀芯2的右移位移也就越大，B口流入A口的流量就越大，油缸的下降速度就越快。当油缸下降速度过快时，油缸小腔的压力势必降低，这就使得X口的控制压力降低，主阀芯2在弹簧4的作用力下左移，B口流入A口的流量就减小，油缸的下降速度就慢下来，这样就可以防止油缸的超速下降。

本书第7章中起重机液压系统及控制的章节里有更多的平衡阀方面的分析，请读者留意。

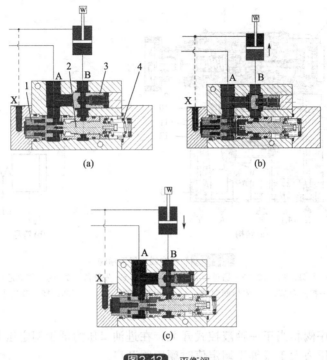

图2-12 平衡阀

1—推杆；2—主阀芯；3—单向阀；4—弹簧（组）

2.2 流量控制阀

流量控制阀的作用是在阀进出口压差一定的情况下，通过改变节流口的开口面积来控制通过节流口的流量，从而控制执行元件的运动速度。流量阀包括节流阀、调速阀、溢流节流阀、分集流阀等。

2.2.1 节流阀

（1）节流阀的工作原理

液流流经薄壁孔、细长孔或狭缝时会遇到阻力，液流阻力的大小与节流孔的通流面积、孔的长度有关，当节流口的进出口压差一定时，通过改变节流口的通流面积能改变流过节流孔的流量。这就是流量控制阀工作的基本原理。

图 2-13（a）所示为一种板式节流阀结构。压力油从进油口 P 口流入，经过阀芯与阀体之间的节流孔，再从出油口 T 口流出。松开调节螺母，转动螺杆使阀芯可以做轴向移动，从而改变节流口的通流面积来调节流量。图 2-13（b）所示为节流阀的图形符号。

（2）节流口的流量特性

通过节流阀的流量 Q 与其前后压差 Δp 的关系为

$$Q = KA\Delta p^m \tag{2-12}$$

式中　K——节流系数，对薄壁孔 $K = C_d\sqrt{2/\rho}$ ，对细长孔 $K = d^2/(32\mu l)$ ；

　　　　C_d——流量系数；

　　　　ρ ——油液密度，kg/m^3 ；

　　　　μ ——油液的动力黏度，$Pa \cdot s$ ；

d——孔的直径，m；

l——孔的长度，m；

m——由孔的形状决定的指数（$0.5 \leqslant m \leqslant 1$），对薄壁孔 $m=0.5$，对细长孔 $m=1$；

A——节流阀过流面积，m^2；

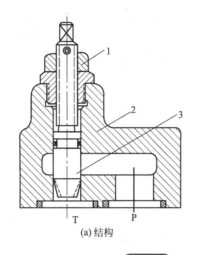

(a) 结构

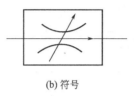

(b) 符号

图2-13 节流阀的结构

1—螺母；2—阀套；3—阀芯

　　节流阀的过流面积，其计算公式随阀口形状不同而不同，各种阀口的形式及其过流面积 A 的计算公式见如表 2-2 所示。

表2-2 节流孔的结构形式和特性

结构形式		阀口特性	过流面积表达式
沉割槽型		$A(x)$	$A(x) = \pi D x \text{（全周开口）}$ $= \omega x \text{（部分开口）}$ 式中　ω——阀口梯度
阀型		$A(x)$	$A(x) = \pi x \sin\beta \left(D - \dfrac{1}{2} x \sin 2\beta \right)$
矩形		$A(x)$	$A(x) = \begin{cases} 0 & (x \leqslant x_d) \\ nb(x - x_d) & (x > x_d) \end{cases}$ 式中　n——阀口数

续表

结构形式	阀口特性	过流面积表达式
T 形	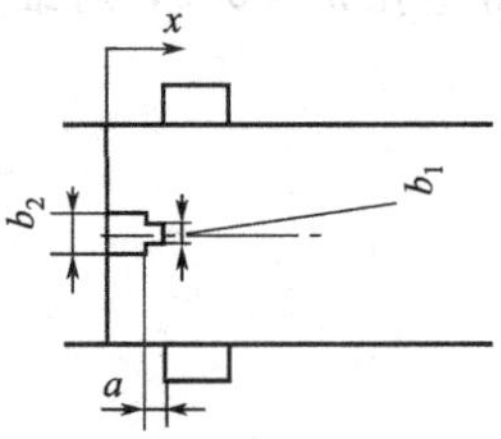 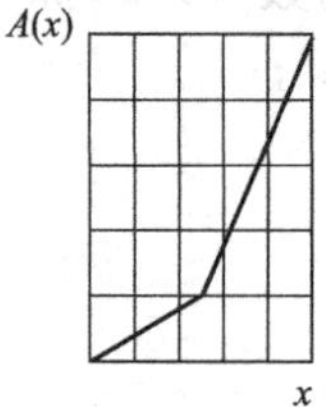 $A(x)$	$A(x)=\begin{cases} nb_1x & (x\leqslant a) \\ nb_1a+nb_2(x-a) & (x>a) \end{cases}$
三角形	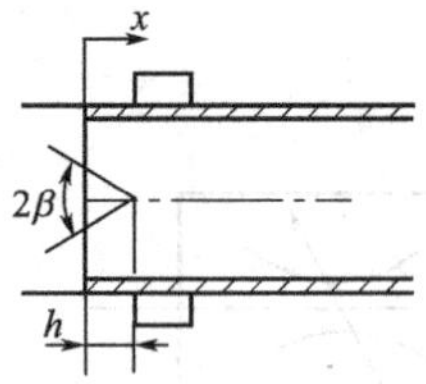 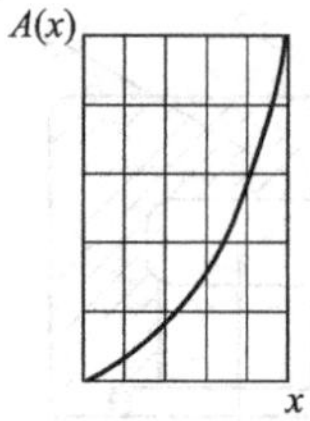 $A(x)$	$A(x)=nx^2\tan\beta$
双三角形	$A(x)$	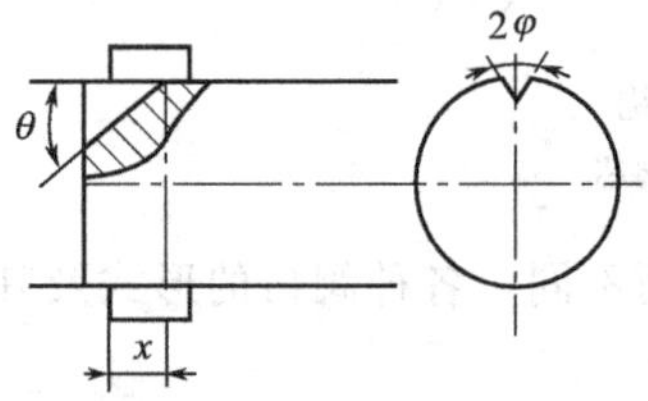 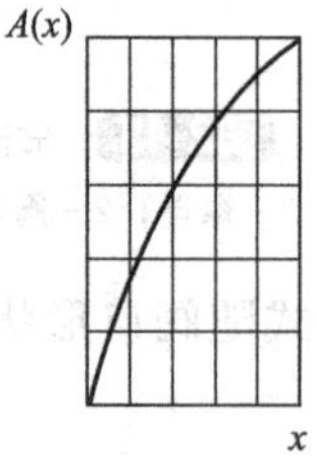 $A(x)=x^2\sin^2\theta\tan\varphi$
单三角形	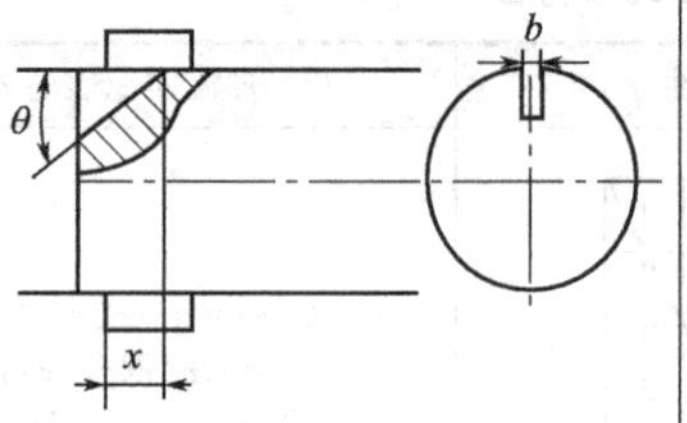 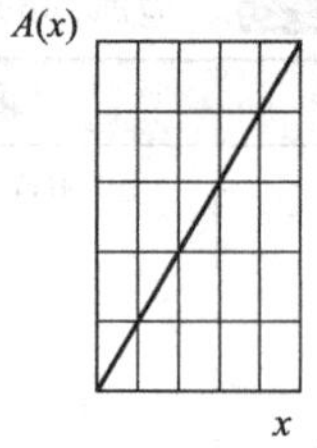 $A(x)$	$A(x)=bx\sin\theta$
圆形	$A(x)$	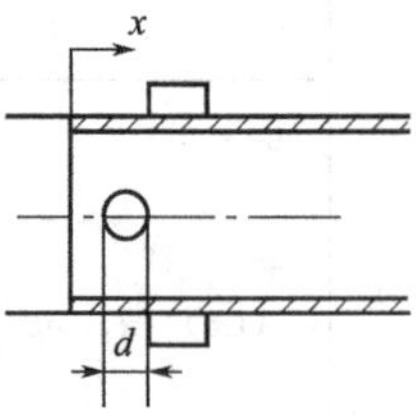 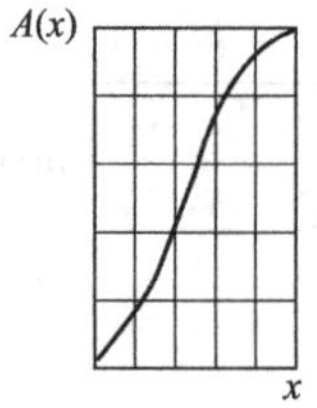 $A(x)=\dfrac{d^2}{4}\left[\arccos\left(1-\dfrac{2x}{d}\right)-2\left(1-\dfrac{2x}{d}\right)\sqrt{\dfrac{x}{d}-\left(\dfrac{x}{d}\right)^2}\right]$ 近似计算式为 $A(x)=\dfrac{x^2(16d-13x)}{12\sqrt{dx-x^2}}$ 其误差不大于 1%

（3）节流阀的刚度

节流阀的刚度表示在节流阀的开度不变时，节流阀前后压力差的变化量与通过节流阀流量的变化量之比。节流阀的刚度用 T 表示，则

$$T=\frac{\mathrm{d}\Delta p}{\mathrm{d}Q} \tag{2-13}$$

刚度 T 值越大，表示压力差变化对流量的影响越小，节流阀的刚度也就越大；刚度 T 值越小，表示压力差的变化对流量的影响越大，节流阀的刚度越小。节流阀的刚度反映了其

抵抗负载变化而保持流量稳定的能力，一般希望节流阀的刚度尽量大。将式（2-12）代入式（2-13）得

$$T = \frac{\Delta p^{1-m}}{KAm} \tag{2-14}$$

由图 2-14 可知，节流阀刚度的几何意义就是曲线上一点的切线与横坐标之间夹角的余切，即

$T = \cot\beta$ (2-15)

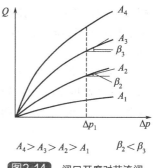

由图 2-14 和式（2-14）可以得出以下结论。

① 节流阀前后压差值 Δp 相同时，节流阀阀口开度 A 越小，刚度越大。

② 节流阀阀口开度 A 不变时，阀前后压差 Δp 越小，刚度越小。因此为了保证节流阀有足够的刚度，在其工作时必须保持其压力差 Δp 在某一值之上才能正常工作，但是提高压力差 Δp 会引起压力损失的增加。

③ 节流阀阀口开度 A 不变时，阀前后压差 Δp 的变化量越小，刚度越大。

④ 减小 m 值，可提高节流阀的刚度。因此，薄壁小孔（$m = 0.5$）节流阀的刚度最好，细长孔（$m = 1$）节流阀的刚度最差。

$A_4 > A_3 > A_2 > A_1$ 　　 $\beta_2 < \beta_3$

图2-14 阀口开度对节流阀刚性的影响

（4）节流阀的性能要求

① 流量调节范围。节流阀的调速比要求要大，要有较大的流量调节范围，调节时，流量变化均匀，调节性能好。

② 节流阀前后压差发生变化时通过阀流量的变化要小，即要求节流阀的刚度要大。

③ 通过阀的流量受油液温度变化的影响要小，因此目前使用的节流阀中多采用薄壁孔式的节流口。

④ 内泄漏量小，即节流阀全关闭、进油腔压力调节至额定压力时，从阀芯和阀体配合间隙处由进油腔泄漏到出油腔的流量要小。

⑤ 不易堵塞，特别是小流量调节时要求节流阀有良好的抗堵塞性能。

⑥ 节流压力损失要小。

（5）节流阀的应用

① 起节流调速作用。节流阀用在定量泵系统中与溢流阀并联组成节流调速回路，用来调节执行元件的运动速度，这是节流阀的主要作用。

② 起负载阻尼的作用。对于某些液压回路，流量是一定的，因此改变节流口的通流面积能够调节阀前后的压力差。此时节流阀起到负载阻尼的作用。节流孔面积越小，阻尼越大。

节流阀和单向阀组合成单向节流阀，可以用在执行机构在一个方向上需要节流调速，另一个方向可以自由流动的场合。节流阀和行程开关组合成行程节流阀，主要用于执行机构末端需要减速、缓冲的系统。

节流阀具有构造简单、对液压油的污染不敏感、便于制造和维修、成本低等优点，但是其调节精度不高，只能适用于执行元件负载变化很小且速度稳定性要求不高的场合。

节流阀的刚度差，在节流口开度一定的条件下，当负载变化时，通过节流阀的流量会随着节流阀进出口压差的变化而变化。而工作中负载的变化是无法避免的，因此，对于执行机构速度调节稳定性要求较高的场合，就需要对节流阀进行压力补偿，以保证进出口压差近似

恒定，从而保证流量稳定。对节流阀进出口压差进行压力补偿通常有两种方式：一种是将定差减压阀与节流阀串联，另一种是将定差溢流阀与节流阀并联，前者被称为调速阀，后者被称为溢流节流型调速阀。

2.2.2　调速阀

　　关于节流阀我们已经知道，当节流阀阀口开度不变时，节流阀前后压差的变化越小，其刚度就越大；同时我们还知道，定差减压阀可以使得其进出口的压差保持为某一常数不变。设想如果我们将一个定差减压阀与一个节流阀串联组合起来，用定差减压阀的进出口压差作为节流阀的前后压差，那么这个组合之后的节流阀刚度将会很好，这就是调速阀的设计思路。

　　根据上述分析，调速阀主要由定差减压阀和节流阀两部分组成，其中定差减压阀与节流阀的前后位置可以改变，如果定差减压阀串联在节流阀之前就称为出口节流调速阀，如图 2-15 所示；如果定差减压阀串联在节流阀之后就称为进口节流调速阀，如图 2-16 所示。

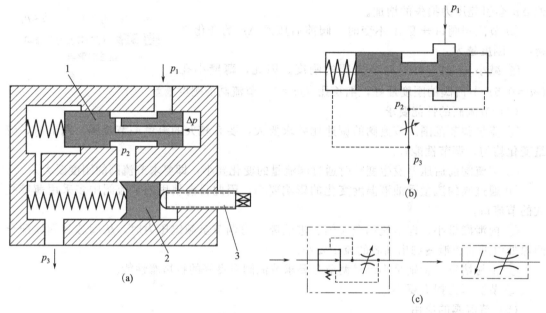

图2-15　出口节流调速阀
1—定差减压阀；2—节流阀；3—流量调节螺杆

　　看图 2-15 出口节流调速阀，其中图 2-15(a) 为结构原理，图 2-15(b) 为原理示意图，图 2-15(c) 为调速阀的符号。工作原理如下：压力油 p_1 由进油口流入，经定差减压阀阀口减压，压力降为 p_2 后流入节流阀的进油口，经节流口节流，压力降为 p_3，然后从出油口流出阀体到执行机构。压力油 p_3 通过阀体上的油路被引到减压阀阀芯左端的弹簧腔，压力油 p_2 通过阀体上的油路引到阀芯右端。这样的设计使节流阀两端的压差 $\Delta p = p_2 - p_3$ 恰好也是减压阀两端的压差，方向指向左，它产生的液压力与减压阀阀芯左端的弹簧力 F_T 相平衡，使阀芯处于某一平衡位置。在节流口开度不变的情况下，如果此时负载增加，则 p_3 增大，减压阀阀芯向右移动，这使得减压阀阀口开度增大，节流效果减弱，p_2 也增加，维持 $\Delta p = p_2 - p_3$ 基本保持不变，阀继续工作在稳定状态。相反，当因负载减小导致 p_3 减小时，减压阀阀芯将向左移动，减压阀阀口开度减小，节流效果增强，p_2 也减小，也会维持 $\Delta p = p_2 - p_3$ 基本保持不变。同理，当入口处压力油 p_1 增大时，p_2 也增大，减压阀阀芯将向左移动，使阀口开度减小，节流效果增强，p_2 减小，仍能维持压差 $\Delta p = p_2 - p_3$ 基本不变。当入口处压力油 p_1 减小时，p_2 也减小，减压阀阀芯将向右移动，使减压阀阀口开度增加，节流效果减弱，p_2 增大，维持压差 $\Delta p = p_2 - p_3$ 基本不变。

当回路的流量增大时，通过节流阀的流量也增大，这势必引起节流阀两边的压差 $\Delta p = p_2 - p_3$ 增大，从图 2-15 上看到这个 Δp 一直作用在定差减压阀的右端并将推动阀杆左移，使减压阀阀口开度减小，节流效果增强，这样 p_2 就会减小，从而维持 Δp 不变。同理，当回路的流量减小时，通过节流阀的流量也减小，这势必引起节流阀两边的压差 Δp 减小，在弹簧的作用下减压阀阀杆右移，使阀口开度增大，节流效果减弱，p_2 因此增大，继续维持 Δp 不变。

上述分析可知，无论进、出口油压以及回路流量如何变化，定差减压阀均能保持节流阀前后的压差基本不变，使阀的输出流量稳定。

当调速阀稳定工作时，减压阀阀芯平衡在某一位置，忽略减压阀的阀芯与阀体之间的摩擦力以及液动力，阀芯的受力平衡方程式为

$$F_K = (p_2 - p_3)A \qquad (2\text{-}16)$$

式中　F_K——弹簧力，N。

　　即

$$K(x_0 - x) = (p_2 - p_3)A \qquad (2\text{-}17)$$

式中　K——弹簧刚度，N/m；

　　x_0——减压阀口开度 $x = 0$ 时弹簧的压缩量，m；

　　x——阀口开度，m；

　　A——减压阀阀芯的有效作用面积，m^2。

通过节流阀口的流量是

$$Q = C_d A_T \sqrt{\frac{2}{\rho}(p_2 - p_3)} \qquad (2\text{-}18)$$

式中　C_d——节流阀阀口流量系数；

　　A_T——节流阀阀口过流面积，m^2；

　　ρ——油液密度，kg/m^3。

由式(2-17) 和式(2-18)，忽略液动力的影响，且考虑到 $x \ll x_0$，则

$$Q = C_d A_T \sqrt{\frac{2Kx_0}{\rho A}} \qquad (2\text{-}19)$$

由式(2-19) 可知，当节流阀阀口过流面积一定时，通过调速阀的流量基本保持不变，与负载和流量无关，这与前面对工作原理的分析是一致的。

根据调速阀的工作原理可知，液流反向流动时由于 $p_3 > p_2$，所以定差减压阀的阀芯会始终在最右端的阀口全开位置，这时减压阀失去作用而使调速阀成为单一的节流阀，因此调速阀不能反向工作。

如果我们把图 2-15 出口节流调速阀中的定差减压阀的弹簧位置改变，并把进出油口对换，就成为进口节流调速阀，图 2-16(a) 所示为进口节流调速阀的结构原理，可以看出，该调速阀是将定差减压阀串联在节流阀之后。图 2-16(b) 为原理示意图，图 2-16(c) 为调速阀的符号。

进口节流调速阀的工作原理如下：压力油 p_1 由进油口流入，经节流阀后压力降为 p_2，再经定差减压阀阀口减压后压力降为 p_3，然后从出油口流出阀体到执行机构。阀的油道设计使节流阀两端的压差 $\Delta p = p_1 - p_2$ 也是减压阀两端的压差，方向指向右，它产生的液压力与阀芯右端的弹簧力 F_T 相平衡，使减压阀的阀芯处于某一平衡位置。如果外负载使 p_3 升高，这将引起整个调速阀的 $p_1 - p_3$ 减小，使通过整个阀的流量减小，并导致节流阀的阀

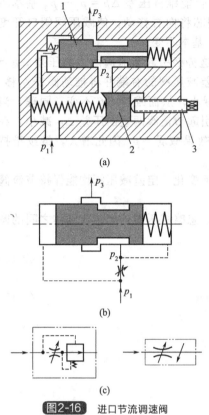

图2-16　进口节流调速阀

1—定差减压阀；2—节流阀；
3—流量调节螺杆

口压差 $\Delta p = p_1 - p_2$ 减小，但这时减压阀的平衡被破坏，阀芯在弹簧力作用下左移，使减压阀开口增大，压差 $p_2 - p_3$ 减小，即 p_2 减小，因此 $p_1 - p_2$ 增大，从而维持压差 $\Delta p = p_1 - p_2$ 基本不变。同理，如果进口压力 p_1 增加，引起 $p_1 - p_3$ 增大，使通过整个阀的流量增大，导致节流阀阀口的压差 $\Delta p = p_1 - p_2$ 增大，减压阀阀芯右移，使减压阀开口减小，$p_2 - p_3$ 增大，即 p_2 增大，继续维持压差 $\Delta p = p_1 - p_2$ 基本不变。

当回路的流量增大时，通过节流阀的流量也增大，这势必引起节流阀两边的压差 $\Delta p = p_1 - p_2$ 增大，这个压差将推动阀芯右移，使减压阀阀口开度减小，节流效果增强，这使 p_2 增大，从而维持 Δp 不变。同理，当回路的流量减小时，通过节流阀的流量也减小，这势必引起节流阀两边的压差 $\Delta p = p_1 - p_2$ 减小，在弹簧的作用下阀芯左移，使阀口开度增大，节流效果减弱，p_2 因此减小，继续维持 Δp 不变。

当调速阀稳定工作时，减压阀阀芯平衡在某一位置，忽略减压阀的阀芯与阀体之间的摩擦力以及液动力，阀芯的受力平衡方程式为

$$F_T + Sp_2 = Sp_1 \tag{2-20}$$

即

$$p_1 - p_2 = \frac{F_O}{S} \tag{2-21}$$

由式(2-21) 可以看出，减压阀的作用就是维持定差减压阀阀芯两腔的压差 $\Delta p = p_1 - p_2$，使流过节流阀阀口的流量仅仅与阀口的开度有关，而与进、出口压力和流量无关。

以上两种调速阀，即出口节流调速阀和进口节流调速阀的流量调节的方式有两种：一种通过流量调节螺杆改变固定节流口的大小，即改变过流面积 A 来调节流量，这是常用的调节方式；根据原理看，还可以通过改变定差减压阀弹簧预紧力 F_O，即改变节流口前后的压差 Δp 来调节流量。

调速阀的应用范围非常广泛，在后面的章节中我们会经常提到回路的调速问题，特别是负荷传感系统，其本质就是一种与负载无关的调速系统，正是由于它的应用才得以使系统获得了优异的性能。需要提醒的是，选择调速阀时应该注意阀的工作范围，因为保持它的流量稳定是有条件的，那就是节流阀前后的压差。当回路流量过大，超过节流阀的通流能力时，压差将不能保持恒定；流量过小，无法建立起应有的压差时，调速阀的流量也不能保持恒定。另外，当回路压力很低时，定差减压阀将在弹簧力的作用下处于全开位置，无法调节压差，调速阀的流量也不能保持恒定，此时的调速阀只相当于普通的节流阀。

由于插装式调速阀具有外形尺寸小、性能优越和可控性好等优点，越来越多地应用在工程机械领域，下面对插装式调速阀的结构和原理做一些分析，见图2-17。

这是一个进口节流调速阀，但与图2-16有所不同，它采用的节流阀是固定节流孔1，弹簧3的预紧力可以用流量调节手柄6来调节。

进油口压力 p_1 经过固定节流孔1后压力降为 p_2，再通过可变节流孔2压力降为 p_3，当流量调节手柄6固定在某个位置时，假设定差减压阀4右端的弹簧预紧力为 F_T，阀杆左端面和右端面的有效作用面积为 S，则定差减压阀的受力平衡方程为

$$p_1 S = p_2 S + F_T$$

即
$$\Delta p = p_1 - p_2 = \frac{F_T}{S} \tag{2-22}$$

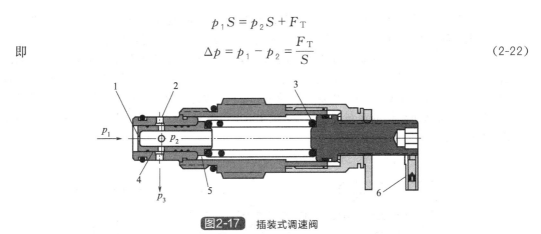

图2-17　插装式调速阀

1—固定节流孔；2—可变节流孔；3—弹簧；4—定差减压阀；5—阀杆；6—流量调节手柄

　　这个 Δp 即为固定节流孔1前后的压差，方向为指向右，并与弹簧力 F_T 平衡，当弹簧力 F_T 的变化不大时，可以认为 Δp 不变。可以看出，流过调速阀的流量就是通过固定节流孔的流量，而固定节流孔前后的压差不变，那么流过调速阀的流量就是稳定的。这就是插装式调速阀的工作原理。转动流量调节手柄可以改变定差减压阀右端的弹簧预紧力，以此可以改变 Δp 的大小，从而调节调速阀的流量。如果将手动式的流量调节手柄改为比例电磁铁，就可以实现流量调节的电比例控制。

　　调速阀虽然由于定差减压阀的压力补偿作用能够在变负载的情况下保证节流阀前后压差不变，使其流量稳定，但在油液温度发生变化时，由于油液黏度随之改变，引起雷诺数 Re 和流量系数的变化，将导致通用流量方程式 $Q = K_L A \Delta p^m$ 中的节流系数 K_L 不能保持为常数，影响调速阀流量的稳定。因此，在系统油温变化较大且对流量稳定性要求较高时，需要对调速阀采取温度补偿措施。温度补偿调速阀的工作原理是，当油液温度高时，温度补偿装置使节流阀口开度自动变小，当温度降低时，温度补偿装置使节流阀口开度自动变大，从而保证流量不随温度变化而变化，最常用的温度补偿装置是温度补偿杆。温度补偿杆由热膨胀系数较大的材料制成，当油温升高时，补偿杆膨胀使阀芯移动，节流口关小，以抵消由于油液黏度降低导致阀口流量升高的影响。

2.2.3　溢流型调速阀

　　我们仍然利用节流阀前后压差的变化越小，其刚度就越大的原理，将节流阀与一个定压溢流阀并联，利用定压溢流阀的定压溢流作用，给节流阀前后的压力进行一些补偿，使得节流阀前后的压差近于不变，那么通过节流阀的流量也就不受负载变化的影响而保持稳定，这就是溢流型调速阀的设计思路。

　　溢流型调速阀的结构原理如图 2-18(a) 所示，原理示意图如图 2-18(b) 所示，图形符号如图 2-18(c) 所示。

　　压力油 p_1 由溢流型调速阀的进油口流入阀体后分成三路：一路进入节流阀；另一路通过内部通道作用在定压溢流阀1的右端面；还有一路多余的油液经 T 口回到油箱。进入节流阀后的油液压力降为 p_2 后分成两路：一路去执行元件；另一路油液经内部通道进入定压溢流阀的弹簧腔（左端面）。当调速阀稳定工作时，作用在定压溢流阀阀芯的右端面和左端面液压力的合力，即两端的压差 $\Delta p = p_1 - p_2$ 与阀芯左端的弹簧力 F_T 平衡，Δp 指向左而 F_T 指向右。当负载增大时，p_2 升高，Δp 减小，此时阀芯的受力平衡被破坏，阀芯向右移动，阀口开度 x 变小，使来自进油口的油液溢流回油箱的流量减少。由于溢流型调速阀安装在执行元件的进油路上，因此阀口开度 x 的减小会引起液压泵出口压力升高，即 p_1 增加，Δp 因此而增大，阀芯受力恢复平衡，并在一个新的平衡位置继续稳定工作。由于弹簧3 的刚度很小，因此阀芯的微小移动所引起的弹簧力变化可以忽略不计，认为阀芯两端的压差 Δp 不变。注意到阀芯两端的压差 Δp 也是节流阀两端的压差，所以通过节流阀的流量可以稳定。同理，如果负载变小，引起 p_2 降低，Δp 增大。类似上面的分析过程，阀口开度 x 将会变大，溢流到油箱的流量增加，p_1 减小，Δp 恢复原状，继续保持流量稳定，不受负载变化的影响。

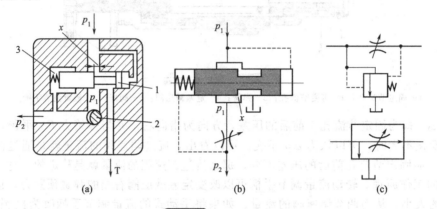

图2-18 溢流型调速阀

1—定压溢流阀；2—节流阀；3—弹簧；x—阀口开度

阀稳定工作时，定压溢流阀1的阀芯受力平衡方程为

$$\Delta p = p_1 - p_2 = \frac{F_K}{S} \qquad (2\text{-}23)$$

式中 S——阀芯面积，m^2。

从式(2-23)中可以看出，当弹簧力变化不大时，Δp 为一常数。

溢流型调速阀与进口（出口）节流调速阀（简称调速阀）虽然都能实现节流阀两端的压力补偿，使流量不受负载变化而变化，但是两者在使用时有明显的区别。调速阀可以安装在执行元件的进油路或者是回油路上，而溢流节流型调速阀则必须安装在执行元件的进油路上。使用调速阀时，液压泵的出口压力保持恒定；使用溢流型调速阀时，液压泵的出口压力将随着负载的变化而变化（或可称为变压系统），即经定压溢流阀阀口（开度）x 回到 T 口的流量损失并不总是系统溢流阀的最大值，因此溢流型调速阀的节能效果要好于调速阀，但溢流型调速阀的流量稳定性不如调速阀好，而且溢流型调速阀要求在回油箱的油路不允许有负载。溢流型调速阀还有一个特点，那就是当负载 p_2 直接与油箱接通时，定压溢流阀阀芯将被迅速推向最左边，阀口 x 开到最大，泵来油将在很低的压力下卸荷。

为了防止系统过载，溢流型调速阀常会附带一个安全阀，构成所谓带安全阀的溢流型调速阀，其结构原理如图 2-19(a) 所示，图 2-19(b) 为符号。这种溢流调速阀也必须安装在执行元件的进油路上，它的特点是当负载 p_2 超过安全阀的设定值时，安全阀打开，随着泵出口压力 p_1 的提高，$\Delta p = p_1 - p_2$ 不断增大（注意此时的负载压力 p_2 没变），定压溢流阀阀芯将被推向最左边，阀口 x 开到最大，让液压泵的全部来油都回到油箱，此时的调速阀功能相当于系统的溢流阀。

正因为上述带安全阀的溢流型调速阀的这些特性，使得它在液压系统中得到了广泛的应用，在后面的章节中我们可以看到该阀的很多用途，特别是在负荷传感系统（详细内容见第6 章，该阀被称为三通压力补偿器）中的灵活应用使其功能发挥得淋漓尽致。如果在定量系统中将该阀布置在主控阀入口处，不但可以实现中位卸荷，还可以使系统并不总是在最高压力下卸荷，从而实现节能的效果。

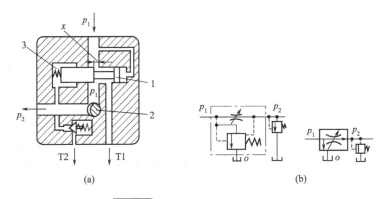

图2-19 带安全阀的溢流型调速阀

1—定压溢流阀；2—节流阀；3—弹簧；x—阀口开度

溢流型调速阀如果采用电控的方式改变定压溢流阀阀口的开度，则称为电比例溢流调速阀。如图 2-20 所示为 Parker 公司生产的插装式电比例溢流调速阀的结构原理和符号，代表油道的字母可以相互对照。这是一个多功能调速阀，泵来油通过插装阀的阀体油道进入插装阀的 a 口和 d 口。油液进入阀的 d 口后分成两路：一路经定差减压阀 5 径向孔进入阀芯右腔；另外一路通过可变节流口 3 减压后输出到 c 口去执行元件。另外，从 c 口出来的油还经过插装阀阀体油道分别流入定差减压阀 5 的弹簧腔（左腔）和定压溢流阀 1 的弹簧腔（右腔）。

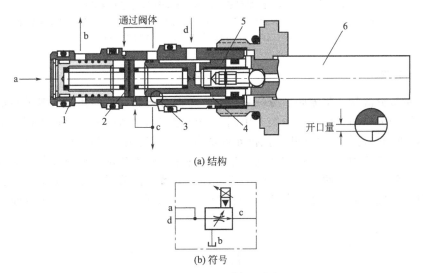

图2-20 Parker 插装式电比例溢流调速阀

1—定压溢流阀；2—卡环固定弹簧座；3—节流阀（可变节流口）；4—阀体上的轴向切槽；
5—定差减压阀；6—比例电磁铁

定压溢流阀 1 左端作用着进口压力 p，右端作用着减压后的压力 p_c，阀芯的平衡方程为

$$\Delta p_1 = p - p_c = \frac{F_{K1}}{S_1} \tag{2-24}$$

$\Delta p_1 = p - p_c$ 的方向指向右，弹簧力 F_{K1} 的方向指向左。S_1 为阀芯受力面积。

定差减压阀 5 右端作用着进口压力 p，左端作用着减压后的压力 p_c，阀芯的平衡方程为

$$\Delta p_2 = p - p_c = \frac{F_{K2}}{S_2} \tag{2-25}$$

$\Delta p_2 = p - p_c$ 的方向指向左，弹簧力 F_{K2} 的方向指向右。S_2 为阀芯受力面积。

当给阀右端的比例电磁铁通电时，衔铁将推动定差减压阀 5 的阀芯向左移动，使节流阀 3 的开口量增大，c 口输出压力 p_c 将会升高，同时经 a 口溢流回 b 口（通油箱）的流量将会减少，即输入电流与输出压力成正比。反之也成立。因此在图示状态时该阀的功能为溢流型调速阀。

如果将进油口 a 封住，那么定压溢流阀 1 的出油口 b 将没有油流回油箱，此时该阀则变形为定差减压阀；如果在插装阀阀体的出口 c 设置固定阻尼孔 z，则该阀就成为出口节流调速阀，如图 2-21 所示。

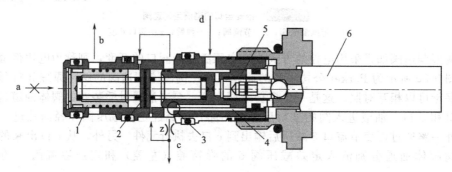

图2-21　Parker 插装式电比例溢流调速阀变型为调速阀

1—定压溢流阀；2—卡环固定弹簧座；3—节流阀（可变节流口）；4—阀体上的轴向切槽；
5—定差减压阀；6—比例电磁铁；z—固定阻尼孔

2.2.4　分集流阀

分集流阀是分流阀、集流阀、分流集流阀、单向分流阀、单向集流阀等的总成，又称为同步阀。分流阀的作用是使液压系统中由同一个能源向两个执行元件供应相同的流量（等量分流），或者按照一定的比例向两个执行元件供应流量（比例分流），从而保证两个执行元件达到速度同步或者达到一定的速比运动。集流阀的作用则是从两个执行元件收集等流量或者按比例的回油量，以实现两个执行元件的速度同步或者定比关系。由于分流阀的工作原理与集流阀相似，在此以最为典型的分流阀为例分析其工作原理。图 2-22 所示为分流阀的结构原理及图形符号。

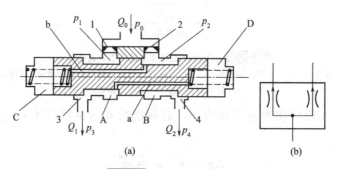

(a)　　　　　(b)

图2-22　分流阀结构原理

1,2—固定节流口；3,4—可变节流口

分流阀的主要结构由阀芯、两个相同的对中弹簧、两个相同的固定节流口等组成。滑阀上的通道 a 使得油室 A 与右侧的弹簧腔 D 相通，通道 b 使得油室 B 与左侧的弹簧腔 C 相通，滑阀加工左右完全对称，在装配时保证滑阀在对中弹簧的作用力下处于中间位置。当两出油口所接的负载压力相等，即 $p_3 = p_4$ 时，通过可变节流口 3、4 反馈到油室 A 和油室 B 的压力也相等，即弹簧腔 D 与弹簧腔 C 的压力也相等，在对中弹簧和阀芯两端液压力的作用下，阀芯处于中间位置，使左右两侧的可变节流口 3、4 的开度也相等，所以固定节流口 1、2 的前后压力差也相等，即 $p_0 - p_1 = p_0 - p_2$，于是两出油口分得的流量也相等，即 $Q_1 = Q_2$。当两出油口所接的负载压力不相等时，假设 $p_3 > p_4$，负载压力的变化也通过可变节流口反馈到油室 A 和油室 B，如果阀芯来不及移动而处于中间位置时，则固定节流口 1 的压差（$p_0 - p_1$）＜固定节流口 2 的压差（$p_0 - p_2$），由于两分支的液阻相等，因此将导致 $Q_1 <Q_2$，即分流的流量不相等；但此时油室 A 和油室 B 的压力分别经通道 a 和通道 b 也反馈到弹簧腔 D 和弹簧腔 C，使两腔的压力不相等；即阀芯右端的液压力大于左端的液压力。于是阀芯左移，可变节流口 3 的开度增大，节流效果减弱，p_1 减小，从而 $p_0 - p_1$ 增大；可变节流口 4 的开度减小，节流效果增强，p_2 增大，从而 $p_0 - p_2$ 减小。如上所述，阀芯的左移改变了可变节流口 3、4 的开度，调整了 p_1 和 p_2 的压力，从而继续维持 $p_0 - p_1 = p_0 - p_2$，直到 $Q_1 \approx Q_2$，$p_1 \approx p_2$ 为止，阀芯又重新稳定工作在一个新的平衡位置，此时两出油口分得的流量又恢复相等。直观看也是这个道理，当可变节流口 3 的流量减小时，阀芯左移使其开口量增加将有助于 Q_1 增大，而可变节流口 4 的开口量减小也有助于 Q_2 减小。

分流阀的重要评价指标是分流精度 ξ，定义为两个支路流量的差值与进口流量的一半之比，即

$$\xi = 2\frac{Q_1 - Q_2}{Q_0} \tag{2-26}$$

既可以完成分流功能又可以完成集流功能的阀称为分（集）流阀。集流阀的工作原理与分流阀相同，只不过液流方向相反，由两股液流合成一股液流。图 2-23 所示为分（集）流阀的结构原理和图形符号。

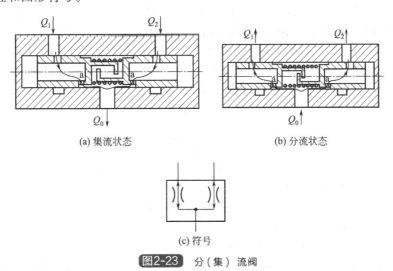

(a) 集流状态　　　　　　(b) 分流状态

(c) 符号

图2-23　分（集）流阀

该阀有两个完全相同的带挂钩的阀芯，因此被形象地称为挂钩式分（集）流阀。两个阀芯上均钻有固定节流孔 a，按流量规格不同，固定节流孔直径及数量不同：流量越大，孔数和孔径越大。两侧流量比例为 1∶1 时，两阀芯上固定节流孔完全相同。阀芯上还有通油孔与阀体上的孔组成可变节流口。集流状态时两阀芯向中间靠拢，如图 2-23(a) 所示；分流状

态时两阀芯左右分开，如图 2-23(b) 所示。细心的读者可能已经发现，图 2-22 所示的分流阀中，两个固定节流阀 1、2 位于阀体上，它通过调节两个固定节流阀的出口（可变）阻尼来维持两个固定节流阀的进出口压差相等；而图 2-23 所示的分（集）流阀中，两个固定节流孔 a 位于两个挂钩阀芯上，通过调节两个固定节流孔 a 的进口（可变）阻尼来维持两个固定节流孔的进出口压差相等。两者的工作原理相同。例如，当该阀处于图 2-23(b) 所示的分流状态时，如果 Q_1 油路的负载压力大于 Q_2，势必引起 $Q_1 < Q_2$，但由于此时阀体左腔室压力高于右腔室，于是左挂钩阀芯将向右移动，并通过弹簧推动右挂钩阀芯也向右移动，即左、右挂钩阀芯将同步右移，这个结果使 Q_1 回路的可变节流口面积增大，节流效果减弱，（有助于 Q_1 回路的流量增加）；而 Q_2 回路的可变节流口面积减小，节流效果增强（有助于 Q_2 回路的流量减少）。这样，就可以继续维持两回路流量相等。

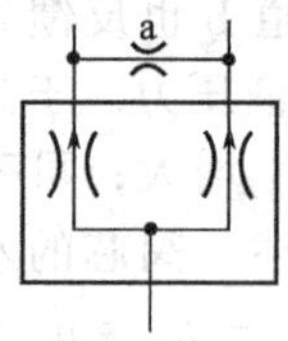

由于弹簧力、液动力和摩擦力等因素的影响以及两侧固定节流孔特性不可避免的差异，一般会使分（集）流阀有 2% ～5% 的同步误差，当分（集）流阀用在精度要求较高的同步控制场合时，应注意产品样本的这个技术指标。

图2-24　分流阀
修正节流孔

为了提高分流精度，设计时要采取消除液动力影响的滑阀结构，并提高加工精度，提高油液的清洁度，在保证阀芯回位的前提下，采用尽量减小弹簧刚度以及尽可能减小固定节流孔的直径等措施，必要时可采用串联液阻。除此之外，还可以在阀体内部或外部设置一个如图 2-24 所示的修正节流孔 a。

修正节流孔 a 可以使负载较大的那一路的油液有一部分流入负载较小的那一路，设想如果能使通过修正节流孔的流量适应于当时两条支路的压差，那么分流阀的分流精度就可以提高。

2.2.5　单支稳流阀

单支稳流阀简称单稳阀，它实际上为一个定差减压阀和一个节流阀的组合，图 2-25 所示为其结构原理。单稳阀的功能为：液压油从单稳阀 P 口进入，流量为 Q，经单稳阀后输出稳定流量 Q_B 和剩余流量 Q_A，无论输入流量 Q 如何变化，该阀总能保证输出稳定流量 Q_B。P 口来油后分成两路：一路经定差减压阀阀芯的轴向小孔进入 a 腔，即 $p_a = p$，这一路压力油将推动阀芯向右移动，并压缩弹簧；另一路经阀芯的径向阻尼孔 d_0 进入阀芯内部，然后从 B 口流出，注意到阀芯右移时将打开 P—A 阀口，部分油将从 A 口流出。定差减压阀阀芯在平衡状态时，列出受力平衡方程为

$$pS - p_b S = K(x_0 - x) \qquad (2-27)$$

整理后得
$$p - p_b = \frac{K(x_0 - x)}{S} \qquad (2-28)$$

式中　$p - p_b$——阀芯所受 a 腔与 b 腔的压差，方向指向右，Pa；

　　　　S——阀芯受力面积，m^2；

　　　　K——弹簧刚度，因弹簧很软，所以 K 值较小，N/m；

　　　　x_0——弹簧的预压缩量，m；

　　　　x——弹簧的压缩量，即阀芯位移，m。

当弹簧刚度 K 很小且阀芯位移 x 的变化不大时，压差 $p - p_b$ 可以看作常数。从图 2-25 中可以看出，压差 $p - p_b$ 刚好也是阻尼孔 d_0 的前后压差，因此通过阻尼孔的流量也不变，即

$$Q_B = Cf \sqrt{\frac{2}{\rho}(p - p_b)} \qquad (2-29)$$

式中　C——流量系数；

　　　f——小孔 d_0 的截面积，m^2；

　　　ρ——油液密度，kg/m^3。

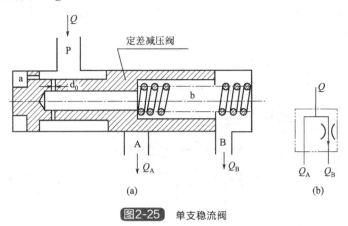

图2-25　单支稳流阀

由此可见，单稳阀可以保证通过 B 口的流量稳定，不受负载大小的影响。这也可以从阀的工作原理看出：

如果 B 口的负载压力减小时，则 b 腔压力也降低，这会造成瞬时压差 $p-p_b$ 增大，使 Q_B 增大。但此时阀芯失去平衡并在压差作用下右移，关小 B 口，使节流效果增强，压力 p_b 因此而升高，于是压差 $p-p_b$ 减小并恢复为原来值，Q_B 也恢复为正常。

如果 B 口负载增大时，b 腔压力也增大，造成压差 $p-p_b$ 减小，Q_B 减小。但此时阀芯在弹簧力作用下左移，使 B 口开大，节流效果减弱，压力 p_b 降低，压差 $p-p_b$ 增大并恢复为原来值，Q_B 也恢复正常。

同样道理，如果 A 口负载增大，导致 P 口压力升高时，造成压差 $p-p_b$ 增大，Q_B 增大，但此时阀芯将右移，关小 B 口，使 Q_B 恢复正常；如果 A 口负载减小，导致 P 口压力降低时，造成压差 $p-p_b$ 减小，Q_B 减小，但此时阀芯将左移，开大 B 口，使 Q_B 恢复正常。

值得注意的是，当定差减压阀阀芯移动时，不但调节了 B 口的开度，同时也调节了 A 口的开度，且 A、B 两口流量调节的趋势一致，所以单稳阀的灵敏度还是很高的，无论是 A、B 口负载压力的变化还是其他原因引起进油压力 P 的变化，都能够使压差 $p-p_b$ 保持为常数，从而稳定地输出 B 口流量，而且，从另外一个输出口 A 也可以得到"剩余的流量"，输送到其他执行元件。单稳阀的这一特性使得它可以用于除主回路之外的其他支路中获得稳定流量，可以减少泵的数量需求。

对 B 口的流量调节的方式有两种：改变固定节流口，即阻尼孔 d_0 的大小；改变定差减压阀的弹簧预紧力，即改变通过节流口的前后压差 Δp。

在系统中使用单稳阀时需要注意，因为 A、B 两条回路都是工作回路，所以都应该设置溢流阀。另外，B 口也不能被封闭，否则 A 口就不能出油。

如果将安全阀与单稳阀组装在一起，就构成了带安全阀功能的单稳阀。图 2-26 所示为 BUCHER 液压公司生产的单稳阀结构原理，P 口输入总流量，通过节流阀 2 以及节流阀前后的稳定压差，从 B 口输出稳定流量，剩余流量从 A 口输出。假设 B 口另外设置有安全阀（图中虚线表示通过通道或管路连接），当 P 口流量小于阀设定的最小流量时，定差减压阀 1 不动，流量全部进入 B 口，单稳阀正常工作时优先保证 B 口稳定流量。与图 2-25 所示单稳阀不同的是，该阀增加了一个通油箱的 T 口，当定差减压阀的压差（也即节流阀 2 的压差）

超过弹簧 3 的极限压力设定值时，定差减压阀阀芯会继续右移，将 P 口与 T 口连通，从而让 P 口的油溢流回油箱（起到安全阀作用）。此时 P 口的压力将继续维持，不再升高，这是 B 口得到稳定流量的前提条件之一；显然，当 B 口安全阀溢流时，B 口也将不能得到稳定流量，这是 B 口得到稳定流量的前提条件之二；此时如果 P 口压力还可以继续升高，定差减压阀仍可将 P—T 连通。

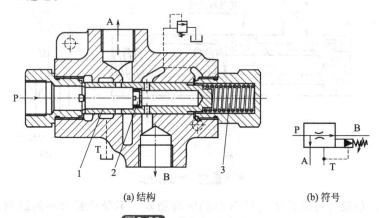

(a) 结构   (b) 符号

图2-26 带安全阀的单稳阀

1—定差减压阀；2—节流阀（可更换）；3—弹簧

单稳阀和溢流型调速阀均属于流量调节阀，都能够在一定的工作范围内保证液压系统单支路的输出流量稳定，使其不随液压泵输出流量的变化而变化，但两者也有明显的差别：单稳阀除提供一条稳流油路外，尚允许另外一条油路克服负载正常工作；而溢流调速阀只能提供一条稳流的油路，另外一条油路必须接油箱，不允许有负载。正因为如此，两者的图形符号不同，如图 2-27 所示，将单稳阀、带安全阀的单稳阀与溢流型调速阀的图形符号再做一次对比，以加深印象。

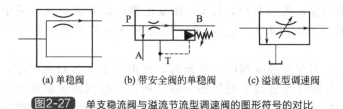

(a) 单稳阀   (b) 带安全阀的单稳阀   (c) 溢流型调速阀

图2-27 单支稳流阀与溢流节流型调速阀的图形符号的对比

2.3 方向控制阀

方向控制阀主要用于控制油路油液的通断，从而控制液压系统执行元件的换向、启动和停止。

2.3.1 单向阀

单向阀可分为普通单向阀和液控单向阀。普通单向阀只允许油液向一个方向流动，反向流动被截止；液控单向阀在外控油的作用下反方向也可以流动。

（1）普通单向阀

常见的普通单向阀的阀芯有钢球阀芯和锥面阀芯两种，球阀造价较低，适合于压力低、流量小的场合；锥阀密封性更好，适应性更广，但造价相对要高一些。普通单向阀按进出油口相对位置的不同可分为直通式和直角式，图 2-28（a）为球阀直通式，图 2-28（b）为锥阀

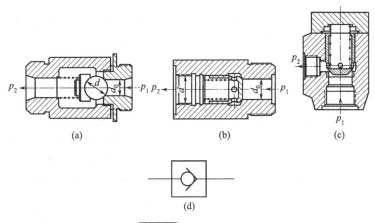

$$\text{图2-28} \quad 普通单向阀$$

直通式, 图 2-28 (c) 为锥阀直角式, 图 2-28 (d) 为普通单向阀的图形符号。

普通单向阀的工作原理是: 当压力油 p_1 从进油口流入时, 液压力克服弹簧力的作用, 顶开钢球或是锥面阀芯, 油液 p_2 从出油口流出, 构成通路。当压力油 p_2 出油口流入时, 在弹簧和液体压力的作用下, 钢球或锥面阀芯压紧在锥阀座孔上, 阀口的密封作用使液流不能通过, 所以普通单向阀不允许油液的反向流动。

普通单向阀在油路中主要用来限制液流的流向, 首先要求它的正向阻力小, 压降损失小, 所以选用的弹簧刚度较小, 以获得较小的开启压力和较小的正向阻力, 如图 2-28 所示的进口压力 p_1 与出口压力 p_2 可以视为相等。但是, 单向阀被当作背压阀和旁通阀使用时, 它的弹簧力就不能忽略, 尤其是在马达回路中设置的背压阀开启值以及与油散热器并联的旁通阀开启值还应该比较准确才行。此外, 单向阀还要求动作灵敏可靠, 反向泄漏小, 密封可靠。在后面的章节中, 经常会看到单向阀的应用。

(2) 液控单向阀

液控单向阀是一种通入控制压力油之后允许油液反向流动的单向阀。它由单向阀和液控装置两部分组成, 如图 2-29 所示。当图 2-29 (a) 中的控制口 K 未通压力油时, 作用与普通单向阀相同, A—B 正向流通, 反向 B—A 截止。当控制口 K 通入压力油 (即控制油压) 后, 控制活塞 a 在液压力的作用下向右移动, 将锥阀顶开, 压力油正向或者反向都可以通过单向阀。

当压力油 B—A 反向流动时, 由于此时的压力相当于系统的负载压力, 通常会很高, 有时会导致控制口的油压需要很高

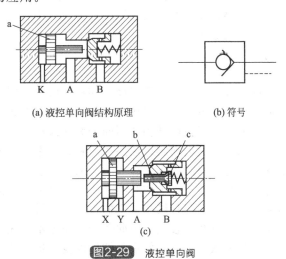

(a) 液控单向阀结构原理　　　　　(b) 符号

(c)

$$\text{图2-29} \quad 液控单向阀$$

才能使得活塞将锥阀顶开, 这影响了液控单向阀的可靠性, 解决的办法通常有两种: 对于系统工作压力较高的情况, 可以在单向阀主阀芯中间设置一个更小的先导阀芯 c, 如图 2-29 (c) 所示, 由于先导阀芯的右端面面积小, 因此系统载荷压力作用在先导阀芯上的液压力也小, 因此控制口的油液压力不需要很高就可以将先导阀芯顶开, 使先导阀芯向右移动, 由于在先导阀芯 c 上设计有轴向切槽 b, 当它向右移动时可使 B 口与 A 口相通, 使得 B 口泄压,

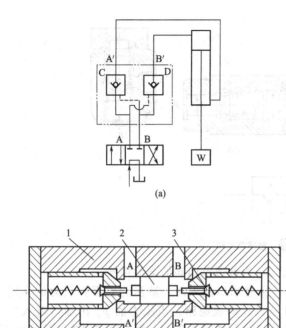

此时的控制活塞 a 就能够进一步向右移动将单向阀主阀芯顶开，B—A 之间完全开启，压力油由 B 口流向 A 口。

对于系统背压较高的情况，还可以设置一个泄油口 Y 口，如图 2-29（c）所示，这样背压对开启阀芯的阻力也就不大，外泄口 Y 可将 A 腔和 X 腔的泄漏油排回油箱，这种结构的液控单向阀称为外泄式液控单向阀，而图 2-29（a）所示的液控单向阀则称为内泄式液控单向阀。

阀芯为锥面结构的液控单向阀未通控制油时具有良好的反向密封性，常用于保压、锁紧和平衡等回路。

（3）双向液压锁

双向液压锁是液控单向阀在锁紧回路中的一种典型应用。其连接方式如图 2-30（a）所示，将两个液控单向阀分别接在液压缸两腔的进油路上，当换向阀位于左位时，压力油一路通过液控单向

图2-30　双向液压锁

1—阀体；2—控制活塞；3—先导阀芯

阀 C 进入液压缸小腔，一路成为液控单向阀 D 的控制油路使其反向开启，液压缸大腔的油液通过液控单向阀 D 回油箱，液压缸活塞向上运动；同理，换向阀处于右位时，液压缸活塞向下运动。当换向阀处于中位时，液压缸活塞可被紧锁在任意位置，这种功能通常称为双向液压锁。这种双向液压锁的结构原理如图 2-30（b）所示。最常见的液压锁回路是起重机的支腿回路：作业时支腿油缸闭锁，承受来自整机的各种载荷；运输时支腿油缸缩回，方便运输和整机通过。

2.3.2　换向阀

换向阀的工作原理是借助于阀杆与阀体之间的相对运动来改变阀体上各油口通断关系，从而改变液流方向实现对执行元件的启动、停止或者换向控制。

换向阀可以按照结构的不同分为转阀型、锥阀型和滑阀型三种。转阀型是利用阀芯相对于阀体做旋转运动而实现油路的通断，最常见的转阀是装载机、平地机的转向阀；锥阀型则是通过阀芯相对于阀座开启或闭合来实现换向，这类阀常见于组合插装阀；滑阀型换向阀的阀杆为圆柱形滑阀，工作时阀芯相对于阀体做轴向运动，这类阀最常用，例如各种各样的多路换向阀。以上三种结构形式的换向阀，转阀型由于作用在它的阀芯上面的液压径向力不易平衡，加之密封性较差，因此适合于压力不是太高、流量不是太大的场合；锥阀型有密封性好、动作灵敏的优点，但是其结构以及制造工艺比较复杂，通用化程度较低；滑阀型由于液压轴向力和径向力容易实现平衡，因此操纵力较小。另外，滑阀型还具有动作可靠、工艺性好，容易实现多种机能等优点，因而在换向阀中应用最为广泛。

在工程机械领域多使用滑阀形换向阀，并且要求控制多个执行元件，例如挖掘机的主控制阀，它可以通过对换向阀先导压力的控制实现换向阀阀口开度的连续变化，不但能够实现对液压油流动方向的控制，还能对阀的输出流量和压力进行控制，由于驱动换向阀换向的先导压力可以连续无级变化，因此对主控制阀的输出流量和压力也能实现连续的无级变化

控制。

　　至此，我们知道换向阀不仅可以实现对液压油的通、断和方向的控制，更重要的是，还可以实现对流量和压力的控制。所以，在后面章节对诸多系统和回路分析的简图中，通常将换向阀用可变节流口的形式表达（除非特别指明为可变阻尼），请读者理解并留意。

　　换向阀根据阀芯在阀体内停留的工作位置数可以分为二位、三位、四位等，根据与阀体连接的主油路数可分为二通、三通、四通、五通乃至更多的通道等，于是可以得到二位二通、二位三通、二位四通、三位四通、三位五通、四位六通等不同的形式。关于换向阀的图形符号做如下说明。

　　① 用方框表示阀的工作位置，有几个方框就表示有几个工作位置。

　　② 方框内的箭头表示油路处于接通状态，但箭头方向不一定完全表示液流的实际方向。方框内的"⊥"或"T"表示该通路不通。

　　③ 方框外部的接口数有几个就表示几"通"。

　　④ 进油口用字母 P 表示，回油口用 T 表示，A、B 表示执行元件的工作油口。

　　⑤ 每个换向阀都有一个常态位，即阀芯不受操纵力时所处的位置。三位阀的中位是它的常态位，利用弹簧复位的二位阀则以靠近弹簧的方框内的通路状态为其常态位，图形符号上的字母均标注在常态位上。

　　⑥ 换向阀的控制方式及复位方式的符号画在换向阀的两侧。

　　常用换向阀的结构原理和图形符号如表 2-3 所示。

　　二位二通阀相当于一个油路开关，可用于控制一个油路的通和断。二位三通阀可用于控制一个压力油源 P 对两个不同油口 A 和 B 的换接，或控制单作用液压缸的换向。二位四通阀和三位四通阀都广泛用于执行元件的换向。三位四通阀相比二位四通阀的优点是具有中位，可以充分利用中位实现各种中位机能，简化回路设计。比如可以实现液压缸在任意位置的停止并锁紧。四通阀和五通阀的区别在于：五通阀具有 P、A、B、T_1 和 T_2 五个油口，而四通阀由于 T_1 和 T_2 油口在阀内部相通，因此对外只有四个油口。四通阀和五通阀用于执行元件的换向时，其作用基本相同，五通阀由于具有两个回油口，可使执行元件在正反向运动中具有不同的回油路。

表2-3　常用换向阀的结构原理和图形符号

名称	结构原理图	图形符号
二位二通	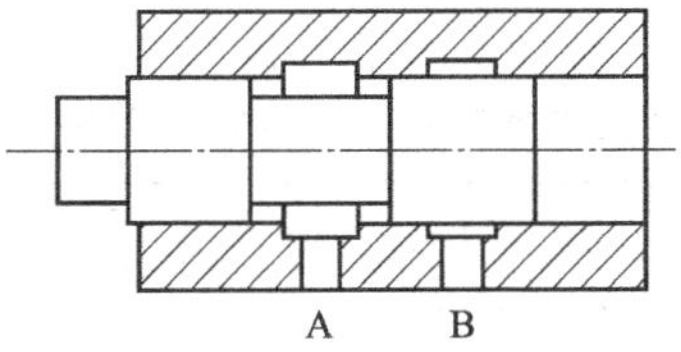	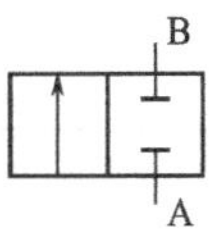
二位三通	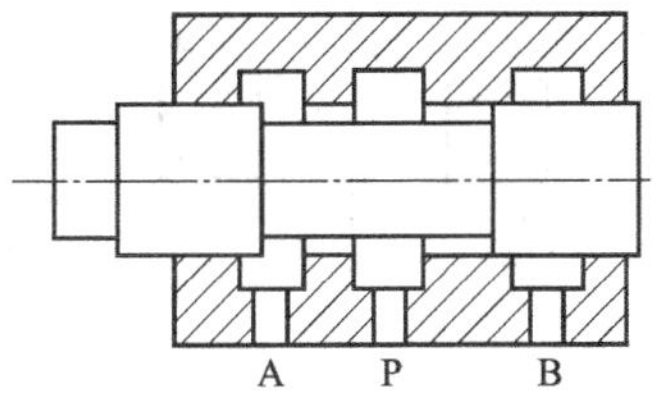	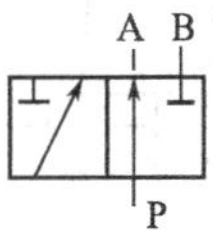

续表

名称	结构原理图	图形符号
二位四通	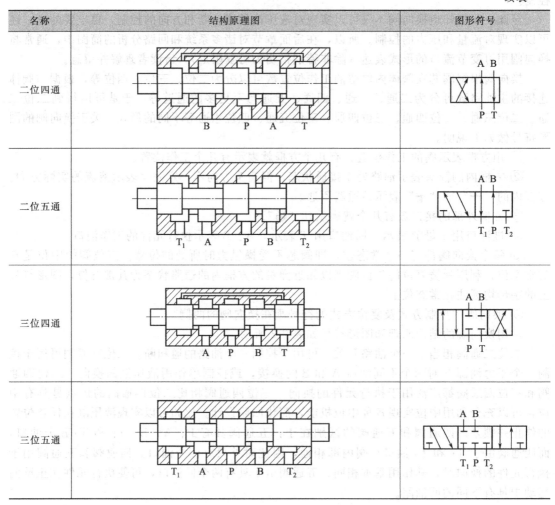	
二位五通		
三位四通		
三位五通		

换向阀处于不同工作位置，其各油口的连通情况也不同，这种不同的连通方式所体现的换向阀的各种控制功能称为滑阀机能。而在三位阀或四位阀中滑阀处于中间位置所能控制的功能称为滑阀中位机能。表 2-4 表示各种三位换向阀的中位机能和符号，这些机能和符号同样适用于四位换向阀。

表2-4　各种三位换向阀的滑阀中位机能

机能代号	结构原理图	中位图形符号	机能特点和作用
O			各油口全部封闭，执行元件的油缸两腔封闭，系统不卸荷。液压缸充满油，从静止到启动平稳；制动时运动惯性引起液压冲击较大；换向位置精度高

续表

机能代号	结构原理图	中位图形符号		机能特点和作用
H		A B / P T	A B / T₁ P T₂	各腔液压油全部连通,系统卸荷,油缸成浮动状态。液压缸两腔接油箱,从静止到启动有冲击;制动时油口互通,故制动较 O 型平稳;但换向位置变动大
P		A B / P T	A B / T₁ P T₂	压力油口 P 与油缸两腔连通,可形成差动回路,回油口封闭。从静止到启动较平稳;制动时缸两腔均通压力油,故制动平稳;换向位置变动比 H 型的小,应用较广泛
Y		A B / P T	A B / T₁ P T₂	油泵不卸荷,油缸两腔通回油而成浮动状态。由于油缸两腔接油箱,从静止到启动有冲击,制动性能介于 O 型与 H 型之间
K		A B / P T	A B / T₁ P T₂	油泵卸荷,液压缸一腔封闭另一腔接回油箱。两个方向换向时性能不同
M		A B / P T	A B / T₁ P T₂	油泵卸荷,油缸两腔封闭,从静止到启动较平稳;制动性能与 O 型相同;可用于油泵卸荷但液压缸锁紧的液压回路中
X		A B / P T	A B / T₁ P T₂	各油口半开启接通,P 口保持一定的压力;换向性能介于 O 型和 H 型之间;系统中常将 X 型和 H 型机能符号简化成 H 型表达方式,只要理解其中的含义即可

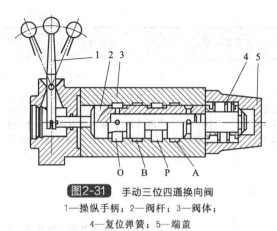

图2-31　手动三位四通换向阀

1—操纵手柄；2—阀杆；3—阀体；
4—复位弹簧；5—端盖

滑阀式换向阀的主要控制方式有以下五种。

（1）手动换向阀

手动换向阀通过手来操纵控制手柄，通过杠杆、软轴或其组合推、拉阀杆，使阀杆相对阀体移动，从而改变工作位置，实现液流的换向。手动换向阀按照阀杆定位方式的不同又可分为自动复位式和钢球定位式两种。图2-31所示为三位四通自动复位式手动换向阀。通过操纵手柄可实现不同油口之间的通断，松手之后滑阀在弹簧力的作用下可以自动回到中间位置，所以称为自动复位式。它适用于动作频繁、执行元件位移持续时间较短的场合，操作比较安全，例如平地机刀板的升降控制就采用这种形式的换向阀。

如果需要手动换向阀长时间停留在一个工作位，则可以采用钢球定位式手动换向阀，如图2-32所示为钢球定位的结构。钢球定位式手动换向阀在操纵手柄的外力取消后，阀杆依靠弹簧和钢球保持在换向位置上不会自动回位，要移动阀杆时必须扳动手柄克服弹簧力将钢球挤出定位槽，它适用于不经常变换油液流动方向的场合，可以根据工况需要设置不同的阀杆定位位置。图2-33(a)、(b)分别为自动复位式和定位式的手动换向阀符号。

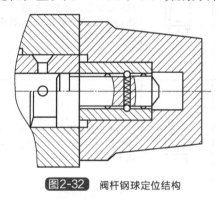

图2-32　阀杆钢球定位结构

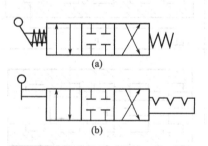

图2-33　自动复位式与定位式图形符号

带钢球定位式的手动换向阀在中小吨位的轮式装载机上有很多应用，尤其是当动臂滑阀联需要实现动臂的上升、保持、下降、浮动四个动作时，需要滑阀能够利用钢球定位装置保持在换向位置上。图2-34所示为装载机普遍使用的一种钢球定位式手动多路换向阀中的动臂联，在换向阀的左端回位弹簧处可通压缩空气，当动臂到达预定位置时触动行程开关，压缩空气进入定位套筒6的外腔，克服弹簧7的力使定位套筒左移而解除定位钢球5对动臂换向阀阀杆2的位置锁定，于是阀杆2在弹簧3的作用力下回到中位，因此这种换向阀还具有自动复位功能。虽然由于各种原因导致这种结构已不再使用，但其设计思想仍可借鉴。

（2）机械换向阀

机械换向阀常用来控制机械的"行程"，因此又称为行程阀。它借助于在预定的行程终点设置挡块，当机械运动到行程终点时，挡块就压下阀芯，使得阀杆换位。机械换向阀通常是弹簧复位式的二位阀，它具有结构简单、动作可靠、换向位置精度高等特点。

图2-35所示为一种在装载机流量放大转向系统上使用的行程切断阀，该阀设置在转向器和流量放大阀之间的先导油路上，A口接转向器，B口接流量放大阀，正常转向时，行程切断阀阀杆3在右端复位弹簧的作用下处于最左端位置，A—B先导油路相通，转向器来油

可以顺利通过行程切断阀输送到流量放大阀。当装载机前后车架折腰转到左、右极限位置时，位于前车架上的限位块 1 碰到行程切断阀阀杆 3 的端部，"机械"接触使得阀杆克服弹簧 4 的作用力向右移动，遮断 A 口通往 B 口之间先导油路的同时并将 B 口接通油箱，即图 2-35 所示位置，这就使受来自 A 口先导压力控制的流量放大阀阀杆迅速回到中位，转向泵输出的流量在很小的压力损失下回到油箱，系统因此而节能。如果未设置该行程切断阀，装载机转向时的惯性将继续使得车架左转（或右转），不但产生较大的撞击，而且转向泵仍将继续通过流量放大阀向转向油缸输出压力油，而这些压力油将以转向溢流阀压力设定值溢流，能量损失较大。因为该行程切断阀"切断"的是转向系统的先导控制压力，因此也称为转向压力切断阀。

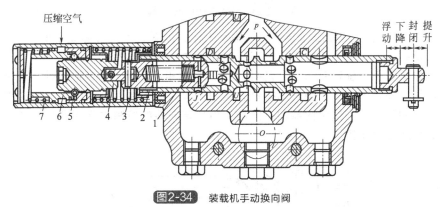

图2-34 装载机手动换向阀

1—单向阀；2—动臂换向阀；3,7—定位回位弹簧；4—定位阀芯；5—定位钢球；6—定位套筒

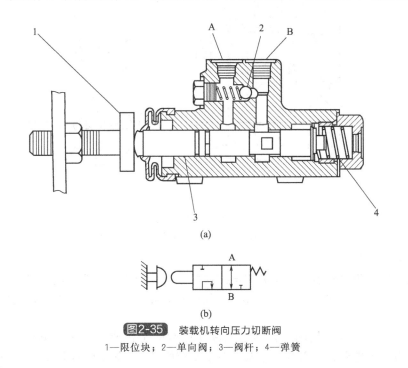

图2-35 装载机转向压力切断阀

1—限位块；2—单向阀；3—阀杆；4—弹簧

（3）转阀

图 2-36 所示为旋转式的手动换向阀。当操纵旋转手柄转动时，通过螺杆的旋转运动可以转变为阀杆的直线位移（就像螺杆在螺母中做旋转运动的同时还有直线运动一样），从而改变阀口位置。从原理上看，这种阀实际上还是滑阀型换向阀的一种，只不过阀杆的换向是

通过旋转运动来实现而已，第 7 章中读者可以看到装载机的一种转向器采用的就是这个原理（当然还要再配上反馈机构）。

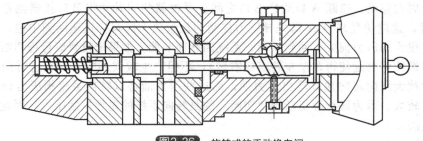

图2-36　旋转式的手动换向阀

图 2-37 所示为手动二位四通转阀的结构及工作原理图。该阀有操纵手柄 1、阀体 2、转阀阀芯 3 以及底板 4 等主要部件组成。当转阀处于如图所示位置时，P、A 两腔相通，B、O 两腔相通，如果将手柄旋转 90°，则转换为 P、B 两腔相通，A、O 两腔相通。转阀的操纵方式除手动操纵之外，还可以采用机动操纵。这种转阀的基本原理可以用于装载机的全液压转向器，把其中的手柄 1 看作转向器的方向盘，当然转向器的控制油路要复杂得多，而且还要再配上计量马达等反馈机构。

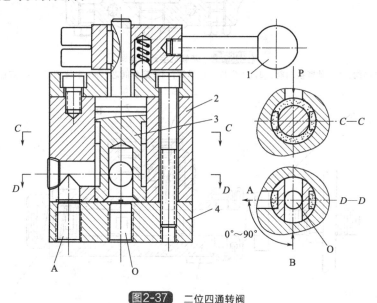

图2-37　二位四通转阀
1—操纵手柄；2—阀体；3—转阀阀芯；4—底板

（4）电磁换向阀

电磁换向阀多为滑阀型，它是利用电磁铁的吸力推动阀芯来改变阀的工作位置的。由于电磁换向阀可以借助按钮开关、行程开关、限位开关等发出信号进行控制，所以容易实现自动化。

图 2-38(a) 所示为常用的三位四通电磁换向阀的工作原理，图 2-38(b) 为图形符号。阀的两端各有一个电磁铁 4 以及一个阀杆对中复位弹簧 6，失电时阀杆 2 处于中位。当右端电磁铁通电工作时，衔铁通过推杆将阀芯推向左端，换向阀在右位工作，P、B 通，A、T 通；同理，当左端电磁铁通电工作时，换向阀在左位工作，P、A 通，B、T 通。当系统出现电路故障时，可以在应急操作口 5 实行手动控制。

电磁换向阀一般用于压力不高、流量不大的场合。

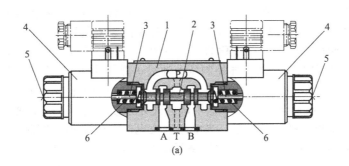

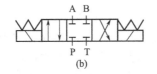

图2-38　电磁换向阀

1—阀体；2—阀杆；3—推杆；4—电磁铁；5—应急操作口；6—复位弹簧

（5）液动换向阀

如果液压系统需要控制的流量很大、压力很高，可以采用先导压力控制技术，即利用低压控制油来推动换向阀阀杆使其开启和换向，从而实现对大流量换向阀的控制，这就是液动换向阀，简称液动阀。液动换向阀所需要的低压控制油可由单独的控制泵提供（外部供油），也可以从系统压力油分出一部分再经过减压后得到。

如果将一个普通的小规格电磁换向阀与液动换向阀组合安装成一体，由这个小的电磁换向阀来控制大通径的液动换向阀，这就是电液动换向阀，简称电液阀。

图2-39（a）所示为弹簧对中的三位四通电液换向阀的结构，图2-39（b）为图形符号。该电液换向阀由上半部分的电磁换向阀和下半部分的主控制阀组成。电磁换向阀的进油来自X口，T口为回油，电磁换向阀失电时，电磁换向阀阀杆10在两端复位弹簧的作用下处于

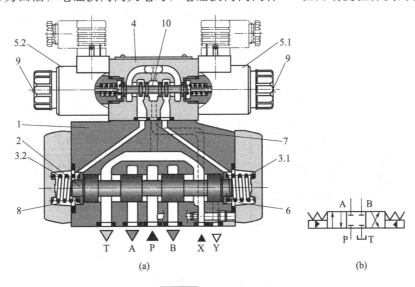

图2-39　电液换向阀

1—主控制阀阀体；2—主控制阀阀杆；3.1,3.2—复位弹簧；4—先导阀；5.1,5.2—电磁铁；

6,8—弹簧腔；7—控制油路；9—应急操作口；10—电磁换向阀阀杆

中位位置，油液被封闭在电磁换向阀内。主控制阀为液动换向阀，主控制阀阀杆 2 的两个弹簧腔 6 和 8 与电磁换向阀通油箱的 T 口连通，阀杆在两端复位弹簧 3.1 和 3.2 的弹簧力作用下保持中位，这种阀杆对中形式一般称为弹簧对中。当电磁铁 5.1 得电时，电磁换向阀阀杆 10 向左移动，电磁换向阀输出的先导控制压力油进入弹簧腔 8，这个压力油作用在主控制阀阀杆 2 的左端，克服复位弹簧 3.1 的弹簧力，推动主控制阀阀杆 2 右移，主控制阀的 P—B 接通，A—T 接通，这样就实现了用一个较低的先导控制压力（即电磁换向阀的输出压力）对高压大流量（即主控制阀）的控制。当电磁铁失电时，电磁换向阀阀杆 10 回到中位，弹簧腔 8 的压力油回到通油箱的 T 口，主控制阀阀杆 2 在复位弹簧 3.1 的作用下也回到中位。

2.3.3 多路换向阀

多路换向阀是由两个以上的换向阀作为主体的组合换向阀，并根据不同的工作需要加上安全阀、单向阀等其他阀类构成多路组合换向阀，简称多路阀。多路换向阀具有结构紧凑、通用性强、流量特性好、不易泄漏以及制造简单等优点，常用于工程机械以及其他行走机械的控制系统。多路换向阀的操纵方式有手动控制、先导控制和电比例控制等多种形式。

（1）多路换向阀的分类

多路换向阀按照滑阀的连通方式可分为并联油路、串联油路和串并联油路以及它们的组合。

① 并联油路多路换向阀 如图 2-40 所示，这类多路换向阀的泵来油进入换向阀后分成两路，一路从阀体中间油道 1 进入，穿过各阀杆后回到油箱；另外一路从平行油道 2 进入，到达各阀杆的进油口；各联阀杆的回油直接通到多路换向阀的总回油口 T。由于压力油是并联地通向阀杆 3、4 的进油口，所以可以使两个换向阀各自控制的执行元件中的任何一个单独运动，也可以同时操作两个换向阀向两个执行元件同时供油，各执行元件的流量仅是泵流量的一部分。但当同时操作两个换向阀时，负载小的执行元件先动作，各支路按照各自负载的大小分配流量，负载小的分配流量多，负载大的分配流量少，当负载相差较大时，负载大的执行元件甚至没有流量分配。两个换向阀都处于中位时油泵卸荷。图 2-40(a) 所示为阀杆 3 左移换向、阀杆 4 保持中位时的情况，即阀杆 3 左移换向后 P—B_1 相通，A_1—T 相通，如果阀杆 4 此时也左移，那么 P—B_2 相通，A_2—T 相通，阀杆 3、4 的回油都经 T 口回油箱。图 2-40(b) 所示为符号。

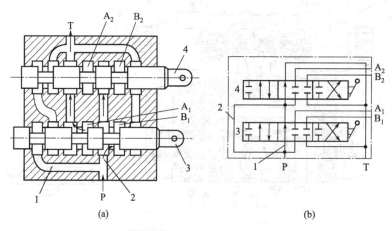

图2-40 并联油路多路换向阀

1—中间油道；2—平行油道；3,4—阀杆

② 串联油路多路换向阀 如图 2-41 所示，这类多路换向阀的上一个阀杆的出油口接下

一个阀杆的进油口，各阀之间的进油路串联，当同时操作两个换向阀时，可以使每个换向阀控制的执行机构同步运动，各个执行元件的工作压力之和等于泵的出口压力，串联油路的这种特性使得它克服外载荷的能力下降。图 2-41(a) 所示为处于上游的阀杆 1 左移换向而下游的阀杆 2 保持中位时的情况，即阀杆 1 左移换向后 P—B_1 相通，A_1—T 相通。如果阀杆 2 此时也左移，那么 A_1—T 将被遮断，A_1 的回油进入阀杆 2 的进油口，即 A_1—B_2 相通，A_2—T 相通。图 2-41(b) 所示为符号。

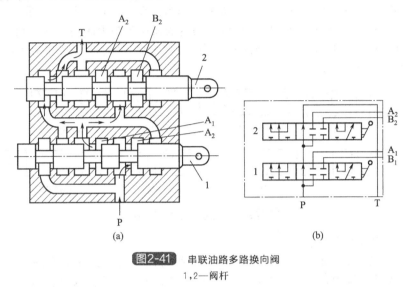

(a)   (b)

图2-41 串联油路多路换向阀

1,2—阀杆

③ 串并联油路多路换向阀 如图 2-42 所示，这类换向阀的每一个换向阀的进油腔都与上游换向阀的中位回油道相连，每一个换向阀的回油腔都与总的回油口相连，即进油腔串联，回油腔并联，故称为串并联油路。上游换向阀不在中位时，下游换向阀的进油口将被切断，因此多路换向阀总是只有一个换向阀在工作，这种功能被称为互锁功能。图 2-42(a) 所示为处于上游的阀杆 1 左移换向而下游的阀杆 2 保持中位时的情况，即阀杆 1 左移换向后 P—B_1 相通，A_1—T 相通。如果阀杆 2 此时也左移，由于没有压力油作用在阀杆 2 的进口，所以阀杆 2 所控制的执行元件将没有动作，但是有一个特例，此时 A_2—T 相通，B_2—T 相

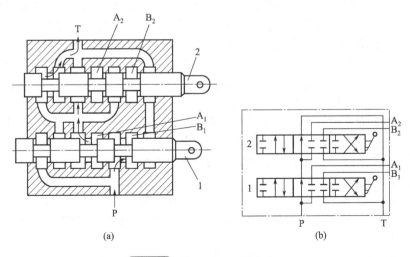

(a)   (b)

图2-42 串并联油路多路换向阀

1,2—阀杆

通，如果阀杆 2 控制的执行元件可以依靠自重下降，那么操作上游阀杆的同时也操作下游阀杆使执行元件依靠自重下降，这个动作还是可以实现的。图 2-42(b) 所示为符号。

（2）多路换向阀的机能

对于各个操纵机构的不同使用要求，多路换向阀可选用多种滑阀机能。对于并联和串并联油路，有 O 型、A 型、Y 型、OY 型四种机能；对于串联油路，有 M 型、K 型、H 型、MH 型四种机能，如图 2-43 所示。上述八种机能中，以 O 型、M 型应用最广；A 型应用在叉车上；OY 型和 MH 型应用在铲土运输机械，作为浮动用；K 型用于起重机的提升机构，当制动器失灵，液压马达需要反转时，使液压马达的低压腔与滑阀的回油腔相通，补偿液压马达的内泄漏；Y 型和 H 型多用于液压马达回路，因为中位时液压马达两腔都通回油，因此液压马达可以自由转动。

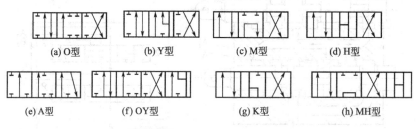

(a) O型　　(b) Y型　　(c) M型　　(d) H型

(e) A型　　(f) OY型　　(g) K型　　(h) MH型

图2-43　多路换向阀的滑阀机能

（3）装载机开中位多路换向阀

下面以装载机上常用的一种开中位多路换向阀为例分析多路换向阀的工作过程，如图 2-44(a) 所示为其结构原理，图 2-44(b) 为液压原理，该多路换向阀分为转斗滑阀联和动臂滑阀联，两联采用串并联油路连接方式，均为弹簧对中结构，滑阀的操纵方式为先导压力控制，泵出口压力油经过两联滑阀的中位回油箱。

当司机操纵转斗手柄时，转斗滑阀一侧受到先导压力，滑阀工作在左位或者右位，泵出口压力油通过单向阀进入转斗油缸，转斗油缸伸出或缩回，带动连杆机构使铲斗做后翻挖掘或前翻卸料动作。转斗联工作时，泵出口油到动臂滑阀联的通道被封闭，因此串并联油路的多路换向阀具有转斗联优先功能。当转斗联处于中位时，动臂联才能工作。装载机的动臂滑阀联为四位六通，有中位、动臂提升、动臂下降和动臂浮动四个工作位置，其中动臂浮动位的作用是铲斗平放地面，配合动臂浮动（即动臂缸大小腔均通油箱），装载机依靠传动系统的牵引力前进，该功能常用于在较为平整、坚硬的地面作业时清理物料。

装载机串并联油路用上游滑阀联控制铲斗、下游滑阀联控制动臂的布置方式还有一个特点：当装载作业时，装载机一边靠牵引力插入料堆，一边操纵工作装置将物料装入铲斗，司机可将下游的动臂联置于提升位置不动，只通过上游转斗联来控制铲斗的"后翻转—中位—后翻转—中位—…"，可以实现装载机边铲入、边转斗、边提动臂的复合动作；卸载结束后，可以边收斗、边下降动臂（此时的动臂联依靠自重下降），上述动作可以显著地提高装载机的作业效率。由此可以看出，理解并巧妙地利用液压系统的特性非常重要。

该多路阀在主油路上设置了主安全阀，用于限制系统的最高压力。在转斗联的工作油路上设置了过载阀和补油单向阀，当转斗连杆机构在运动过程中产生干涉现象、转斗缸被迫伸出或缩回时可以将封闭在转斗缸中某一腔的压力卸掉，另一腔补油。

从图 2-44 中可以看出，该多路阀在转斗联和动臂联的进油口都设置了进口单向阀，下面就此问题讨论一下。

设计多路阀时需要考虑封油长度和开口量之间的关系，以图 2-45(a) 所示的三位四通阀为例，图中 M 为封油长度（也称为遮盖量），K 为开口量。如果 $M > K$，我们称之为负开

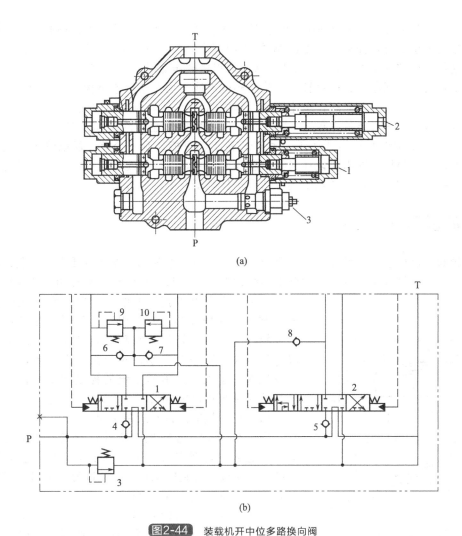

(a)

(b)

图2-44 装载机开中位多路换向阀

1—转斗滑阀联；2—动臂滑阀联；3—主安全阀；4,5—进口单向阀；
6～8—补油单向阀；9,10—过载阀

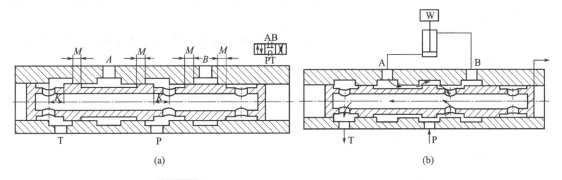

图2-45 正开口三位四通阀在换向过程中的点头现象

口或正遮盖，这种情况下滑阀换向时会因为泵的出油口被瞬间封闭，然后瞬间又开启而产生液压冲击，过大的遮盖量还会造成溢流阀瞬间打开；如果 $M < K$，我们称之为正开口或负遮盖，这种情况下虽然没有了换向冲击，但滑阀换向时会有一个 P—A—B—T 全部相通的过程，油缸 A 腔或 B 腔的闭锁压力突然消失，如图 2-45(b) 所示，为了看得更清楚，图中

夸大了 M 与 K 的比例。假如操作者的意图让 A 口进油、B 口回油将重物举起，但滑阀右移换向经过图示位置时，油缸却在重物 W 的作用下会产生忽然下沉一下，然后才正常举升的现象，这种现象被形象地称为"点头"，这在工程机械作业时是不允许发生的。

为了解决这个问题，工程机械多路换向阀就不能采用上述四槽结构，如采用三位六通阀并在进油道上设置进油单向阀，阻止换向过程中 A 口或 B 口被封闭的油经进油口流回油箱。多路阀设计是一个很复杂的课程，一定要根据工程机械作业时的具体工况设计轴向尺寸链，例如 P—A 相通的同时 B—T 也相通，由于理论上不可能达到零公差，所以哪个口先通，哪个口后通，就要根据工况需要设计封油长度和开口量，然后制定相应的尺寸链公差范围。有关多路阀的结构和应用，第 7 章中还将结合具体机型有更多的分析。

2.4 逻辑阀（插装阀）

逻辑阀是以标准的逻辑元件（一般为锥面阀）为基本单元，安装时插入另外制作的阀体中，采用螺纹连接或光孔沉入，配合不同结构形式的密封，从而组成某种功能的阀块，甚至

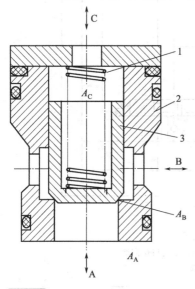

图2-46 逻辑换向阀的锥阀式基本单元
1—弹簧；2—阀套；3—阀芯

可以组成一个复杂的控制系统，所以逻辑阀又称为插入式锥阀或简称插装阀。根据用途的不同，逻辑阀又可分为逻辑压力阀、逻辑流量阀和逻辑换向阀。由于逻辑阀具有体积小、功率损失小、易于集成等优点，它越来越广泛地应用于大流量液压系统的控制和调节，解决了大流量液压系统难以集成的困难。

（1）逻辑换向阀锥阀式基本单元

图 2-46 所示为逻辑换向阀的锥阀式基本单元的结构原理。它的主要部件有弹簧 1、阀套 2 和阀芯 3 等，A、B 口对外连接，为它的工作口。C 口为控制口。当压力油分别作用在锥阀的三个控制面 A_A、A_B 和 A_C 上，其中 A_A 为 A 口处压力油始终作用的轴向投影面积（即孔 A 的面积），A_B 为 B 口处压力油始终作用的轴向投影面积（即阀芯 3 的面积减去孔 A 的面积后所形成的环形面积），A_C 为 C 口处控制油压力始终作用的轴向投影面积（即阀芯 3 的面积）。

如果忽略锥阀的质量和摩擦力的影响，作用在阀芯上的力平衡关系式如下：

$$F_K + F_s + p_C A_C - p_B A_B - p_A A_A = 0 \tag{2-30}$$

式中　　F_K——弹簧 1 的弹力，N；

F_s——阀口液流产生的稳态液动力，N；

p_C——控制口 C 处的压力，Pa；

p_B——B 口压力，Pa；

p_A——A 口压力，Pa；

A_A，A_B，A_C——锥阀三个控制面的面积，m^2。

由式(2-30)可知，锥阀的工作状态取决于控制口 C 处的压力，工作口 A、B 的压力，液动力以及弹簧力的大小。

当控制油口 C 处接油箱卸荷时，作用在阀芯 3 下部的液压力可以克服上部的弹簧力将阀芯顶开，而液流的方向视 A 口和 B 口的压力大小而定，当 $p_A A_A > p_B A_B$ 时，液流由 A

流向 B；当 $p_BA_B>p_AA_A$ 时，液流由 B 流向 A。当控制口 C
接压力油且 $p_CA_C>p_AA_A+p_BA_B$ 时，则阀芯在上、下端压
差和弹簧力的作用下关闭，油口 A 和 B 不通。由此可见，这时
逻辑阀的锥阀式基本单元相当于一个液控二位二通换向阀。

（2）逻辑压力阀锥阀式基本单元

图 2-47 所示为逻辑压力阀的锥阀式单元结构。由于压力阀
为进口压力控制（溢流阀、顺序阀）或者出口压力控制（减压
阀），因此锥阀式基本单元的 A 口需要通过阀芯上的阻尼小孔
与阀芯上部的控制口 C 相通，C 口接压力先导阀。例如，当 A
口压力较低，C 口处的压力先导阀关闭时，锥阀（相当于主阀
芯）也关闭，A—B 不通；当 A 口压力升高到可以使压力先导
阀开启时，锥阀打开，A—B 通。其工作原理与先导式溢流阀
（顺序阀）相同。

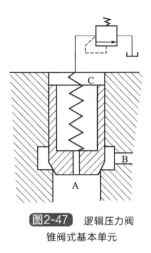

图2-47　逻辑压力阀
锥阀式基本单元

（3）逻辑节流阀锥阀式基本单元

在逻辑换向阀锥阀式基本单元的盖板上增加一个锥阀行程调节装置（图示调节螺杆），
用以调节锥阀的开度，那么这个方向阀就兼有流量调节的功能，从而构成逻辑节流阀锥阀式
基本单元。其具体结构如图 2-48(a) 所示，如果用比例电磁铁取代节流阀的螺杆手动调节装
置就组成了插装式电液比例节流阀。若在此逻辑节流阀锥阀式元件前再串联一个定差减压
阀，就可以组成插装式电液比例调速阀。图 2-48(b) 为符号。

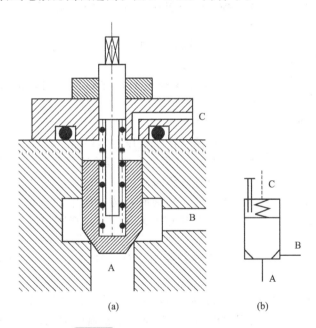

(a)　　　　　　　　　(b)

图2-48　逻辑节流阀锥阀式基本单元

（4）逻辑元件组成逻辑阀

现在以逻辑换向阀为例说明逻辑阀几种常用的组合应用形式。这些逻辑换向阀的组合形
式在工程机械主控阀中的应用非常广泛。

图 2-49(a) 所示的逻辑阀结构等价于一个普通的单向阀，A→B 通，B→A 不通；如果
将 C 口与 A 口相连，则得到图 2-49(b) 的形式，B→A 通，A→B 不通。

由逻辑换向阀锥阀式基本单元的工作原理可知，改变控制口 C 处压力油的通、断状况，

可以控制锥阀的启闭，如图 2-49(c) 所示。二位三通阀在图示位置时等价于普通的单向阀，A→B 通，B→A 不通；C 口处通入控制压力油后，二位三通阀右移，插装阀弹簧腔通油箱，A—B 互通。因此该插装阀相当于液控单向阀。

如果控制口 C 采用电磁换向阀控制，可得到如图 2-49(d) 的电控两位两通插装阀。失电时 B→A 通，A→B 不通；得电时 A—B 互通。

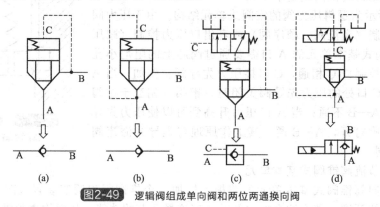

图2-49　逻辑阀组成单向阀和两位两通换向阀

用来控制 C 口处压力油的阀类统称为先导控制阀，因为通过先导控制阀的流量很小，所以可以选用小通径尺寸的阀杆和小电流的电磁铁。

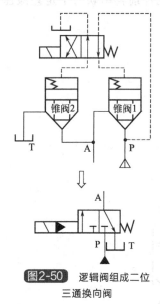

图2-50　逻辑阀组成二位三通换向阀

如图 2-50 所示，还可以将两个锥阀式元件组合起来，通过先导控制阀控制阀 1 和阀 2 的启闭，可以得到 2 种不同的工作状态。

① 先导阀失电时，锥阀 1 关闭，锥阀 2 开启，则 P—A 不通，A—T 通。

② 先导阀得电时，锥阀 1 开启，锥阀 2 关闭，则 P—A 通，A—T 不通。

（5）选择阀

选择阀常用于低压控制回路，其实它也是一种简单的逻辑阀，图 2-51 就是一个典型的选择阀，英语为 shuttle valve，所以通常也称它为梭阀。

当通道 a 来油时，选择阀中的钢球右移，将通道 b 堵住，a-c 通；当通道 b 来油时，选择阀中的钢球左移，将通道 a 堵住，b-c 通。如果通道 a、b 都来油，钢球将移到压力较低的那一侧并将其通道堵住，让较高那一端通道的压力油流入通道 c。

图 2-52 是由一个单向阀和一个节流阀组成的选择阀，也称为单向节流阀或单向阻尼阀。油液从 a→b 时，由于节流阀的阻尼作用，油液从几乎没有阻尼的单向阀通过；油液从 b→a 时，单向阀截止，油液只能从节流阀通过。单向节流阀也常用于低压控制回路，例如将单向节流阀设置在先导阀的输出口与主控阀阀杆的控制压力入口之间（进口节流），也可以设置在主控阀阀杆的控制压力回油口与先导阀的回油口之间（出口节流）。显然，节流阀的阻尼作用将使主阀杆的位移速度变得稍微缓慢一些，以此达到使执行元件速度减缓的目的。

细心的读者可能已经发现，液压技术与电技术有很多相通的地方，譬如，液阻相当于电阻，油压相当于电压，流量相当于电流，薄壁小孔的流量公式相当于欧姆定律，液阻网络里的液压全桥相当于电全桥，液压半桥相当于电半桥等，就连液压系统的节点流量定律与电技

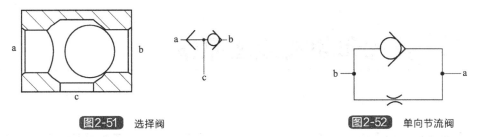

图2-51　选择阀　　　　　　　　　　　　图2-52　单向节流阀

术里的节点电流定律也相通，甚至可以异想天开地用液压逻辑控制阀搭建一个简单的计算机，当然这是不现实的，更没有必要这样去做。我们可以将电控技术的小型化、微型化、可控性和灵活性等优点与液压元件的集成化、可控性和大功率输出的特点紧密结合起来，各自发挥自己的优势，全面提升工程机械的机电液一体化控制水平。

　　液压技术中使用的工作介质是液体，液体在各种阀口（如压力阀阀口、节流阀阀口、方向阀阀口）的复杂流道内流动时，流道特征对组成流体系统的元件性能及对整个流体传动及其控制系统的性能有着至关重要的影响。在复杂流道内的流动问题主要是流体力学问题，流体力学问题通常是用偏微分方程来描述的，其中连续性方程和 Navier-Strokes 方程控制着几乎所有的流动问题。除极少数简单例子外，这些问题都是需要通过数值方法来求解的。也就是通过数值方法求解以 N-S 方程为代表的偏微分方程组。电子计算机的应用已经使得用数值方法求解大规模方程组成为可能，液压技术中的流体力学问题也能够通过计算机数值计算得到解决。

　　阀的设计过程已开始引入现代化的设计方法和先进的分析手段。例如运用 CFD 软件对阀内部的复杂流道进行数值模拟，并定性地分析流场（速度、流线、流动的分离与再附壁，旋涡的产生与消失等）对阀芯振动、阀口能量损失的影响，从而优化阀的流道结构，改善流动性能，可以很好地解决阀在工作过程中的响应速度、阀芯的振动噪声以及液动力对工作稳定性的影响等问题。CFD 在液压技术中的应用为人们高效准确地研究阀内部的流场提供了可能，同时也缩短了各类阀的设计研发周期，节省了研发成本。

　　需要特别指出的是，液压阀的试验是任何时候都不能忽视的，尽管我们有了超高速计算的电脑，有了先进的仿真软件，但这些计算出来的东西必须得到试验的验证，因为计算本身就有各种假设，也存在着各种计算误差，这些都必须经过实践的检验。不断地计算和试验验证，力图找出它们之间的"误差"，修正计算方法和假设，修正试验误差，不断逼近"真值"，我们就能不断地进步。

第3章 开式和闭式液压系统

　　虽然工程机械的液压系统越来越复杂，但这些系统都是由若干个基本回路组成的，这些基本回路是液压系统的各个组成单元。熟悉并深刻理解这些基本回路以及实现某些特定功能的典型回路，对分析和理解复杂液压系统大有帮助。

　　液压系统按照对力和运动控制方式的不同，可以分为液压伺服控制系统和液压传动系统，两者最大的区别就在于前者具有跟随和负反馈特征，而后者没有这些特征。液压伺服控制系统在第4章中结合液压泵的控制有详细的分析；液压传动系统采用常见的开关式控制和比例式控制方式，主要向高压化、大功率、集成化、高速化、高效率、长寿命和低噪声的方向发展。

　　液压系统按照液流循环方式的不同，又可以分为开式系统和闭式系统。

　　本章主要介绍开式和闭式液压系统，并列举了一些开式系统和闭式系统的基本回路，以及实现各种回路的方法，为设计者提供参考。掌握基本回路的原理和特点，在实际应用中就能根据工程机械不同机种的性能、要求和工况特点，合理地选择基本回路，组成完整的液压系统。

3.1 开式系统

　　开式系统是指液压泵从油箱吸油，经液压泵出油，再经各种控制阀送入液压缸或液压马达等执行元件，而执行元件的回油再经过控制阀（或不经过控制阀）、冷却器（或不经过冷却器）和滤油器（或不经过滤油器）返回到油箱，工作油在油箱中冷却及沉淀过滤之后再进入下一个工作循环。简而言之，开式系统的液压油箱既是液压油的起点，也是它的终点。

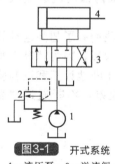

图3-1　开式系统
1—液压泵；2—溢流阀；
3—换向阀；4—液压缸

　　开式系统既可以用于带旋转运动的泵-马达系统中，也可以用于带往复直线运动的泵-油缸系统中。图3-1就是一个典型的开式系统，图中液压泵1的出口压力由溢流阀2调节，液压缸4的运动方向由换向阀3控制。这种系统结构较为简单，可以发挥油箱散热和沉淀杂质的作用，但因为油液常与空气接触，使空气易于渗入系统，导致机构运动不平稳等后果。开式系统油箱大，油泵自吸性能好，结构简单，仍被大多数工程机械所采用。

　　一般按功能对开式系统的基本回路进行分类：用来控制整个系统或局部油路压力的回路称为压力控制回路；用来控制和调节执行元件运动速度的回路称为速度控制回路；用来控制执行元件运动方向的变换和锁停的回路称为方向控制回路；用来控制几个执行元件先后次序协调的回路称为顺序动作回路；用来控制几个执行元件同时动作的回路称为同步控制回路等。

3.1.1　压力控制回路

　　压力控制回路是利用压力控制阀来控制和调节整个液压系统或局部油路的工作压力，以满足执行元件对力或力矩的要求，或者使工作机构平衡或顺序动作。它主要有调压、限压、减压、增压、卸荷、保压、卸压、平衡、缓冲等回路。

（1）调压及限压回路

调压及限压回路主要用于调整和控制整个系统的压力，使其保持恒定或不超过某个预先调定的数值。图 3-2 是压力控制回路中最基本的调压及限压回路。在液压系统中，一般用溢流阀来调定工作压力，由定量泵、溢流阀和节流阀（即换向阀）组成的节流调速回路中，如果换向阀的开口量较小，即相当于图中可变节流阀的开度小，那么溢流阀可能会经常开启溢流；如果换向阀的开口量较大，即图中可变节流阀的开度大，回路无节流时，溢流阀作为安全阀用，只有当油缸处于全伸出或全缩回，泵输出油路被闭锁或系统超载时，溢流阀才开启，限制系统的最高压力，起安全保护作用。通常溢流阀 1 的调定压力应大于执行元件的最大工作压力和管路上各种压力损失的总和，作溢流阀时可大 5%～10%，作安全阀时则可大10%～20%。需要注意的是，根据溢流阀的压力-流量特性，在不同溢流流量时，压力调定值会稍有波动。

除上述调压及限压回路外，常用的调压及限压回路还有以下几种。

① 远程调压回路　图 3-3 所示为远程调压回路。第 2 章压力控制阀中曾经讲过将先导式溢流阀（图 2-2）的远控口接调压阀 2，即可实现液压泵的压力由远程调压阀 2 进行远程调节。使用远程调压时，调压阀 2 可以安装在操作方便的地方。

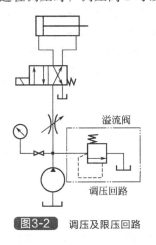

图3-2　调压及限压回路

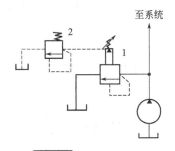

图3-3　远程调压回路

1—先导式溢流阀；2—远程调压阀

挖掘机液压系统就有采用远程调压的例子。如挖掘机的瞬时增力功能就是将正常作业时的系统压力再提高 10% 左右，当挖掘作业遇到很大阻力导致铲斗挖不动时，驾驶员可以在操作手柄的某处按一下按钮，启动该功能，持续几秒钟后系统压力自动恢复原设定值。从先导式溢流阀的工作原理看，采用可控的远程调压或者采用电控技术直接改变先导阀弹簧的预紧力都可以达到这个目的。

② 多级调压回路　当系统在不同的工作时间内需要有不同的工作压力时，可采用二级或多级调压回路。

图 3-4 是一个多级调压回路（三级调压回路）。系统压力由主溢流阀 1 控制调节，并通过三位四通换向阀 4 分别控制远程调压阀 2 和 3，使系统有三种压力调定值：当换向阀中位时，由主溢流阀 1 来调节系统的最高压力或安全压力值；当换向阀向左切换时，由阀 2 来调整系统压力；当换向阀向

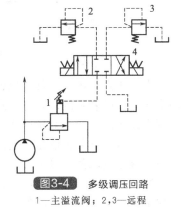

图3-4　多级调压回路

1—主溢流阀；2,3—远程调压阀；4—换向阀

右切换时，由阀 3 来调整系统压力；远程调压阀 2、3 的调定压力可在主溢流阀 1 的调定压力下分别调节。

③ 无级调压回路　液压装置工作时，有时需要随着负载的变化情况提高或降低液压系统的压力。在变量液压系统中可以采用恒功率变量柱塞泵来实现无级调压，如图 3-5(a) 所示，变量泵的排量调节器根据负载变化形成压力反馈，自动调节液压泵的输出压力和流量，使其输出功率呈双曲线形状。随着电液比例压力阀的发展，定量液压系统可以通过电液比例溢流阀来进行无级调压。如图 3-5(b) 所示，该电液比例调压系统根据执行元件行程的各个阶段中不同的要求，自动调节比例电磁铁的输入电流，就可以无级改变系统的工作压力。电液比例回路的组成简单，压力变换平稳，冲击小，效率高，非常便于远距离和连续控制。

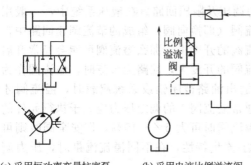

(a) 采用恒功率变量柱塞泵　　(b) 采用电液比例溢流阀

图3-5　无级调压回路

④ 双压回路（往复换压回路）　当液压缸活塞往返过程中系统压力差别很大时，可以采用如图 3-6 中的双压回路，用两个溢流阀来控制往返行程中的系统压力。换向阀左位工作、活塞右行时最高压力由高压溢流阀 1 调定；换向阀右位工作、活塞左行时由低压溢流阀 2 调定；活塞左行到终点全缩回位置，泵的供油量全经低压溢流阀 2 流回油箱。

⑤ 高低压调压回路　图 3-7 所示为高低压泵交替使用改变系统压力的调压回路。高压泵 1 工作时，低压泵 2 卸荷。低压泵 2 工作时，高压泵 1 卸荷。液压系统可以得到两种不同的工作压力。

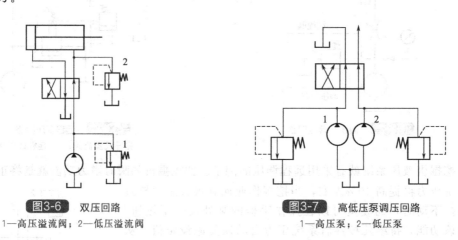

图3-6　双压回路
1—高压溢流阀；2—低压溢流阀

图3-7　高低压泵调压回路
1—高压泵；2—低压泵

（2）减压回路

在液压系统中，当某个执行元件或某个支路所需要的工作压力低于系统主回路溢流阀的调定压力，或者系统需要有一路可调的稳定低压油路输出时，既可以采用多泵系统，也可以采用由减压阀组成的减压回路。两者相比，显然采用减压回路的成本低。工程机械采用减压回路主要有工作装置液压系统的先导控制回路，转向流量放大系统的转向器回路，液压风扇回路、液压制动回路等。

减压回路的结构比较简单，一般是在所需低压的支路上串接减压阀。采用减压回路虽能方便地获得某支路稳定的低压，但压力油经减压阀口时要产生压力损失。

最常见的减压回路是通过定值减压阀与主油路并联连接，如图 3-8(a) 所示。液压泵的最大工作压力由溢流阀1调定。回路中的单向阀3的作用是防止主油路压力降低（低于减压阀2的调整压力）时油液倒流，使液压缸4的压力不受干扰，达到液压缸4的短时保压作用。减压回路中也可以采用类似两级或多级调压的方法获得两级或多级减压。图3-8（b）是二级减压回路，将先导式减压阀5的远控口接一个远程控制溢流阀7，并使阀7的调定压力低于阀5，由此可以获得两级输出压力。当然，减压回路也可以采用电液比例减压阀来实现无级减压。

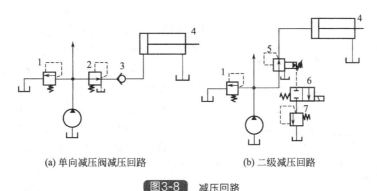

(a) 单向减压阀减压回路　　　　(b) 二级减压回路

图3-8　减压回路

1—溢流阀；2—减压阀；3—单向阀；4—液压缸；5—先导式减压阀；
6—换向阀；7—远程控制溢流阀

为了使减压回路工作可靠，一般减压阀的最低调整压力不应低于0.5MPa，这个数据可在减压阀产品样本中查到。当减压回路中的执行元件需要调速时，调速阀应放在减压阀的后面，以避免减压阀泄漏（指由减压阀泄油口流回油箱的油液）对执行元件的速度产生影响，因此，该回路不宜在需要压力降低很多或流量较大的场合使用。

（3）增压回路

在液压系统中，如果系统或系统的某支油路需要压力较高但流量又不大的压力油，而采用高压液压泵又不经济时就可以采用增压回路，这样不仅易于选择液压泵，而且系统工作可靠，噪声较小。增压回路中提高压力的主要元件是增压缸，其增压比为增压缸大小活塞面积之比。

① 单作用增压缸的增压回路　图 3-9 所示为利用增压缸的单作用增压回路，它能使系统的局部回路或某个执行元件的工作压力比正常的系统压力高若干倍，且执行元件的工作行程不大的场合，如工程机械制动器或离合器的液压缸。增压回路也可以用于气-液传动，即利用较低的压缩空气来获取较大的液压力。在图 3-9(a) 中，液压泵输出的低压油进入增压缸 3 的左腔，推动活塞右移，使增压缸 3 的右腔输出高油压，进入液压缸 2。增压缸左侧油压为 p_1，右侧油压为 p_2，其增压比为 $p_2/p_1 = A_1/A_2$。当换向阀 1 换向时，油液进入增压缸大缸的右腔，活塞退回。增压缸 3 高压腔的漏油在回程时由高位油箱 5 通过单向阀 4 来补充。图 3-9(b) 增压回路可使液压缸 7 工作

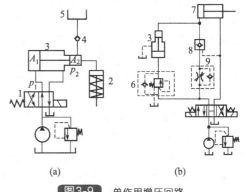

图3-9　单作用增压回路

1—换向阀；2,7—液压缸；3—增压缸；
4—单向阀；5—高位油箱；6—单向顺序阀；
8—液控单向阀；9—单向节流阀

行程加长，当液压缸活塞向右运动，只有遇到负载时，单向顺序阀 6 由于系统压力升高才会开启，此时压力油进入增压缸 3 起增压作用，增压时液控单向阀 8 关闭。活塞向左返回时，

液压缸大腔的回油由于单向节流阀9的背压作用而产生一定的压力，这个进入增压缸3的上腔使增压缸复位，为下一行程做准备，其余的油液经液控单向阀8和单向节流阀9回油箱。液控单向阀8的作用是增压时将高低压油路隔开。

② 双作用增压缸的增压回路　图3-10所示为双作用增压缸的增压回路，它能连续输出高压油，适用于增压行程要求较长的场合。当工作缸4向左运动遇到较大负载时，系统压力升高，油液经顺序阀1进入双作用增压缸2，由于增压缸2输出的高压油最终都经单向阀7或8汇集到工作缸4的大腔入口，所以无论电磁换向阀3如何切换，均能将高压油送入工作缸4的大腔。例如，换向阀3在图示左位工作时，增压缸2向右运动，高压油经单向阀8进入工作缸4的大腔；换向阀3切换工作位置后在右位工作时，增压缸2又开始向左运动，高压油经单向阀7进入工作缸4的大腔；只要不断地切换换向阀3，就能不断地使工作缸4在向左运动的过程中连续获得较大的推力，如能配合行程开关控制电磁换向阀3，则能实现增压回路的自动控制。单向阀5、6有效地隔开了增压缸的高低压油路。工作缸4向右运动时增压回路不起作用。

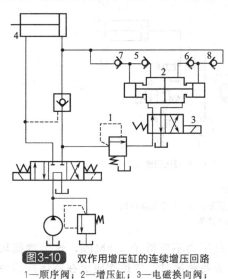

图3-10　双作用增压缸的连续增压回路
1—顺序阀；2—增压缸；3—电磁换向阀；
4—液压缸；5,6,7,8—单向阀

（4）卸荷回路

在液压系统工作时，如果执行元件需要短时间停止工作，不需要液压系统传递能量；或者执行元件在某段工作时间内保持一定的力，而运动速度极慢甚至停止运动，在这种情况下，执行元件只需要很小流量的液压油甚或不需要液压泵输出流量时，泵输出的压力油将全部或绝大部分从溢流阀流回油箱，不但造成无谓的能量消耗并引起油液发热，还会影响液压系统的性能及泵的寿命。因此，在工程机械发动机不能频繁地启动、熄火的情况下，液压系统就需要采用卸荷回路，使液压泵在功率输出接近于零的情况下运转，以减少功率损耗，降低系统发热。

液压泵的输出功率为其流量和压力的乘积，只要两者任一近似为零，功率损耗即近似为零。因此液压泵的卸荷分为流量卸荷和压力卸荷两种，流量卸荷主要是使用变量泵，即使变量泵在仅输出补偿泄漏的最小流量下运转。如果泵此时的压力取决于负载，则这种工况称为压力切断；如果没有负载，则泵处于待机压力状态（详见第4章有关内容）。压力卸荷主要用于定量泵（因为定量泵无法改变泵的排量），其方法是使泵在接近零压下运转。

常见的压力卸荷方式有以下几种。

① 采用换向阀的卸荷回路　这是利用换向阀的中位机能（如M型、H型）实现泵的压力卸荷。图3-11(a)所示为采用M型中位机能的卸荷回路。这种卸荷回路的结构简单，且切换时压力冲击小。但当压力较高、流量大时易产生冲击，一般用于低压小流量的场合。当流量较大时，可用液动或电液换向阀来卸荷，但应在其回油路上安装一个单向阀（作背压阀用），使回路在卸荷状况下能够保持有0.3～0.5MPa控制压力，从而实现卸荷状态下对电液换向阀的操纵，但这样会增加一些系统的功率损失。

② 采用二位二通电磁换向阀的卸荷回路　图3-11(b)所示为采用二位二通电磁换向阀的卸荷回路。这种卸荷回路卸荷压力小，切换时冲击也小。在这种卸荷回路中，主换向阀的中位机能为O型，利用与液压泵和溢流阀并联的二位二通电磁换向阀的通与断，实现系统的卸荷与保压功能，需要注意的是，二位二通电磁换向阀的压力和流量参数要与液压泵相匹

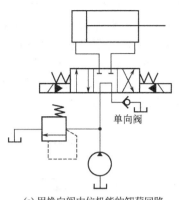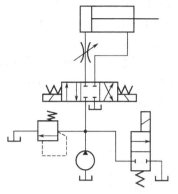

(a) 用换向阀中位机能的卸荷回路　　　　　(b) 用二位二通电磁换向阀的卸荷回路

图3-11　卸荷回路

配。由于卸荷是通过并联回路的换向阀实现，故也称之为旁路卸荷。

③ 采用先导式溢流阀和电磁阀组成的卸荷回路　图 3-12 是采用二位二通电磁阀控制先导式溢流阀的卸荷回路。当先导溢流阀 1 的远程控制口通过二位二通电磁阀 2 接通油箱时，阀 1 的溢流压力为溢流阀的卸荷压力，液压泵输出的油液以很低的压力（只需克服先导式溢流阀的主阀芯弹簧力）经溢流阀 1 和阀 2 回油箱，实现泵的卸荷。为防止系统卸荷或升压时产生压力冲击，可在溢流阀远程控制口与电磁阀之间设置阻尼孔 3。这种卸荷回路可以实现远程控制，同时二位二通电磁阀可选用小流量规格。图 3-12 所示的先导式溢流阀卸荷与图 3-11 所示的旁路卸荷相比，其冲击会小一些。

④ 双联泵卸荷回路　对在工作过程中流量变化较大的液压系统常采用双联泵供油。图 3-13 所示为双联泵卸荷回路。卸荷阀 4 设定低压大流量时双泵供油的压力，溢流阀 3 设定高压小流量时高压泵 2 供油的最高工作压力。当系统压力低于卸荷阀 4 的压力时，两个泵同时向系统供油；当系统压力超过卸荷阀 4 的压力，低压大流量泵 1 输出的油液通过卸荷阀 4 流回油箱，只有高压小流量泵 2 向系统供油。这样的设计减少了功率消耗。为避免相互干扰，卸荷阀 4 的设定压力应比溢流阀 3 的设定压力低一些。

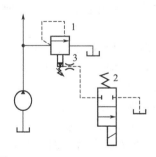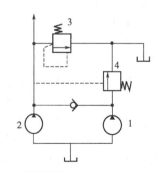

图3-12　先导式溢流阀和电磁阀组成的卸荷回路
1—先导溢流阀；2—电磁阀；3—阻尼孔

图3-13　双联泵卸荷回路
1—低压大流量泵；2—高压小流量泵；
3—溢流阀；4—卸荷阀

⑤ 利用特殊结构的液压缸使泵卸荷的回路　在图 3-14 中，当液压缸活塞向左运动接近终点时，缸体上所带的单向阀的旁通油口开启，液压泵输出的油液从液压缸的小腔经过此油口流回油箱，液压泵卸荷。这种方法常用于压力不高的小型液压缸上。图 3-15 所示为这种结构应用的示例，但它不是使泵卸荷，而是起到油缸行程限位的作用。变量泵 1 输出的液压

油除进入主回路外，还通过控制回路进入小变量缸 3，作用在小柱塞 4 的底部。如果泵出口压力达到一定高时，小柱塞 4 将推动曲臂 5 顺时针偏转，压缩弹簧 6，于是排量控制阀 7 向右移动，泵出口的压力油进入大变量缸。由于大、小变量缸的面积差，大变量缸活塞将向左运动，带动变量泵斜盘顺时针偏转，泵的排量减小。当大变量缸活塞向左运动到某个位置时，缸体上的小孔会将进入大变量缸的油液泄回油箱，于是这个小孔的位置就决定了大变量缸活塞的极限位置，即泵斜盘最小角度位置，这也就决定了泵的最小排量。

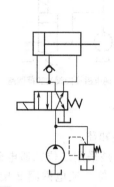

图3-14 用缸体上旁通油口卸荷回路

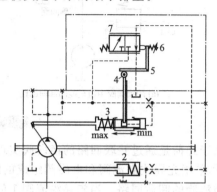

图3-15 缸体上旁通油口卸荷回路的应用示例

1—变量泵；2—大（直径）变量缸；3—小（直径）变量缸；
4—小柱塞；5—曲臂；6—弹簧；7—排量控制阀

（5）保压回路

在液压系统中，常要求液压执行机构在一定的行程位置上停止运动或在有微小的位移情况下，使系统稳定地维持一定的压力，这就要采用保压回路。最简单的保压回路是密封性能较好的液控单向阀回路，但是元件的泄漏使得这种回路的保压时间不能维持太久。常用的保压回路有以下几种。

① 利用液压泵的保压回路　利用液压泵的保压回路也就是在保压过程中，液压泵仍以较高的压力（保压所需压力）工作，此时若采用定量泵，则压力油几乎全经溢流阀流回油箱，系统功率损失大，易发热，故只在小功率的系统且保压时间较短的场合下才使用；若采用变量泵，在保压时泵的压力较高，而输出流量几乎等于零，因而液压系统的功率损失小，如前所述，这种保压方法称为压力切断，泵的排量控制器能随系统泄漏量的变化而自动调整输出流量，因而其效率也较高。

② 利用蓄能器的保压回路　在图 3-16（a）中，当主换向阀 5 在左位工作时，液压缸向右运动，当液压缸运动到终点后，液压泵向蓄能器 4 供油，直到供油压力升高到压力继电器 2 的设定值时，压力继电器 2 发出信号，使换向阀 6 通电，泵经过溢流阀 1 卸荷，单向阀 3 自动关闭，液压缸则由蓄能器 4 保压。当液压缸的压力不足时，压力继电器 2 复位，使换向阀 6 断电，泵继续向液压缸和蓄能器充压。保压时间的长短取决于蓄能器容量和泄漏状况，调节压力继电器 2 的工作区间即可调节液压缸压力的最大值和最小值。图 3-16（b）所示为多缸系统的保压回路，这种回路当主油路压力降低时，单向阀 3 关闭，支路由蓄能器 4 保压补偿泄漏。

③ 自动补油保压回路　图 3-17 所示为采用液控单向阀的自动补油式保压回路，其工作原理为：电磁铁 1Y 通电后，换向阀 1 右位工作，液压缸向下运动。当液压缸大腔压力上升至压力传感器 3 的预定上限值时，电磁铁 1Y 失电，换向阀 1 回到中位，液压泵卸荷，液压缸由液控单向阀 2 保压。当液压缸大腔压力下降到压力传感器 3 的预定下限值时，电磁铁 1Y 再次得电，液压泵继续向系统供油，使压力上升。因此这种回路能自动使液压缸补充压

力油，使其压力能长期保持在一定范围内，压力的波动范围由压力传感器 3 来控制。它既利用了液控单向阀的保压性能，又避开了液压泵保压功率损失的缺点。

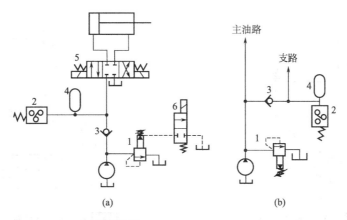

图3-16 利用蓄能器的保压回路

1—溢流阀；2—压力继电器；3—单向阀；4—蓄能器；5,6—换向阀

（6）卸压回路

卸压回路是使执行元件高压腔中的压力缓慢地释放，以免卸压过快引起剧烈冲击和振动的回路。

① 采用顺序阀的卸压回路　在图 3-18 中，液压缸大腔保压完毕，卸压时换向阀 1 处于左位工作，开始时先让液压缸小腔油液经过顺序阀 4 和节流阀 3 回油，调整节流阀 3，使其产生的背压只能推开先导式液控单向阀 2 的先导卸压装置，使液压缸大腔卸压。当液压缸大腔压力低于顺序阀 4 的设定压力时，顺序阀 4 切断，液压缸小腔油路压力升高，打开液控单向阀 2 的主阀芯，液压缸活塞向上回程。

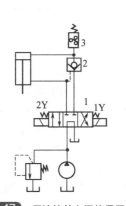

图3-17 用液控单向阀的保压回路

1—电液换向阀；2—液控单向阀；3—压力传感器

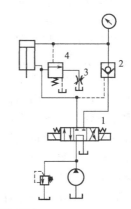

图3-18 顺序阀控制的卸压回路

1—换向阀；2—液控单向阀；3—节流阀；4—顺序阀

② 节流阀卸压回路　在图 3-19 中，液压缸大腔的高压油在换向阀 4 处于中位（液压泵卸荷）时，通过节流阀 5、单向阀 6 和换向阀 4 卸压，卸压快慢由节流阀调节。当大腔压力降至压力继电器 3 的调定压力时，换向阀 4 切换至左位工作，液控单向阀 1 打开，使液压缸大腔的油液通过该阀排到液压缸顶部的高位油箱 2 中。这种卸压回路无法在卸压前保压，卸压前有保压要求时换向阀也可以利用 M 型中位机能，并另配相应的元件。

③ 用电液换向阀的卸压回路　图 3-20 所示为带单向节流阀的 H 型（或 Y 型）机能的

电液换向阀的液压回路。当液压缸大腔保压结束、反向缩回时，单向节流阀延缓了液动换向阀 3 的换向时间，使换向阀在中位停留时液压缸高压腔打开液控单向阀通过油箱卸压后再换向回程。

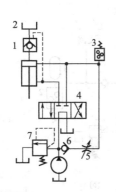

图3-19　用节流阀的卸压回路

1—液控单向阀；2—高位油箱；3—压力继电器；
4—换向阀；5—节流阀；6—单向阀；7—溢流阀

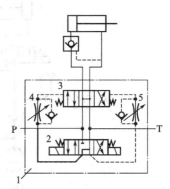

图3-20　用电液换向阀的卸压回路

1—电液换向阀；2—电磁换向阀；
3—液动换向阀；4，5—单向节流阀

（7）平衡回路

为了防止垂直或倾斜放置的液压缸和与之相连的工作部件因自重而自行下落，可以在活塞下行的回油路上设置产生一定背压的液压元件，以达到或阻止活塞下落或缓慢活塞因自重而加速下落的目的，这种回路称为平衡回路。

① 采用（内控）单向顺序阀的平衡回路　在图 3-21(a) 中，当换向阀左位工作时，液压缸大腔进油，活塞下行，液压缸小腔回油路上就存在着一定的背压，只要将这个单向顺序阀的弹簧调得能支承住活塞和与之相连的工作部件自重，小腔产生的背压就可以使活塞下落比较平稳。当换向阀处于中位时，换向阀的中位 O 型机能阻止活塞的运动，使之不再继续下移。在该回路中，当活塞向下快速运动时的功率损失较大，中位锁止时活塞和与之相连的工作部件会因单向顺序阀和换向阀的泄漏而缓慢下落，因此它只适用于工作部件重量不大、活塞锁住时定位要求不高的场合。

② 采用（外控）单向顺序阀的平衡回路　在图 3-21(b) 中，当活塞下行时，控制压力油打开顺序阀，背压消失，因而回路效率较高；当停止工作时，顺序阀关闭以防止活塞和工作部件因自重而下降。这种平衡回路的优点是只有液压缸大腔进油并达到一定的压力时活塞才下行，比较安全可靠；缺点是活塞下行时平稳性较差。这是因为如果活塞下行速度较快，液压缸大腔油压将会降得很低，这使得顺序阀关闭；而当顺序阀关闭时，活塞因此将停止下行，这又使液压缸大腔油压升高，并再次打开顺序阀。此时的顺序阀经常工作在频繁的启、闭状态，因而影响了工作的平稳性。这种平衡回路适用于运动部件重量较轻、停留时间较短的液压系统。

③ 采用液压自控式换向阀的平衡回路　在图 3-21(c) 中，当电磁换向阀左位工作时，工作油分成两路：一路经单向阀进入液压缸大腔，使活塞下行；另一路经阻尼孔进入液动换向阀的左控制腔，使液动换向阀阀杆右移换向后（此时控制油压与液动换向阀的回位弹簧力平衡），让液压缸小腔的回油经阀杆开口回到油箱。如果活塞下行速度过快，泵供油不及，这势必引起液压缸大腔压力降低，即液动换向阀左控制腔的压力降低，但此时阀杆将会在回位弹簧力的作用下左移，关小阀杆开口，使回油阻力增加，活塞下行速度因此减慢，与此同时，也迫使液压缸大腔压力上升，避免形成空穴。当电磁换向阀右位工作时，原理相同。可见这种平衡回路可以使液压缸活塞在上行或下行过程中都能起到限速平衡作用。它一般用在

回转机构中，如采用液压驱动的车辆行走马达控制、回转平台的马达控制以及装载机的转向系统等。

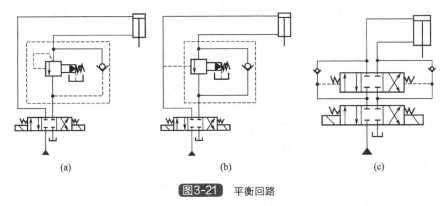

图3-21　平衡回路

（8）缓冲回路

当液压执行元件驱动质量和速度较大的工作部件时，缓冲回路的作用是克服系统的惯性，防止液压缸在工作行程终点剧烈撞击缸盖和定位元件等，并避免运动突然停止或换向所引起的液压冲击和振动。

① 采用溢流阀缓冲的回路　图3-22所示为两个溢流阀和两个单向阀组成的阀组，它用两个溢流阀分别吸收液压缸两腔产生的压力冲击，即当液压缸受到很大的外力时，为保护液压缸和管路，活塞将被迫伸出或缩回，被封闭在油缸内的高压油此时将打开溢流阀，将过高的压力释放；同时单向阀用于另一腔的自吸补油。用于吸收压力冲击的溢流阀，其调定压力要大于系统主溢流阀的调定压力（一般大5%～10%）。由于溢流阀的开启压力决定了液压缸的闭锁压力，因此当执行元件用于制动时（如执行元件为马达），这个压力也就决定了制动力的大小。这种溢流阀并联安装在换向阀与执行元件之间的工作油路上，一般也称为过载阀，加上补油单向阀后则称为过载补油阀，有的也称为多功能阀等。

② 采用单向行程节流阀的缓冲回路　图3-23中，在液压缸小腔回油路上接入单向行程节流阀1，当换向阀工作在左位，液压缸大腔进油，活塞向右运动到预定位置时，活塞杆上的挡铁2压下行程节流阀的阀芯，使行程节流阀的开度逐渐减小直至关闭，从而使运动部件逐渐减速直至停止，以此达到在行程终点减速缓冲的目的，减速的快慢由活塞杆上挡铁的斜度和阀杆内部的阻尼来控制。当换向阀工作在右位时，控制阀来油经单向阀进入液压缸小腔，活塞向左运动。

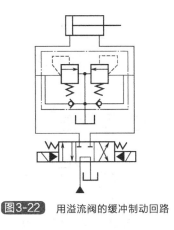

图3-22　用溢流阀的缓冲制动回路

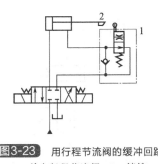

图3-23　用行程节流阀的缓冲回路

1—单向行程节流阀；2—挡铁

3.1.2　速度控制回路

在液压系统中，速度控制回路占有极其重要的地位。速度控制回路是研究液压系统的速度调节和变换的问题。常用的速度控制基本回路有增速回路、减速回路和二次速度转换回路，下面分别对上述三种回路进行介绍。

（1）增速回路

增速回路是指在不增加液压泵的流量的前提下，提高执行元件速度的回路。一般采用自重充液、蓄能器、差动缸和增速缸来实现。

① 自重充液增速回路　对于垂直放置的液压缸，可利用它的自重增加它下行时的运行速度，特别是运动部件的质量很大时，其增速效果更加明显。图 3-24 是自重充液增速回路，上部设有充液箱和充液阀。当换向阀右位接通回路时，由于液压缸连接部件的自重使得活塞快速下降，用单向节流阀控制下降速度。如果活塞下降速度超过供油速度，液压缸大腔产生负压，通过液压单向阀（充液阀）从高位油箱向液压缸大腔补油。当液压缸连接部件接触到物体时，负载增加，液压缸大腔压力升高，液控单向阀关闭，这时只靠液压泵供油，活塞运动速度降低。回程时，换向阀左位接通回路，压力油进入液压缸小腔，同时打开液控单向阀，使液压缸大腔的一部分回油进入高位油箱。自重充液增速回路不需要增设辅助的动力源，回路结构简单，但活塞快速下降时容易造成液压缸大腔补油不充分，导致加压时升压缓慢，为此高位油箱常被加压油箱或蓄能器代替，实行强制充液。

对于卧式液压缸，就不能利用部件重量做快速运动。但如果能减少执行元件活塞的有效作用面积，也可以实现增速，差动缸和增速缸就是利用这种原理增速的。

② 差动连接增速回路　在图 3-25 中，如果电磁阀 1 左位得电工作在左位，液压缸活塞将向右移动；此时如果电磁阀 2 也得电，工作在右位，则压力油同时进入液压缸的大腔和小腔，液压缸的这种连接方式称为差动连接。由于液压缸大腔的作用面积大于小腔的作用面积，所以活塞仍然向右运动，但由于此时有效作用面积减小（有效面积等于大腔作用面积与小腔作用面积之差），活塞推力减小而运动速度增加。如果液压缸接有行程传感器（或压力传感器），当活塞伸出到某一位置（或压力升高到某一数值）时，让电磁阀 2 失电后工作在左位（即图示位置），此时液压缸的作用面积变为大腔活塞面积，这就使得液压缸推力增大而运动速度减慢。液压缸向左返回时，电磁阀 1 工作在右位，电磁阀 2 失电工作在左位。差动连接回路可以提高液压缸空载行程的运动速度，缩短工作循环时间。该方法简单经济，但快、慢速度的换接不够平稳。必须注意的是：差动油路的换向阀和油管通流量计算应考虑差动工况，避免流动液阻过大，影响差动效果。

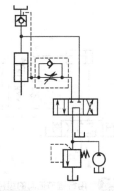

图3-24　自重充液增速回路

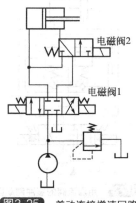

图3-25　差动连接增速回路

③ 增速液压缸增速回路　在图 3-26 中，当换向阀 1 工作在左位时，意图使液压缸活塞 5 向右伸出：液压油首先经增速柱塞 4 的中心孔进入增速缸小腔 B，使液压缸活塞 5 快速向右伸出，同时液压缸大腔 A 让出的容积经液控单向阀 2 从油箱中吸取油液进行补充；当液压缸活塞 5 接触到物体时负载会增加，导致回路压力升高，于是顺序阀 3 开启，升高的压力油关闭液控单向阀 2，并进入增速缸大腔 A，使液压缸推力增加，活塞伸出速度变慢。当换向阀 1 工作在右位回程时，小腔压力油打开液控单向阀 2，让大腔 A 的回油排回油箱，活塞快速向左退回。这种回路达到了快速接近物体并随载荷增大而自动加力的目的。

④ 辅助液压缸增速回路　图 3-27 是采用辅助液压缸增加运动速度的回路。一般大中型液压机为了减少液压泵的容量，除设计有作用面积大的主液压缸 1 之外，还另外设置有成对的、作用面积小的辅助液压缸 2。当换向阀处于右位工作时，压力油首先进入辅助缸 2 的上腔，由于它们的作用面积小，所以快速下行，此时主液压缸 1 的大腔经液控单向阀 3 从高位副油箱吸入油液。当滑板接触物体后，系统压力上升，压力油打开顺序阀 5 进入主液压缸大腔，此时三个液压缸同时给物体加压。辅助缸小腔油液经起背压作用的单向顺序阀 6 和换向阀流回油箱。换向阀处于左位置工作时，泵来油一路经单向阀进入辅助液压缸 2 的小腔，使液压缸回程；另一路同时打开液控单向阀 3，让主液压缸大腔油液回到高位副油箱。这种回路采用较小流量的液压泵就可以获得较快的速度。

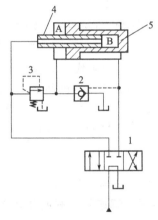

图3-26　增速液压缸回路

1—换向阀；2—液控单向阀；3—顺序阀；
4—增速柱塞；5—液压缸活塞

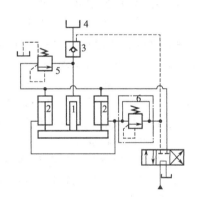

图3-27　辅助液压缸增速回路

1—主液压缸；2—辅助液压缸；3—液控单向阀；
4—高位副油箱；5—顺序阀；6—单向顺序阀

（2）减速回路

减速回路是使执行元件从快速转变为慢速的回路。常用的方法是利用节流阀或调速阀来减速，用行程阀、电气行程开关或其他类型的传感器控制换向阀的通断，或利用液压缸的内部结构将活塞的快速运动转换为慢速运动。工程机械液压系统经常用到减速回路，例如在液压缸活塞杆伸到最长和缩到最短这两个极限位置前，为了防止活塞或活塞杆与缸盖、缸头的猛烈碰撞，一般都要进行强制减速。

① 行程阀控制的减速回路　在图 3-28 中，在液压缸回油路上，并联接入行程阀 2 和单向节流阀 3，当活塞向右运动时，在活塞杆上的挡铁 1 碰到行程阀 2 之前，活塞保持快速运动；当挡铁 1 碰上并压下行程阀 2 后，液压缸小腔的回油只能通过节流阀 3 回油箱，活塞运动速度减慢。活塞向左返回时，不管挡铁是否压下行程阀 2，液压油均可通过单向阀进入液压缸小腔，活塞回程速度不变。

② 电磁阀控制的减速回路　在图 3-29 中，液压缸快速前进，碰上电气行程开关 2 后，

将其电气信号转换并传给电磁换向阀 4，使其切换到右位工作，将油路关闭，小腔回油只能从节流阀 3 通过，变为慢速运动。

③ 利用比例控制主控阀开度的减速回路　图 3-29 中，如果主换向阀为电比例控制类型的换向阀，可以利用主阀杆的开度大小对液压缸施行增速和减速操作。例如，当电气行程开关或者角位移传感器在液压缸运动到某一位置时，将电信号传给主换向阀，主换向阀自动减小控制电流，使主阀杆的开口量减小，液压缸活塞运动速度减慢。电（液）比例控制换向阀及应用请参阅第 7 章相关内容。

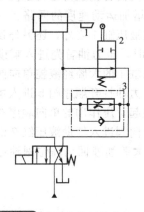

图3-28　行程阀控制的减速回路
1—挡铁；2—行程阀；3—单向节流阀

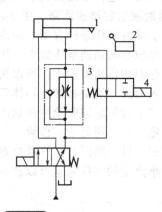

图3-29　电磁阀控制的减速回路
1—挡铁；2—行程开关；3—单向节流阀；4—电磁换向阀

④ 复合缸的减速回路　在图 3-30 中，利用液压缸的内部结构来代替活塞杆上行程挡铁的外部控制，当活塞向右运动时，在活塞上的孔 1 没有插入与它相配合的凸台 2 之前，回油通过凸台 2 的油孔回油箱，活塞快速运动；当孔 1 插入凸台 2 之后，回油只能通过单向节流阀回油箱，实现慢速运动。调节凸台 2 伸入缸内的长度可改变速度转换的行程。这种设计思路已经成为工程机械液压缸缓冲装置的典型结构之一。

（3）二次速度转换回路

二次速度转换回路的作用是使液压执行元件在一个工作循环中从某一种运动速度转换到另一种运动速度。为实现两种运动速度的转换，通常采用两个调速阀串联或并联在油路上，用换向阀进行转换。

① 节流（调速）阀串联的二次速度转换回路　节流（调速）阀串联时，二次运动速度小于一次运动速度。在图 3-31 中，二位二通换向阀 3 导通时，速度由节流阀 1 决定，当换向阀 3 关闭后，速度由串联后的节流阀 1 和节流阀 2 决定。

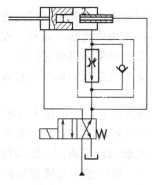

图3-30　复合缸的减速回路
1—孔；2—凸台

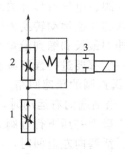

图3-31　节流（调速）阀串联的二次速度转换回路
1，2—节流阀；3—换向阀

② 节流（调速）阀并联的二次速度转换回路　在图 3-32 中，当两位三通的换向阀 3 处于图中所示的位置时，运动速度由节流阀 1 决定。二位三通换向阀 3 切换后，运动速度由节流阀 2 决定。由于两个节流阀的流量彼此不受限制，因此两个运动速度可以分别调整，互不影响。需要注意的是，在两阀转换的瞬间容易造成液压冲击，此时如将节流阀改为调速阀，由于调速阀中的定差减压阀处于全开位置，在油路突然转换时有可能会造成执行元件的前冲现象，在实际应用中一定要引起重视。

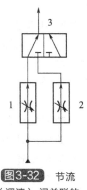

图3-32　节流（调速）阀并联的二次速度转换回路

1,2—节流阀；
3—换向阀

需要特别指出的是，工程机械主液压系统、各种控制系统甚至包括伺服控制系统等都广泛使用了速度控制回路，通常称为"调速控制"。无论是利用控制阀的阀口开度还是利用单独设置的节流阀或调速阀对执行元件进行速度控制，其核心都是"节流调速"。节流调速的优点是成本较低，其缺点是节流会产生一些功率损失。

3.1.3　方向控制回路

在液压控制系统中，液压执行元件除在输出速度或转速、输出力或转矩方面有要求外，对其运动方向、停止及其停止后的定位等性能也有不同的要求。通过控制进入执行元件液流的通、断或变向来实现液压系统执行元件的启动、停止或改变运动方向的回路称为方向控制回路。高品质的方向控制回路要求换向迅速、换向位置准确和执行元件运动平稳无冲击。常用的方向控制回路有换向回路和锁紧回路。

（1）换向回路

① 采用换向阀的换向回路　开式回路中执行元件的换向一般可采用各种换向阀来实现。采用不同操纵形式的二位四通（五通）、三位四通（五通、六通等）换向阀都可以使执行元件实现换向。二位换向阀只能使执行元件实现正、反两个方向运动；三位阀除能够实现正、反向换向运动外，还有中位机能，不同的滑阀中位机能可使系统获得不同的控制特性。五通换向阀有两个回油口，执行元件正反向运动时，在两回油路上设置不同的背压，可获得不同的速度。换向阀的控制方式可根据操作的具体需要来选择，例如：依靠重力或弹簧来回程的单作用液压缸可以采用二位三通换向阀进行换向，见图 3-33（a）；二位三通换向阀还可以用来控制差动缸的换向，见图 3-33（b）。对于双作用液压缸的换向，一般可以采用二位四通（或五通）及三位四通（或五通）换向阀来进行换向。

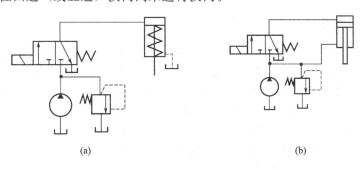

(a)　　　　　　　　　　　　　(b)

图3-33　用二位三通阀的换向回路

采用电磁换向阀的换向回路动作快，但换向有冲击，换向定位精度低，且交流电磁铁不宜频繁切换，以免线圈烧坏。工程机械尤其是土方机械液压系统，其控制对象一般为工作装置、转向、行走、回转等动作，这些系统往往流量较大，且要求换向平稳，电磁换向阀的换向回路不能适应上述要求，所以工程机械液压系统一般多采用手动换向、液压先导换向和电比例先导换向方式，而对应的主换向阀（一般称为多路换向或者主控阀）为手动换向阀、液动换向阀和电液换向阀。第 7 章中有大量工程机械主控阀换向的实例，请读者留意。

② 采用双向变量泵的换向回路　变量泵依靠泵斜盘的倾角变化改变泵的排量，对于双向变量泵来说，还可以利用泵斜盘越过中位（零排量）后的反向偏转来实现油路的方向改变，不需要换向阀改变油路的方向。详情请见闭式回路部分。

（2）锁紧回路

锁紧回路的功能是通过切断执行元件的进油、出油通道来使它停在任意位置，并防止停止运动后因外力发生的位移。常见的执行元件有马达和液压缸，对于马达来说，锁止失败的现象是角位移；对于液压缸来说，锁止失败的现象是线位移。轻微的位移对于一般的工程机械不会产生恶劣的后果，但是对于像起重机这样的机械来说，位移的发生往往与安全和作业性能密切相关。例如，起重作业时液压支腿发生位移和悬在空中的重物发生位移都是非常危险的，安装精密大型设备时发生位移不但危险而且影响作业效率，而吊装部件进行焊接作业时发生位移将会严重影响焊缝质量等。因此，是否需要锁止回路以及需要锁止回路具有何种密封性能都与机械的作业工况密切相关。

液压缸锁紧的最简单的方法是采用 O 型或 M 型机能的三位换向阀，当阀芯处于中位时，液压缸的进、出口都被封闭，使活塞在行程范围内任意位置停止。但由于圆柱形滑阀存在不可避免的内泄漏，使执行元件不能长时间保持某个位置停止不动，因此锁紧性能不高。

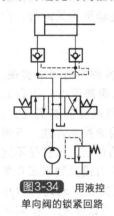

图3-34　用液控单向阀的锁紧回路

提高回路锁紧性能的方法，最常用是采用液控单向阀作为锁紧元件，利用单向阀锥面密封的良好效果来达到锁紧的目的，如图 3-34 所示。该回路主要用于汽车起重机的支腿油路和飞机起落架的收放油路上。在液压缸的进、回油路中都串接液控单向阀（这种双向锁紧的回路又称为液压锁），液压缸活塞可以在行程的任何位置上长期锁紧，不会因外力影响而发生位移，其锁紧性能只受液压缸内部少量的内泄漏和油液压缩性的影响，因此锁紧精度很高。为了保证锁紧迅速、准确，换向阀可以采用 H 型或 Y 型中位机能，当换向阀回到中位时使液控单向阀的控制油液迅速卸压，让液控单向阀立即关闭，液压缸活塞停止运动。假如采用 O 型机能，在换向阀中位时，由于液控单向阀的控制腔压力油被封闭而不能使其立即关闭，直至由换向阀的内泄漏使控制腔泄压后液控单向阀才能关闭，影响锁紧性能。

3.1.4　顺序动作回路

在多缸液压系统中，往往需要执行元件按照一定要求的顺序动作，例如汽车起重机吊臂和伸缩臂叉装车主臂的伸缩动作就是非常典型的顺序动作回路。顺序动作回路就是实现多个执行元件严格按照预定顺序依次动作的液压回路。按控制方式不同，可以分为压力控制、行程控制和时间控制三类，其中前两类用得较多。随着电控技术的发展，更多的顺序动作控制可由程序控制来完成，它的灵活性更强，适用范围更广，特别是配合换向阀的阀杆开口结构设计，电控技术还可以对系统进行过程控制，从而使机械的性能更佳。

（1）压力控制的顺序动作回路

压力控制就是利用油路本身的压力变化来控制液压缸的先后动作顺序，它主要利用压力继电器和顺序阀来控制顺序动作。

① 用压力继电器控制的顺序回路　图 3-35 是用压力继电器控制电磁换向阀来实现顺序动作的回路。欲使活塞杆伸出时，电磁铁 1Y 得电，电磁阀 3 工作在左位，液压缸 1 活塞前进到右端点后，回路压力升高，压力继电器 1K 动作，使电磁铁 3Y 得电，电磁阀 4 工作在

左位，液压缸 2 活塞向右运动；欲使活塞杆缩回时，电磁铁 1Y、3Y 同时失电，电磁铁 4Y 得电，这样就使电磁阀 3 回到中位而电磁阀 4 工作在右位，此时液压缸 1 锁定在右端点位置而液压缸 2 活塞向左运动，当液压缸 2 活塞缩回原位后，回路压力升高，压力继电器 2K 动作，使电磁铁 2Y 得电，电磁阀 3 工作在右位，液压缸 1 活塞缩回至起点。

② 用顺序阀控制的顺序动作回路　图 3-36 是采用两个单向顺序阀的压力控制顺序动作回路。其中单向顺序阀 3 控制两液压缸前进时的先后顺序，单向顺序阀 4 控制两液压缸后退时的先后顺序。假设某工作液压系统的动作顺序为①→②→③→④，则其控制回路的工作过程如下：当换向阀 5 工作在左位时，液压缸 1 的活塞首先向右运动，完成动作①；当回路压力升高到单向顺序阀 3 的调定压力时，单向顺序阀 3 开启，此时液压缸 2 的活塞才向右运动，完成动作②。当换向阀 5 工作在右位时，液压缸 2 活塞先退回到左端点，完成动作③；此时回路压力升高，单向顺序阀 4 开启，液压缸 1 活塞退回原位，完成动作④。这样就完成了一个完整的多缸顺序动作循环，如果要改变动作的先后顺序，就要对两个顺序阀在油路中的安装位置进行相应的调整。

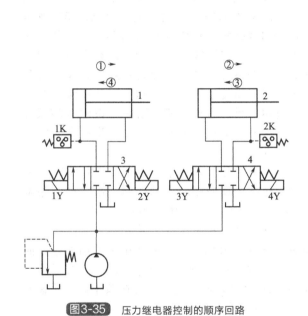

图3-35　压力继电器控制的顺序回路

1,2—液压缸；3,4—换向阀；

1K,2K—压力继电器；1Y,2Y,3Y,4Y—电磁铁

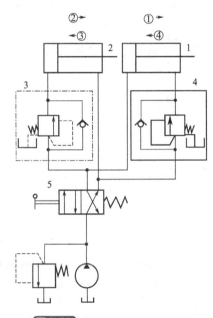

图3-36　顺序阀控制的顺序回路

1,2—液压缸；3,4—单向顺序阀；5—换向阀

这种顺序动作回路实际上是利用并联回路中液压油首先进入负载压力较低的那一路执行元件的特点，所以其动作可靠性在很大程度上取决于顺序阀的性能及压力调整值。在这种回路中，顺序阀或压力继电器的调定压力一般应大于前一动作执行元件最高工作压力的10%～15%，否则前一动作尚未终止，下一动作的液压缸可能在管路中的压力冲击或波动下产生误动作。这种回路只适用于系统中执行元件数目不多、负载变化不大的场合。

(2) 用行程控制的顺序动作回路

行程控制顺序动作回路是利用工作部件到达一定位置时，发出控制信号，来控制液压缸的先后动作顺序的回路，它可以利用行程开关、行程阀或顺序缸来实现。

图 3-37(a) 是采用行程阀控制的多缸顺序动作回路。图示位置两液压缸活塞均退至左端点。当电磁阀 3 左位接入回路时，液压缸 1 活塞先向右运动，当活塞杆上的行程挡铁压下行程阀 4 后，液压缸 2 活塞才开始向右运动，直至两个液压缸先后到达右端点；当电磁阀 3 右

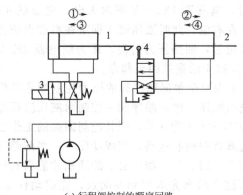

(a) 行程阀控制的顺序回路

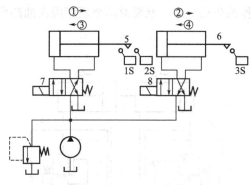

(b) 行程开关控制的顺序回路

图3-37 行程控制顺序动作回路

1,2,5,6—液压缸；3,7,8—换向阀；
4—行程阀；1S,2S,3S—行程开关

位接入回路时，液压缸 1 活塞先向左退回，活塞杆在运动中当行程挡铁离开行程阀 4 后，行程阀 4 在弹簧作用下自动复位，使其下位接入回路，这时液压缸 2 活塞才开始向左退回，最后直至两个液压缸都到达左端点。这种回路动作可靠，但要改变动作顺序较为困难。

图 3-37(b) 是利用电气行程开关控制电磁换向阀先后换向的顺序动作回路。按启动按钮，使换向阀 7 电磁铁得电，液压缸 5 活塞先向右运动，当活塞杆上的行程挡铁压下行程开关 2S 后，使换向阀 8 电磁铁得电，液压缸 6 活塞才向右运动，直到压下行程开关 3S，使换向阀 7 电磁铁失电，液压缸 5 活塞向左退回，而后压下行程开关 1S，使换向阀 8 电磁铁失电，液压缸 6 活塞再退回，至此完成了液压缸 5、液压缸 6 的全部顺序动作的自动循环。在这种回路中，调整行程挡铁位置，可调整液压缸的行程，通过电控系统可任意改变动作顺序，并且可利用电气互锁使动作顺序可靠，因此在液压系统中应用广泛。另外，还可以采用霍尔电路原理的非接触式电气行程开关，进一步提高回路的可靠性。

除上述几种方法外，还可以采用图 3-38 中的顺序缸实现顺序动作的控制。顺序缸 1 除两端有进、出油口外，中间还有 a 和 b 两个油口。当活塞在缸内运动时，a、b 两油口起开关作用。顺序缸 1 和液压缸 2 并联接到换向阀 5 的 A、B 两油口，液压缸 2 两侧油路中接入单向阀 3 和 4，只允许液压缸 2 排出的油通过，而进入液压缸 2 的压力油则必须通过顺序缸 1 的 a、b 两油口，因此液压缸 2 活塞向右运动必在顺序缸 1 活塞向右运动打开油口 a 之后，而液压缸 2 活塞向左退回又必在顺序缸 1 活塞向左退回打开油口 b 之后。本回路结构简单，但动作顺序和行程位置一经设定不能改变。

3.1.5 同步控制回路

当需要两个或两个以上执行元件做同步运动时，就需要用到同步回路。例如摊铺机料斗的开启和闭合运动以及牵引大臂的升降运动都需要两个液压缸的运动是同步的。在液压系统中，尽管液压缸的有效工作面积相等，但是由于运动中所受负载不均衡，摩擦阻力也不相等，泄漏量的不同以及制造上的误差等，都是液压缸不能同步动作的原因。对于串联回路来说，所受上述影响较小；而对于并联回路来说，负载的变化对同步精度的影响较大。同步回路的作用就是为了克服这些影响，尽可能地补偿它们在流量上所造成的变化。

同步运动分为速度同步和位置同步两类。速度同步是指各

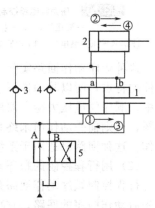

图3-38 顺序缸控制顺序回路

1—顺序缸；2—液压缸；
3,4—单向阀；5—换向阀

执行元件的运动速度相等，而位置同步是指各执行元件在运动中或停止时都保持相同的位移量。实现多缸同步动作的方式有多种，设计者应根据系统的具体要求进行合理的设计。

（1）串联液压缸的同步回路

将有效工作面积相等的两个液压缸串联起来便可实现两缸同步。这种回路允许较大偏载，因偏载造成的压差不影响流量的改变，只引起油液微量的压缩和泄漏，同步精度较高，回路效率也较高。图3-39是串联液压缸的同步回路。图中第一个液压缸4回油腔排出的油液，被送入第二个液压缸5的进油腔。如果两缸活塞的有效作用面积相等，便可实现同步运动。这种回路两液压缸能承受不同的负载，但泵的供油压力要大于两液压缸工作压力之和。

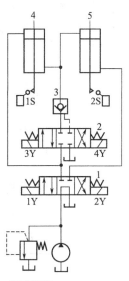

由于制造误差、内泄漏及混入空气等因素的影响，时间长久会产生失调现象，并积累为两液压缸位置差别，因此回路中应设计有位置补偿装置。如图3-39所示的补偿原理为：当两液压缸活塞同时下行时，若液压缸4活塞先到达行程端点，则挡铁压下行程开关1S，电磁铁3Y得电，换向阀2左位工作，压力油经换向阀2和液控单向阀3进入液压缸5的上腔进行补油，使其活塞继续下行到达行程端点。如果液压缸5活塞先到达端点，行程开关2S使电磁铁4Y得电，换向阀2右位工作，压力油进入液控单向阀3的控制腔，打开单向阀3，液压缸4下腔与油箱接通，使其活塞继续下行到达行程端点，这样就可以消除积累误差。

图3-39 带补偿装置的串联缸同步回路
1,2—换向阀；3—液控单向阀；4,5—液压缸；1Y,2Y,3Y,4Y—电磁铁；1S,2S—行程开关

（2）流量同步回路

流量同步回路是通过流量控制阀控制进入或流出两液压缸的流量，使液压缸活塞运动速度相等，实现速度同步。

① 用调速阀控制的同步回路 图3-40是两个液压缸并联，分别用调速阀控制的同步回路。在两个并联液压缸的进（回）油路上分别串接一个单向调速阀，两个调速阀分别调节两缸活塞的运动速度，仔细调整两个调速阀的开口大小，控制进入两液压缸或从两液压缸流出的流量，可使它们在一个方向上实现速度同步。当两缸有效面积相等时，则流量也得调整相同；若两缸面积不等时，则改变调速阀的流量也能达到同步的运动。

用调速阀控制的同步回路，结构简单但调整比较麻烦，而且由于受到油温变化以及调速阀性能差异等影响，同步精度较低，不宜用于偏载或负载变化频繁的场合。

② 用分流阀控制的同步回路 图3-41是采用分流阀（也称为同步阀）代替调速阀来控制两液压缸的进入或流出的流量。分流阀具有良好的抗偏载能力，可使两液压缸在承受不同负载时仍能实现速度同步（请参见第2章有关内容）。回路中的单向节流阀2用来控制活塞的下降速度，两个液控单向阀4组成了液压锁，一方面提高锁止精度，另一方面可以防止活塞停止运动时两缸负载不同而通过分流阀内部相互窜油。这种回路依靠分流阀来自动调整两回路流量，使执行元件速度同步，纠偏能力较大，同步精度较高，但当两缸负载相差较大时，其压力损失较大。

（3）用同步缸或同步马达的同步回路

在图3-42中，同步缸3是两个尺寸相同的缸体和两个活塞共用一个活塞杆的液压缸，活塞向左或向右运动时，输出或接受相等容积的油液，在回路中起着配流的作用，使有效面积相等的两个液压缸实现双向同步运动。同步缸3的两个活塞上装有双作用单向阀4，可以在行程端点消除误差。与同步缸一样，用两个同轴等排量双向液压马达起配油作用，输出相

同流量的油液亦可实现两缸双向同步，如图 3-43 所示。在图 3-43 中，节流阀 4 用于行程端点消除两缸位置误差。这种回路的同步精度比采用流量控制阀的同步回路高，但专用的配流元件使系统复杂、成本较高。

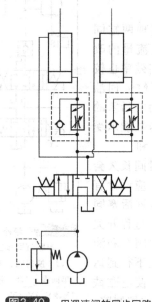

图3-40 用调速阀的同步回路

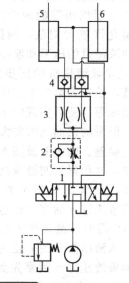

图3-41 用分流阀的同步回路

1—换向阀；2—单向节流阀；3—分流阀；
4—液控单向阀；5,6—液压缸

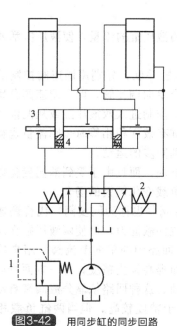

图3-42 用同步缸的同步回路

1—溢流阀；2—换向阀；3—同步缸；4—双作用单向阀

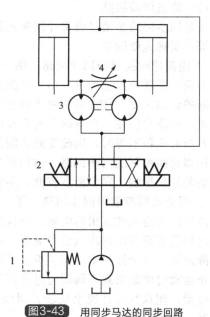

图3-43 用同步马达的同步回路

1—溢流阀；2—换向阀；3—液压马达；4—节流阀

（4）采用比例阀或伺服阀的同步回路

当液压系统有很高的同步精度要求时，可以采用比例阀或伺服阀控制的同步回路，但是系统的复杂程度和成本也会更高。如图 3-44 所示，伺服阀 1 根据两个位移传感器 2、3 的反馈信号，持续不断地调整阀口开度，控制两个液压缸的输入或输出流量，使它们获得双向同步运动。

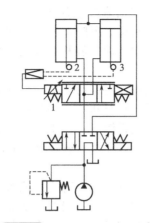

图3-44　采用伺服阀的同步回路

1—伺服阀；2，3—位移传感器

3.2 闭式系统

闭式系统是指液压泵-液压马达组成了一个封闭的回路，即泵出口接马达进口，而马达出口又接回泵进口，系统工作时泵出口-马达进口形成高压端，马达出口-泵进口形成低压端。如此一来，液压油将在泵-马达之间循环往复，液压元件做功后势必引起油温的快速升高，为此，必须在低压端补充冷却的液压油，同时补偿系统中的泄漏，这个功能称为补油；要设法将做功后的热油带走，顺便将磨损后的微小颗粒物过滤，这个功能称为冲洗；做功后的热油要引入散热器中进行散热，这个功能称为散热；泵和马达都不可避免地存在内部泄漏，变量控制部分的回油以及泵在待机状态时的流量损失都将进入泵或马达的壳体，必须将这些泄漏出来的液压油引回液压油箱，这个功能称为壳体回油。在低压端补充冷却液压油时需要一个液压泵，这个泵称为补油泵。显然，补油泵的吸油来自系统的液压油箱，而散热、过滤后的液压油也将回到液压油箱。从上述分析来看，闭式系统并不是纯粹的闭式循环，它通过补油泵、冲洗装置和散热系统与液压油箱密切关联，实际上是一个半闭式系统。

图3-45所示为一简单的闭式液压系统原理。液压泵4的吸油管直接与液压马达5的回油管相通，工作液体在系统的管路中进行封闭循环，形成一个闭合的回路。闭式系统的结构紧凑，与空气接触机会少，空气不易渗入系统，故传动平稳。工作机构的变速和换向靠调节泵或马达的排量实现，避免了在开式系统换向过程中所出现的液压冲击和能量损失。如前所述，闭式系统的换向和调速需要变量泵，所以它比开式系统更加复杂，成本也更高。

闭式系统液压油的流动方向比开式系统复杂，它主要分为两个回路：在主回路中，变量泵4输出的油液进入液压马达5，液压马达5的回油再回到变量泵4；在补油回路中，液压油从油箱进入补油泵1，然后打开单向阀2或3进入主回路。当液压油在主回路中顺时针循环时，左端为高压做功，右端为低压补油（打开单向阀3）；当液压油在主回路中逆时针循环时，右端为高压做功，左端为低压补油（打开单向阀2）。

在闭式回路中一般都采用双向变量泵，通过改变变量泵的输出油液的方向和流量，控制执行元件的运动方向和速度，回路中压力的高低取决于负载的大小，没有过剩的压力和多余的流量，效率较高。例如，在开式系统中的回油背压，一般都消耗在背压阀或节流阀的节流损失并转变为热能。而闭式系统中的回油背压可以直接作用在液压泵的吸油口上，变为推动液压泵旋转的动力，减少原动机的功率消耗。同样的道理，当执行元件换向时，由于运动的惯性而产生的液压冲击，也可以被回收变为推动液压泵旋转的动力。当闭式系统中的执行元

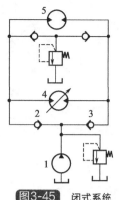

图3-45 闭式系统

1—补油泵；2,3—单向阀；
4—变量泵；5—液压马达

件为双作用单活塞杆液压缸时，由于液压缸的大小腔容积不相等，会使功率的利用率下降，所以闭式系统中采用的执行元件一般都要遵循正、反向运动时容积相等的原则，如液压马达、双作用双活塞杆液压缸等。

闭式系统适用于功率大、换向频繁的液压系统，特别是具有正、反回转性质的执行机构，如挖掘机、起重机的回转系统以及所有工程机械的行走系统等。由于在闭式系统中一个液压泵只能供给一个执行元件，所以在多负载系统中就需要多个泵-马达组合，这将带来成本的大幅度提高。

同开式系统一样，闭式系统根据其不同的功能，也可以分为压力、速度、方向等控制回路。本节主要介绍三种典型的闭式容积调速回路的结构和工作原理，更加复杂和详细的系统原理分析请读者参阅后续章节。

容积调速回路是通过调节液压泵或液压马达排量，使调节后的液压泵全部流量直接进入执行元件来调节执行元件的运动速度。由于容积调速回路中没有流量控制元件，回路工作时液压泵与执行元件（马达或缸）的流量完全匹配，因此这种回路没有溢流损失和节流损失，回路的效率高、发热少，非常适用于大功率液压系统。

根据液压泵与液压马达的组合不同，容积调速回路分为变量泵-定量马达调速回路、定量泵-变量马达调速回路和变量泵-变量马达调速回路三种形式。

（1）变量泵-定量马达调速回路

图 3-46 所示为变量泵-定量马达闭式容积调速回路。在图 3-46（a）中，改变变量泵 1 的排量可以调节定量马达 3 的转速。回路中高压管路上设有溢流阀 2，正常工作时作为安全阀使用，以防止回路过载；回路低压管路上并联一低压小流量的补油泵 6，用来补充变量泵 1 和定量马达 3 的泄漏量，补油泵 6 的供油压力由低压溢流阀 5 调定；补油泵 6 与溢流阀 5 使回路的低压管路始终保持一定压力，改善了主泵的吸油条件，防止空气渗入和出现空穴现象，而且还可以不断地将油箱中经过冷却的油输入到回路中，降低系统温升。

图 3-46(b) 所示为其回路特性。泵的转速和马达排量为常数，改变泵的排量可使马达转速 n 和输出功率 N 随之成比例的变化。马达的输出转矩 T 和回路的工作压力 Δp 取决于负载转矩，不会因调速而发生变化，所以这种回路称为恒转矩调速回路，适用于负载转矩变化不大而调速范围较大的场合。

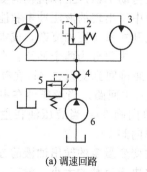

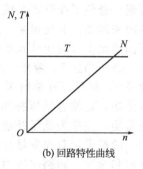

(a) 调速回路

(b) 回路特性曲线

图3-46 变量泵-定量马达（缸）调速回路

1—变量泵；2,5—溢流阀；3—定量马达；4—单向阀；6—补油泵

（2）定量泵-变量马达调速回路

图 3-47 所示为定量泵-变量马达组成的闭式容积调速回路。定量泵 1 的输出流量不变，

改变变量马达 3 的排量可使马达转速变化。溢流阀 2 作为安全阀使用，防止回路过载；补油泵 6 用来补充定量泵 1 和变量马达 3 的泄漏量，补油泵 6 的供油压力由溢流阀 5 调定。在这种调速回路中，由于液压泵的转速和排量均为常值，当负载功率恒定时，定量泵和变量马达输出功率 N 以及回路工作压力都恒定不变，而马达的输出转矩 T 与马达的排量成正比，输出转速 n 与排量成反比，所以这种回路称为恒功率调速回路。

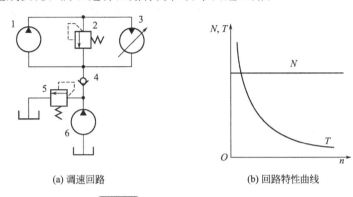

(a) 调速回路　　　　　　　　(b) 回路特性曲线

图3-47 定量泵-变量马达调速回路

1—定量泵；2—溢流阀；3—变量马达；4—单向阀；5—溢流阀；6—补油泵

这种回路调速范围很小，不能用来使马达实现平稳的反向调速，主要适用于需要保持发动机在恒功率高效点工作、最大限度利用发动机功率的场合。

（3）变量泵-变量马达调速回路

图 3-48 所示为双向变量泵-双向变量马达容积调速回路。这种调速回路是上述两种调速回路的组合，一般分为两段进行调速控制：第一段是固定马达排量，用泵的排量调速，相当于变量泵-定量马达调速回路；第二段是固定泵的排量，用马达的排量调速，相当于定量泵-变量马达调速回路。从图 3-48(b) 中可以看出，这种回路的特性曲线实际上就是前述两种调速回路特性曲线的叠加。工程机械作业时，一般在低速工况要求有较大的转矩，高速时能提供较大的输出功率，采用这种回路恰好可以达到这个要求。例如，机器启动前，可先将马达排量调至最大，用变量泵进行调速。起步行走属于低速工况，调节泵的排量由最小逐渐变大，直至变到最大，马达转速随之逐渐升高，回路的输出功率亦随之增加。此时因马达排量处在最大值，所以马达能获得最大输出转矩，当负载不变时，回路处于恒转矩调速状态。在高速工况时，将泵排量调至最大，而将变量马达的排量由大逐步调小，使马达转速继续升高，马达输出转矩逐渐降低。此时因泵处于最大输出功率状态不变，所以马达处于恒功率状

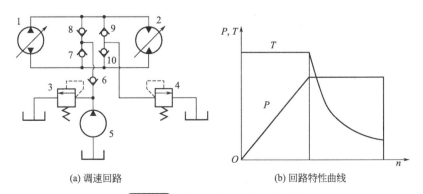

(a) 调速回路　　　　　　　　(b) 回路特性曲线

图3-48 变量泵-变量马达调速回路

1—双向变量泵；2—双向变量马达；3,4—溢流阀；5—补油泵；6～10—单向阀

态。这种回路的调速范围较大，是变量泵和变量马达调速范围的乘积，其传动比一般可以达到100％。

　　回路中双向变量泵1可以正反向供油，双向变量马达2可以正反向旋转。调节变量泵或变量马达的排量均可以改变马达的转速。由于泵和马达的排量均可改变，所以增大了调速范围，并扩大了马达输出转矩和功率的选择余地。回路中各元件对称布置，变换泵的供油方向即可实现马达正反向旋转。单向阀7和8用于补油泵5双向补油，单向阀9和10使溢流阀4在两个方向都起过载保护作用。

第4章 液压泵

4.1 概述

4.1.1 液压泵的工作原理

液压泵是液压系统的动力装置，是能量的转换元件。液压泵的主要作用是将原动机（电动机或内燃机）输入的机械能转换为工作油液的压力能输出，为整个系统提供动力。液压泵是依靠密封工作容积的改变来工作的，所以又称为容积式液压泵。液压泵是液压系统中不可缺少的核心元件，其性能的好坏对系统能否正常工作起到至关重要的作用。

下面以单柱塞液压泵为例来说明液压泵的工作原理。在图4-1中，柱塞2装在缸体3中形成一个密封容积a，柱塞2在弹簧4的作用下始终压紧在凸轮1上。当原动机驱动凸轮1旋转时，柱塞2便在凸轮1和弹簧4的作用下做往复运动，使密封容积a的大小发生周期性的交替变化。当柱塞2向右移动时，密封容积a由小变大，就产生真空，油箱中油液在大气压作用下，经吸油管顶开单向阀6进入油腔a实现吸油；反之，当柱塞2向左移动时，密封容积a由大变小，密封容积a腔中吸满的油液将顶开单向阀5流入系统中实现压油。这样液压泵就将原动机输入的机械能转换成液体的压力能，原动机驱动凸轮不断旋转，液压泵就不断地吸油和压油。

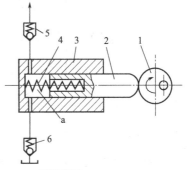

图4-1 液压泵工作原理
1—凸轮；2—柱塞；3—缸体；
4—弹簧；5,6—单向阀；
a—密封容积

容积式液压泵中的油腔处于吸油时称为吸油腔，其压力取决于吸油高度和吸油管路的阻力，当吸油高度过高或吸油管路阻力太大时，会使吸油腔真空度过高而影响液压泵的自吸能力。而容积式液压泵中的油腔处于压油时称为压油腔，压油腔的压力则取决于外负载和排油管路的压力损失。

通过对上面工作原理的分析，我们得出以下液压泵工作的基本条件。

① 液压泵必须由若干个密封的工作容积构成，并且这些密封工作容积能在不断的变化中实现周期性的吸油和压油过程。液压泵输出流量与工作容积的变化量和单位时间内的变化次数成正比，与其他因素无关。这是容积式液压泵的一个重要特性。

② 在液压泵的密封工作容积由小变大的吸油过程中，油箱要与大气相通（油箱内液体的绝对压力必须恒等于或大于大气压力），这样液压泵才能在大气压的作用下将油液吸入泵内，这是液压泵吸油的条件。在液压泵的密封工作容积由大变小的压油过程中，液压泵的压力取决于油液排出时所遇到的阻力，这是压油的条件。

③ 具有相应的配流机构，将吸油腔和压油腔隔开，且要有良好的密封性，以保证液压泵有规律的连续吸、排油液。液压泵的结构原理不同，其配油机构也不相同。图4-1中的单

向阀 5、6 就是配油机构。

容积式液压泵的理论输出流量取决于液压泵的有关几何尺寸和转速，而与排油压力无关。但排油压力会影响泵的内泄漏和油液的压缩量，从而影响泵的实际输出流量，所以液压泵的实际输出流量随排油压力的升高而降低。

4.1.2　液压泵的分类及图形符号

（1）液压泵的类型

液压泵的种类很多，常用的容积式泵有：齿轮泵、叶片泵、柱塞泵（径向、轴向）、螺杆泵等。

按其工作原理和结构不同可分为齿轮泵、叶片泵和柱塞泵等；按其输油方向能否改变可分为单向泵和双向泵；按其在单位时间内所能输出的流量能否调节可分为定量泵和变量泵；按其额定工作压力的高低可分为低压泵、中压泵和高压泵等。

（2）液压泵的图形符号（表 4-1）

表4-1　液压泵图形符号

名　称	图　形	说　明	名　称	图　形	说　明
液压泵		一般符号	单向变量液压泵		单向旋转，单向流动，变排量
单向定量液压泵		单向旋转，单向流动，定排量	双向变量液压泵		双向旋转，双向流动，变排量
双向定量液压泵		双向旋转，双向流动，定排量			

4.1.3　液压泵的性能参数

（1）压力

① 吸入压力　液压泵的进口处的压力。

② 工作压力 p　液压泵实际工作时输出的油液压力。工作压力的大小取决于外负载的大小以及排油管路上的压力损失，而与液压泵的流量无关。外负载增大，泵的工作压力也随之升高。

③ 额定压力 p_n　液压泵在正常工作条件下，按试验标准规定连续运转正常工作的最高工作压力，也就是在液压泵铭牌或产品样本上标出的压力。液压泵的额定压力大小受液压泵本身泄漏和结构强度的制约。当液压泵的工作压力超过额定压力时，液压泵就会过载。

④ 最高压力 p_{max}　在超过额定压力的条件下，根据试验标准规定，允许液压泵短暂运行的最高压力值，超过这个压力值液压泵会很快损坏。最高压力受液压泵本身密封性能和零件强度等因素的限制，并且由液压系统中的安全阀来限定，安全阀的调定值不允许超过液压泵的最高压力。

由于液压系统的用途不同，所需要的压力也就不同，为了便于液压元件的设计、生产和使用，将压力分为几个不同的等级。随着科学技术的不断进步，对液压系统的要求也不断提高，压力的级别也不断地变化。不同的主机行业有不同的压力标准，一般情况下将系统压力分为 4 个等级，见表 4-2。

表4-2　液压系统压力分级

压力分级	低压	中压	高压	超高压
压力/MPa	≤10	>10~21	>21~31.5	>31.5

（2）排量和流量

① 排量 q　在不考虑泄漏的情况下，泵轴每旋转一周所排出的油液体积，简称排量，常用单位 mL/r。液压泵的排量取决于液压泵密封工作腔的几何尺寸，不同的泵因结构参数不同排量也是不相同的。排量可调节的液压泵称为变量泵；排量为常数的液压泵则称为定量泵。

② 理论流量 Q_0　在不考虑液压泵泄漏的情况下，在单位时间内所排出的油液体积，单位为 L/min。

液压泵的理论流量 Q_0 为

$$Q_0 = \frac{qn}{1000} \tag{4-1}$$

式中　n——液压泵的转速，r/min；

　　　q——液压泵的排量，mL/r。

③ 实际流量 Q　液压泵实际工作时，在单位时间内所排出的油液体积，单位为 L/min。由于液压泵在实际工作中总是存在泄漏损失，所以液压泵的实际流量总是小于理论流量，即

$$Q = Q_0 - \Delta Q \tag{4-2}$$

式中　Q_0——理论流量，L/min；

　　　ΔQ——液压泵的泄漏量，L/min。

液压泵的泄漏量与工作油液的黏度、泵的密封性有关，且与液压泵的工作压力 p 成正比，随工作压力 p 的增高而加大。

④ 额定流量 Q_n　液压泵在试验标准规定下，采用额定转速和额定压力工作时输出的流量。液压泵的样本或铭牌上标出的即为液压泵的额定流量。

⑤ 瞬时流量 Q_{sh}　上面叙述的都是液压泵的平均流量，而瞬时流量是液压泵在每一瞬时所输出的流量。一般液压泵的流量通常是脉动的，因此液压泵的流量脉动程度，可以用脉动率（或脉动系数）σ 表示。

$$\sigma = \frac{Q_{max} - Q_{min}}{Q_{max}} \times 100\% \tag{4-3}$$

式中　Q_{max}——液压泵的最大瞬时流量，L/min；

　　　Q_{min}——液压泵的最小瞬时流量，L/min。

（3）液压泵的功率

液压泵通常是由电动机驱动，其输入量是转矩和转速，而输出量是液体的压力和流量。

① 输入功率 P_i　液压泵的输入功率是指作用在液压泵主轴上的机械功率，即

$$P_i = T_0 \omega \tag{4-4}$$

式中　T_0——液压泵的实际输入转矩，N·m；

　　　ω——液压泵的实际输入角速度，rad/s。

② 输出功率 P　液压泵的输出功率是指液压泵在工作过程中的实际吸、压油口间的压差 Δp 和输出流量 Q 的乘积，即

$$P_o = \Delta p Q \tag{4-5}$$

式中　Δp——液压泵的实际吸、压油口间的压差，MPa；

Q——液压泵的实际输出流量，L/min。

在实际的计算中，如果油箱与大气相通，液压泵吸、压油的压力差往往用液压泵出口压力 p 代替。

（4）液压泵的效率

液压泵是能量的转换装置，实际应用中能量在转换过程中是有一些损失的，输出功率总是小于输入功率，两者之间的差就是功率损失。液压泵的功率损失可分为容积损失和机械损失两部分。

① 容积损失　容积损失是指液压泵流量上的损失，液压泵的实际输出流量总是小于其理论流量，其主要原因是由于液压泵内部高压腔的泄漏、油液的压缩以及在吸油过程中吸油阻力太大、油液黏度大以及液压泵转速高等原因而导致油液不能将密封工作腔内全部充满。液压泵的容积损失用容积效率来表示，它等于

$$\eta_{pV} = \frac{Q}{Q_0} = \frac{Q_0 - \Delta Q}{Q_0} = 1 - \frac{\Delta Q}{Q_0} \tag{4-6}$$

式中　Q——液压泵的实际输出流量，L/min；

Q_0——理论流量，L/min；

ΔQ——液压泵的泄漏量，L/min。

因此液压泵的实际输出流量 Q 为

$$Q = Q_0 \eta_{pV} = \frac{qn\eta_{pV}}{1000} \tag{4-7}$$

液压泵的容积效率随着液压泵工作压力的增大而减小，且随液压泵的结构类型不同而异，但恒小于 1。

② 机械损失　机械损失是指液压泵在转矩上的损失。液压泵的实际输入转矩 T_0 总是大于理论上所需要的转矩 T，其主要原因是由于液压泵体内相对运动部件之间因机械摩擦而引起的摩擦转矩损失以及液体的黏性而引起的摩擦损失。液压泵的机械损失一般用机械效率表示，它等于

$$\eta_{pm} = \frac{T}{T_0} = \frac{T_0 - \Delta T}{T_0} = 1 - \frac{\Delta T}{T_0} \tag{4-8}$$

式中　T——液压泵的理论转矩，N·m；

T_0——液压泵的实际输入转矩，N·m；

ΔT——液压泵的转矩损失，N·m。

③ 液压泵的总效率　液压泵的总效率是指液压泵的实际输出功率与其输入功率的比值，即

$$\eta = \frac{P_0}{P_i} = \frac{\Delta p Q}{T_0 \omega} = \frac{\Delta p Q_0 \, \eta_{pV}}{\dfrac{T\omega}{\eta_{pm}}} = \frac{\Delta p Q_0}{T\omega} \eta_{pV} \eta_{pm} = \eta_{pV} \eta_{pm} \tag{4-9}$$

式中　T——液压泵理论输入转矩，$T = \dfrac{\Delta p Q_0}{\omega}$，N·m。

由式（4-9）可知，液压泵的总效率等于其容积效率与机械效率的乘积，所以液压泵的输入功率也可写成

$$P_i = \frac{\Delta p Q}{\eta} \tag{4-10}$$

液压泵的各个参数和工作压力之间的关系如图 4-2 所示。这种性能曲线是对应特定的工作介质，并在一定的转速和某一温度下通过实验得出的。从图 4-2 中可以看出，当液压泵的

转速一定时，液压泵的容积效率 η_{pV} 随泵的工作压力的升高而降低，压力为零时容积效率为 $\eta_{pV} = 100\%$。液压泵在低压时，机械磨损大，所以机械效率 η_{pm} 很低，随着压力的提高，机械效率上升很快，然后变缓，所以总效率 η 开始时随压力的增大很快上升，达到最大值后，又逐步降低。

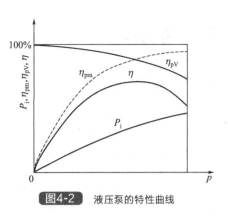

图4-2　液压泵的特性曲线

（5）转速

① 额定转速　在额定压力下，液压泵在正常工作情况下的最高转速，能使液压泵具有一定的自吸性能，避免产生空穴和汽蚀现象。一般不希望液压泵超过额定转速运转。

② 最高转速　在额定压力下，超过额定转速允许短暂运行的转速，它受运动条件、磨损程度和使用寿命的限制，同时也受汽蚀条件的限制。如果液压泵的转速大于最高转速，可能产生汽蚀现象，使液压泵产生很大的振动和噪声，加速零部件的损坏，使寿命显著降低。

③ 最低转速　液压泵正常运转所允许的最低转速。

（6）自吸能力

液压泵的自吸能力是指液压泵在额定转速下，从低于泵以下的开式油箱中自行吸入油的能力。自吸能力的大小通常用吸油高度或者真空度表示。

液压泵的自吸能力的实质是液压泵吸油腔形成局部真空，油箱中的液压油在大气压力的作用下进入吸油腔。因此，液压泵吸油腔的真空度越大，其吸油高度就越高。由于真空度受气蚀条件的制约，所以泵的允许吸油高度一般不超过 500mm。

对吸油能力较差的液压泵应采取如下措施。

① 使油箱液面高于液压泵，形成负吸油高度，靠油的自重强制向泵内供油，即液压泵安装在油箱液面以下。

② 采用压力油箱，在密闭油箱液面上加压 $0.05 \sim 0.25$MPa，强制向泵内供油。

③ 采用补油泵向主泵强制供油，补油泵的压力一般为 $0.3 \sim 0.7$MPa。

不同结构的液压泵，其自吸能力是不同的，所以液压泵的自吸能力也是衡量它的性能指标之一。

（7）噪声

目前液压技术向着高压、大流量和高功率的方向发展，所以产生的噪声也随之增加，而在液压系统产生的噪声中，液压泵的噪声占有很大比例。因此，减小液压系统的噪声，特别是液压泵的噪声，已引起广泛重视。

液压泵的噪声大小和液压泵的种类、结构、大小、转速以及工作压力等很多因素有关。要降低液压泵的噪声可以采取以下措施。

① 消除液压泵内部油液压力的急剧变化。

② 为吸收液压泵流量及压力脉动，可在液压泵的出口处安装消音器。

③ 装在油箱上的泵应使用橡胶垫减振。

④ 压油管的一段用橡胶软管，对泵和管路的连接进行隔振。

⑤ 防止泵产生空穴现象，可采用直径较大的吸油管，减小管道局部阻力；采用大容量的吸油滤油器，防止油液中混入空气；合理设计液压泵，提高零件刚度。

液压泵工作噪声的大小，也是衡量泵性能的重要指标之一。实际工作中希望泵的噪声声压级 $L < 80$dB(A)。

4.2 齿轮泵

4.2.1 外啮合齿轮泵

齿轮泵是以成对齿轮啮合运动为工作形式的一种定量液压泵，它依靠两齿轮啮合旋转时齿间容积的变化进行工作。

虽然齿轮泵流量和压力脉动较大、噪声大、排量不可调节，但是其结构简单紧凑、重量轻、自吸性能好、对油液污染不敏感、工作可靠，所以齿轮泵仍然广泛地用于工程机械中。

齿轮泵的种类较多，按齿轮啮合形式不同，可分为外啮合齿轮泵和内啮合齿轮泵。两者相比较，内啮合齿轮泵结构紧凑、运转平稳、噪声小、有良好的高速性能，但是加工复杂、流量脉动大、高压低速时容积效率低；外啮合齿轮泵工艺简单、加工方便，所以外啮合齿轮泵应用较为广泛。

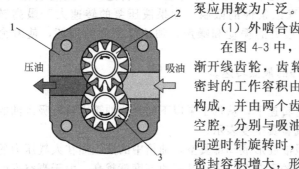

图4-3 外啮合齿轮泵工作原理
1—泵体；2—主动
齿轮；3—从动齿轮

（1）外啮合齿轮泵工作原理

在图4-3中，泵体内有一对模数、齿数相同的外啮合渐开线齿轮，齿轮的两端皆由端盖罩住（图中未标出）。密封的工作容积由泵体1、端盖和主动齿轮2、从动齿轮3构成，并由两个齿轮的齿面接触线分隔成左右两个密封的空腔，分别与吸油口和压油口相通。当主动齿轮按图示方向逆时针旋转时，右腔中啮合的两齿轮逐渐脱开啮合，使密封容积增大，形成局部真空，油箱中的油液就在大气压力作用下进入右腔，故右腔为吸油腔；在左腔中，两齿轮的轮齿逐渐啮合，使密封容积减小，左腔的油液被挤压经压油口输出，故左腔为压油腔。这样，齿轮不停地转动，吸油腔不断地从油箱中吸油，压油腔不断地排油，这就是外啮合齿轮泵的工作原理。

（2）排量和流量

外啮合齿轮泵的排量精确计算比较麻烦，在近似计算时，可以认为齿间的容积等于轮齿的体积。因此，齿轮每转一周，排出的液体体积等于主动齿轮所有齿间的工作容积及其所有轮齿有效体积之和，即等于主动齿轮齿顶圆与基圆之间的环形圆柱的体积，即

$$q = \pi D h B = 2\pi h_a^* z m^2 B \tag{4-11}$$

式中　D——齿轮分度圆（节圆）直径，$D = mz$，mm；

　　　h——有效齿高（扣除顶隙部分后的齿高），$h = 2m$，$h = 2h_a^* m$（注：h_a^* 的标准值为1），mm；

　　　B——齿轮的宽度，mm；

　　　m——齿轮的模数，mm；

　　　z——齿数。

由于齿谷的容积要比轮齿的体积稍大一些，齿数越少时其差值越大，考虑到这一因素，将上式中的 π 常以 3.33 代替比较符合实际情况，因此外啮合齿轮泵的实际排量可写成

$$q = 6.66 z m^2 B \tag{4-12}$$

外啮合齿轮泵的实际流量 Q 为

$$Q = 6.66 z m^2 n B \, \eta_{pV} \tag{4-13}$$

式中　n——外啮合齿轮泵转速，r/min；

　　　η_{pV}——外啮合齿轮泵的容积效率。

式(4-13) 中 Q 表示的是液压泵的平均输油量。由外啮合齿轮的啮合原理可知，轮齿不同的啮合点，其密封工作腔的容积变化率不一样，输出的流量是变化的，所以齿轮泵的输油量是脉动的，脉动程度可以用式(4-3) 中的脉动率（或脉动系数）σ 来表示。流量的脉动率 σ 是液压泵工作性能的重要参数之一，它直接影响系统工作的平稳性，齿轮泵的流量脉动率和齿数有关，齿数越少，σ 就越大。齿轮泵流量脉动率较大，一般为 10％～20％，多用于工程机械等领域。此外，外啮合齿轮泵比内啮合齿轮泵的脉动率大。

从上面几个公式可以看出流量和其他主要参数具有如下的关系。

① 输油量与齿轮模数 m 的平方成正比。

② 在泵的体积一定时，齿数少，模数就大，故输油量增加，但流量脉动大；齿数增加时，模数就小，输油量减少，流量脉动也小。

③ 输油量和齿宽 B、转速 n 成正比。一般齿宽 $B=(6\sim10)m$，转速 n 为 750r/min、1000r/min、1500r/min，转速过高，会造成吸油不足，转速过低，泵也不能正常工作。一般齿轮的最大圆周速度不应大于 5～6m/s。

（3）外啮合齿轮泵的结构

布赫公司的 AP 系列外啮合齿轮泵的结构如图 4-4 所示。在图 4-4 中，主动齿轮 1 和从动齿轮 2 一起旋转，把油由吸油腔送入压油腔。齿轮轴套 3 对齿轮来说起到轴承的作用，而且它还可以按照工作压力的变化比例，来平衡轴向和径向推力。齿轮轴套由高强钢制造，安装在泵体 4 的内部，一般在吸油口和压力油口各安装一个。齿轮泵的泵体 4 由高强度压延铅合金制作，前盖 5 同时起到连接法兰的作用，后盖 6 通过紧固螺栓 7 来相互连接。齿轮泵是通过一系列的密封圈来实现其密封的，在图 4-4 中平衡密封件安装在轴套的凸台上，目的就是为了增大吸油和压油的平衡面积。油封 10 既有阻止油的泄漏又有阻止灰尘或其他污染物进入泵的双重作用，油封 10 是由腈化合物组成的高强度、耐热的密封圈。

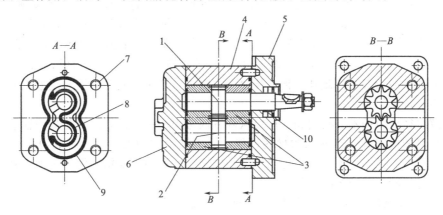

图4-4 布赫 AP 系列外啮合齿轮泵的结构

1—主动齿轮；2—从动齿轮；3—轴套；4—泵体；5—前盖；6—后盖；7—装配连接螺栓；
8—平衡密封件；9—密封圈；10—油封

（4）外啮合齿轮泵的问题

① 困油问题 为了使齿轮泵工作时齿轮平稳地啮合运转、吸压油腔严格地密封并连续供油，根据齿轮的啮合原理，要求齿轮啮合的重叠系数 ε 大于 1，通常取 $\varepsilon=1.05\sim1.3$。由于 ε 大于 1，当一对齿轮尚未脱开啮合时，另一对齿轮已进入啮合，这样，就会出现同时有两对齿轮啮合的瞬间，在两对齿轮的齿向啮合线之间形成了一个封闭容积，称为闭死容积，一部分油液也就被困在这一闭死容积中 ［图 4-5(a) ］。在齿轮的旋转过程中，这个封闭容积的大小是不断变化的。当齿轮泵由图 4-5(a) 的位置旋转到图 4-5(b) 的位置时，闭死容积

从最大变到最小；当齿轮泵由图 4-5(b) 的位置旋转到图 4-5(c) 的位置时，闭死容积又从最小变到最大。当闭死容积减小时，被困油液受到挤压，压力急剧上升，使轴承突然受到很大的冲击载荷，使泵剧烈振动，这时高压油从一切可能泄漏的缝隙中挤出，造成功率损失，使油液发热等。当闭死容积增大时，由于没有油液补充，因此形成局部真空，使原来溶解于油液中的空气分离出来，形成了气泡，油液中产生气泡后，会引起噪声、气蚀等一系列问题。以上情况就是齿轮泵的困油现象，它对泵的工作平稳性和使用寿命有严重影响。

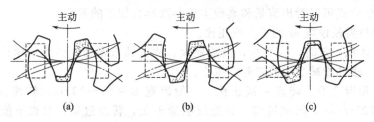

图4-5   齿轮泵的困油现象

　　为消除困油现象，可以在齿轮泵的泵盖上铣出两个困油卸荷凹槽（如图 4-5 中的虚线所示）。卸荷槽的位置应该使困油区由大变小时，能通过卸荷槽与压油腔相通，将困油区的油液排出；而当困油腔由小变大时，能通过另一卸荷槽与吸油腔相通，实现补油。注意：两卸荷槽之间要有一定的距离，必须保证在任何时候都不能使压油腔和吸油腔互通。

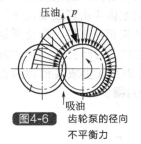

图4-6   齿轮泵的径向不平衡力

　　② 径向力不平衡问题　齿轮泵工作时，液体作用在齿轮和轴承上的径向压力是不均匀的，如图 4-6 所示。这是由于齿轮泵工作时，压油腔的油压高于吸油腔的油压，并且齿顶圆与泵体内表面之间存在径向间隙，所以油液会通过间隙泄漏，沿着齿顶的泄漏油，具有大小不等的压力，就是齿轮和轴承受到的径向不平衡力。

　　液压泵的工作压力越高，径向不平衡力也越大。径向不平衡力很大时，导致齿顶接触泵体内壁，产生摩擦；同时也会加速轴承的磨损，降低轴承使用寿命。此外，齿轮传递力矩时也会产生径向力，困油现象也能使齿轮泵径向力不平衡现象加大。

　　为了解决径向力的不平衡问题，可以从两方面考虑：一方面，应尽量提高轴承的承载能力，可以采取的措施有提高轴承的材料性能、改进轴承结构设计、改善润滑条件；另一方面，应该尽量减小径向不平衡力，可以采取的措施有开压力平衡槽、缩小压油口直径、增大泵体内表面与齿轮齿顶圆的间隙等。

　　③ 泄漏　液压泵中组成封闭工作容积的零件做相对运动，其间隙产生的泄漏，直接影响齿轮泵的容积率。齿轮泵压油腔的压力油主要通过三条途径泄漏到吸油腔中：齿轮端面和端盖之间的泄漏、泵体内表面和齿顶径向间隙的泄漏、齿轮啮合处间隙的泄漏。

　　液压泵的泄漏量随泵工作压力的提高而增大，同时还随端面磨损的增大而增大，是目前影响齿轮泵压力提高的主要原因。为了实现齿轮泵的高压化，提高齿轮泵的压力和容积效率，需要从结构上来采取措施，对端面间隙进行自动补偿。

　　一般在中高压齿轮泵中，为了减小轴向间隙泄漏采用自动补偿端面间隙装置，常用的有浮动轴套式和弹性侧板式两种，其工作原理都是把泵内压油腔的压力油引到轴套外侧或侧板紧贴齿轮的端面上，产生液压力，使轴套内侧或侧板紧压在齿轮的端面上，压力越高，贴的越紧，从而可以自动补偿由于端面的磨损而产生的间隙。

　　为了减小齿轮泵泵体内表面和齿顶径向间隙之间的泄漏，现在高压齿轮泵普遍采用一种叫作"扫膛跑合"的技术。具体做法是，将泵体内表面与齿轮齿顶圆的间隙设计得非常小，以至于在泵额定压力下工作时齿顶与泵体内表面之间产生微小的"刮蹭"，并将泵体内表面很薄的一层金属"切削"下来，这样就使泵体内表面和齿顶之间变成了量体裁衣式的"紧密配合"，泄漏明显减小。需要注意的是，如果将"扫膛跑合"不充分的泵装入系统，不但会使切削下来的金属粉末进入油箱，污染油液，而且还会造成泵轴的驱动力矩加大。

4.2.2　内啮合齿轮泵

内啮合齿轮泵的外转子齿形是圆弧，内转子齿形为短幅外摆线的等距线，故又称为内啮合摆线齿轮泵，也叫转子泵。

内啮合齿轮泵分为渐开线齿形和摆线齿形两种类型。渐开线齿形内啮合齿轮泵中，小齿轮和内啮轮之间需要装置一块月牙形的隔板，目的是把吸油腔和压油腔隔开；而摆线齿形内啮合齿轮泵（摆线转子泵）中，小齿轮和内啮轮只相差一个齿，因而不需要设置隔板。

内啮合齿轮泵的工作原理也是利用齿间密封容积的变化来实现吸油压油的，其工作原理和主要特点与外啮合齿轮泵相同。

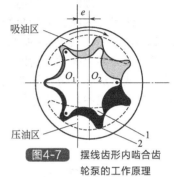

图4-7　摆线齿形内啮合齿轮泵的工作原理
1—内转子；2—外转子

（1）摆线齿形内啮合齿轮泵工作原理及其结构

在图 4-7 中，摆线齿形内啮合齿轮泵是由配油盘（前、后盖）、外转子（从动轮）和偏心安置在泵体内的内转子（主动轮）等组成。外转子齿数 Z_2 比内转子齿数 Z_1 多 1 个，由于两轮偏心安装，因此啮合时在两个齿轮的轮齿之间形成 Z_2 个互相独立的密封工作容积。当内转子绕 O_1 顺时针旋转时，带动外转子绕 O_2 做同向旋转，O_1 和 O_2 之间的偏心距为 e。这时，在连心线 O_1O_2 上侧，由内转子齿顶和外转子齿谷之间形成的密封容积随着转子的转动逐渐扩大，形成局部真空，此时油液从吸油区被吸入密封腔。在连心线 O_1O_2 下侧，密封容积随转子的转动逐渐缩小，油液受压，通过压油区将油排出。内转子每转一周，Z_2 个密封容积分别依次完成吸、压油各一次，随着内转子的不断旋转，油泵就连续地吸排油液。

摆线齿形内啮合齿轮泵的结构如图 4-8 所示。

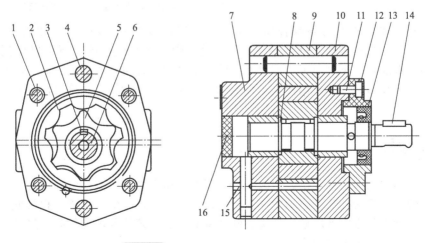

图4-8　摆线齿形内啮合齿轮泵的结构
1,11—螺钉；2—外转子；3,14—平键；4—圆柱销；5—内转子；6—转子轴；7—后盖；
8—挡圈；9—泵体；10—前盖；12—法兰；13—密封环；15—塞子；16—压盖

　　摆线齿形内啮合齿轮泵与外啮合齿轮泵相比具有如下特点：结构紧凑、尺寸小、重量轻；由于齿轮转向相同，相对滑动速度小，磨损小，因而使用寿命长；流动脉动远小于外啮合齿轮泵，因而压力脉动和噪声都较小；允许使用的转速更高一些；啮合的重叠系数大，传动平稳，自吸能力强。但由于其齿数较少，流量脉动比较大，啮合处间隙泄漏大，所以此泵的工作压力不高，通常作为润滑、补油等辅助泵使用。

　　（2）渐开线齿形内啮合齿轮泵工作原理及其结构

　　在图4-9中，相互啮合的主动齿轮2和从动齿轮3与侧板围成的密闭容积被月牙形配流盘1隔成两部分，形成吸油腔和压油腔，当动力带动小齿轮按图示方向旋转时，内齿轮同向旋转，图中上侧部分轮齿脱开啮合，密闭容积（吸油腔）逐渐增大，形成局部真空，此时油箱中的油液在大气压的作用下经吸油管吸入；下侧部分轮齿进入啮合，其密封容积（压油腔）逐渐减小，齿间的油液随之被挤出，输送到液压系统中，如此不断旋转即可连续供油。

　　渐开线齿形内啮合齿轮泵结构如图4-10所示，它主要由壳体1、轴承盖9、端盖8、内齿圈2、小齿轮轴3、滑动轴承4、轴向板5、止挡销6以及配油盘组件组成。小齿轮轴3在图中所示的方向上驱动内齿圈2运动，在大约180°角吸油区中的旋转运动过程中使吸油腔体积增大，就形成一个负压区使油液流进吸油腔。月牙形的配油盘组件10将吸油腔和压油腔隔开，在压油腔中，小齿轮轴3的齿重新进入齿圈2的齿间，油液通过压力油通道排出。

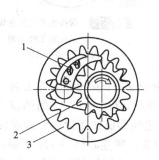
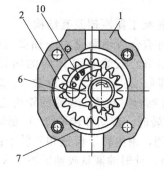
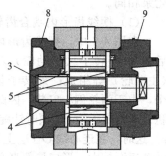

图4-9　渐开线齿形内啮合齿轮泵工作原理

1—月牙形配流盘；2—主动
齿轮；3—从动齿轮

图4-10　渐开线齿形内啮合齿轮泵结构

1—壳体；2—内齿圈；3—小齿轮轴；4—滑动轴承；
5—轴向板；6—止挡销；7—液压静压轴承；
8—端盖；9—轴承盖；10—配油盘组件

　　内啮合渐开线齿轮泵与外啮合齿轮泵相比，流量脉动率很小，只是外啮合齿轮泵的1/20～1/10。它的结构紧凑、重量轻、工作平稳、噪声小和效率高，还可以做到无困油现象。但它的齿形复杂，不易加工，需要专门的高精度加工设备，成本比较高。随着科学技术水平的发展，现在已经开始采用粉末冶金压制成型技术制造齿轮，这将会使其有广阔的应用前景。

4.3　叶片泵

　　叶片泵的结构比齿轮泵复杂，但因为叶片泵工作压力较高、流量脉动小、排量大、工作平稳且噪声较小、寿命较长、容积效率高，所以叶片泵被广泛地应用于工程机械、船舶、自动生产线、冶金设备等中低压液压系统。叶片泵对制造工艺的要求比较高，另外，它的吸油能力较差、对油液的污染比较敏感。

　　叶片泵根据各密封工作容积在转子旋转一周时吸、排油次数的不同可分为两类：完成两次吸、排油液的双作用叶片泵和完成一次吸、排油液的单作用叶片泵。双作用叶片泵与单作用叶片泵相比，其径向力平衡、流量均匀、寿命长，而单作用叶片泵多为变量泵。

下面简单介绍一下双作用式叶片泵的工作原理及其结构。

在图4-11中，双作用叶片泵是由定子1、转子2、叶片3和配油盘、泵体等组成，转子和定子中心重合，定子内表面近似椭圆形，它由两段长半径为 R 的圆弧、两段短半径为 r 的圆弧和四段弧形过渡曲线所组成。当转子转动时，叶片在离心力和通过配流盘小孔进入叶片底部的压力油作用下，在转子槽内做径向移动并压向定子内表面，使叶片紧贴在定子的内表面上。在相邻两叶片的侧表面、定子的内表面、转子的外表面以及两侧配油盘的内端面间形成若干个密封容积，其密封性由轴向间隙、配合间隙和接触线来保证。当转子按图4-9所示方向旋转时，处在小圆弧上的密封空间经过渡曲线运动到大圆弧的过程中，叶片向外伸，密封空间的容积增大，形成局部真空，吸入油液；再从大圆弧经过渡曲线运动到小圆弧的过程中，叶片被定子内壁逐渐压进槽内，密封空间容积变小，将油液从压油口压出。当转子旋转一周时，每一叶片往复运动两次，每个工作空间完成两次吸油和压油，这就是双作用叶片泵的工作原理。叶片泵有两个吸油腔和两个压油腔，且各自的中心夹角是对称的，所以作用在转子上的油液压力相互平衡，因此它又称为卸荷式叶片泵，为了使径向力完全平衡，密封空间数（即叶片数）应当是偶数。

叶片泵的结构如图4-12所示，在驱动轴1的齿上安装有转子2，转子在定子环3内回转，叶片4安装在转子槽内，转子转动时叶片将压在定子环的内表面。排油腔的端面由配油盘5密封。由于定子环是双偏心的结构，形成对称分布的两个吸油区和两个压油区，传动轴的径向液压力因此相互平衡而卸载。

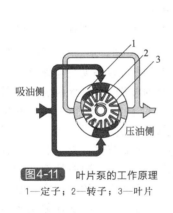

图4-11 叶片泵的工作原理
1—定子；2—转子；3—叶片

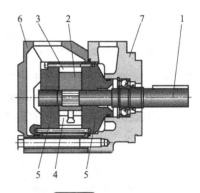

图4-12 叶片泵结构
1—驱动轴；2—转子；3—定子环；4—叶片；
5—配油盘；6—端盖；7—泵体

4.4 柱塞泵

柱塞泵是柱塞在缸体内做往复运动时，依靠柱塞腔内密封容积的变化来实现吸油与压油，图4-1液压泵工作原理图显示的就是柱塞泵最基本的工作原理。柱塞泵根据柱塞在缸体中的不同排列形式和不同运动方向，可分为径向柱塞泵和轴向柱塞泵，目前径向柱塞泵在工程机械上的应用很少，所以下面只介绍轴向柱塞泵，以下除非特殊说明，柱塞泵均指轴向柱塞泵。

4.4.1 轴向柱塞泵

轴向柱塞泵是将多个柱塞配置在同一个缸体的圆周方向上，柱塞的往复运动方向与缸体中心线平行的一种柱塞泵。

轴向柱塞泵除柱塞轴向排列外，当缸体轴线和传动轴轴线重合时，称为斜盘式（直轴式）轴向柱塞泵；当缸体轴线和传动轴轴线成一个夹角 γ 时，称为斜轴式（摆缸式）轴向柱塞泵。

（1）斜盘式轴向柱塞泵的工作原理

图 4-13 所示为斜盘式轴向柱塞泵的工作原理。从图 4-13 中可以看出斜盘式轴向柱塞泵的主要组成及其相互装配关系。在缸体 3 上有若干个沿圆周方向均布的轴向孔，孔内装有柱塞 4，柱塞 4 头部与滑靴 5 用球铰连接，滑靴 5 在压盘 7 和弹簧 8 的作用下紧压在斜盘 6 上，同时缸体 3 和配流盘 2 也紧密接触，起密封和配流作用，斜盘 6 的轴线与缸体轴线的夹角为斜盘倾角 γ。驱动轴 1 带动缸体 3 及柱塞 4 旋转，斜盘 6 和配流盘 2 固定不动。

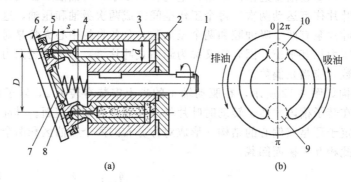

图4-13 轴向柱塞泵的工作原理

1—驱动轴；2—配流盘；3—缸体；4—柱塞；5—滑靴；6—斜盘；7—压盘；8—弹簧；9,10—过渡区

当原动机带动驱动轴使缸体转动时，柱塞一方面随缸体转动，另一方面由于斜盘的作用，迫使柱塞在缸体内做往复运动，这时各柱塞与缸体间的密封容积便发生增大或减小的变化，并通过配流盘的配油窗口进行吸油和排油。假设驱动轴按图 4-13 所示的方向旋转，当缸体转角在 $0\sim\pi$ 范围内时，柱塞被斜盘逐渐推入缸体，这时柱塞的密封工作容积减小，柱塞腔内的油通过配流盘的排油窗口输送压力油；当缸体转角在 $\pi\sim2\pi$ 范围内时，柱塞在压盘和弹簧力的作用下向外伸出，这时柱塞的密封工作容积增大，柱塞通过配流盘的吸油窗口从油箱中吸油。缸体每转一周，每个柱塞往复运动一次，完成吸、排油一次。周而复始，柱塞泵源源不断地从油箱吸油，然后排出压力油。当柱塞经过图 4-13(b) 中虚线圆所示的过渡区 9、10 时，柱塞既不吸油也不排油，因此，此时的柱塞腔既不与吸油腔通，也不与排油腔通。

图 4-14 是斜盘式轴向柱塞泵的结构。

定量柱塞泵的斜盘倾角 γ 是固定的。设想如能人为地改变斜盘倾角 γ，就能改变柱塞的行程，也就改变了的轴向柱塞的排量，这种泵就称为变量柱塞泵；进一步设想如果还能改变斜盘倾角的方向，就能改变吸油和排油的方向，这种泵就称为双向变量柱塞泵。

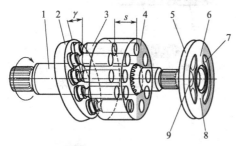

图4-14 斜盘式轴向柱塞泵结构

1—驱动轴；2—斜盘；3—柱塞；
4—缸体；5—配流盘；6,8—过渡区；
7—排油窗口；9—吸油窗口；
γ—斜盘倾角；s—柱塞行程

在图 4-13 中，柱塞的直径为 d，柱塞分布圆直径为 D，当斜盘倾角为 γ 时，柱塞的行

程为 $s = D\tan\gamma$，所以当柱塞数为 z 时，轴向柱塞泵的排量为

$$V = \frac{\pi}{4}d^2 zs = \frac{\pi}{4}d^2 zD\tan\gamma \tag{4-14}$$

设泵的转数为 n，容积效率为 η_V，则泵的实际输出流量为

$$Q = \frac{\pi}{4}d^2 zn \, \eta_V D\tan\gamma \tag{4-15}$$

从式(4-15) 可以看出，泵的排量和实际输出流量是斜盘倾角 γ 的函数，当 γ 改变时，泵的排量将会变化。需要指出的是，上述公式是泵的平均流量公式，实际上泵的流量是有脉动的，这是因为柱塞在缸体孔中的运动速度不恒定所致。可以证明，柱塞数为奇数时的流量脉动将小于偶数柱塞数的流量脉动，所以柱塞泵的柱塞个数为奇数 5、7、9、11。

（2）斜轴式轴向柱塞泵的工作原理

图 4-15 所示为斜轴式轴向柱塞泵的工作原理。从图 4-15 中可以看出，斜轴式轴向柱塞泵的缸体轴线与驱动轴轴线成一倾角 γ，驱动轴 1 端部用万向铰链、连杆与缸体中的每个柱塞相联接，当驱动轴 1 在原动机的带动下转动时，通过万向铰链、连杆 2 使柱塞 4 在缸体 3 中做往复运动，同时连杆 2 的侧面还带动柱塞 4 连同缸体 3 一同旋转，利用固定不动的配流盘 5 的吸油和压油窗口进行吸油和排油。与斜盘式轴向柱塞泵一样，如果能够改变缸体的倾斜角度 γ，就能改变泵的排量。此类泵的优点是变量范围大、泵的强度较高，但和上述斜盘式轴向柱塞泵相比结构较复杂、外形尺寸较大。虽说理论上可以实现双向变量，但如果想在结构上实现却非常复杂，所以这种泵一般都是单向变量。另外，这种泵的变量依靠缸体的摆动来实现，运动惯量会比较大。

图 4-16 是斜轴式轴向柱塞泵的结构。

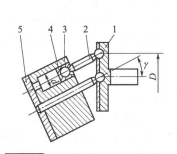

图4-15 斜轴式轴向柱塞泵工作原理
1—驱动轴；2—连杆；3—缸体；
4—柱塞；5—配流盘

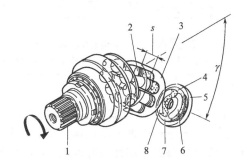

图4-16 斜轴式轴向柱塞泵结构
1—驱动轴；2—柱塞；3—缸体；
4,7—过渡区；5—配流盘；6—排油窗口；8—吸油窗口；
γ—缸体倾角；s—柱塞行程

当泵工作时，改变缸体 3 的倾角就可以改变泵的排量。优秀的斜轴式泵设计可以使其柱塞 2 作用在缸体 3 上的径向力非常小，而缸体 3 与配流盘 5 之间的球面配合也使得在转动过程中的泄漏很小，即使在高压下，缸体 3 和配流盘 5 之间的压力油膜也能保证很小的泄漏量，所以泵有很高的容积效率。

在图 4-16 中，当柱塞数为 z 时，轴向柱塞泵的排量为

$$V = \frac{\pi}{4}d^2 zs = \frac{\pi}{4}d^2 zD\sin\gamma \tag{4-16}$$

设泵的转数为 n，容积效率为 η_V，则泵的实际输出流量为

$$Q = \frac{\pi}{4}d^2 zn \, \eta_V D\sin\gamma \tag{4-17}$$

4.4.2 变量柱塞泵

工程机械液压系统的流量较大，外载荷的剧烈变化引起系统压力的波动也较大。随着对机械操控性要求的不断提高，就给液压系统的调速特性提出了更高的要求，同时，由于液压系统的功率消耗占发动机功率的很大一部分，在工程机械使用成本中，燃油消耗又占了很大的比重，因此液压系统的节能降耗和操控性能已经成为产品和技术发展的主要方向。传统定量系统的节流调速已很难适应这种要求，目前世界上先进的工程机械产品都已开始采用变量液压系统。在变量系统中，液压泵作为能量转化的主要部件备受关注。变量泵在配备相应的控制阀和执行元件后，可以实现系统压力、流量的连续控制，使对机械的控制更加稳定、准确，操控简便、快捷；变量泵可以与发动机很好地匹配，以充分利用发动机的功率；变量系统可以显著地降低系统的节流和溢流损失，使系统发热降低，能量损耗减少，系统效率大幅度提高。

通过柱塞泵的工作原理可以知道，在实际应用中只要改变柱塞的工作行程，就可以改变泵的排量，实现泵的单向或双向变量，而改变柱塞行程的有效方法就是改变斜盘或缸体的倾角 γ。在后面的章节中可以看到，变量系统包括变量泵和变量马达的变量原理都是基于这种考虑，也就是说都是围绕着对斜盘或缸体倾角的控制而展开的。

为了说明变量原理，下面先以一个最原始、最简单的手动变量轴向柱塞泵为例，来介绍一下变量柱塞泵的工作原理。图 4-17 所示为手动变量轴向柱塞泵的结构，该泵是由泵主体和变量机构两部分组成的。

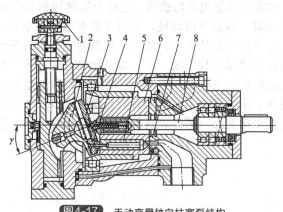

图4-17 手动变量轴向柱塞泵结构

1—变量手轮；2—斜盘；3—柱塞回程盘；4—滑靴；
5—柱塞；6—缸体；7—配流盘；8—驱动轴

（1）主体结构

在图 4-17 中，泵总成的中部和右半部分为主体部分（包括零件 3～8）。

驱动轴 8 通过花键带动缸体 6 旋转，使轴向均匀分布在缸体上的柱塞 5 绕驱动轴的轴线旋转。每个柱塞的头部都装有滑靴 4，滑靴与柱塞是球铰连接，可以任意转动。当缸体转动时，滑靴 4 在柱塞回程盘 3 和弹簧力作用下贴紧在斜盘 2 的表面上，柱塞 5 在随缸体旋转的同时在缸体中做往复运动，缸体中柱塞底部的密封工作容积通过配流盘 7 与泵的进出口相通，随着驱动轴的转动，液压泵就连续地吸油和排油。

（2）变量机构

在图 4-17 中，泵变量机构是泵总成的左边部分（包括零件 1、2）。

如前所述，只要改变斜盘倾角 γ 的大小，就可以调节轴向柱塞泵的排量，因此在变量柱塞泵中均设有专门的变量机构，本例中为手动变量形式，可用手转动变量手轮 1，利用螺旋原理带动斜盘来改变斜盘的倾角 γ，从而改变泵的排量。

4.5 液压泵的变量伺服控制原理

4.5.1 伺服控制系统概述

从图 4-17 可以看出，变量柱塞泵主要由泵主体和变量机构两大部分组成，泵主体部分结构大同小异，变化不大，但泵的变量形式却可以多种多样。那种依靠螺旋原理直接控制斜盘倾角的手动变量不仅非常费力，而且在泵运转过程中进行变量控制也不大可能，为了实现对泵排量的连续精确控制就必须采用伺服控制系统。

伺服控制系统也称为随动系统或跟踪系统，是自动控制系统的一种。在这种系统中执行组件能够自动、快速而准确地按照输入信号的变化规律而动作。在此过程中还起到信号功率放大的作用，所以它还是一个功率放大装置，由液压元件和机械元件组成的机构所构成的伺服控制系统就称为液压伺服系统。

4.5.2 液压伺服控制系统的原理

图 4-18 是液压伺服控制系统原理。系统的能源由液压泵 6 来提供进而向系统供油，供油的最高压力由溢流阀 7 设定。液压伺服装置由伺服阀（包括阀体 1 和阀杆 2）、液压伺服缸（简称伺服缸，包括活塞杆 3 和缸体 4）及连杆机构 5 组成。伺服阀起到转换放大的作用，它将阀杆 2 输入的位置信号转换成液压信号（如压力、流量）输出并加以功率放大。伺服缸是执行组件，它将输入的液压流量信号转换成速度或位移，以带动负载工作。连杆机构 5 分别与活塞杆 3 及阀体 1 刚性连接，使伺服阀和伺服缸之间构成某种位置反馈连接。

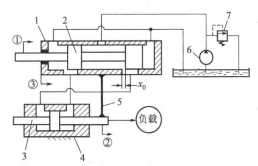

图4-18 液压伺服控制系统原理
1—伺服阀阀体；2—伺服阀阀杆；
3—伺服缸活塞杆；4—伺服缸缸体；
5—连杆机构；6—液压泵；7—溢流阀

阀杆 2 在初始位置时，伺服阀的阀口处于关闭状态，伺服阀没有流量输出，此时执行元件——伺服缸活塞杆不动，液压泵 6 输送的油经溢流阀 7 回到油箱。

动作①：当阀杆 2 有一个向右移动的动作时，阀杆与阀体有一个开口量 x_0，液压泵 6 的来油进入伺服阀，再经开口 x_0 进入执行元件——伺服缸的左腔。

动作②：由于伺服缸缸体 4 为固定，因此在油压作用下伺服缸活塞杆向右移动，移动过程中伺服缸克服负载而做功。

动作③：随着伺服缸活塞杆的右移，通过刚性连接的连杆机构 5 带动伺服阀阀体 1 向右移动，当右移的距离刚好等于阀杆的开口量 x_0 时，阀的开口将会自动关闭，伺服缸停止进油，活塞杆运动停止，系统处在一个新的初始位置。要想继续使伺服缸活塞杆向右移动，必须继续推动阀杆 2 右移。

显然，活塞杆运动的速度决定了伺服阀阀口的关闭速度，即系统的反应速度。换句话说，合理地设计泵的流量、阀杆的通径以及伺服缸的各部尺寸，可以使系统的反应速度适应工况的需要。

当然，如果伺服阀阀杆 2 有一个向左移动的动作时，则伺服缸活塞杆 3 也向左运动，连杆机构 5 带动伺服阀阀体 1 向左移动并关闭阀杆的初始开口。

现在小结一下图 4-18 所示的伺服控制系统。

该系统是一个位置随动系统，伺服阀阀体的位置始终跟随阀杆的移动。在这个系统中，移动阀杆的力很小，但伺服缸的推力却可以很大，因此它是一个力的放大装置。当然，力的放大所需要的能量由液压泵来提供，所以系统必须有外部能源（液压泵）。

系统工作时阀杆必须先有一定的开口量，然后才是伺服缸活塞杆带动伺服阀阀体的移动。就是说伺服阀阀体的移动必须落后于阀杆，或者说输出始终落后于输入，这个被称为系统的误差。没有误差就没有动作，而动作又力图消除误差，伺服控制系统就是这样由不平衡（有误差）到平衡（消除误差），再由平衡到不平衡地连续工作的系统。

阀杆 2 不仅起到控制液压缸的流量、压力和方向的作用，而且还起到将系统的输出和输入信号加以比较，测量它们之间误差的作用，这种作用称为反馈。使输入与输出的误差增大的是正反馈，使输入与输出的误差减小以致消除的是负反馈。这个例子的反馈系统是机械形式的闭式负反馈系统。

伺服控制系统的根本特征就是反馈，而且大多是负反馈。这是它与一般常见的液压先导控制系统最本质的区别。如果把伺服阀看作先导阀，把伺服缸看作主控阀阀杆控制腔，则液压先导控制系统没有连杆机构 5。从动作顺序中可以看出，液压先导控制系统只有动作①和动作②，没有动作③。试想一下，没有动作③的系统会是什么样子：只要操作者移动阀杆，伺服缸活塞杆将一直运动下去，不会自动停止——除非操作者再做出一个使阀杆停止的动作。

有必要继续讨论一下图 4-18 所示的原理图中伺服阀的中位机能和伺服缸的闭锁能力问题。对于一般的液压系统，通常认为油缸的闭锁能力与控制阀的中位机能和阀杆的封油长度有关（这里不考虑活塞密封引起的油缸内部泄漏），例如 O 型机能的、具有一定封油长度尺寸的正遮盖开口设计（即负开口）的阀杆可以使油缸在即使受到一定外力作用的情况下也能很好地闭锁，但对于伺服控制系统来说，正遮盖开口设计将使系统的反应速度变慢，这是因为阀杆总会有一定长度的"遮盖量"的缘故，如果借助电控系统中关于"死区"的概念，这里可理解为"液压死区"。显然，过慢的系统反应速度无法满足自动控制系统的要求。现在回过头来考察一下图 4-18 所示的伺服阀的中位机能和它采用了什么性质的遮盖开口设计（即正遮盖、负遮盖还是零遮盖），系统的反应速度如何以及伺服缸是否能够实现中位闭锁的问题。

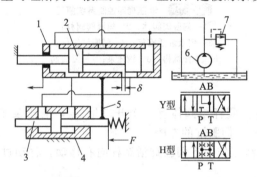

为了深入分析这个问题，请看图 4-19。将图 4-18 中的中位机能设计为 Y 型或 H 型机能，开口设计为理论上的零开口，实际为具有很小开口量的负遮盖（正开口），而负载为一压缩弹簧。

图4-19 液压伺服控制系统滑阀机能
1—伺服阀阀体；2—伺服阀阀杆；3—伺服缸活塞杆；4—伺服缸缸体；5—连杆机构；6—液压泵；7—溢流阀；δ—开口

根据负载弹簧的性质，伺服阀中位时伺服缸活塞杆将时刻受到一个指向左边方向的外力 F。如果这个力 F 足够大，它将使活塞杆向左移动，从而破坏伺服缸的闭锁，此时活塞杆的左移通过连杆机构 5 带动伺服阀阀体 1 向左移动（阀杆没有受到外力干扰，处于相对固定不动的状态），破坏了系统的平衡状态，但这个动作使阀杆打开了一个小的开口 δ，让来自液压泵 6 的油通过这个开口 δ 进入伺服缸的左腔，使活塞杆向右移动的同时带动伺服阀阀体右移，重新关闭阀杆的开口 δ，继续维持系统的平衡状态。同理，如果伺服缸活塞杆受到一个指向右边方向的力以致使活塞杆右移，此时活塞杆将带动伺服阀阀体 1 一起向右移动，使阀杆打开一个小的开口，来自液压泵 6 的油将进入伺服缸的右腔，使活塞杆向左移动，重新关闭阀杆的开口，系统同样可以继续维持平衡状态。由此可见，连杆机构 5 的负反馈动作可以使伺服阀阀杆 2 在具有很小开口量的负遮盖（正开口）尺寸时，依然维持系统的平衡状态。所以，为了使系统的反应速度快，一般情况下泵的伺服阀（也称为排量控制阀、排量控制器等）都设计成很小的正开口量（即较大阻尼的负遮盖）形式。当然，正开口的尺寸越大，系统的反应速度就越快，但过大的正开口会使伺服阀频繁地开启、关闭、开启，阀杆将发生振颤，不利于系统的稳定运行。综上所述，泵的伺服液压控制应该采用动态平衡的理论和设计方法。阀杆的中位机能为 Y 型或 H 型，阀杆理论上的正开口实际上为合理的阻尼结构。

图 4-18 所示的连杆机构 5 是一个刚性的连接杆，它作为系统的负反馈机构显得简单而直观。实际的伺服控制系统中的反馈机构多种多样，一方面是根据具体的结构布置和设计，另一方面就是知识产权的约束。图 4-20 给出了三种机构的对比。图 4-20(a) 是伺服缸活塞杆做功并采用了简单的机械刚性连接。图 4-20(b) 是伺服缸缸体做功并采用了杠杆-滑块机构。其中的滑块机构是为了防止机构发生干涉，因为杠杆端部做的是圆弧运动，而缸体 4 和阀体 1 做的是直线运动。图 4-20(c) 是伺服缸活塞杆做功并采用了杠杆-滑块机构，并且伺服缸的 A、B 口与图 4-20(b) 不同。读者试着调换一下图 4-20(a)～(c) 中的伺服缸 A、B 口位置就会发现，连杆机构就变成了正反馈机构，这说明了反馈机构的设计和油口连接具有很大的灵活性。对于图 4-20(b) 和图 4-20(c)，只要合理地设计好泵的流量、阀杆 2 的开口量以及连杆机构的尺寸，系统就能实现理想的反应速度和完全的闭式负反馈。

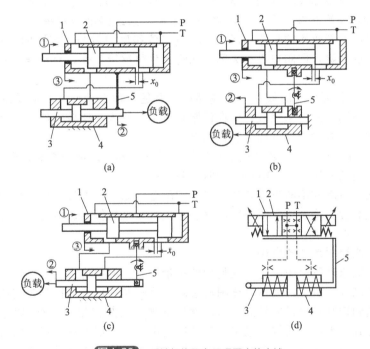

图4-20 反馈机构及在原理图中的表述

1—伺服阀阀体；2—伺服阀阀杆；3—伺服缸活塞杆；4—伺服缸缸体；5—反馈机构

伺服控制系统在液压系统原理图中有特殊的表达方式。如图 4-20(d) 所示，它比普通的液压阀-油缸系统多了一个反馈机构 5，读者看图时只要注意到这一特征就会比较容易辨别。图 4-20 中所举的例子都是阀体跟随阀杆，实际产品中的结构是阀套跟随阀杆，而阀套-阀杆组件装配在阀体中。反馈形式多种多样，可以是机械、液压、电气、气动或者它们的组合，后面章节中还将有很多变量泵、变量马达采用液压伺服控制的实例，尤其是大量的负反馈机构分析可以加深读者对液压伺服控制系统的理解。

4.5.3 液压伺服控制系统的组成及应用

（1）液压伺服控制系统的组成

　　实际应用的液压伺服系统无论结构多么复杂，都是由几个基本的部分构成的，如图 4-21 所示。

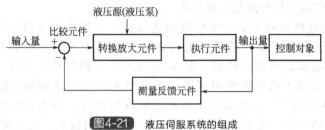

图4-21　液压伺服系统的组成

　　在图 4-21 中，液压伺服系统刚开始工作时，输入量一般为给定量，这个给定量经比较元件进入转换放大元件中，后经过功率放大获得能量后送给执行元件，形成输出量，输出量经过测量反馈元件后形成反馈量，然后输入量和反馈量在比较元件中进行比较，产生偏差量再进入到转换元件中，驱动执行元件完成系统工作，伺服系统就是这样周而复始的运动，直到系统中输入量和反馈量偏差为零，系统停止运动，否则只要偏差量存在，伺服系统就工作。结合图 4-18，当给阀杆一个正的位移输入量后，系统经液压功率放大，经执行元件输出能量做功，再经连杆机构的负反馈形成一个负的位移反馈量与原来正的位移输入量对比，只要这个误差没有消除，即阀口没有关闭，执行元件将继续工作，直至误差完全消除，即阀口关闭。

　　图 4-21 中的比较元件有时候并不单独存在，而是与输入元件、测量反馈元件或转换放大元件在一起，由同一元件来完成。而在伺服系统中，输入、比较元件和测量反馈元件常常组合在一起，称为误差检测器（或偏差检测器）。

　　从图 4-19 中可以看出，一般情况下液压伺服系统主要由四部分组成，即为误差检测器、转换放大组件（包括液压能）、执行组件和控制对象。

　　随着现代液压技术的不断进步和各个专业的融合，为了改善液压伺服系统的性能，还可以增加串联校正装置和局部负反馈装置，这些装置可以是机械的、电气的、液压的、气动的或者是它们的组合形式。

　　（2）液压伺服控制系统的应用

　　液压伺服控制原理可以用来进行变量泵的排量控制。例如将图 4-20(c) 中的负载变为泵的斜盘，如图 4-22(a) 所示，就可以试图通过对伺服阀阀杆位移的控制来实现对泵斜盘倾角的调节，从而达到控制泵排量的目的，这样就把泵排量控制转化成了对伺服阀阀杆的控制。对阀杆的控制方式有手控、液控、电控或者它们的组合，应用上具有很大的灵活性。工程上一般将控制斜盘运动的伺服阀、执行机构和反馈连杆机构统称为泵排量控制器或泵排量调节器，图 4-22(b) 是变量泵以及泵排量控制器在系统中的一种表达方式。

　　（3）轴向柱塞泵的手动伺服变量机构

　　为了更好地理解液压伺服控制原理，举一个简单的手动排量控制器例子，见图 4-23。轴向柱塞泵的手动伺服变量机构由壳体 5、变量活塞 4 和伺服阀芯 1 等零部件组成，斜盘 3 通过铰链 2 与变量活塞 4 连接，斜盘 3 可以绕背面的弧面支撑做顺时针或逆时针的偏转运动。变量活塞 4 上的孔 e 与变量活塞的下腔相通，其中下腔为控制油进口（图中 P 口）；孔 f 与变量活塞的上腔相通，上腔为封闭腔；变量活塞 4 的上端直径大于下端。

　　当与伺服阀芯 1 相连结的拉杆不动时（即图示位置时），轴向柱塞泵输出的液压油经单向阀 a 进入变量活塞 4 的下腔 d，作用在变量活塞下端的液压力试图将变量活塞向上推，但由于变量活塞 4 的上腔 g 处于封闭状态，所以变量活塞不动，斜盘 3 处于图示位置。

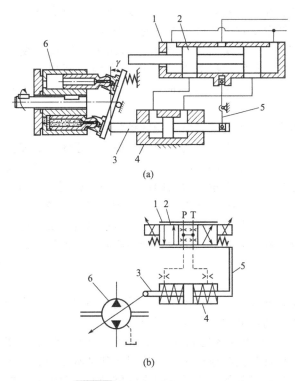

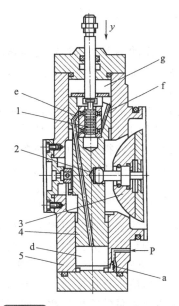

图4-22 变量泵排量调节器结构

1—伺服阀阀体；2—伺服阀阀杆；3—伺服缸活塞杆；

4—伺服缸缸体；5—反馈连杆机构；6—变量泵

图4-23 轴向柱塞泵的伺服变量机构

1—伺服阀芯；2—铰链；3—斜盘；

4—变量活塞；5—壳体

当拉杆向下移动时，推动伺服阀芯 1 向下运动，上面的阀口打开，d 腔的压力油经通道 e 进入上腔 g。由于变量活塞 4 上端的有效面积大于下端的有效面积，（差动活塞）所产生的向下液压合力推动变量活塞 4 向下移动，直至将通道 e 的油口封闭为止。变量活塞 4 向下移动的同时，通过铰链 2 带动斜盘 3 逆时针偏转，斜盘倾角增加，泵的排量随之加大。在这一过程中变量活塞 4 的移动量等于拉杆的位移量，并与一定的斜盘倾角相对应。

当拉杆带动伺服阀芯 1 向上移动时，下面的阀口打开，此时上腔 g 的油通过通道 f 接通油箱而卸压，上腔压力下降，变量活塞 4 在下腔压力作用下向上移动，直到将阀芯 1 开启的卸压通道关闭为止。此时斜盘 3 顺时针偏转，斜盘倾角减小，泵的排量也随之减小，而变量活塞的移动量也等于拉杆的移动量，并与一定的斜盘倾角相对应。

上述泵排量增大或减小的过程实质是，阀芯的移动在先，活塞的移动跟随在后，借助外部能源（控制油压）在活塞的跟随运动中通过铰链带动斜盘发生偏转，实现泵的变量。

如果泵在工作过程中可以将泵的吸、压油方向改变，那么这种泵就成为双向变量泵。

从上面的分析可知，伺服变量机构是通过操作伺服阀来实现变量动作的，并且加在拉杆上的力很小时，通过控制油压可以获得力的放大而使斜盘摆动。如果将图中的手动拉杆控制改为液压先导控制或电液控制，就可以使操作更加轻便，实现更多丰富内容的自动控制。

4.6　液压泵的变量控制

液压泵是容积式泵，它是依靠密闭工作容积的大小变化来实现吸、压油液，从而将机械能转换为液压能。变量泵在实际应用中一般通过改变其自身排量来实现变量，而对于一些特殊的电力传动通过调节泵驱动电机的转速实现系统变量的情况不在讨论之列。对于不同结构形式的泵来说其变量形式也不同，如叶片泵、径向柱塞泵可以通过改变定子和转子的偏心距来改变泵的排量，而轴向柱塞泵则通过改变斜盘或缸体的倾角来改变泵的排量。

　　液压伺服控制系统能够很容易地实现轴向柱塞泵排量的调节，即在泵的转速不变的情况下调节泵的输出流量。近些年随着科学技术的发展和节能减排要求的不断提高，采用变量泵的节能型液压系统越来越多，对变量泵的需求也相应增加，其品种的发展也相当的迅速。

　　变量泵的主要技术特征是能够改变泵的排量，因此变量泵节能减排的主要途径是最大限度地减少系统无谓的流量损失。这些损失包括系统不操作时的空载流量损失，系统达到安全阀开启压力后的溢流损失，执行元件不需要最大流量时的旁路溢流损失（即准确提供执行元件所需的流量）等。另外，变量泵尤其是柱塞泵可以承受很高的压力，功率密度大（即相同液压功率时泵的流量小、体积小、重量轻），流量损失相对较小。同时系统压力的提高、流量的减小也使得执行元件和系统附件的尺寸减小和重量减轻，乃至液压油箱的油量都会减少。当然，系统压力的提高也给系统和液压元件带来强度、密封和清洁度等方面的挑战。

4.6.1　变量控制原理及分类

　　液压泵的变量控制原理是指对泵排量控制器进行调节和控制。泵排量控制器的形式多种多样，控制和组合方式也各有不同，可以从不同角度对变量泵进行分类。

　　① 按照变量液压系统是否有反馈，可将其分为开环控制和闭环控制。开环控制是指变量泵的输出值不直接反馈到指令信号处，它与自动控制原理中开环控制原理基本相同。闭环控制是指变量泵的输出参数（如流量、压力等）以某种方式反馈到指令信号处，两者的偏差信号用于泵的排量控制，它与自动控制原理中闭环控制的原理基本相同。

　　② 按照泵排量控制器的能量的来源，可将其分为外控式和内控式。外控式是指变量控制压力油或控制力来自变量泵的外部，通常由一套控制油源给变量机构提供液压力，而控制油源不受泵本身的负载和压力波动的影响，压力和流量比较稳定，可实现双向变量。内控式是指变量泵利用自身输出的压力油或泵内部某些部件产生的控制力使变量机构动作，在泵运行时的压力脉动可能会影响变量机构的稳定性，不能实现双向变量。不能实现双向变量的原因是，当泵斜盘由正向倾角偏转到反向倾角时必须经过零排量工况，但此时泵没有输出，变量机构就不能继续运动，泵斜盘不能实现反向偏转。由此可知，双向变量泵一定是外控式油源，内控式油源只能用于单向变量泵。单向变量泵采用自身的内控油源时可以采用定值减压阀、定值溢流阀等技术手段使得变量油源的压力稳定，另外利用单向变量泵自身的内控油源信号反馈还可以简化控制程序。

　　③ 按照变量机构的操纵力形式，工程机械上大多采用手动式、液控式和电液式。手动式变量机构的结构最简单，由人力来克服变量机构运动的阻力，但其不能在工作状态下实现变量，而只能在停机或工作压力较低的情况下实现变量，且不能实现远程控制，这种变量形式在工程机械中几乎没有应用，不在讨论之列。如果在工程机械上应用，一般也是手动伺服控制，通过伺服阀来控制伺服缸，带动变量机构运动，实现在运行中对泵的排量进行控制。更多的是通过机械杠杆带动伺服阀对伺服缸进行控制，一并归为手动式。

　　液控式是指通过先导阀输出定值控制油压控制伺服阀，再由伺服阀来控制伺服缸，推动变量机构运动。简单的液控为开环控制，也可用泵的输出量作为反馈形成闭环控制。

　　电液式是指用电液伺服阀或者电液比例阀控制伺服缸的运动，进而实现对变量泵的控制。它的调节速度与调节精度高，便于实现远程控制与自动控制，但其结构比较复杂，对油质的要求较高，且价格较贵。关于电液伺服阀和电液比例阀的工作原理以及性能特点在后面的章节中有详细的分析。

④ 按照变量泵的控制功能，可分为排量控制、流量控制、压力控制和功率控制。排量控制是指利用变量机构的位置控制作用，使泵的排量和输入信号成比例。其他三种控制方式是针对泵的基本输出参数，如压力、流量、功率进行控制，利用泵的出口压力、流量或者是反映流量大小的压差与输入信号相比较，通过对变量机构位置的控制作用来确定泵的排量，从而形成压力控制（恒压控制等）、流量控制（恒流控制、正流量、负流量、负荷传感控制、最大流量二段控制、电子调节流量控制等）和功率控制（恒功率控制、全功率控制、电控功率调节等）。这三种控制方式都是在排量控制的基础上按照特定的调节要求来实现的，排量调节是进行变量控制的基础和根本。

4.6.2　典型泵排量控制器原理分析

随着工程机械及液压技术的发展，泵的变量控制在实际产品中的应用越来越广，下面按照液压系统所分类的开式系统（开式泵）和闭式系统（闭式泵）分别介绍几种典型的液压泵排量控制器结构和工作原理。

（1）开式系统

在工程机械产品系列里，开式系统的应用非常广泛，如装载机、挖掘机、起重机、平地机、推土机等诸多液压系统都根据工况需求，对泵不同程度地应用了各种控制或者多种组合控制。泵的输出参数主要是压力和流量，因为泵的压力取决于随时变化的负载，所以能够进行人为控制的就是泵的流量，流量调节的实质就是泵的排量控制，而泵的排量控制就是对变量机构的控制。后面谈到的无论哪种控制，其本质就是变量机构的控制。下面我们将尝试分析各式各样的变量机构，搞清楚控制原理，以提高分析和解决问题的能力。

① 单泵恒功率控制　恒功率控制是广泛应用的一种控制方式。根据泵功率的定义，泵功率等于压力与流量的乘积，恒功率控制的含义是泵在任何工况下输出的功率都为常数，即当泵的压力升高时流量下降；泵的压力降低时流量增加，换句话说就是控制泵的功率不超过某个最大限值，所以泵的恒功率控制也称为泵的功率限制。根据数学双曲线方程 $xy = A$（常数）的定义，把变量 x 和 y 分别看作压力和流量，把常数 A 看作功率，那么物理意义上的恒功率就是数学上的双曲线，我们姑且称它为恒功率双曲线。

图 4-24 所示为恒功率变量泵的变量原理。图 4-24(a) 是系统组成的结构简图，从图中可以看出，泵斜盘顶部固定有一个反馈连杆，反馈连杆通过顶杆与双弹簧组件及恒功率控制阀 LB 连接。小变量缸与泵的出口常通，泵排量控制器通过控制大变量缸或封闭，或通油箱、或通泵来油，来控制斜盘的运动，从而达到控制泵排量的目的。根据差动缸原理，为了使大变量缸工作时的推力和速度与小变量缸相等，大变量缸的油压作用面积应该等于小变量缸的油压作用面积的 2 倍。需要说明的是，本例是一个负荷传感＋恒功率＋电控型的变量泵，为了方便恒功率部分的分析，将排量控制器中的负荷传感阀 LS 及电控部分 PZ 去掉，并将相互联系的部分简化，使排量控制器变为图 4-24(b)。图 4-24(c) 是原理图，请读者熟悉一下恒功率变量在原理图中的表达方式，并且各图可以相互对照分析。

从图 4-24(a) 可以知道，尽管小变量缸始终与泵出口相通，但当大变量缸封闭时，斜盘仍然固定不动；当大变量缸与泵来油相通时，由于大、小腔的油压作用面积不同（差动缸），斜盘顺时针偏转，泵排量减小；大变量缸与油箱回油相通时，斜盘逆时针偏转，泵排量增大。由于变量缸供油方式是自供油，因此只能单方向变量。

从图 4-24(b) 中可以看出，恒功率控制部分主要由推杆、恒功率控制阀阀杆 LB、双弹簧组件（包括内圈弹簧、外圈弹簧和两端的弹簧座等）、顶杆和反馈连杆组成。外圈弹簧安装到位后有一定的预压缩力，而内圈弹簧则处于未被压缩的自由状态且距其被压缩还有一定尺寸的距离。

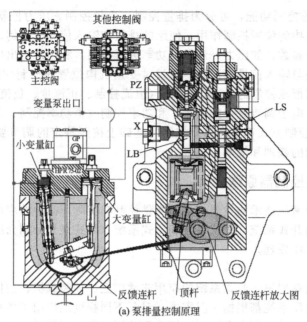

其他控制阀

主控阀

PZ

变量泵出口

LS

X

小变量缸

LB

GP

HPR

大变量缸

反馈连杆　顶杆　反馈连杆放大图

(a) 泵排量控制原理

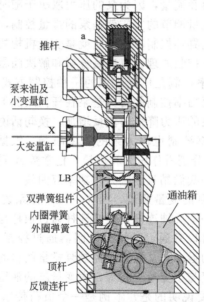

推杆

a

泵来油及
小变量缸

c

X

大变量缸

LB

双弹簧组件

通油箱

内圈弹簧

外圈弹簧

顶杆

反馈连杆

(b) 泵排量调节器结构原理

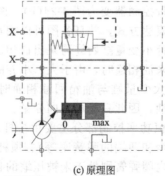

X

X

0　max

(c) 原理图

图4-24　恒功率变量泵的变量原理

泵出口的压力低于 LB 阀外圈弹簧的设定值（预压缩力）时，泵斜盘固定不动，排量保持不变。当泵出口的压力高于 LB 阀外圈弹簧的设定值后，a 腔压力油克服外圈弹簧的弹簧力，通过推杆推动 LB 阀下移，遮断大变量缸与油箱通道的同时还连通了 c 腔与大变量缸的通道，因为 c 腔与泵出口连通，所以斜盘在差动缸的液压力作用下顺时针偏转，泵排量开始减小，泵压力与流量的关系为一条与弹簧刚度和压缩量相关的直线段。注意到斜盘偏转的同时还带动反馈连杆、顶杆和双弹簧组件一起顺时针偏转，将 LB 阀向上推移回位，此时 LB 阀在 a 腔液压力和外圈弹簧力的共同作用下处于平衡状态，这就是伺服控制系统的（机械）负反馈动作。当泵出口压力继续升高时，LB 阀继续下移，内圈弹簧受到压缩，也开始进入工作状态，泵排量继续减小。现在两根弹簧呈并联关系，并联弹簧的总刚度发生变化，泵压力与流量的关系为一条新的、与弹簧总刚度和压缩量相关的直线段。如前所述，这种随着泵的压力升高而流量减少的控制方式即为泵的恒功率控制，这两根直线段组成的压力-流量曲线图即为泵的恒功率控制曲线。

当泵出口的压力降低时，a 腔压力降低，弹簧力推动 LB 阀上移，使大变量缸与油箱连通，于是泵斜盘在小变量缸的压力及小腔弹簧力的作用下逆时针偏转，泵排量增大。同理，这个随着泵的压力降低而流量增大的控制方式也是泵的恒功率控制，其控制规律遵循泵的恒功率控制曲线。注意到斜盘偏转的同时还将带动反馈连杆、顶杆和双弹簧组件一起逆时针偏转，LB 阀在 a 腔压力以及 a 腔回位弹簧的作用力下，向下移动回位，完成伺服控制系统的（机械）负反馈动作。

在图 4-24(c) 中，读者可能已经看出泵排量控制阀为二位三通阀，双变量缸简化为双作用单变量缸。变量缸大腔或者通油箱，或者通泵来油，没有中间过渡（闭锁）位，其实这只是一种习惯画法而已。现在我们分析泵工作时斜盘如何锁定，使泵能够稳定供油的问题。见图 4-24，泵工作时斜盘受到工作柱塞、小变量缸液压力以及复位弹簧力等诸多作用力的作用。另外，从液压伺服控制系统的原理分析知道，为提高泵的响应速度，伺服阀 LB 多采用很小开口量负遮盖（正开口）尺寸，即泵出口的 c 腔与大变量缸以及油箱实际上都是相互连通的，只不过它们之间相互连通的阻尼很大。在上述诸多因素引起的合力作用下斜盘可能有偏转的趋势。假设大变量缸闭锁不住，斜盘有微小的逆时针偏转，斜盘将带动反馈连杆一起逆时针偏转，而此时的 LB 阀在 a 腔压力以及 a 腔回位弹簧的作用力下将会向下移动，打开大变量缸与 c 腔的通道，斜盘就会顺时针偏转回到原来的位置。假设斜盘有微小的顺时针偏转，斜盘将带动反馈连杆一起顺时针偏转，而此时的 LB 阀在顶杆和双弹簧组件的作用力下将会向上移动，打开大变量缸与油箱的通道，斜盘就会逆时针偏转回到原来的位置。具有负反馈特征的伺服控制系统就在这种动态平衡的状态下工作。

通过上述原理分析知道，泵的压力与弹簧刚度和压缩量相关，因此压力与流量之间的关系即泵的功率输出特性曲线可以通过对 LB 阀阀杆受力分析所得出的平衡方程推导出来。LB 阀阀杆上端受到了 a 腔推杆的液压作用力（忽略 a 腔推杆很小的复位弹簧力，下同），下端受到了弹簧的作用力，当泵压力还没有升高到能够压缩外圈弹簧时，阀杆的平衡方程为

$$\frac{\pi}{4}d^2 p = F_1 \tag{4-18}$$

式中　d——推杆直径，m；

p——泵的压力，Pa；

F_1——外圈弹簧的预压缩力（弹簧刚度与预压缩量的乘积），N。

此时 LB 阀阀杆被弹簧力 F_1 推到最上端，大变量缸始终通油箱，因此泵处于最大排量位置，在压力-流量曲线图上表现为一段平行于压力 p 的直线段。

随着压力的升高，外圈弹簧开始被压缩。假设当压力升高到 p_0 时，LB 阀杆开始下移，

此时阀杆的平衡方程为

$$\frac{\pi}{4}d^2 p_0 = F_1 + \Delta F_1 \tag{4-19}$$

式中 ΔF_1——外圈弹簧受到压缩后弹簧力的增量。

很明显,随着泵的压力不断升高,ΔF_1 将随着弹簧压缩量的不断增加而增大,为了方便,我们仍用 ΔF_1 来表示这个增量。如前所述,随着 LB 阀杆的下移,泵的流量开始减小。我们将这个使泵流量开始减小的压力点 p_0 称为泵的起调压力。根据胡克定律,在压力-流量曲线图上表现为一条向斜下方的直线段。

假设泵的压力继续升高到 p_1 时,内圈弹簧也开始被压缩。阀杆的平衡方程为

$$\frac{\pi}{4}d^2 p = F_1 + \Delta F_1 + F_2 \tag{4-20}$$

式中 F_2——内圈弹簧力,N。

外圈弹簧与内圈弹簧都进入工作状态后成为并联弹簧,于是弹簧的总刚度发生变化,泵在压力-流量曲线图上表现为一条斜率小一些的直线段。

至此我们得出,由于外圈弹簧单独工作和外圈、内圈弹簧同时参与工作,使得泵流量随压力的变化规律为两条直线段所构成的折线。

泵的压力一直升高到系统安全阀开启压力后流量将不再减小,泵维持系统最高压力 p_2,压力-流量曲线图上的表现为一段平行于 Q 轴的直线段。

我们将泵压力没有升高到能够压缩外圈弹簧时的工况曲线 A_0-A,泵压力达到起调压力后外圈弹簧参与工作的工况曲线 A-B,泵压力升高到外圈和内圈弹簧同时参与工作后的工况曲线 B-C,以及泵压力达到安全阀开启后的工况曲线 C-p_2,一同在压力-流量曲线图上表示出来,就得到如图 4-25 所示的泵输出特性曲线 Ⅰ,工程上一般称之为 p-Q 曲线。从该曲线图上可以看出,折线 Ⅰ 构成了一条近似的双曲线。正如前面分析的那样,双曲线的物理含义就是恒功率曲线。根据双曲线的性质,在这个曲线图上任意一点的压力与流量的乘积都是一个常数,即流量 Q 曲线在 p 上的积分(也即流量 Q 曲线与 p 轴围成的面积)为一常数。

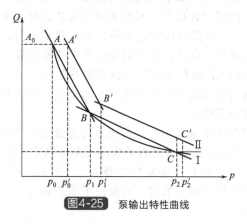

图4-25   泵输出特性曲线

上述分析小结:泵的压力与弹簧压缩量(即弹簧力)相关,而弹簧压缩量与流量相关,因此泵的压力与流量也相关,由于液压功率等于压力与流量的乘积,要维持液压功率为常数,那么泵的压力越高,流量就越小,这就是恒功率控制的实质。

在图 4-25 中可以看出,当泵的起调压力发生变化时,泵的恒功率曲线也发生变化,这可以通过增大或减小弹簧力来实现。例如,增加外圈弹簧的预压缩量以增大弹簧力,把泵的起调压力由 p_0 提高到 p_0' 时,泵的压力-流量曲线就由 Ⅰ（ABC）变为 Ⅱ（$A'B'C'$）。很明显,起调压力提高就意味着泵功率提高,即流量曲线 Ⅱ 与 p 轴所围成的面积比曲线 Ⅰ 大。例如,调整内圈弹簧既可以决定内圈弹簧何时进入工作状态(即曲线转折点位置),又可以决定第二条折线的形状,从而影响到整条恒功率曲线。一般弹簧的设计应该遵循 $pQ = N$（常数),即恒功率的设计原则,来确定其刚度、预压缩量和工作压缩量等参数。

通过上面的分析知道,理论上弹簧的数量越多,就越逼近双曲线的实际形状,但这会带来结构上的复杂,所以工程上实用的泵恒功率控制一般为两根弹簧。

从图 4-25 中还可以看出一些问题。例如，只有当系统压力大于泵的起调压力时，泵才能进入恒功率调节区段，而当系统压力小于泵的起调压力时，泵虽然一直提供最大流量，但因为压力较低，泵的输出功率就没有达到额定值，换句话说，此时的泵并没有发挥出最大的功率。再者，如果此时系统并不需要很大的流量（如主控阀的开口量很小），而泵依然提供最大流量，多余的油液就只有溢流回油箱了。例如，当系统压力继续升高到安全阀打开溢流时，泵输出的油也将全部溢流。为了解决这些问题，后续的章节还将有更多的控制和应用实例讲解，以满足工程机械对各种不同工况的需求。

除上面介绍的恒功率控制系统外，还有一种恒功率控制系统是采用杠杆平衡原理来实现的，见图 4-26。

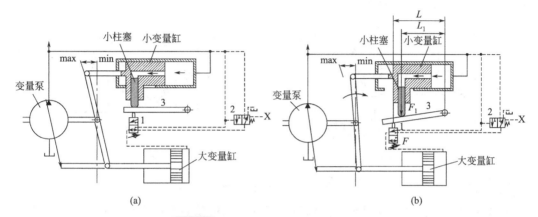

图4-26 杠杆式恒功率控制原理（一）

1—排量控制阀；2—负载控制阀；3—摇臂

从图 4-26(a) 中可以看出，排量控制阀 1 与小变量缸里的小柱塞共同作用在摇臂 3 上，此时泵出口压力尚未达到能够克服排量控制阀 1 的弹簧力，泵处于最大排量位置。当泵出口压力达到排量控制阀 1 的弹簧力设定值后，小柱塞将向下移动，通过摇臂 3 推动排量控制阀 1 下移，见图 4-26(b)，让来自泵出口的压力油通过排量控制阀 1 进入大变量缸，于是泵的排量开始减小。在斜盘偏转过程中，由于小变量缸的位置发生了变化，因此小柱塞的位置也跟着一起改变，形成如图所示的杠杆平衡状态。很容易列出该杠杆的平衡方程为

$$F_1 L_1 = FL \tag{4-21}$$

式中　F_1——小柱塞的作用力；

　　　L_1——小柱塞作用力 F_1 的杠杆力臂；

　　　F——排量控制阀 1 的弹簧力，当弹簧预变形量远大于阀的工作行程时可以看作常数；

　　　L——弹簧力 F 的杠杆力臂，常数。

式(4-21) 中，力 F_1 与泵的压力相关，力臂 L_1 与斜盘的位置即泵的排量相关，而力 F 和力臂 L 是预先设计好的参数（常数），因此该公式的含义就是泵的压力与排量的乘积等于一个常数，其物理含义就是泵的恒功率控制。而且，只需要一根弹簧即可实现这种控制。这可以从图 4-26(b) 上看出：当泵压力升高到弹簧力 F 的设定值时，小柱塞的作用力 F_1 压下摇臂并通过摇臂使排量控制阀 1 向下移动，打开泵来油通往大变量缸的通道，泵排量将会减小，即泵的压力与排量成反比。

从原理图中很难看出来负反馈是如何实现的。我们可以利用安装在斜盘上的反馈连杆，通过顶杆与排量控制阀的弹簧安装座连接，类似图 4-24(b)，当斜盘偏转时利用弹簧力的变化与小柱塞的液压力平衡。图 4-26 中排量控制阀 1 也采用了习惯的二位三通阀画法。

图 4-26 中的负载控制阀 2 的作用是，当 X 口接负载压力时就组成了负荷传感系统，如果 X 口不接负载压力并且增大负载控制阀 2 的弹簧力，就可以组成压力切断阀。有关泵的其他控制内容后续章节将会有详细的介绍和分析，这里不再赘述。

基于杠杆平衡原理的恒功率控制还有多种结构形式，读者可以熟悉一下它们在原理图上的表达方式。图 4-27(a) 所示为力士乐的 A11VO 恒功率控制形式的开式泵，图 4-27(b) 所示为力士乐的 A7VO 恒功率控制形式的开式泵。图中摇臂的表达形式为直角拐臂，读者可以尝试自己列出排量控制阀的平衡方程。

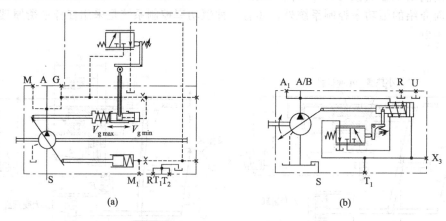

(a)　　　　　　　　　　　　(b)

图4-27　杠杆式恒功率控制原理（二）

② 双泵全功率控制　以液压挖掘机为代表的工程机械多采用全功率控制系统，即发动机带动两个完全相同的、液压交叉控制的变量泵为两条液压主回路供油，每个变量泵除了各自单独为其主回路供油外，还有合流、流量重新分配等交互作用。为了区别单泵恒功率控制，我们称这种双泵交叉控制的系统为全功率控制。图 4-28 所示为双泵全功率控制原理图。

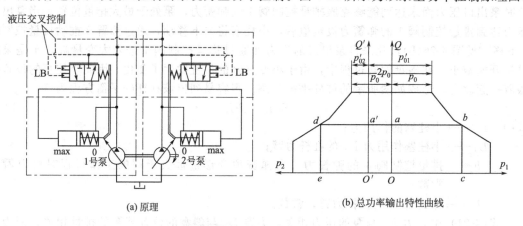

(a) 原理　　　　　　　　　　(b) 总功率输出特性曲线

图4-28　双泵全功率控制原理

图 4-28(a) 所示为双泵全功率控制原理，两台泵的结构和排量控制器完全相同，且油压对伺服阀两个阀杆的作用面积也相等，并采用液压交叉控制方式，即 1 号泵的油压不但控制 1 号泵本身，而且也控制着 2 号泵；同样，2 号泵的油压不但控制 2 号泵本身，而且也控制着 1 号泵。当两个泵都进入恒功率调节状态时，分析伺服阀的受力状况，得出伺服阀的平衡方程为

$$p_1 + p_2 = \frac{F_1 + F_2}{S} \tag{4-22}$$

式中 S——p_1、p_2 对伺服阀阀杆的有效作用面积，并假设 p_1、p_2 的作用面积相等，m^2；

F_1、F_2——伺服阀的内、外圈弹簧力，N；

p_1、p_2——两个泵的压力，Pa。

式（4-22）表明，两台泵的排量是统一调节的，因此两台泵的斜盘摆角相同，流量相等，如果此时两台泵的压力也相等，即 $p_1 = p_2$，那么两台泵的功率也相等。如果把两台泵的功率输出曲线画在一张图上，这张图就成为两台泵的总功率输出曲线，见图 4-28(b)。从图中可以看出，两台泵的功率曲线以 Q 轴为左右对称，因此 Q 轴又称为等功率轴。图中 $Oabc$ 围成的面积为 1 号泵的功率，$Oade$ 围成的面积为 2 号泵的功率，两面积相等，而 $edbc$ 围成的面积为泵的总输出功率。根据双曲线恒功率的性质知道，双曲线上的每个对称点对横坐标 p 轴所围成的面积都相等。结合式（4-22）及图 4-28(b) 分析，全功率变量不是根据 p_1、p_2 的单泵压力值调节泵的流量，而是根据两台泵的压力和来进行流量调节，即可以 $p_1 \neq p_2$，但必须满足 $p_1 + p_2 \geqslant 2p_0$ 才可以进入全功率调节，这就是两台泵交叉控制的结果。将图中 Q 轴左移到 Q' 轴，即为两个泵压力不相等时泵的总功率输出曲线，此时 1 号泵的起调压力为 p'_{01}，2 号泵的起调压力为 p'_{02}，但必须满足 $p'_{01} + p'_{02} \geqslant 2p_0$ 泵才能进入全功率调节，此时 1 号泵的功率为 $O'a'bc$ 围成的面积，而 2 号泵的功率为 $O'a'de$ 围成的面积，显然，1 号泵的功率大于 2 号泵。

通过上述分析知道，两台泵的压力可以不同，因此两台泵的功率可以不相等，即它们的负荷大小不相等。这就提示我们在设计双泵系统时应该把机器的动作合理地分解，使得两台泵的负荷大致相等，这样它们的寿命和可靠性也大致相同，可以有效地避免负荷较大的泵过早失效。

以上讨论的是泵转速恒定时的情况。当泵的转速变化时，流量也会变化，所以泵的功率输出特性将会改变。如图 4-29 所示，当泵的转速降低时，泵的流量也会从曲线Ⅰ降低到曲线Ⅱ，泵的输出功率也降低了，但起调压力不会改变。

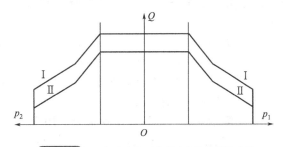

图4-29 泵转速变化时的总功率输出特性曲线

③ 负流量控制   负流量控制系统用于开中位主控阀。所有主控阀阀杆都处于中位时，从泵出口到回油箱设计有一条中间油道和一条并联的平行油道，在最靠近回油箱之前的中间油道上设置一定的阻尼。中间油道的开口设计成当所有主阀杆都处于中位时其开口量最大的形式，随着主阀杆位移量的增加其开口量逐步减小，直至完全关闭。这样的中间油道设计使得主阀杆在没有任何操作时液压油流经阻尼前的压力最高，主阀杆有操作时液压油流经阻尼前的压力降低甚至消失。如果提取该油道阻尼前的压力用来控制泵的排量，那么这个控制压力与泵排量呈反比关系，故称为负流量控制。

负流量控制系统的工作原理如图 4-30 所示。液压泵输送的液压油进入主控阀后分成两部分：一部分经平行油道 2 经主阀杆去液压缸或液压马达，另一部分进入中间油道 1 回油箱，由于在中间油道 1 回油箱前设置了阻尼孔 5，因此在阻尼孔前的负流量控制压力提取点 4 产生了一定的压力，将这个压力作为控制压力引入泵排量控制器来调节泵的排量，负流量溢流阀 6 的作用是保证负流量控制压力不超过一定的限值。

发动机没有启动前，泵的初始状态为最大排量位置。发动机启动后，如果主阀杆 3 全部处于中位，泵输送的液压油全部经过阻尼孔 5，这将在负流量控制压力提取点 4 产生很高的压力，即泵的控制压力达到最大值，这个控制压力使泵的排量迅速减到最小。当主阀杆开始换向位移时，并没有切断中间油道的通道，泵来油通过平行油道和主阀杆进入执行元件的同

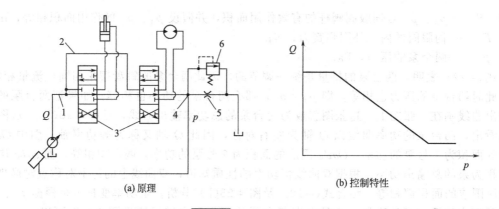

(a) 原理　　　　　　　　　　　　(b) 控制特性

图4-30 　负流量控制原理

1—中间油道；2—平行油道；3—主阀杆；4—负流量控制压力提取点；5—阻尼孔；6—负流量溢流阀

时，还有一部分油继续流过中间油道上的阻尼孔 5。从前述分析知道，阀杆中间油道的尺寸设计是随着阀杆行程的增加，中间油道的开口尺寸减小，因此流经阻尼孔 5 的流量减小，负流量控制压力提取点 4 的控制压力将会降低，负流量使泵排量减小的控制作用也会减弱。精细的阀杆和阻尼孔设计以及系统调试可以使泵实际输出的流量与执行元件所需流量准确匹配，进入执行元件的液压油没有"多余的流量损失"。随着主阀杆换向行程的增加，负流量的控制作用将越来越弱，泵的排量越来越大，最终负流量的控制作用消失，泵提供最大流量。

正因为开中位阀中间油道 1 上阻尼孔 5 的存在才产生了"负流量控制压力"，换句话说，只有流动的油流经阻尼孔才会产生这个压力，而经过这个阻尼孔的油并没有对执行元件做功就回到了油箱，这就产生了流量损失。因此，只要负流量的控制作用还存在，这个损失就存在，我们应该认识到这一点。

④ 正流量控制　　正流量控制系统也用于开中位主控阀。当利用先导阀对主控阀进行先导控制时，要从先导阀输出口引出一条控制油路进入泵排量控制器，对泵的排量进行控制。先导阀没有动作时，泵处于最小排量位置。先导阀有动作时，先导控制压力一方面使主控阀产生换向位移，打开去执行元件的通道；另一方面控制泵的排量使其增大，让泵的排量与主控阀的开口量相适应。主控阀开口量越大，泵的排量就越大；主控阀开口量越小，泵的排量也就越小。这种控制压力与泵排量成正比关系的控制就称为正流量控制。

正流量控制系统的工作原理如图 4-31(a) 所示，当先导阀 1 的手柄偏转一个角度、输出一定的先导控制压力时，一路先导油进入主阀杆 3 使主阀杆移动，打开通往执行元件的通道，另外一路先导油则通过梭阀 2 进入变量泵的排量控制器，使泵的排量增加。从图 4-31(b) 的

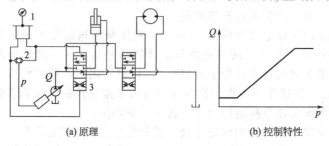

(a) 原理　　　　　　　　　　　　(b) 控制特性

图4-31 　正流量控制原理

1—先导阀；2—梭阀；3—主阀杆

控制特性曲线可以看出，先导控制压力越高，主阀杆的开口量就越大，泵的排量也就越大。

⑤ 负荷传感控制 负荷传感控制具有较高的流量控制精度、不受负载影响的流量分配和较好的节能效果，在工程机械中得到了广泛应用，我们将在第 6 章中专门讲述。

⑥ 变量泵的多种组合控制 在复杂的工程机械液压系统中，常常将泵的各种变量和控制组合应用，以实现不同的控制目的。下面介绍几种工程机械常用的组合控制。

a. 恒功率＋压力切断控制。在图 4-32 中，当泵出口压力达到压力切断阀的弹簧力设定值时，压力切断阀右移，打开泵压力油到大变量缸的通道，使泵的排量迅速减到最小，这个功能称为泵压力切断。泵压力切断不同于溢流阀的溢流，泵压力切断后只输出很小的流量，只维持泵的压力和泄漏量即可；而溢流阀的溢流则是泵输出的流量全部通过溢流阀回到油箱。两者相比，显然泵压力切断非常节能，系统发热量也小。图示恒功率控制阀与压力切断阀的油路组合，压力切断阀的动作将优先于恒功率控制阀，即无论任何情况，只要压力达到设定值就立即压力切断。

b. 恒功率＋电控＋压力切断控制。在图 4-32 的基础上再增加一个电控阀，就构成了图4-33 所示的恒功率＋电控＋压力切断控制。假设比例电控阀处于失电状态时泵压力油通过电控阀和压力切断阀进入大变量缸，此时泵排量应该处于最小位置。当比例电控阀得电后右移，将大变量缸的油泄回油箱，泵排量增大。随着电流的不断增大，泵排量也不断增大，即输入电流与排量成正比。此种油路组合中，压力切断最优先，电控变量优先于恒功率控制，即低于恒功率双曲线时排量受控制电流调整，如果设定流量或压力超过恒功率双曲线，则恒功率控制取代电控。

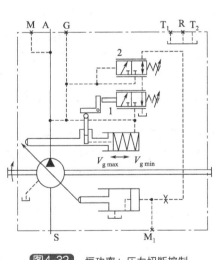

图4-32 恒功率＋压力切断控制
1—恒功率控制阀；2—压力切断阀

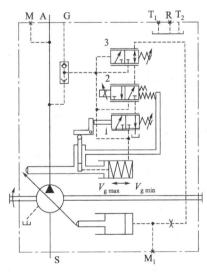

图4-33 恒功率＋电控＋压力切断控制
1—恒功率控制阀；2—电控阀；
3—压力切断阀

c. 电控＋压力切断控制。如果在图 4-33 基础上去掉恒功率控制阀，只保留比例电控阀和压力切断阀，就构成了图 4-34 所示的电控＋压力切断控制。比例电控阀处于失电状态时泵压力油通过电控阀和压力切断阀进入大变量缸，泵处于最小排量位置。比例电控阀得电后右移，将大变量缸的油泄回油箱，于是泵排量开始增大。随着电流的不断增大，泵排量也不断增大，即输入电流与排量成正比。此种油路组合中，压力切断优先于电控变量。如果该控制形式将压力信号和发动机转速信号作为微电脑控制器的输入，就可以实现比较精确的恒功率双曲线控制或功率限制，避免发动机严重掉速，最大限度地利用发动机的功率。显然，这对微电脑控制器的性能提出了更高的要求。

d. 负流量＋双泵全功率＋电控。负流量电控双泵在中大型液压挖掘机上获得了非常广泛的应用，尤以日本 KAVASAKI K3V 系列泵最具代表性，下面结合图 4-35 分析其工作原理。

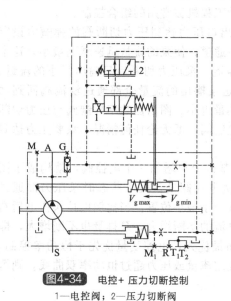

图4-34　电控＋压力切断控制

1—电控阀；2—压力切断阀

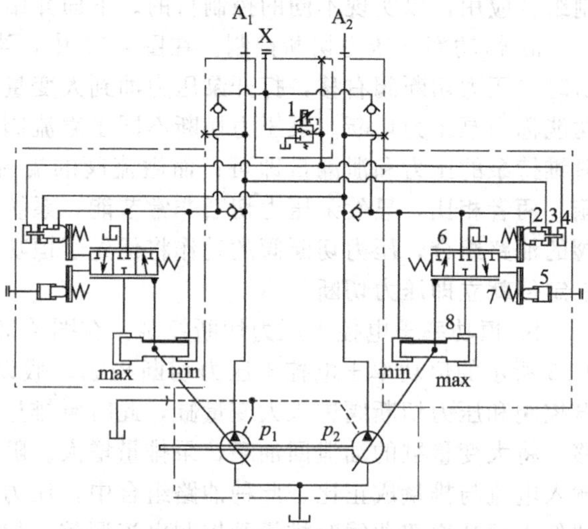

图4-35　双泵负流量电控系统原理

1—电比例减压阀；2,3—液压交叉控制口；
4—电比例控制口；5—负流量控制口；
6—伺服阀；7—弹簧；8—伺服缸；X—先导泵来油

首先注意到伺服阀 6 的画法是三位三通阀，跟以前有所不同是它画出了中间闭锁位，但滑阀机能的原理相同。在伺服阀阀杆上实施了三种控制，分别是液压交叉口控制 2 和 3，电控 4 以及负流量控制口 5。p_1 泵的负流量控制口接主控阀左组合联负流量出口，p_2 泵的负流量控制口接主控阀右组合联负流量出口。泵斜盘的初始位置处于最大排量，三种控制都使得泵的排量减小。

- 液压交叉控制就是双泵全功率控制，当压力升高达到泵的起调压力时，泵排量开始减小。
- 根据负流量控制原理知道，各主阀杆中位时，负流量的控制压力最高，泵排量减到最小，随着主阀杆开度的逐步增大，负流量控制压力逐步降低，对泵流量减小的控制作用逐步减弱，直至其控制作用消失。
- 图中看出，来自先导泵输送的控制油经 X 口进入电比例减压阀 1，电控压力的引入将对泵的排量起到减小的作用。

关于负流量双泵电控系统的详细分析请见第 7 章 7.2 中"履带式挖掘机液压系统及控制"的有关内容。

该泵的排量控制器很有特点，下面先结合图 4-36 分析一下它的结构。

图 4-36(a)～(c) 是排量控制器的二维视图，图 4-36(d) 是三维示意图。主要构件如下。

- 阀体 1——上面固定有销 2 和销 8。
- 负流量驱动连杆 7——一端有固定销 15 并与负流量控制杆 16 铰接，另一端可绕销 8 转动，且中间有一个大圆孔。我们将其转化成如图 4-37(a) 所示的四杆机构。
- 反馈杆 4——一端有固定销 6 并与伺服阀杆 5 铰接，另一端呈槽口状与销 14 铰接，中间有固定销 9。我们将其转化成如图 4-37(b) 所示的四杆机构。

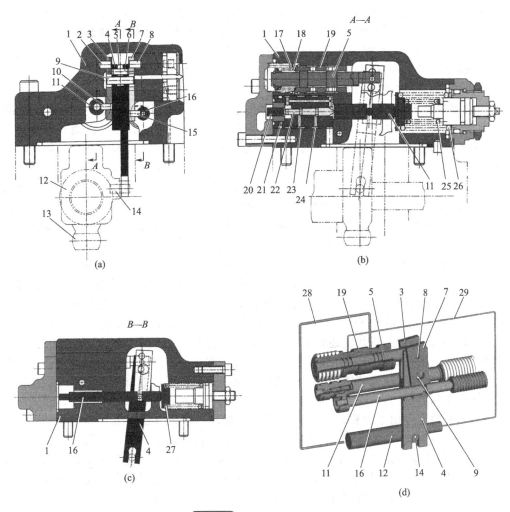

图4-36 泵排量控制器结构

1—阀体；3—液压交叉驱动连杆；4—反馈杆；5—伺服阀杆；7—负流量驱动连杆；2,6,8,9,10,14,15—销；
11—液压交叉控制杆；12—伺服缸；13—伺服缸与斜盘铰点；16—负流量控制杆；
17,18,27—弹簧；19—伺服阀阀套；20—电控柱塞；21—阀套；22—液压交叉柱塞；
23,24—液压交叉控制口；25—内圈弹簧；26—外圈弹簧；28,29—油道

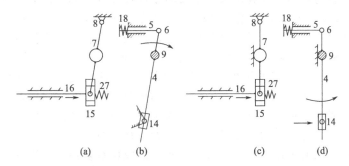

图4-37 泵排量控制器杠杆原理（负流量控制
排量减小，图注同图4-36）

• 液压交叉驱动连杆 3——一端有固定销 10 并与液压交叉控制杆 11 铰接，另一端可绕
销 2 转动，且中间有一个大圆孔。

它的机构组成比较复杂，由三组含有移动副的四杆机构组成。第一组由伺服阀杆 5 和反馈杆 4 组成，这组是共用机构；第二组由负流量控制杆 16 和负流量驱动连杆 7 组成；第三组由液压交叉控制杆 11 和液压交叉驱动连杆 3 组成。然后由第一组机构和第二组机构联合组成负流量控制；第一组机构和第三组机构联合组成液压交叉和电控控制。

泵排量控制的工作原理如下。

负流量控制。当来自主控阀的负流量压力作用在负流量控制杆 16 上，并能克服弹簧 27 的力右移时，负流量驱动连杆 7 将利用中间大圆孔的边缘推动销 9，然后由销 9 带动反馈杆 4 运动。现在考察反馈杆 4 目前所处的状态：反馈杆 4 通过销 14 与伺服缸 12 和泵斜盘关联，因为此时的泵斜盘尚处于固定不动的状态，所以反馈杆 4 的下端槽口与销 14 就构成了固定铰点。于是销 9 带动反馈杆 4 绕着这个固定铰点顺时针偏转，并在偏转过程中利用销 6 带动伺服阀杆 5 并克服弹簧 18 的力右移，这就打开了泵出口压力油与伺服缸的通道，使压力油进入伺服缸大腔，伺服活塞右移，泵斜盘倾角减小，泵排量减小。现在分析伺服控制的负反馈动作：首先看负流量控制杆 16，它的左端作用着负流量压力，右端作用着弹簧力，目前已经处于平衡状态，即负流量控制杆 16 固定不动，那么负流量驱动连杆 7 也固定不动，如图 4-37(c) 所示。这样，在伺服活塞右移的过程中，伺服活塞将带动反馈杆 4，以负流量驱动连杆 7 的中间大圆孔的边缘为支点逆时针偏转，并在偏转过程中利用销 6 带动伺服阀杆 5 左移回位，重新关闭泵出口压力油与伺服缸的通道，从而完成伺服控制的负反馈，如图 4-37(d) 所示。通过原理分析我们还知道，负流量驱动连杆 7 上的中间大圆孔以及销 15 与负流量控制杆 16 上的槽口状铰点结构（即滑块机构），都是为了避免机构的运动干涉，只要精细设计各部结构尺寸，就能够实现准确的机械负反馈。当负流量控制压力降低时，负流量控制杆 16 将会在弹簧 27 力的作用下左移，并带动负流量驱动连杆 7 顺时针偏转，而伺服阀杆 5 也在弹簧 18 的力作用下左移，反馈杆 4 逆时针偏转，使销 9 始终紧贴负流量驱动连杆 7 的中间大圆孔的边缘。伺服阀杆 5 左移的结果使得伺服缸大腔通油箱，伺服活塞左移，泵排量增大。此时负流量控制杆 16 左端的负流量压力与右端弹簧 27 的力处于平衡状态，负流量控制杆 16 和负流量驱动连杆 7 都固定不动，伺服活塞左移的过程中带动反馈杆 4，以负流量驱动连杆 7 的中间大圆孔的边缘为支点顺时针偏转，并在偏转过程中利用销 6 带动伺服阀杆 5 右移回位，重新关闭伺服缸大腔与油箱的通道，完成伺服控制的负反馈。

液压交叉和电控控制。液压交叉驱动连杆 3 的结构与负流量驱动连杆 7 相似，只是两个连杆所受的液压驱动力不同而已。当来自电比例减压阀的液压力顶推电控柱塞 20 或者来自液压交叉控制的液压力顶推液压交叉柱塞 22 右移时，这个力将推着液压交叉控制杆 11 克服弹簧 25 和 26 的弹簧力右移，并利用液压交叉驱动连杆 3 的中间大圆孔的边缘推动销 9，销 9 再带动反馈杆 4 做顺时针偏转，偏转过程中利用销 6 带动伺服阀杆 5 右移，打开泵出口压力油与伺服缸的通道，使压力油进入伺服缸大腔，伺服活塞右移，泵排量减小。负反馈动作是：液压交叉控制杆 11 左端的液压力与右端弹簧 25 和 26 的弹簧力平衡，液压交叉控制杆 11 固定不动，在伺服活塞右移的过程中带动反馈杆 4，以液压交叉驱动连杆 3 的中间大圆孔的边缘为支点逆时针偏转，在偏转过程中销 6 带动伺服阀杆 5 左移回位，重新关闭控制油与伺服缸的通道，完成伺服控制的负反馈。当电控压力或液压交叉控制压力降低时，泵排量增大的过程与负流量压力降低时的过程类似，请读者自行分析。

从上述泵排量控制的工作原理分析看出，机构组成虽然复杂，但构思很巧妙，并且在这个基础上还可以再继续增加一些控制手段。由于在排量调节和控制的整个过程中所经历的中间环节比较多，所以机构的尺寸设计应当非常精确，并要求有很高的加工精度。

e. 正流量 + 双泵全功率 + 电控。图 4-38 所示为正流量 + 双泵全功率 + 电控系统原理。值得说明的是，正流量有很多控制方式，这只是举其中一例。与图 4-35 比较，不同之处有两个：一是负流量控制口改为正流量控制口 5，并多了一个支点 R；二是多了一个电磁阀 9。当电磁阀 9 在图示位置时，控制整机的先导阀出口来油从 X_1 口进入正流量控制口 5，某个控制油压值（液压力）与弹簧 7 的力平衡，指向左的液压力经杠杆支点 R 后，变换力的方向为指向右，这就使伺服阀 6 右移，泵伺服缸大腔通油箱，泵排量增大；同理，当先导阀控制油压降低时，泵排量减小。上述泵排量与先导手柄角度变化呈正比关系的控制就是所谓的正流量控制。双泵液压交叉和电控部分的原理与负流量相同，不再赘述。

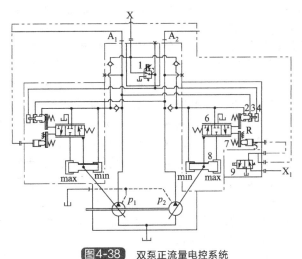

图4-38 双泵正流量电控系统

1—电比例减压阀；2，3—液压交叉控制口；4—电比例控制口；5—正流量控制口；6—伺服阀；7—弹簧；8—伺服缸；9—电磁阀；X_1—先导阀出口来油；X—先导泵来油；R—支点

需要说明的是，不管采用什么样的组合控制，最终控制的还是泵的排量——即斜盘的角度。哪个控制压力起作用，泵的排量就按照哪个控制压力去调节。例如负流量＋恒功率＋电控组合控制，当主控阀处于小开口状态时，负流量控制压力较高，泵的排量较小，此时即使外负载增大，导致泵的压力升高到（甚至超过）恒功率调节的起调压力，泵也不会进入恒功率调节状态，仍然按照负流量压力来控制泵的排量，显然这种负载也不会导致发动机掉速，电控系统也不会起作用。这种情况下泵的功率没有得到充分利用。

（2）闭式系统

闭式系统主要应用于压路机、滑移装载机、挖掘机等工程机械液压系统，主要完成正、反两个方向的旋转运动，执行元件大多数为液压马达。闭式系统主要分为两个回路：在主回路中，液压泵输出的油液进入执行元件，执行元件的回油再回到液压泵，构成所谓的闭式回路；而在补油回路中，由补油泵从油箱中吸入温度较低的液压油，进入主回路的低压腔，补充系统泄漏的同时，带走系统的热油。因此，从严格意义上讲，这并不是纯粹的"闭式回路"。

闭式系统一般都为容积调速回路，而容积调速的核心是泵的变量，因此对泵的排量控制器有如下要求。

a. 伺服缸有足够的调节力矩和调节行程，使泵斜盘摆角达到所需要的范围。

b. 应使变量机构的输入和输出尽可能呈线性关系。

c. 变量机构在工作中必须稳定，并具有锁定能力。

d. 变量机构应有较高的灵敏度和精确度。

闭式系统液压伺服控制根据其核心控制元件的不同，可分为电液伺服控制和电液比例控制两种类型。电液伺服控制的核心控制元件为电液伺服阀，尤以喷嘴挡板阀应用较多。它的压力-流量特性曲线的线性度比较好，控制精度高，动态响应速度快，但对油液污染比较敏感，并且这种控制有一些泄漏损失，减小了流量增益，电液伺服控制需要的控制电流小，输出的液压信号弱，通常作为先导级控制。电液比例控制的核心控制元件为电液比例阀，它需要的控制电流较大，输出的液压信号强，可以直接控制伺服活塞的运动，并且抗油液污染能力比电液伺服强，虽然控制精度不如电液伺服阀高，但足以满足工程机械的需要，随着电气元件性能及可靠性的大幅度提高，工程机械液压系统的控制越来越多地采用电液比例控制技术。

电控闭式系统能够实现自动连续控制、远程控制和程序控制，它将电的快速性、灵活性与液压传动力量大的优点结合起来，能连续地、按比例地控制液压系统执行元件的力、速度和方向。但这并不是说液控甚或手控闭式系统没有出路，这要看具体的工况需要，例如全液压压路机的行走控制依然采用手控系统，在实际应用中表现还是不错的。

下面详细介绍三种结构比较典型的闭式泵结构以及排量控制原理。

① 萨奥 90 系列——电液伺服控制　萨奥 90 系列轴向柱塞闭式泵可实现多种排量的选择，其安装方式有 SAE 标准法兰及插装式。该轴向柱塞闭式泵效率较高，可靠性好，结构紧凑，功率密度高。图 4-39 所示为萨奥 90 系列变量泵配合 90 系列马达的系统结构原理，从这个图中可以看出，这个系统是一个变量泵-定量马达的容积调速回路，采用电液伺服阀来控制双向变量泵的排量和泵的旋转方向，以达到控制马达转速和旋转方向的目的。

因为闭式系统为双向变量，所以必须采用外部变量控制油源，即图中所示的补油泵 13。该补油泵与双向变量泵 7 的泵驱动轴串联连接，转速相同，它有两个主要功能：一是为系统补油，补油的最高压力由补油溢流阀 12 限制；二是提供变量控制压力油，其最高压力由伺服压力溢流阀 11 限制。

我们重点讨论的是伺服控制部分。首先从图 4-39 所示的电控排量形式入手，搞清楚伺服控制的原理，然后再改变控制形式，如液控、手控等，使读者深入了解闭式系统的排量控制原理。

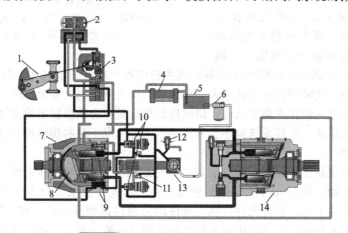

图4-39 萨奥 90 系列闭式系统结构原理

1—变量机构；2—双喷嘴挡板阀；3—排量控制阀；4—散热器；5—油箱；6—真空压力表；

7—双向变量泵；8—变量泵斜盘；9—伺服缸；10—多功能阀；11—伺服压力溢流阀；

12—补油溢流阀；13—补油泵；14—定量马达

图 4-39 中的双喷嘴挡板阀与排量控制阀组成了电液伺服阀，图 4-40 所示为电液伺服阀原理。电液伺服阀是电液伺服系统中的能量转换和放大元件，它把输入的小功率模拟量电流信号转换并放大成液压功率（负载压力和负载流量）输出，实现对执行元件的位移、速度、加速度及力的控制。

从图 4-40 中可以看出，电液伺服阀采用了一个双喷嘴挡板阀 1 将输入的电信号通过电-液转换装置转换为液压信号作为先导控制输出（先导级，输出压力和流量），然后用这个先导控制压力通过先导控制管路 3 或 4 来控制排量控制阀 2（既是功率放大级，也是执行元件）的开口量大小，并通过排量控制阀 2 将来自补油泵的压力油 P 输送到伺服缸的 M_1 或 M_2 口，压力油进入伺服缸后，再通过伺服活塞的运动带动斜盘偏转，对泵的排量进行控制和调节。即对应一个电信号，电液伺服阀输出一个对应的液压信号，排量控制阀对应一个开口量，伺服活塞对应一个位移，斜盘对应一个倾角，泵对应一个排量，这就是电液伺服阀控制泵排量的过程。下面分别对双喷嘴挡板阀和排量控制阀的原理进行详细分析。

电液伺服阀的结构和类型很多，但都是由电气-机械转换器、液压放大器和反馈装置所构成。本例中双喷嘴挡板阀的电气-机械转换装置为力矩马达。力矩马达的基本原理是：线圈通电后所产生的电磁力使衔铁发生偏转，衔铁偏转的角度与电流大小成正比，而偏转方向取决于左右哪个线圈通电。如图 4-41(a) 所示，力矩马达左边线圈通电后，衔铁逆时针偏转了一个角度。

在力矩马达的下面安装一个双喷嘴液压阀，并将衔铁夹在两个喷嘴之间形成喷嘴挡板，就构成了液压放大器——双喷嘴挡板阀，如图 4-41(b) 所示。喷嘴挡板阀的喷嘴呈锐边形，直径很小，液压油从喷嘴口呈射流状喷出。它的基本原理就是利用喷嘴与挡板之间形成的环形面积为阻尼，当喷嘴与挡板之间的间隙发生变化时，阻尼就成为可变的：间隙减小，阻尼增大，流过间隙的流量减少；间隙增大，阻尼变

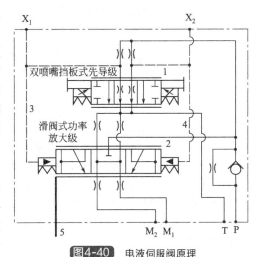

图4-40　电液伺服阀原理

1—双喷嘴挡板阀；2—排量控制阀；3,4—先导控制管路；5—斜盘反馈杆；X_1，X_2—测压点；M_1，M_2—伺服缸；P—补油泵来油；T—油箱

小，流过间隙的流量增加。喷嘴挡板阀有单喷嘴式与双喷嘴式。单喷嘴挡板阀用来控制差动缸，它的工作原理如图 4-42(a) 所示。P 口来油后一路进入差动缸小腔，另外一路经固定阻尼 R 进入差动缸大腔，并且在阻尼 R 与差动缸大腔之间并联一个单喷嘴挡板阀。力矩马达通电后，根据电流的方向和大小，假设衔铁逆时针偏转一个角度，这就减小了喷嘴与挡板之间的间隙，使阻尼增大，从而使固定节流孔 R 处的压降减小，差动缸大腔端控制压力升高，活塞向上运动。同理，如果衔铁顺时针偏转一个角度，这就增大了喷嘴与挡板之间的间隙，使阻尼减小，从而使固定节流孔处压降增大，差动缸小腔端控制压力升高，活塞向下运动。

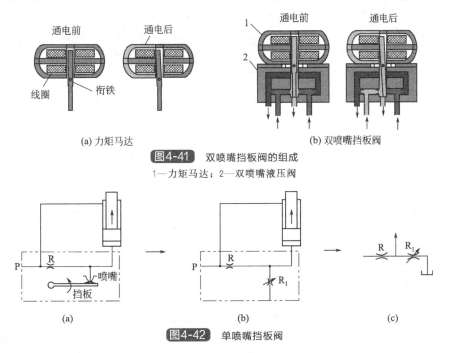

(a) 力矩马达　　　　　　　　　　(b) 双喷嘴挡板阀

图4-41　双喷嘴挡板阀的组成

1—力矩马达；2—双喷嘴液压阀

(a)　　　　　　(b)　　　　　　(c)

图4-42　单喷嘴挡板阀

为了更好地理解单喷嘴挡板阀的工作原理，尝试将喷嘴挡板所形成的电控可变阻尼用

图 4-42(b) 的方式表达出来就比较容易看懂了，再进一步分析发现，图 4-42(b) 实际上就

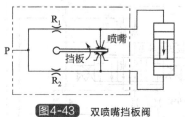

图4-43 双喷嘴挡板阀

是图 4-42(c) 所示的 B 型半桥液阻网络。

双喷嘴挡板阀用来控制双向液压缸，它的工作原理如图 4-43 所示。假设输入一定的控制电流使挡板逆时针偏转一个角度，这就减小了挡板上边一侧喷嘴的间隙，使阻尼增大，从而使固定节流孔 R_1 处的压降减小，双向液压缸上腔端控制压力升高；同时，增大了挡板下边一侧喷嘴的间隙，使阻尼减小，从而使固定节流孔 R_2 处的压降增大，双向液压缸下腔端控制压力降低。挡板逆时针偏转产生的两个结果使得双向液压缸上腔压力升高，活塞向下运动。显然，R_1 处的压降减小与 R_2 处的压降增大具有同步效应，它使双喷嘴挡板阀的增益和灵敏度比单喷嘴提高了一倍。

读者可以参见第 1 章有关章节尝试自己分析一下，双喷嘴挡板阀实际上相当于 B+B 型全桥液阻网络。

通过上述原理分析可以知道，喷嘴挡板阀输出的压力和流量都不大，不足以推动斜盘运动，还要通过排量控制阀作为功率放大级驱动执行元件工作（读者可将喷嘴挡板阀理解为先导阀，将排量控制阀理解为主控阀）。排量控制阀结构如图 4-44(a) 所示，它有两个负载口 M_1 和 M_2，一个供油口 P 和两个回油口 T。其中 M_1 和 M_2 为来自补油泵的控制压力油 P 进入液压伺服缸左、右油腔的通道，而 X_1、X_2 口为控制口测压点，通入的是双喷嘴挡板阀的输出压力油。斜盘有一套连杆反馈机构（后面有机构的详细分析）与排量控制阀阀杆连接，目前从图 4-44(a) 上只能看出斜盘通过反馈杆 4、销轴 3、I 连杆 2、销轴 1、弹簧套管 6、弹簧 7、弹簧座 8（左、右各一个）和内卡圈 5（左、右各一个）与阀杆形成连接关系，当斜盘偏转运动时，这些机构将带动阀杆移动，完成机构的负反馈。

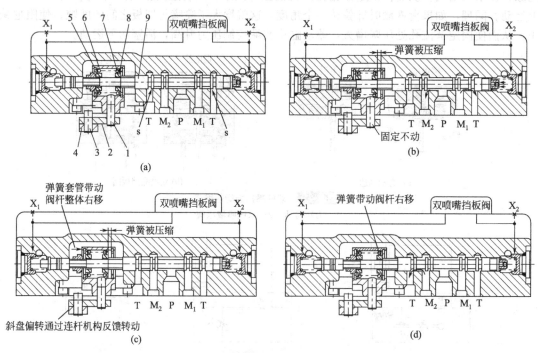

图4-44 排量控制阀

1,3—销轴；2—I 连杆；4—反馈杆；5—内卡圈；6—弹簧套管；7—弹簧；8—弹簧座；9—阀杆；s—阀杆轴向切槽；
X_1、X_2—控制口测压点；P—补油泵来油（控制油）；M_1、M_2—伺服缸一侧；T—油箱

图 4-44(a) 所示为双喷嘴挡板阀没有工作时的状态，X_1 和 X_2 口两端的输出压力相等。排量控制阀阀杆 9 在两端对中弹簧的作用下处于中位，没有压力油 P 输送到伺服缸，伺服缸闭锁，泵斜盘处于中间零位位置固定不动。

图 4-44(b) 所示为双喷嘴挡板阀开始工作后的状态。假设右端的 X_2 口输出压力升高、左端的 X_1 口压力降低。阀杆在 X_2 口与 X_1 口的压差作用下左移，由于此时斜盘固定不动，于是阀杆 9 左移并压缩弹簧 7（与推动阀杆 9 左移的液压力平衡），打开伺服缸通道。P—M_2 进油，假设滑阀杆中位机能为 H，并在阀杆 9 的 S 处铣有轴向切槽，以便 M1—T 回油。

图 4-44(c) 所示为斜盘开始偏转后的工作状态。P 口与伺服缸 M_2 那一侧连通并输送压力油后，伺服活塞带动斜盘顺时针偏转，并通过固定在斜盘上的连杆反馈机构带动销轴 1 转动，销轴 1 通过弹簧套管 6、弹簧 7 和弹簧座 8 带动阀杆 9 整体右移回到中位（注意弹簧 7 此时一直处于压缩状态并与推动阀杆 9 左移的液压力平衡），从而完成伺服控制系统的负反馈动作。

图 4-44(d) 所示为当右端的 X_2 口输出压力降低时的工作状态。此时弹簧 7 将推动阀杆 9 右移，P—M_1 进油，M_2—T 回油，斜盘逆时针偏转。负反馈动作与上述过程类似，请读者自行分析。

同理，如果左端的 X_1 口输出压力升高、右端的 X_2 口压力降低，阀杆 9 将在 X_1 口与 X_2 口的压差作用下右移，P—M_1 进油，M_2—T 回油，斜盘逆时针偏转。

当系统突然断电时，双喷嘴挡板阀失电，X_1 口和 X_2 口两端的输出压力相等，阀杆 9 迅速回到中位，泵斜盘处于中间零位位置固定不动。

我们已经了解了电液伺服阀的工作原理，下面将结合斜盘反馈机构深入分析电控、液控及手控形式的伺服变量控制系统的工作原理。

a. 电控变量伺服控制系统。图 4-45(a) 所示为电控变量伺服控制系统组成，其中销轴 1 与 Ⅰ 连杆 2 是铰接在一起的。当阀杆 16 处于中位时，伺服柱塞 14 两侧处于封闭状态，斜盘固定不动。当 X_2 口压力大于 X_1 口时，斜盘暂时不动，排量控制阀 15 的阀杆 16 上移，P—M_2 通，M_1—T 通，见图 4-45(c)。伺服柱塞 14 向下运动，通过斜盘驱动杆 11 带动斜盘绕斜盘转动中心 12 顺时针偏转，于是斜盘倾角改变，实现泵的变量；同理，当 X_1 口压力大于 X_2 口时，阀杆 16 下移，P—M_1 通，M_2—T 通，伺服柱塞 14 向上运动，通过斜盘驱动杆 11 带动斜盘绕斜盘转动中心 12 逆时针偏转，斜盘倾角改变，实现泵的变量。

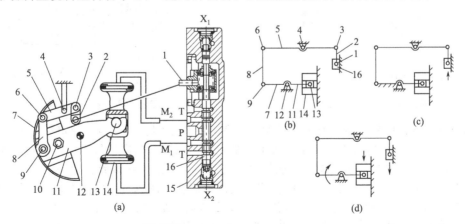

图4-45 电控变量伺服控制系统的组成

1,3,6,9,13—销轴；2—Ⅰ连杆；4—固定支点；5—反馈杆；7—斜盘；8—Ⅱ连杆；
10—固定螺栓；11—斜盘驱动杆；12—斜盘转动中心；14—伺服柱塞；15—排量控制阀；16—阀杆；
X_1，X_2—控制口；P—补油泵来油（控制油）；M_1，M_2—伺服缸一侧；T—油箱

现在分析连杆反馈机构如何工作。图 4-45(b) 所示为机构运动简图。图 4-45(c) 所示

为阀杆 16 上移时的状态，当斜盘 7 暂时不动时，该机构没有自由度，此时结合图 4-45(a)
阀杆 16 运动情况分析得知，阀杆压缩弹簧套管内的弹簧后将会上移（图 4-44），液压油进入
伺服缸上腔，伺服柱塞 14 向下运动。现在看图 4-45(d)，伺服柱塞 14 利用斜盘驱动杆 11 带
动斜盘 7 顺时针偏转的同时，斜盘还带动 II 连杆 8、反馈杆 5、I 连杆 2 和阀杆 16 一起运
动，阀杆 16 的运动方向为向下，从而完成机构的负反馈动作。

泵工作时斜盘依靠伺服缸的闭锁而固定不动，闭式泵也会遇到开式泵同样的问题，即斜
盘如何锁定。如前所述，伺服阀（即排量控制阀 15）的中位机能一般为 H 型或 Y 型，并采
用很小开口量的负遮盖（正开口）尺寸，斜盘在诸多外力的作用下将会有偏转的趋势，而伺
服柱塞 14 因阀杆 16 中位有微小的"泄漏"而闭锁不住。假设伺服柱塞 14 的下腔闭锁不住，
斜盘将会有微小的顺时针偏转，但斜盘顺时针偏转的同时还将通过连杆机构带动阀杆 16 下
移，$P—M_1$ 通道打开，将来自补油泵的控制油压 P 输送到伺服缸下腔使其压力升高，伺服
柱塞 14 因此向上移动，带动斜盘逆时针偏转，维持斜盘的位置锁定。同理，如果伺服柱塞
14 的上腔闭锁不住，斜盘将会有微小的逆时针偏转，但斜盘逆时针偏转的同时还将通过连
杆机构带动阀杆 16 上移，$P—M_2$ 通道打开，将来自补油泵的控制油压 P 输送到伺服缸上腔
使其压力升高，伺服柱塞 14 因此向下移动，带动斜盘顺时针偏转，继续维持斜盘的位置锁
定状态。这是一种动态的斜盘位置锁定，即斜盘处于动态平衡状态。

电控变量伺服控制系统的控制性能即泵排量与电信号的关系曲线如图 4-46 所示。当电
流信号的强度为 0~a 时，泵没有排量输出，这个区段被称为"死区"。很明显，过宽的死
区将降低系统的灵敏度，但如果死区过窄，系统过于灵敏也不利于有效控制。当通入电流值
达到最小值 a 时，随着电流信号强度的增大，泵的排量不断增加，即泵的排量与电流信号
强度成正比。当电流信号强度达到 b 时，泵排量达到最大值并继续保持；当通入反向电流
时，泵输出的液流方向也相反，从而实现泵的双向变量控制。

泵的最大排量限制可以利用对斜盘偏转角度的机械限位来实现，也可以通过如图 4-47
所示对伺服柱塞的行程限位实现。

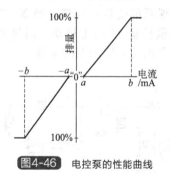

图4-46 电控泵的性能曲线

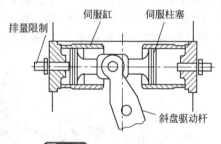

图4-47 泵的最大排量限制

调节排量限制螺栓可以限制伺服柱塞的行程，从而限制斜盘倾角，调定后用锁紧螺母锁
定即可。从图 4-47 可以看出，泵正向输出的最大流量和反向输出的最大流量可以任意调整，
但需要指出的是，这种流量的调整必须经过泵的制造商同意并在试验台上进行。

如果把图 4-40 中的双喷嘴挡板阀换成普通的电磁换向阀就可以实现泵的电控两级变量，
如图 4-48 所示。泵或者正向输出最大流量，或反向输出最大流量，在零到最大排量之间没
有调节。单钢轮振动压路机的振动系统一般只有大振和小振两种工况，假如选择正向输出某
个最大流量为大振（振幅和频率），选择反向输出某个最大流量为小振（振幅和频率），那么
这种控制方式可以降低成本，如果再利用进、回油路上的阻尼来调节液压油进入伺服缸的时
间，就可以控制泵斜盘角度变化的时间，即控制泵排量的变化时间来适应所需的工况要求。

b. 液控变量伺服控制系统。在电控变量伺服控制系统中将电控信号变为液压压力控制

信号直接作用于排量控制阀，就实现了泵的液控变量伺服控制，泵斜盘的角度位置比例对应于液压控制信号的输入，如图 4-49(a)、(b) 所示。X_1、X_2 来自于液压输入信号（例如液控先导阀），用液压输入信号直接控制排量控制阀阀杆的运动，它的工作原理与电控方式基本相同，泵排量与液压输入的压力信号成正比，改变压力输入信号的方向就能改变泵的液流流向。

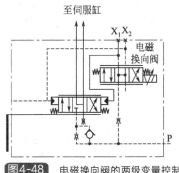

图4-48 电磁换向阀的两级变量控制

可以看出，图 4-49(c) 中，液控变量伺服控制系统的控制性能即泵排量与控制压力的关系曲线同样有 $0\sim a$ 区段的"死区"。

　　c. 手动变量伺服控制系统。在电控变量伺服控制系统中将电控信号变为手动控制手柄的位移信号直接作用于排量控制阀，就构成了泵的手动变量伺服控制，泵斜盘的角度位置呈比例对应于手柄角位移（手柄的角位移通过排量控制阀阀杆转化为阀杆的线位移）的输入，图 4-50(a) 所示为手控变量伺服控制系统组成，图 4-50(b) 所示为机构简图。

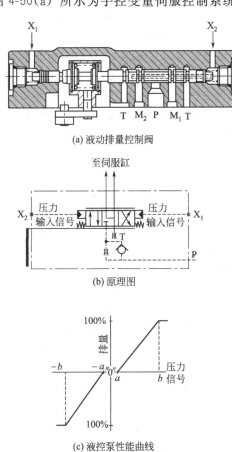

(a) 液动排量控制阀

(b) 原理图

(c) 液压泵性能曲线

图4-49 液控变量伺服控制
X_1,X_2—控制口；P—补油泵来油（控制油）；
M_1,M_2—伺服缸一侧；T—油箱

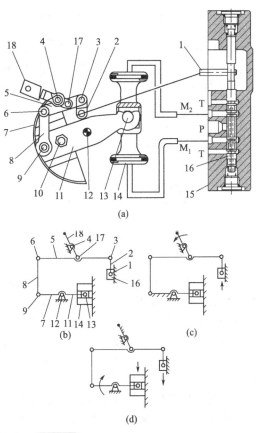

(a)

(b)　　　　(c)

(d)

图4-50 手控变量伺服控制系统的组成
1—销轴；2—Ⅰ连杆；3,6,9,13—销轴；
4—固定支点；5—反馈杆；7—斜盘；8—Ⅱ连杆；
10—固定螺栓；11—斜盘驱动杆；12—斜盘转动中心；
14—伺服柱塞；15—排量控制阀；16—阀杆；17—销；
18—控制手柄；P—补油泵来油（控制油）；
M_1, M_2—伺服缸一侧；T—油箱

当阀杆 16 处于中位时，伺服柱塞 14 两侧处于封闭状态，斜盘固定不动。当控制手柄 18 逆时针偏转时，斜盘暂时不动，阀杆 16 向上运动，P—M_2 通，M_1—T 通，见图 4-50 (c)。伺服柱塞 14 上腔进油后下移，通过斜盘驱动杆 11 带动斜盘 7 顺时针偏转，在这个操作过程中，人的手始终握着控制手柄 18，这相当于控制手柄 18 相对固定，于是斜盘在偏转过程中通过连杆机构带动阀杆 16 下移回到中位，见图 4-50(d)，完成伺服控制系统的负反馈。

从上面的分析可知，机器在运行过程中，如果人的手放开控制手柄 18，并使手柄能够随意地置于任何位置并相对不动，形成固定支点，就必须在操纵机构中设置摩擦锁定装置。一般情况下，如果采用软轴操纵方式，软轴与套管之间存在的摩擦力可以起到摩擦锁定的作用，如果这个摩擦力不是足够，或者采用杠杆机构操纵，可以考虑在手柄杆移动的两端设置毛刷样的摩擦装置。

工程机械在工作中经常会遇到很大的载荷，导致液压系统的溢流阀打开溢流，不但系统能量全部浪费，还会引起系统温度的升高。变量系统的闭式回路可以通过压力切断方式使泵的斜盘迅速回到中位，使泵输出很小的流量，只需要维持系统的压力和泄漏即可。

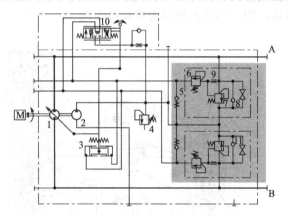

图4-51 双向闭式变量泵系统原理
1—双向变量泵；2—补油泵；3—伺服缸；
4—补油压力溢流阀；5—多功能阀；6—先导
安全阀；7—主溢流阀；8,11—单向阀；
9—阻尼孔；10—伺服阀（图示为手动）

图 4-51 所示为完整的 90 系列双向变量闭式泵带多功能阀和压力切断功能的系统原理。其中先导安全阀 6、主溢流阀 7 和单向阀 8 组成多功能阀总成。假设 A 口为高压，当压力达到先导安全阀 6 的弹簧力设置值时，先导安全阀 6 打开溢流，油液经背压阀 5 进入到低压端 B，此时流经阻尼孔 9 的液压油两端产生压差，这个压差打开主溢流阀 7，让大量的高压油经主溢流阀 7 进入到低压端 B。从这个原理看，实际上这就是先导式安全阀，如果再与补油单向阀 8 组合起来，就成为集先导式溢流和补油为一体的所谓多功能阀。第 7 章将有这类阀的原理详细介绍，请读者翻阅。

当发动机驱动双向变量泵 1 时，同时带动补油泵 2 一起工作。补油泵 2 为闭式系统补油时，假设 A 口为高压，补油泵的油将经另外一个多功能阀中的单向阀 11 进入 B 端低压口为其补油。补油泵 2 还为系统提供变量控制油源，其最高控制压力由补油压力溢流阀 4 限定。变量操作时控制压力油经伺服阀 10 进入伺服缸 3，推动斜盘偏转。

如前所述，假设当 A 口高压且压力达到先导安全阀 6 的设定值时，先导安全阀 6 将打开溢流，这些油液经背压阀 5 进入到低压端 B，如果背压阀的压力设定值较高，足以使得这个压力进入伺服缸 3 并迅速推动斜盘向排量减小的方向偏转直至回到零位时，就起到了压力切断的作用，此时泵的输出流量很小，从而大大减少了系统的能量损失。

② 林德 HPV-02 系列——电液比例控制　随着电控技术的快速发展，特别是能够输出更大控制电流的脉宽调制信号控制器的诞生，使得比例控制技术越来越多地应用在工程机械的控制系统，林德 HPV-02 系列闭式变量泵就采用了比例控制技术。它也是斜盘式轴向柱塞结构，但斜盘最大摆角可达 21°，因此功率密度很高。它采用电液比例控制，响应速度快，控制精度较高。独特设计的滑靴与柱塞钢对钢铰接，可靠性高，寿命长。

林德 HPV-02 系列变量泵的电液比例控制的原理和反馈机构与萨奥 90 系列泵有很大不

同，如图 4-52 所示。从图 4-52 中可以看出有多种变量控制方式可供选择，常用的变量控制方式有：手动控制，它通过转动手柄改变泵的排量的大小和输出流量的方向；液压先导控制，通过改变控制油口的压力来改变泵的排量和输出流量的方向；自动控制，通过改变发动机转速，自动控制泵的排量，同时具有功率限制，防止发动机过载的作用；电液比例控制，通过调节输入到比例电磁铁的电流，改变控制油口的压力来改变泵的排量和输出流量的方向。此外，还有转矩限制、压力切断等控制模式。可以根据泵的工况采用单一的控制方式，也可以将不同的控制方式组合起来进行综合控制。

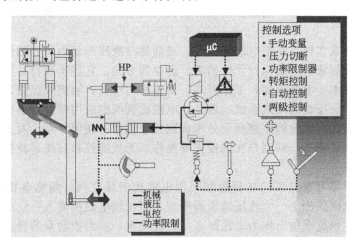

图4-52 林德 HPV-02 系列闭式变量泵

a. 电液比例控制。现代工程机械电比例控制普遍采用 PWM（Pulse Width Modulation）脉宽调制技术对比例电磁铁进行控制，它是利用微处理器的数字输出对模拟电路进行控制的一种技术。在利用 PWM 技术控制时多采用定频脉宽调制方法，通过改变方波中的高低电平的时间占比（占空比），实现对输出电压幅值的控制，从而改变流经比例电磁铁的电流。PWM 信号作为纯数字信号，通过微处理器可以很容易实现，因而广泛应用在从测量、通信到功率控制与变换的许多领域中。图 4-53(a) 所示为比例电磁铁的结构。

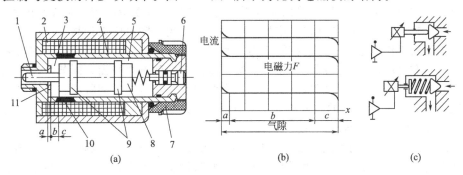

图4-53 比例电磁铁结构

1—推杆；2—控制线圈；3—工作气隙；4—导套；5—非工作气隙；6—应急手动杆；
7—橡胶螺母；8—衔铁；9—轴承环；10—隔磁环；11—限位片

当比例电磁铁控制线圈 2 通入一定的电流时，由于隔磁环 10 的作用，使得比例电磁铁在区间 b（称为工作区间）的输出力 F 保持恒定，与衔铁 8 的位移无关，如图 4-53(b) 所示，在工作区间 b，比例电磁铁的输出力 F 曲线与横坐标（衔铁的行程 x）成平行状态，而在区间 a（称为吸合区）和区间 c（称为空行程区）则没有这个特性。比例电磁铁这种位移-

力特性可以获得控制电流-电磁力 F 的良好线性控制关系，从而满足控制系统对元件的线性化要求。设想如果在比例电磁铁上再附加一个液压阀，例如在比例电磁铁的推杆 1 处安装一个液压阀阀芯，推杆可以直接推动阀芯，也可以通过传力弹簧推动阀芯，如图 4-53(c) 所示，就构成了电液比例阀。按照上述构想的电液比例阀就可以根据输入电流的大小使阀芯产生相应的位移量，即液压阀阀口的开口尺寸受控于输入电流的大小，这就是电液比例阀的基本工作原理。除此之外，液压阀芯的位移还可以机械、液压或电的形式进行反馈，构成闭环控制。根据上述分析可知，电液比例阀的特性主要体现在流经比例阀的电流与液压阀的输出压力或流量呈线性比例关系，通过控制流经比例阀的电流就可以控制液压阀的输出压力（或流量）。

电液比例阀形式多样，它把电的快速性、灵活性与液压传动力量大的优点结合起来，能连续、按比例地控制液压系统执行元件的力、速度和方向；它能实现自动连续控制、远程控制和程序控制；技术上容易掌握，工作可靠，价格相对较低；当需要提高系统性能或位置控制时，还可以用于负反馈的闭式系统。因此，电液比例阀的应用领域日益拓宽。尤其近年研发生产的插装式比例阀和比例多路阀充分考虑到工程机械的使用特点，对工程机械整体技术水平的提升具有重要意义，特别是在电控先导操作、无线遥控和有线遥控操作等方面展现了其良好的应用前景。

林德 HPV-02 系列变量泵的排量控制采用电液比例减压阀，简称电比例减压阀。如前所述，它由比例电磁铁加上一个液压减压阀构成。当比例电磁铁输入一定的电流时，减压阀输出一定的压力，用这个输出压力来控制泵的斜盘摆角，从而控制泵的排量，这就是泵的电比例排量控制的基本思想。

林德 HPV-02 系列变量泵的电液比例控制系统原理及控制性能曲线如图 4-54 所示。图 4-54(b) 所示的泵液压原理图中的各部件与图 4-54(a) 所示的泵结构原理相对应，图 4-54(c) 所示为电比例减压阀的放大图。

电比例减压阀的工作原理：如图 4-54(b) 所示，当电比例减压阀 9（或 10）的比例电磁铁得电后，比例电磁铁衔铁 17 推动减压阀阀芯 18 并克服减压阀弹簧 20 的作用力向下移动，使阀套 19 与阀芯 18 之间有一个小的开口，于是来自补油泵的油压 P_1 可以通过这个小开口减压后输送到前级伺服缸。随着通过电比例减压阀的电流增大，比例电磁铁衔铁的电磁力也增大（与衔铁的行程无关），衔铁可以克服更大的弹簧力，推动减压阀阀芯移动更大的位移，于是阀套 19 与阀芯 18 之间的开口量增加，电比例减压阀的输出压力升高。

减压阀开始工作后输出一定的控制压力，假设控制压力进入前级伺服缸 7 的右端，伺服活塞 8 开始向左运动，这个控制压力将与前级伺服缸 7 的弹簧力平衡，即某个控制压力值对应伺服活塞 8 的某个行程。我们将图 4-54(a) 中泵斜盘、变量缸、伺服缸、斜盘反馈杆以及前级伺服缸这几个部件之间的相互连接关系用图 4-55 表示出来，用来分析斜盘如何被驱动偏转以及伺服反馈机构的运动原理。

图 4-55(a)：当前级伺服缸 7 没有控制压力输入时（即电比例减压阀没有压力输出），伺服活塞 8 在两端回位弹簧力的作用下处于中位，此时伺服阀 5 也处于中位，两组变量缸 3 都处于闭锁状态，斜盘固定不动。

图 4-55(b)：当前级伺服缸 7 有控制压力输入时，假设前级伺服缸 7 的右侧进油，此时斜盘暂时固定不动，驱动杆 6 将绕着活动铰点 c 顺时针偏转，这个动作将拉动伺服阀 5 向右移动，使右侧变量缸与 P_1 通，左侧变量缸与油箱通，于是斜盘将开始绕着斜盘转动中心点 a 顺时针偏转。注意到当伺服活塞 8 与弹簧力平衡后，驱动杆 6 将固定不动。

图 4-55(c)：注意到斜盘反馈杆 2 与斜盘固定为一体（例如用螺栓固定），而斜盘反馈杆 2 的轴中心点与斜盘转动中心点 a 有一段"偏心距"，因此当斜盘顺时针偏转的同时也将带

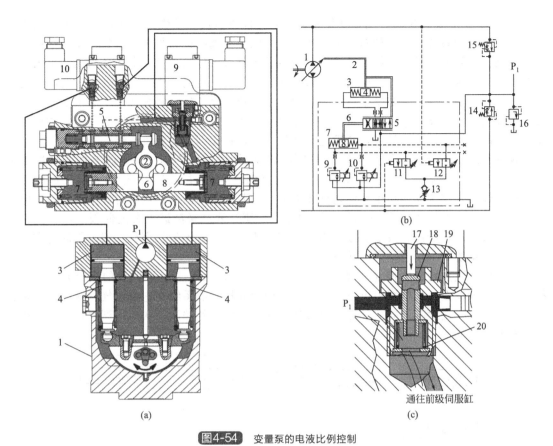

图4-54 变量泵的电液比例控制

1—双向变量泵；2—斜盘反馈杆；3—变量缸；4—变量活塞；5—伺服阀；6—驱动杆；7—前级伺服缸；
8—伺服活塞；9,10—电比例减压阀；11,12—压力切断阀；13—背压阀；14,15—多功能阀；
16—补油泵溢流阀；17—比例电磁铁衔铁；18—减压阀阀芯；19—阀套；20—弹簧；P_1—补油泵来油

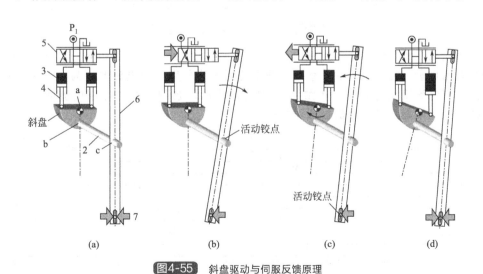

图4-55 斜盘驱动与伺服反馈原理

2—斜盘反馈杆；3—变量缸；4—变量活塞；5—伺服阀；6—驱动杆；7—前级伺服缸；a—斜盘转动中心；
b—斜盘与斜盘反馈杆固定点；c—活动铰点；P_1—补油泵来油

动斜盘反馈杆 2 顺时针偏摆，拨动驱动杆 6 以前级伺服缸 7 为活动铰点逆时针摆动，这个动作将使伺服阀 5 向左移动，这就是伺服控制系统的机械负反馈动作。

图 4-55(d)：斜盘偏转、变量动作完成的同时伺服负反馈动作也完成，伺服阀 5 重新回到中位，此时的系统处于一种新的平衡状态：即伺服活塞的推力与伺服缸的弹簧力平衡。

小结上述泵的变量过程如下：给电比例减压阀输入一定的电流，电比例减压阀输出一定的控制压力，这个控制压力对应前级伺服缸内伺服活塞一定的行程，斜盘处于一定的摆角。

从结构上看，这种泵的变量机构巧妙地利用了斜盘反馈杆与斜盘转动中心点之间的"偏心距"以及变量、反馈时活动铰点与固定支点的转换，斜盘的偏转和反馈有点像"钟摆"的动作。它的结构设计非常简单，合理地设计机构的杠杆比即可实现负反馈。

现在利用图 4-55(d) 分析斜盘如何被伺服缸闭锁而固定不动。伺服阀 5 的中位机能为 H 型，假如因右侧伺服缸闭锁不住、斜盘发生逆时针偏转时，斜盘将带动斜盘反馈杆 2 一起逆时针偏摆，这个动作将拨动驱动杆 6 以前级伺服缸 7 为活动铰点顺时针摆动，使伺服阀 5 向右移动，打开 P_1 口通往右侧伺服缸的通道，使补油泵来油进入右侧伺服缸，维持斜盘原来的位置不动。所以，只要前级伺服缸内伺服活塞的位置不发生变化，斜盘就固定在某一位置不动，系统处于动态平衡的状态。

为了实现更加精确的控制（例如速度控制等），可以采用图 4-56 所示的变量泵电液比例排量控制原理框图。从框图中可以看出这是一个闭环控制的系统，它将电气和液压控制紧密地联合在一起，发挥其不同的优点，更好地完成对泵排量的控制，从而达到对执行元件进行精确控制的目的。

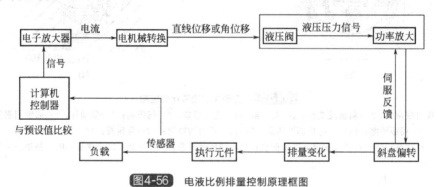

图4-56 电液比例排量控制原理框图

电液比例变量泵依靠通入比例电磁铁电流信号的大小来调节泵的排量，图 4-57 所示为某型号泵的排量与控制电流的关系，在图中的两条线分别代表电源电压为 24V 和 12V 时泵排量随控制电流变化的曲线。从图 4-57 中可以看出，泵的排量与控制电流的强度成正比，这种线性控制性能正是工程机械所需要的。

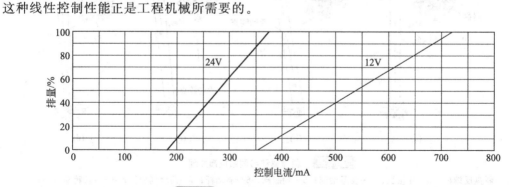

图4-57 泵的排量与控制电流信号的关系

需要指出的是，一般情况下，电液比例控制与电液伺服控制相比，电液比例控制的死区会大一些，但完全可以满足工程机械的使用要求。

将图 4-54 中的序号 9、10 电比例减压阀换成普通的电磁开关阀就可以实现泵的电控两级变量,斜盘的正向和反向偏转倾角由前级伺服缸两端的伺服活塞行程限位螺栓的位置决定。

b. 液压先导控制。在电液比例控制方式中将电控输入信号换为液压输入信号,就可以实现液压先导控制。图 4-58(a) 为液压先导控制原理,直接在先导控制油口 Y 或 Z 给前级伺服缸输入控制压力信号(如用手控先导阀)作用在伺服活塞上,使伺服活塞产生位移就可以控制泵的排量及输出流量的流向(输入的控制压力与回位弹簧力平衡),流向取决于泵旋转方向和斜盘的偏转方向。

c. 手动控制。在液压先导控制方式中将液压信号输入前级伺服缸变为手动直接操纵伺服阀就可以实现泵的手动控制。图 4-59 所示为手动控制的变量泵结构。

将 图 4-59 所 示 的 结 构 转 化 为图 4-60,可以将部件与部件相互之间

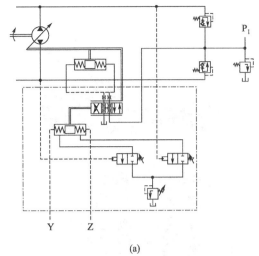

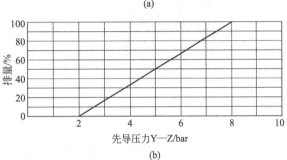

(a)

(b)

图4-58 液压先导控制原理

的连接和油路关系看得更清楚一些。转动图 4-60(a) 中的控制手柄 1,通过一个凸轮来控制伺服阀 2 的阀杆位移,精确地设计凸轮的曲线可以保证手动控制的准确性。变量活塞 3 (4)伸出时,变量活塞 4 (3) 缩回;无论斜盘逆时针(顺时针)偏转,都将压缩斜盘回位弹簧5。当出现需要紧急停车或压力切断工况时,回位弹簧5将推动斜盘快速回到中位。

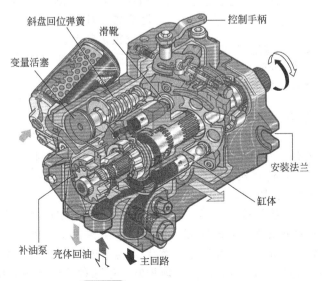

图4-59 变量泵的手动控制结构

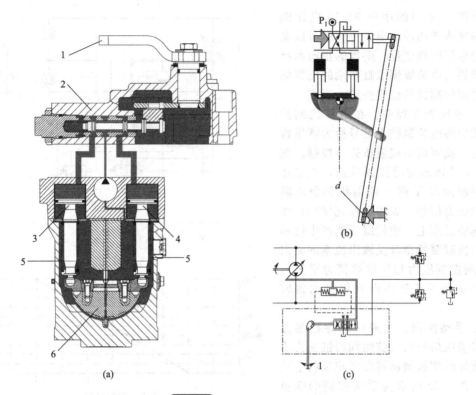

图4-60　变量泵的手动控制

1—控制手柄；2—伺服阀；3，4—变量活塞；5—斜盘回位弹簧；6—斜盘；

P_1—补油泵来油；d—活动铰点

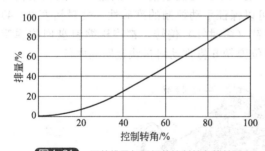

图4-61　泵的排量与手柄的控制转角的关系

　　手动控制系统中泵的伺服反馈原理如图 4-60(b) 所示。当操纵控制手柄 1 并通过凸轮将运动传递给伺服阀阀杆时，人的手始终握着控制手柄，这相当于控制手柄相对固定，即图中的 d 点不动，机构的反馈以 d 点作为活动铰点，见图 4-55(c)。如果需要将手柄随意置于任何位置，必须在操纵机构中设置摩擦锁定装置。

　　手动控制系统的液压原理如图 4-60(c) 所示。

　　泵排量与控制手柄的转角关系如图 4-61 所示，泵的排量随着控制手柄的转角的增大而增加。

　　③ 萨奥 H1 系列——电液比例控制　萨奥 H1 系列变量泵是萨奥公司出品的新一代静液传动产品，它与 90 系列变量泵最大的不同是采用了电液比例控制技术，其变量机构的结构和原理与力士乐 A4VG 系列闭式变量泵类似。下面以萨奥 H1 系列泵为例，分析该类型结构变量泵的变量机构和工作原理。

　　图 4-62(a) 所示为系统组成，以 A—B 双点画线为界，左边为泵系统，右边为马达系统。图 4-62(b) 所示为泵系统的液压原理。这种变量泵提供了 3 种电控排量控制方式：第一种是电控排量控制（EDC），适用于与负载无关的速度控制；第二种是前进/停止/后退（F/N/R）三位控制，适用于简单的开/关功能控制；第三种是电比例无反馈控制（NFPE），适用于与负载有关的控制系统（车辆控制模式）。

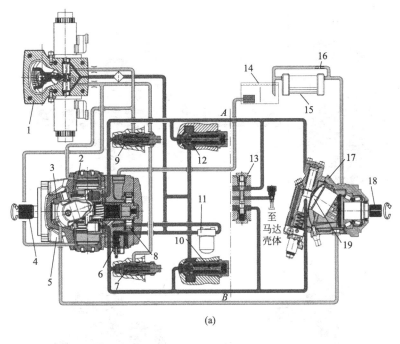

(a)

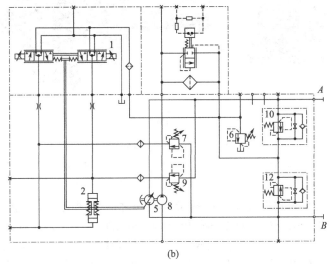

(b)

图4-62 萨奥H1系列结构原理

1—电控排量控制阀；2—伺服油缸；3—变量泵斜盘；4—输入轴；5—变量泵；6—补油压力溢流阀；
7，9—压力切断阀；8—补油泵；10，12—多功能阀；11—补油压力过滤器；13—回路冲洗梭阀；
14—油箱；15—散热器；16—散热器旁通阀；17—弯轴变量马达；18—输出轴；19—配油块

电控排量系统的变量机构如图4-63所示。为了能够看清楚内部结构，图4-63(a)是变量机构没有安装电控排量控制阀之前的情况，主要构件有斜盘3、伺服活塞1和伺服油缸2。其中斜盘3上安装有A、B两个销状物体：A为一圆柱销结构，装入斜盘的耳部后与斜盘成为一体；B为一圆锥销结构，头部为圆柱状，它安装在斜盘耳部的背面，也与斜盘成为一体（放大图中用虚线指示的部位），图4-63(b)中有销B的结构示意图。伺服油缸2中安装有伺服活塞1，伺服活塞为整体结构，两端为圆柱体活塞，中部为矩形截面结构，位于图面的背部上有孔与圆柱销A连接，一旦伺服活塞运动，将通过圆柱销A带动斜盘耳部、绕着斜盘背面的圆柱面（可以理解为柱面滑动轴承）使斜盘偏转，注意到斜盘偏转的同时销B也跟着一起偏转。

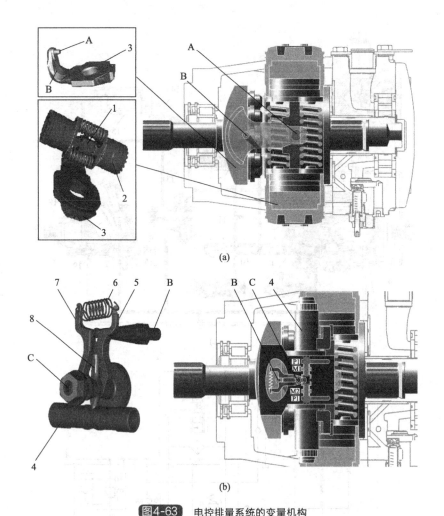

图4-63 电控排量系统的变量机构

1—伺服活塞；2—伺服油缸；3—斜盘；4—电比例换向阀；5—上拨叉；6—拉伸弹簧；7—下拨叉；
8—反馈杆；A，B—销；C—中心环支点

图4-63（b）是变量机构安装了电控排量控制阀之后的情况。电控排量控制阀主要有电比例换向阀4和反馈机构。电比例换向阀由比例电磁铁加上一个液压换向阀组成，当比例电磁铁得电后衔铁产生位移，推动换向阀阀杆打开阀的开口，其开口量与比例电磁铁的输入电流成正比。由于换向阀可以同时控制进入伺服油缸的压力和流量，因此流经阀口的压力和流量将受控于输入电流的大小。反馈机构的主要构件有中心环支点C（总成）、上拨叉5、下拨叉7、反馈杆8和拉伸弹簧6，其中，上拨叉5和下拨叉7的活动铰点为中心环支点C。反馈杆8的活动铰点也为中心环支点C，并且它的一端插入电比例换向阀4的阀杆缺口位置，这段称为主动臂；另一端夹在上、下两个拨叉之间，这段称为从动臂。当泵斜盘处于中位状态时，设拉伸弹簧6的预拉力为F_0，F_0夹紧反馈杆8的从动臂，从而使电比例换向阀的阀杆对中在中立位置。

变量控制的工作原理见图4-64，其工作过程可分为四个步骤，为帮助理解，每一步骤在图4-64中都有符号和箭头标注。例如，第一步骤的符号为①，然后①-1，①-2等。

步骤①：见图4-64（a），当电比例换向阀得电时，换向阀阀杆向下移动，打开P_1通往伺服油缸M_2一侧的通道，此时换向阀阀杆推动反馈杆8的主动臂绕中心环支点C顺时针偏转，使从动臂带动上拨叉5也做顺时针偏转，这个动作使得拉伸弹簧6的拉力变大，设为

$F_0 + \Delta F_1$，当电磁力 T 与弹簧拉力平衡后，阀杆将处于某一位置，此时 $T = F_0 + \Delta F_1$。

步骤②：伺服油缸 M2 一侧的通道被打开，压力油进入处于下面位置的伺服油缸。

步骤③：伺服活塞向上移动，带动斜盘上的销 A 使斜盘逆时针偏转。

步骤④：见图 4-64(b)，斜盘逆时针偏转的同时，斜盘上的销 B 带动下拨叉 7 也做逆时针偏转，这个动作使得拉伸弹簧 6 的拉力进一步变大，设为 $F_0 + \Delta F_1 + \Delta F_2$，这个变大了的弹簧拉力通过上拨叉 5 和反馈杆 8 作用在换向阀阀杆上，它破坏了电磁力 T 与弹簧力的平衡条件（弹簧力大于电磁力 T），使换向阀阀杆向上移动，直到电磁力 T 与弹簧拉力平衡，即满足 $T = F_0 + \Delta F_1$ 为止。只要合理地设计杠杆比和弹簧拉力，就可以在满足这个平衡条件的同时，使换向阀阀杆重新回到中位。这个步骤就是伺服控制系统的负反馈。

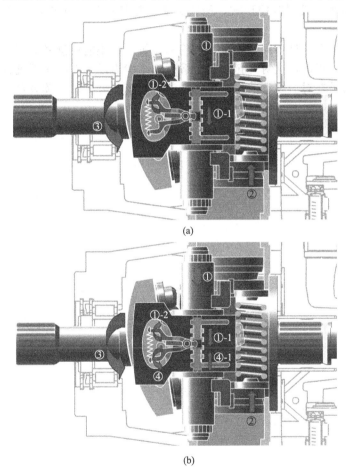

(a)

(b)

图4-64 变量控制及反馈原理

进一步的分析可知，合理地设计拉伸弹簧及各杠杆机构尺寸，使进一步增大的那部分弹簧力 $\Delta F_2 = \Delta F_1$ 时，弹簧拉力与电磁力将重新回到平衡状态（即 $T = F_0 + \Delta F_1$），换向阀阀杆回到中位。在上述在整个工作过程中，力的平衡关系及变化可分为下面四个部分。

a. 中位时，F_0 使换向阀阀杆处于中间位置。

b. 阀杆向下位移到某一位置时，$T = F_0 + \Delta F_1$。

c. 随着斜盘的偏转，在这个位置上的弹簧力进一步增大到 $T = F_0 + 2\Delta F_1$，电磁力 T 与拉伸弹簧力的平衡状态被破坏。

d. 增大了的弹簧力使阀杆向上移动回到中位时 $T = F_0 + \Delta F_1$。

从上面的分析中，我们也可得到电比例换向阀的输入电流减小时的工作原理：电流减小时电磁力也减小，弹簧力通过上拨叉和反馈杆将阀杆向上移动，处于上面位置的伺服油缸通道被打开，伺服活塞向下移动，斜盘顺时针偏转，此时斜盘上的销 B 也跟着顺时针偏转，下拨叉在弹簧力作用下跟着顺时针偏转，弹簧拉力也随之减小，于是换向阀阀杆向下移动回到中位，在这个新的位置上弹簧力与电磁力达到平衡状态。

至此我们知道，一定强度的电流使得比例电磁铁得到一定的电磁力，对应一定的换向阀阀杆开口量，以及伺服油缸行程，使斜盘对应一个倾角，这个过程中伴随着一系列的机械负反馈动作使阀杆回到中位。电流一旦消失，阀杆将在弹簧力的作用下立即回到中位。

如果将电比例换向阀中的比例电磁铁去掉，改为液压先导控制压力（如先导阀），直接输入换向阀的两端就变成了液控形式，而改为手动杠杆推拉换向阀，阀杆就变成了手控形式，此处不赘述。

通过对上述变量泵三种不同形式变量机构的分析，希望能使读者对泵的变量原理和伺服控制系统有更深入的理解，这对开拓思路、锻炼思维能力以及对液压系统的设计和分析都是很有帮助的，尤其是在对后续章节中整机复杂液压系统的分析时，读者可以深刻地体会到这一点。

第5章 液压执行元件

液压执行元件是将液压能转变为机械能的元件，一般有液压马达和液压缸。液压马达实现旋转运动，输出机械能的形式是转矩和转速。液压缸可以实现直线往复运动，输出机械能的形式是力和速度；液压缸还可以实现回转摆动，输出机械能的形式是转矩和角速度。

5.1 液压马达概述

从原理上讲，液压泵可以作为液压马达用，液压马达也可以作为液压泵用。尽管同类型的液压泵和液压马达在结构上相似，但由于两者功能的不同，结构上也存在着一些差异。

① 液压泵的吸油腔一般为真空，为改善吸油性能和抗气蚀能力，通常把进口做得比出口大；而液压马达的排油腔的压力稍高于大气压力，进、出油口的尺寸相同。

② 液压泵在结构上必须保证具有自吸能力，液压马达则没有这一要求。

③ 液压马达需要正、反转，所以在内部结构上应具有对称性；而液压泵一般是单方向旋转，其内部结构可以不对称。

④ 在确定液压马达的轴承结构形式及其润滑方式时，应保证在很宽的速度范围内都能正常工作；而液压泵的转速高且一般变化很小，没有这一苛刻要求。

⑤ 液压马达应具有较大的启动转矩，因为在启动的瞬间，马达内部各摩擦副之间尚无相对运动，静摩擦力要比运行状态下的动摩擦力大得多，机械效率很低，所以启动时输出的转矩也比运行状态下小。另外，启动转矩还受马达转矩脉动的影响，如果启动工况下马达的转矩正处于脉动的最小值，马达轴上的输出转矩也小。

由于上述原因，就使得很多同类型的泵和马达不能互逆通用。

5.1.1 液压马达的分类

根据额定转速的大小，液压马达可分为高速小转矩马达、低速大转矩马达、中速中转矩马达三类。

高速小转矩马达主要包括齿轮马达、叶片马达和轴向柱塞马达。它们的主要特点是转速较高（一般在 500r/min 以上），转动惯量小，便于启动和制动。尤其是变量轴向柱塞马达的变量调节非常方便，灵敏度高。

低速大转矩马达的主要类型是径向柱塞马达。这类马达的主要特点是排量大、体积大、转速低（一般在 500r/min 以下，有的可低到每分钟几转甚至零点几转），可以直接与工作机构连接，不需要减速装置，大大简化了传动机构。

中速中转矩马达的主要类型是摆线转子马达。还有一种意大利 SAI 公司生产的摆动缸体径向柱塞马达也可以列入此类。

5.1.2 液压马达的主要参数

液压马达的输入参数有流量 Q（常用单位为 L/min）和进出口压差 Δp（常用单位为 Pa），可导出输入功率（即进出口压差与流量的乘积）。

液压马达的主要输出参数有输出转数和输出转矩，可导出输出功率和效率。

现将工程上几个常用的马达参数的计算公式列出，需要提醒的是，下面的公式为基本公式，实际计算时需要注意公式中的单位换算。

① 排量 q_t　马达轴每转一周所排出液体的体积，常用单位为 mL/r。排量不变的液压马达叫作定量马达，排量可调的液压马达称为变量马达。

② 输出转矩 T　马达的理论转矩克服摩擦转矩后实际输出的转矩，N·m。

$$T = \frac{\Delta p q_t \, \eta_m}{2\pi} \tag{5-1}$$

③ 输出转数

$$n = \frac{1000Q \, \eta_V}{q_t} \tag{5-2}$$

a. 额定转速 n_n。在额定压力下，能连续长时间正常运转的最高转速，r/min。

b. 最高转速 n_{max}。在额定压力下，超过额定转速但允许短暂正常运转的最高转速，r/min。

c. 最低转速 n_{min}。能正常运转的最低转速，r/min。

④ 输出功率 P_0　液压马达输出轴上实际输出的机械功率，W。

$$P_0 = T\omega \tag{5-3}$$

式中　ω——马达输出轴的角速度，rad/s。

⑤ 效率

a. 容积效率 η_V。马达的理论输入流量和实际输入流量之比，即

$$\eta_V = \frac{Q_t}{Q} \tag{5-4}$$

b. 机械效率 η_m。实际输出转矩与理论输出转矩的比值，即

$$\eta_m = \frac{T}{T_t} \tag{5-5}$$

c. 总效率 η。液压马达的总效率等于输出功率 P_0 与输入功率 P_i 之比，即

$$\eta = \frac{P_0}{P_i} = \eta_m \, \eta_V \tag{5-6}$$

5.1.3　液压马达的使用性能

（1）启动性能

马达的启动性能主要用启动转矩 T_0 和启动时的机械效率 η_{m0} 来描述。如果启动机械效率低，启动转矩就小，马达的启动性能就差。启动转矩和启动机械效率的大小除与摩擦转矩有关外，还受转矩脉动性的影响。实际工作中，都希望启动性能好一些，即希望启动转矩和启动机械效率尽可能大一些。

（2）制动性能

当液压马达用来起吊重物或驱动车轮时，为了防止马达停转时重物下落或车轮在斜坡上自行下滑，对制动有一定的要求。液压马达的容积效率直接影响马达的制动性能，若容积效率低、泄漏大，马达的制动性能就差。液压马达不可能完全避免泄漏现象，无法保证绝对的制动性，因此，若需要长时间连续制动时，应该另外配备其他制动装置。

（3）最低稳定转速

最低稳定转速是指液压马达在额定负载下不出现爬行现象的最低转速。所谓的"爬行现象"指的是马达不能够连续稳定地运转，实际表现为转速不稳定，严重时马达还会时而转

动，时而停止，这种情况通常发生在马达的低速运行工况。实际工作中，一般都希望最低稳定转速越小越好，这样就可扩大马达的调速范围。不同结构形式的液压马达的最低稳定转速可以在制造厂家的产品样本中查到。

（4）最高使用转速

马达的最高使用转速与排量、使用寿命、机械效率和背压有关，不同结构形式的液压马达的最高使用转速可以在制造厂家的产品样本中查到。

（5）工作平稳性

马达的工作平稳性经常用理论转矩的不均匀系数来评价。而对整个传动装置来讲，实际工作的平稳性还取决于具体的工作条件和负载性质。

不同的使用场合，对传动装置的平稳性要求不尽相同。事实上，大部分工程机械对转矩的脉动值并无苛刻的要求，但它会造成压力的脉动、振动和噪声，因此还是应当尽可能地降低马达转矩的脉动值。

（6）噪声

马达的噪声可分为机械噪声和液压噪声。在设计过程中应尽量减小无效容积和困油容积，改善困油现象，使高、低压油的接通过程尽可能缓和，避免突然的液压冲击，工作液体的流速不应太高，避免急剧的局部阻力，减小液压马达转矩的脉动等，以此达到降低噪声的目的。

（7）使用寿命

对于马达本身，其使用寿命主要取决于轴承的使用期限和工作构件的磨损情况。对于马达的实际使用寿命，设计者千万不可忽视马达的安装和使用条件，这些条件在马达生产厂家的产品样本中都有要求，否则会大大降低马达的使用寿命。需要特别提醒的是，马达输出轴一般都不能承受侧向力，最常见的例子就是用来驱动散热风扇的马达，没有经过特殊改造的风扇马达（如增加输出端轴承支撑或者在马达外额外增加轴承支撑以抵抗侧向力）其损坏率非常高。

5.1.4　液压马达的图形符号

液压马达的图形符号如表 5-1 所示。

表5-1　液压马达的图形符号

名称	符号	说明	名称	符号	说明
液压马达		一般符号	单向变量液压马达	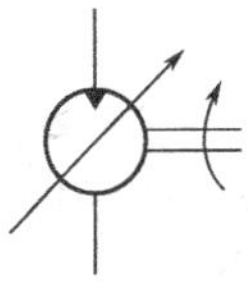	单向流动,单向旋转,变排量
单向定量液压马达	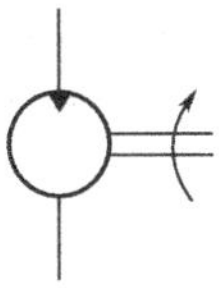	单向流动,单向旋转	双向变量液压马达	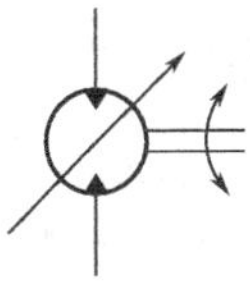	双向流动,双向旋转,变排量
双向定量液压马达	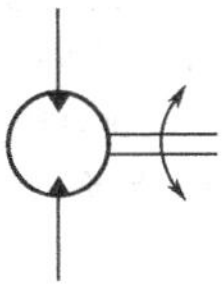	双向流动,双向旋转,定排量	摆动马达	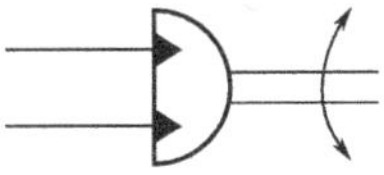	双向摆动,定角度

5.2 齿轮马达

5.2.1 外啮合渐开线齿轮马达

外啮合渐开线齿轮马达由于性价比较好而在液压系统中得到了广泛的应用，其工作原理如图 5-1 所示，当高压油进入由齿 1、2、3 和 4′、3′、2′、1′ 的表面以及壳体和端盖的有关内表面组成的密闭进油腔后，对于齿轮 O_1 来说，高压油作用在齿 1 和齿 2 之间的齿间所产生的液压力相互抵消，同理，齿 2 和齿 3 之间的液压力也相互抵消。对于齿轮 O_2 来说，高压油作用在齿 2′ 和齿 3′ 之间的齿间所产生的液压力相互抵消，同理，齿 3′ 和齿 4′ 之间的液压力也相互抵消。现在考察齿 1 以及齿 1′ 和齿 2′ 之间的齿间，同时注意到啮合点处于密封状态，即马达上端的高压腔与下端的低压腔不通，由于啮合点半径 R_1 和 R_2 永远小于齿顶圆半径，对于齿 1 的齿面来说，它的受力面积为（齿顶圆半径 $-R_1$）×齿宽；对于齿 1′ 和齿 2′ 之间的齿间来说，它的受力面积为（齿顶圆半径 $-R_2$）×齿宽，于是在两个齿轮上便产生了如图箭头所示的不平衡的液压力。该压力相对于轴线 O_1 和 O_2 产生转矩，于是马达在该转矩的作用下按图示的箭头方向旋转。随着齿轮的旋转，齿 1 和齿 1′ 所扫过的容积要比齿 3 和齿 4′ 所扫过的容积大，这样进油腔的容积不断增大，高压油便不断进入，同时又被不断地带到回油腔排出。

由于齿轮转动过程中其啮合点在不断变化，即啮合点半径 R_1 和 R_2 时刻都在变化，所以齿轮马达的输出转数和输出转矩也是不断变化的，这种变化称为脉动。从工作原理图上可以看出，液压力作用在马达的齿面所产生的转矩不会很大，加上齿轮马达的结构也不能承受很高的压力（与齿轮泵类似），所以齿轮马达的功率密度不高。齿轮马达的优点是价格比较便宜，所以在要求不是很高的场合，齿轮马达有着广泛的用途。

图 5-2 是布赫公司生产的外啮合渐开线齿轮马达的结构，齿轮 1、齿轮 8 和平衡轴套 7 装在壳体 2 内，形成马达的吸、排油腔。平衡轴套 7 的作用是平衡轴向和径向力；压力平衡密封圈 11 安装在平衡轴套 7 的凹槽内，其作用是隔开高低压区以形成平衡区域；油封 10 的作用是防止油液泄漏；带钢质轴封支撑环 4 的轴封 6 由西格弹性圈 5 固定，其目的是阻止油液从轴端泄漏且能防止灰尘或其他污染物从外界进入马达。

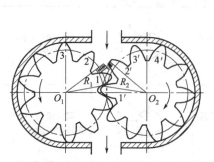

图5-1 外啮合渐开线齿轮马达的工作原理
（图中 1~3，1′~4′ 为齿）

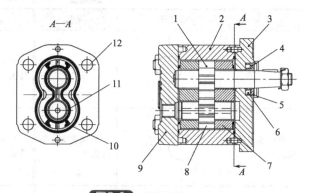

图5-2 布赫齿轮马达结构

1—输出轴齿轮；2—壳体；3—前端盖；
4—轴封支撑环；5—弹性圈；6—轴封；
7—平衡轴套；8—齿轮；9—后端盖；
10—油封；11—压力平衡密封圈；
12—紧固螺栓

5.2.2　内啮合摆线齿轮马达

摆线转子液压马达的工作原理如图 5-3 所示，转子有 6 个齿，形心为 O_1。定子有 7 个齿，形心为 O_2。转子与定子齿廓共轭，形成 A、B、C、D、E、F、G 共 7 个密封的工作腔。摆线马达是通过配流轴进行配流的，配流轴外表面设置有相间均匀分布的两组纵向配流槽，共 12 条，其中一组（6 条）与进油腔相通，相同的另一组（6 条）与回油腔相通。配流轴内孔和转子内孔均有内花键，两者通过花键联轴器连在一起，使配流轴与转子一起转动。

转子在图 5-3(a) 位置时可以看出，泵通过配流轴的进油通道向三个密封的容积腔 E、F、G 输送高压油，而 A 腔则处于过渡区，即与进、回油均不通。为了看得更清楚，将图 5-3(a) 放大为图 5-3(e)。高压油进入这三个密闭的容积腔后，液压力作用半径之间的关系是 $r_1 > r_2 > r_3 > r_4$，使转子受到逆时针方向的不平衡力，于是转子绕 O_1 逆时针转动。由于定子是固定不动的，所以转子在绕自身轴线 O_1 做低速自转的同时，还绕着定子中心 O_2 做高速反向公转（即顺时针公转），这就使高压腔密封容积变大，高压油不断进入；同时低压腔密封容积不断变小，使低压油液不断排出。由图 5-3(b)~(d) 可以看出，转子自转了 1/6 转，公转了 1 周，7 个密封工作容积各进油和回油 1 次。

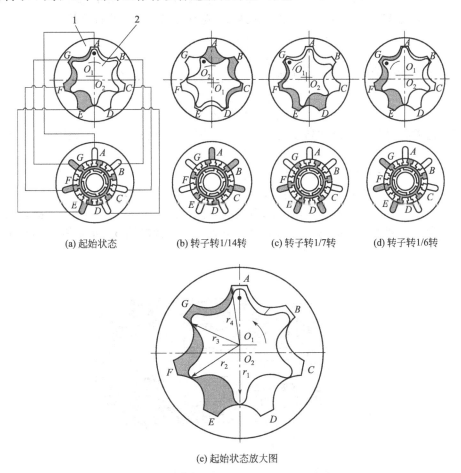

(a) 起始状态　　(b) 转子转1/14转　　(c) 转子转1/7转　　(d) 转子转1/6转

(e) 起始状态放大图

图5-3　摆线转子液压马达的工作原理
1—定子；2—转子；A~G—工作腔

为了对摆线转子液压马达的自转运动和公转运动之间的关系进行深入的探讨，将图5-3 所示的摆线转子液压马达表述为图 5-4 所示的少齿差行星齿轮机构。图 5-4 中的内齿圈（齿数为 Z_1）、行星轮（齿数为 Z_2）和行星架分别对应于图 5-3 中的定子、转子和偏心轴。

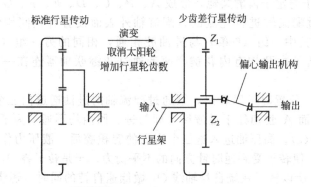

图5-4 少齿差行星齿轮机构的演化

少齿差行星齿轮机构的输入为行星架的运动（即转子绕定子中心 O_2 的公转运动），输出为行星轮的自转运动（即转子绕转子中心 O_1 的自转运动），根据行星齿轮传动的运动规律，定子转速 n_1、转子转速 n_2 和行星架转速 n_3 满足式(5-7) 所示的关系。

$$\frac{n_1 - n_3}{n_2 - n_3} = \frac{Z_2}{Z_1} \tag{5-7}$$

本例中定子固定不动，将定子转速 $n_1 = 0$ 代入式(5-7) 并简化，得

$$\frac{n_2}{n_3} = -\frac{Z_1 - Z_2}{Z_2} \tag{5-8}$$

对于一齿差行星传动，已知转子齿数 $Z_2 = 6$，定子齿数 $Z_1 = 7$，代入式(5-7)，得出

$$n_2/n_3 = -(7-6)/6 = -1/6$$

即转子绕 O_1 自转 1 周，绕 O_2 反向公转 6 周。

图 5-5 是力士乐 GMS 系列摆线转子液压马达的结构。由于转子与定子之间有一个偏心距，为避免干涉，所以万向轴 1 两端为球面花键连接。输出轴 7 采用锥轴承支撑，具有良好的轴向和径向承载能力，坚固耐用。蝶形阀 4 由短一些的转向轴 3（也是万向轴）驱动，为马达配流。

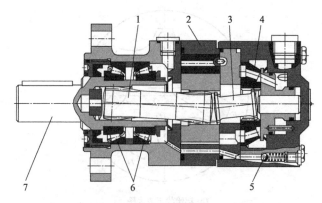

图5-5 力士乐 GMS 系列摆线转子马达

1—万向轴；2—摆线轮部分；3—转向轴；4—蝶形阀；5—单向阀；

6—圆锥滚柱轴承；7—输出轴

5.3　叶片马达

叶片马达一般为高速小转矩马达，但现在也出现了一些低速大转矩叶片马达，下面分别介绍其工作原理。

5.3.1　高速小转矩叶片马达

图 5-6 是高速小转矩叶片马达的工作原理。当 A 口进油，B 口回油时，由于叶片 2 和 6 处于高压腔中，叶片两侧受大小相等的液体压力，所以不产生转矩；而处于高压区和低压区之间的叶片 1 和 3，一侧受高压，另一侧受低压，于是便产生了图示箭头方向的转矩，即叶片 3 的转矩方向为顺时针，而叶片 1 的转矩方向为逆时针。但由于叶片 3 的伸出面积大于叶片 1 的伸出面积，因此合成转矩的方向为顺时针；同样地，叶片 7、5 也产生如图 5-6 中箭头所示的转矩，其合成转矩也为顺时针。最终结果是马达在两个合成转矩的作用下顺时针旋转。同理，当进油方向改变时，马达将反转。

5.3.2　低速大转矩叶片马达

图 5-7 是威格士公司研制的低速大转矩叶片马达的工作原理。这种马达为四作用径向力平衡的结构，定子兼有配流作用。定子上装有四个被弹簧推压着的滑动叶片，将低压区和高压区隔开。每个转子叶片的底部装有螺旋弹簧，保证启动时叶片紧贴在定子表面上。这种马达使用直径较大的转子、定子，使液压力推动叶片的作用半径尽可能大，定子内表面圆周上的四段曲线凸起，构成四个工作腔室，转子每转一周，叶片伸缩作用四次，因此可获得较大的输出转矩。

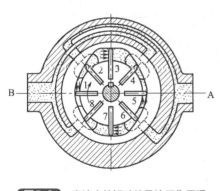

图5-6　高速小转矩叶片马达工作原理
（图中 1~8 为叶片）

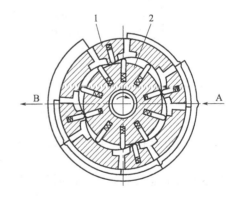

图5-7　低速大转矩叶片马达工作原理
1—定子；2—转子；A—进油；B—出油

5.4　轴向柱塞马达及其变量控制原理

轴向柱塞马达在工程机械上的应用非常广泛，它包括斜盘式轴向柱塞马达和斜轴式轴向柱塞马达，因为马达的工作柱塞与缸体的旋转轴线平行而得名。轴向柱塞马达是非常典型的高压、高速马达，因此，多数情况下，这种马达都需要配备减速机以获得更大的转矩和调速范围。由于通过调整马达斜盘（斜盘式）或缸体倾角（斜轴式）可以改变马达的排量，所以使得马达的精确控制成为可能。

5.4.1 斜盘式轴向柱塞马达及其变量控制原理

斜盘式轴向柱塞马达又称斜盘马达，是应用非常广泛的一种高速马达，它既可以是成本相对较低的定量形式，更可以设计成对排量能够进行精确控制的变量形式，尤其是后者的应用使得系统和机器的功能更加强大，加上这种马达的可靠性很高，所以一直受到液压工程师们的青睐。

就像斜盘泵一样，斜盘马达的变量实际上就是改变马达斜盘的倾角，从而改变柱塞的行程，达到改变马达排量的目的。

斜盘马达还有一个优点，就是径向安装尺寸相对较小。

斜盘马达最大的缺点是转矩较小，实际应用时一般都与齿轮减速机匹配，以"放大"马达的转矩。如果马达与动力换挡变速箱匹配，就构成了静液驱动车辆的基本单元。

（1）工作原理及典型结构

斜盘式轴向柱塞马达的斜盘中心线与缸体中心线呈一夹角 α，α 不变的马达为定量马达，α 可变的马达为变量马达，其工作原理如图 5-8 所示。马达缸体内有 7 个工作柱塞，柱塞通过球铰连接滑靴并压紧在斜盘上，当压力为 p 的高压油进入马达的高压腔之后，若柱塞面积为 S，滑靴便受到 pS 的作用力压向斜盘，而斜盘的反作用力为 F。将 F 力沿柱塞轴线方向和垂直柱塞轴线方向可以分解成两个分力，其中分力 F_c 平行于柱塞轴线，与柱塞所受的液压力平衡；另一个分力 F_r 与柱塞轴线垂直，产生驱动马达缸体旋转的转矩，然后由缸体带动输出轴输出动力。

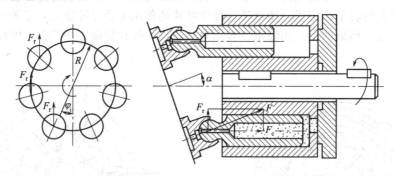

图5-8 斜盘式轴向柱塞马达的工作原理

从图 5-8 可以看出，马达高压腔单个柱塞所产生的瞬时转矩为

$$T'_\mu = pS\tan\alpha R\sin\varphi_i$$

马达的瞬时总转矩为所有同时位于高压腔的柱塞产生的瞬时转矩之和，即

$$T_\mu = \sum T'_\mu = pS\tan\alpha R\sum\sin\varphi_i$$

从上述马达转矩表达式可以看出，当斜盘倾角 α 一定时，马达的输出转数和输出转矩也是脉动的。这里不深入讨论马达转矩和转数的计算方法，马达平均转矩按式(5-1) 计算，平均转数按式(5-2) 计算即可，如果工程设计中需要选用某个制造商的马达，其产品样本中这些数据都会明确标出。

图 5-9(a) 是林德液压生产的斜盘式定量柱塞马达，这是一种很典型的结构。图 5-8 原理图上的柱塞形状是为了分析原理而简化过的结构，实际产品的柱塞与滑靴采用了球铰结构，进入柱塞腔的液压油通过柱塞的中心小孔和滑靴中心孔喷射出来，在斜盘与滑靴之间形成油膜，这层油膜不但润滑滑靴与斜盘的摩擦面，还能够承受来自柱塞的压力。输出轴用圆锥滚子轴承支撑，可以承受很大的径向力和轴向力，这些结构都与轴向柱塞泵类似。马达上还集成了如图 5-9(b)、(c) 所示的由梭阀 7 和背压阀 2 组成的冲洗阀。

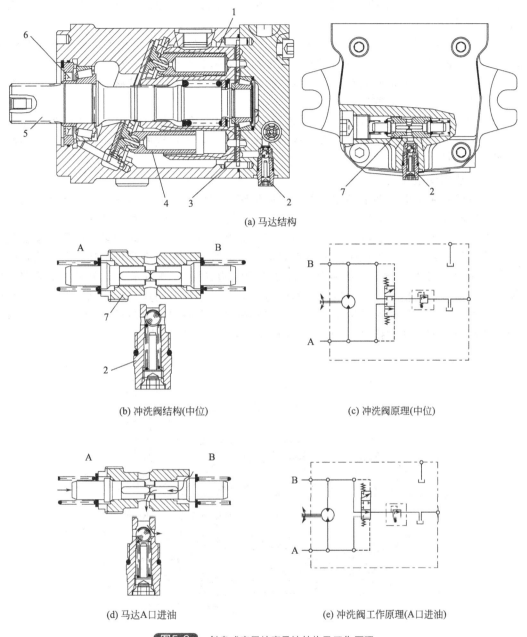

(a) 马达结构

(b) 冲洗阀结构(中位)

(c) 冲洗阀原理(中位)

(d) 马达A口进油

(e) 冲洗阀工作原理(A口进油)

图5-9 斜盘式定量柱塞马达结构及工作原理

1—缸体；2—背压阀；3—配流盘；4—柱塞；5—输出轴；6—油封；7—梭阀

当马达不工作时，A、B口压力相等，梭阀7的阀芯在弹簧力的作用下处于中位，没有油液流过。当马达开始工作时，主油路高压侧建立起压力，假设A口为高压，B口为低压，梭阀7的阀芯被A口压力推向右侧，梭阀B口打开，于是马达低压侧B口的一部分液压油经梭阀7和背压阀2流回马达壳体，然后经壳体回油管路回到油箱。冲洗阀主要有三个作用。

① 加快闭式回路主油路的油液热交换　在闭式回路里，如果没有冲洗阀，则主油路里的油液（热油）与补油泵补进的油液（冷油）交换较为缓慢，不利于主油路油液的散热。设置冲洗阀后，梭阀把主油路中低压侧的一部分"热油"经梭阀引出，同时补油泵将同等数量

的"冷油"注入到主油路的低压侧，这就加快了主油路"热油"与外部"冷油"的交换速度。

② 马达壳体冲洗　马达运转过程中发生在轴承、各个有相对运动的配合面等部位的机械摩擦所产生的热量由马达壳体的回油带回油箱，如果没有冲洗阀，在一些情况下（如高速低载时）不足以将热量带回油箱，导致马达整体温度过高。加装冲洗阀后，就可以形成足够的壳体回油，保证马达的散热。

③ 马达工作时需要一定的背压　马达运转过程中需要一定的背压以防止产生气蚀。尤其是后面讲到的以内曲线马达为代表的径向柱塞马达更需要一定的背压，否则会产生敲缸现象，严重影响马达的寿命。

（2）马达的变量控制

与变量柱塞泵类似，如果马达的斜盘可以偏转，就构成了变量马达。马达的变量是通过调节斜盘中心线与缸体中心线的夹角（即图 5-8 中的 α 角）可以实现马达的变量控制。变量控制主要有电控无级变量、电控两级变量、液控无级变量、液控两级变量和高压自动变量等几种形式，下面结合林德液压生产的变量斜盘马达的具体结构详细分析上述几种变量形式。

① 电控无级变量　电控无级变量斜盘马达的结构如图 5-10 所示，它用于闭式回路，很容易实现马达转速的精确控制。例如，速度传感器 6 通过脉冲测速盘检测马达的转速并将信号传给控制器，当马达转速发生变化时，控制器适时输出一定的电流给比例电磁铁 8，调节斜盘 2 的倾角（即马达的排量），使马达恢复到原来设定的转速值。

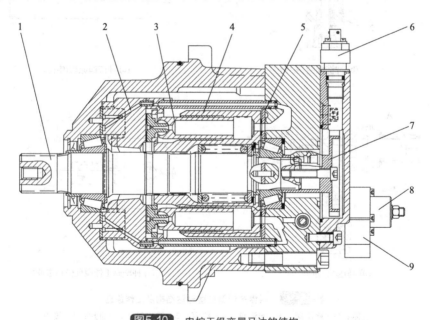

图5-10　电控无级变量马达的结构

1—输出轴；2—斜盘；3—柱塞；4—缸体；5—配流盘；6—速度传感器；
7—脉冲测速盘；8—比例电磁铁；9—控制器

马达变量控制部分的结构如图 5-11（a）所示，图 5-11（b）的液压原理与图 5-11（a）相对应。马达斜盘 7 的倾斜角度由控制器 1、比例电磁铁 2 和两个变量活塞 8、9 控制，除此之外，斜盘还与反馈杆 6、弹簧 5 一起组成机械式伺服负反馈机构。马达在初始位置时比例电磁铁 2 不得电，弹簧 5 将伺服阀 4 和比例电磁铁的衔铁 3 一直向上推，让来自先导泵的控制油经 E 口和伺服阀 4 进入使排量变大的变量缸 max，于是变量活塞 8 伸出，而变量活塞 9 回油，斜盘 7 逆时针偏转并处于最大排量位置。

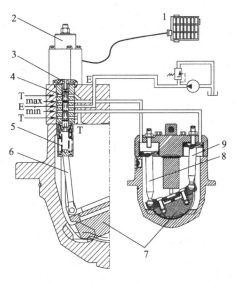

(a) 变量系统结构

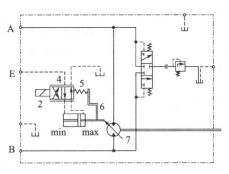

(b) 变量系统液压原理

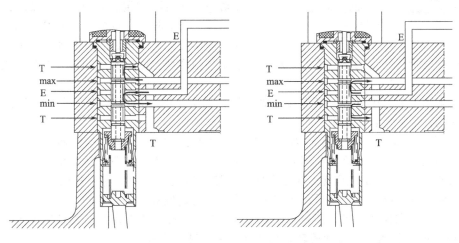

(c) 排量减小(伺服阀下移)　　　　　　　(d) 排量增大(伺服阀上移)

图5-11 电控无级变量马达的变量原理

1—控制器；2—比例电磁铁；3—衔铁；4—伺服阀；5—弹簧；6—反馈杆；7—斜盘；
8—变量活塞（排量变大）；9—变量活塞（排量变小）；A，B—马达工作油口；E—先导控制油口；max，min—变量缸

马达排量变小的原理：如图 5-11(c) 所示，比例电磁铁 2 得电后产生方向向下的电磁力，使衔铁 3 推动伺服阀 4 下移并压缩弹簧 5，让来自先导泵的控制油经 E 口和伺服阀 4 进入使排量变小的变量缸 min，于是变量活塞 9 伸出，而变量活塞 8 回油，斜盘 7 顺时针偏转，马达排量减小。这时比例电磁铁 2 产生的电磁力与弹簧 5 的弹簧力处于一种平衡状态。注意到斜盘 7 顺时针偏转的同时还带动反馈杆 6 向上移动，这导致弹簧 5 再次被压缩，破坏了电磁力与弹簧力所保持的平衡状态，于是弹簧 5 推着伺服阀 4 和衔铁 3 一起上移，弹簧力的释放使得伺服阀 4 重新回到原来的位置，此时的电磁力与弹簧力回到原来的平衡状态。而伺服阀 4 回位后的结果是重新关闭了先导控制油口 E 与变量活塞的通道，变量过程结束。上述一系列的动作就是伺服变量机构的负反馈。随着比例电磁铁通入的电流进一步增大，重复上述过程。

马达排量变大的原理：如图 5-11(d) 所示，当比例电磁铁通入的电流减小时，比例电磁铁 2 产生的电磁力将小于弹簧 5 的弹簧力，原来的平衡状态被打破，于是弹簧力推动伺服阀 4 和衔铁 3 向上移动，随着伺服阀 4 的上移，让来自先导泵的控制油经 E 口和伺服阀 4 进入使排量变大的变量缸 max，变量活塞 8 伸出，变量活塞 9 缩回，斜盘 7 逆时针偏转，排量增大。这时的电磁力与弹簧 5 的弹簧力在新的状态下达到平衡。注意到斜盘 7 逆时针偏转的同时还带动反馈杆 6 一起下移，这导致弹簧 5 再次被放松，破坏了电磁力与弹簧力所保持的平衡状态，于是电磁力推着衔铁 3 和伺服阀 4 一起下移，使得伺服阀 4 重新回到原来的位置，此时的电磁力与弹簧力回到了原来的平衡状态。而伺服阀 4 回位后的结果是重新关闭了先导控制油口 E 与变量活塞的通道，变量过程结束。随着比例电磁铁通入的电流进一步减小，重复上述过程。

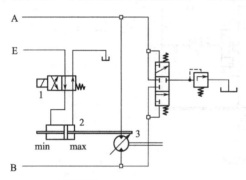

图5-12 电控两级变量原理

1—电磁阀；2—变量活塞；3—斜盘；

A，B—工作油口；E—控制油口

② 电控两级变量　电控两级变量的原理如图 5-12 所示，这种控制方式是把电控无级变量的比例电磁铁换成普通开关式电磁铁，同时去掉反馈机构。电磁阀 1 得电时，变量活塞 2 左移，带动斜盘 3 逆时针偏转，得到马达的最小排量；电磁阀 1 失电时，变量活塞 2 右移，带动斜盘 3 顺时针偏转，得到马达的最大排量。由于普通开关式电磁铁的价格比比例电磁铁低，对不要求全程精确调速的机器采用这种控制方式会降低一些成本。

在原理图上如何区分哪个是电控无级变量，哪个是电控两级变量，图 5-13 给出了一般的画法区别，请读者自行辨别。

③ 液控无级变量　图 5-14 是林德液压生产的液控无级变量马达的结构，它与电控无级变量马达相比少了电控部分和测速装置，并采用液控方法无级调节马达排量。

如图 5-15 所示，液控无级变量的原理与电控无级变量类似，将电控的控制器和比例电磁铁换成液控的先导阀 1 和伺服阀 6 即可。马达在初始位置时，先导阀 1 没有先导控制油压输出，伺服阀 6 和顶杆 7 在弹簧 5 的力作用下一直向上推，让来自 E 口的控制油进入使排量增大的 max 腔，斜盘 3 逆时针偏转，马达处于最大排量位置。

马达排量变小的原理：操作先导阀 1 的手柄，先导阀有控制油压输出到 X 口，这个油压推动顶杆 7 和伺服阀 6 下移并压缩弹簧 5，让来自先导泵的控制油经 E 口和伺服阀 6 进入使排量变小的变量缸 min，斜盘 3 顺时针偏转，排量减小。这时先导油压与弹簧 5 的弹簧力处于一种平衡状态。如前面所分析的那样，斜盘 3 顺时针偏转的同时还带动反馈杆 4 和弹簧

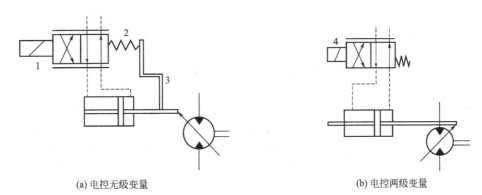

(a) 电控无级变量   (b) 电控两级变量

图5-13 电控无级变量与电控两级变量的画法区别

1—比例电磁铁；2—反馈弹簧；3—反馈杆；4—普通电磁铁

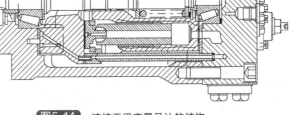

图5-14 液控无级变量马达的结构

1—输出轴；2—斜盘；3—柱塞；4—缸体；5—配流盘

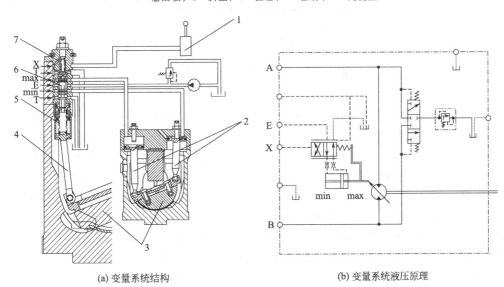

(a) 变量系统结构   (b) 变量系统液压原理

图5-15 液控无级变量马达的变量原理

1—先导阀；2—变量活塞；3—斜盘；4—反馈杆；5—弹簧；6—伺服阀；7—顶杆；E—控制油口；X—先导油入口

5一起推着伺服阀6和顶杆7上移，伺服阀6回位后重新关闭先导控制油口E与变量缸的通道，完成伺服变量机构的负反馈动作。随着先导阀手柄角度的不断增大，先导阀输出的控制油压不断升高，重复上述过程。

　　马达排量变大的原理：当先导阀输出的控制油压减小时，这个控制油压产生的力将小于弹簧5的弹簧力，原平衡状态被打破，于是弹簧力推动伺服阀6和顶杆7向上移动，来自先导泵的控制油经E口和伺服阀6进入使排量变大的变量缸max，斜盘3逆时针偏转，排量增大。这时先导油压与弹簧5的弹簧力在新的状态下达到平衡。如前面所分析的那样，斜盘3逆时针偏转的同时还带动反馈杆4和弹簧5一起下移，而顶杆7在先导油压作用下推着伺服阀6也下移回位，重新关闭先导控制油口E与变量缸的通道，完成伺服变量机构的负反馈动作。

　　马达正常工作时先导手柄不能移动，否则先导阀输出的控制油压将发生变化，造成马达转速不稳定，因此先导手柄需要有在任意位置定位不动的能力，一般可以采用摩擦定位的方式，如在手柄杆两侧设置像毛刷一样的摩擦副，无论手柄移动到哪个角度，摩擦副都能有效地使手柄杆保持不动。

　　④ **液控两级变量与高压自动变量**　图5-16是林德液压生产的液控两级变量与高压自动变量马达的结构，它用于开式回路，除对马达的排量控制外，还在马达主体结构的后端增加了一个平衡阀6来限制马达的超速。

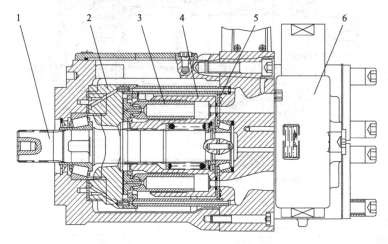

图5-16　液控两级变量与高压自动变量马达
1—输出轴；2—斜盘；3—柱塞；4—缸体；5—配流盘；6—平衡阀

　　图5-17是这种马达的液压原理。当操作系统主控阀中的马达控制阀换向时，泵来油到达马达平衡阀1的A口或者B口。假设泵来油进入A口，然后分成三路，一路通过梭阀2到达排量控制阀8的控制端，一路进入马达的左工作腔，还有一路推动平衡阀阀杆使其右移，打开马达右腔回油箱的通道。如果马达超速运转，例如马达驱动的车辆下坡或马达吊起重物下降时，在重力的作用下马达可能会越转越快，这是非常危险的，不仅会造成安全事故，还会因系统吸空降低马达的寿命。此时平衡阀将会起到如下作用：当马达转速过快，超过泵所能提供的流量时，A口压力势必降低甚至成为负压，这时平衡阀阀杆在回位弹簧的作用力下将会向左移动，关小马达右腔通往油箱的通道口，使马达的背压升高，起到"制动作用"而减速，同时也迫使马达A口压力升高，避免马达吸空。

　　马达的变量油源取自马达高压腔并经减压阀7减压后输送到排量控制阀8，它有两种变量方式。

　　a. 液控两级变量。当 X 口没有控制油压输入时，马达处于最小排量位置；X 口输入控制油压时，马达将转换为最大排量，这就是马达的最大排量锁定功能。

　　b. 高压自动变量。来自马达工作口 A 或 B 的高压油通过梭阀 2 输送到排量控制阀 8 的控制端，当系统压力超过排量控制阀 8 的弹簧力时，排量控制阀 8 将右移换向，马达自动转换为大排量。负载较小时（低压）马达处于小排量，马达转矩小但有较高的旋转速度；而负载较大时（高压）马达处于大排量，马达有较大的输出转矩但旋转速度较低。从充分利用马达功率的角度来看，这与恒功率的控制思想是一样的。

　　⑤ 电控无级变量双马达　林德液压生产的电控无级变量双马达的结构如图 5-18 所示。双马达由两个变量马达组合而成，马达Ⅰ和马达Ⅱ的排量相同且同步变量，动力从主轴Ⅰ输出。

　　双马达的变量控制原理如图 5-19（a）所示，其中马达Ⅰ的排量控制阀结构跟马达Ⅱ几乎相同，只是马达Ⅰ多了一个共用的电比例减压阀。

　　当电比例减压阀 3 不得电时，在伺服缸回位弹簧 5 的作用下，前级伺服缸 4 位于目前图示位置的最左端。来自 E 口的先导控制油通过马达Ⅰ排量控制阀 6 进入变量缸，使马达Ⅰ的斜盘保持在最大摆角位置，同理，马达Ⅱ的斜盘也保持在最大摆角位置。电比例减压阀 3 得电后输出一个定值压力，这个压力克服伺服缸回位弹簧 5 的弹簧力，使前级伺服缸向右移动

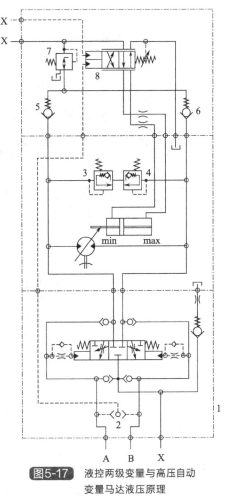

图5-17　液控两级变量与高压自动变量马达液压原理

1—平衡阀；2—梭阀；3,4—过载溢流阀；5,6—单向阀；7—减压阀；8—排量控制阀

一个位移，这个位移带动反馈杆 7 使排量控制阀 6 移动，图 5-19（a）的原理图示意为向右，图 5-19（b）的结构图示意为向左，让 E 口先导控制油进入排量控制阀 6，于是马达Ⅰ的斜盘倾角开始变小，同理，电比例减压阀 3 的输出压力同时还进入马达Ⅱ的前级伺服缸，使得马达Ⅱ的斜盘倾角变小，即两个马达的斜盘倾角变化是完全同步进行的。随着输入电流的增大，电比例减压阀 3 的输出压力会越高，前级伺服缸的位移也会越大，如前所述，马达Ⅰ和马达Ⅱ的斜盘摆角就变得越小，从而实现马达的电控无级变量。

　　细心的读者可能会发现图 5-19（b）所示的马达机械负反馈结构与林德闭式泵的钟摆式结构非常相似，反馈杆 7 通过销轴与马达斜盘连接，关于这种结构的机械负反馈原理请参见 4.6.2 中的相关内容。

5.4.2　斜轴式轴向柱塞马达及其变量控制原理

　　斜轴式轴向柱塞马达又简称斜轴马达，其性能和特点与斜盘式马达几乎一样，只是斜轴马达的变量机构所占用的径向尺寸空间略大一些。

　　（1）工作原理及典型结构

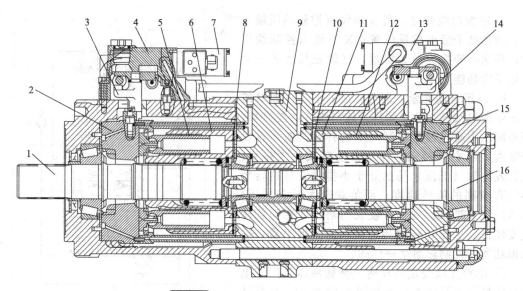

图5-18 林德电控无级变量双马达结构

1—主轴Ⅰ；2—马达Ⅰ斜盘；3—马达Ⅰ反馈杆；4—马达Ⅰ排量控制阀；5—马达Ⅰ柱塞；6—马达Ⅰ缸体；
7—电比例减压阀；8—马达Ⅰ配流盘；9—油口连接块；10—马达Ⅱ配流盘；11—马达Ⅱ缸体；
12—马达Ⅱ柱塞；13—马达Ⅱ排量控制阀；14—马达Ⅱ反馈杆；15—马达Ⅱ斜盘；16—主轴Ⅱ

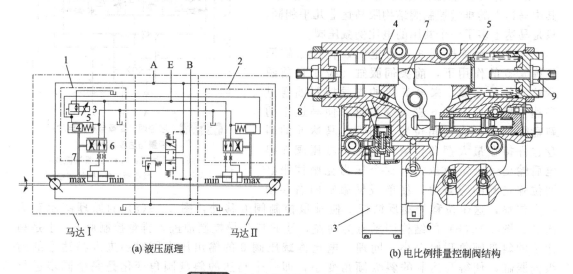

(a) 液压原理　　　　　　　　　　　　　　(b) 电比例排量控制阀结构

图5-19 电控无级变量双马达的变量原理

1—马达Ⅰ电比例排量控制阀块；2—马达Ⅱ排量控制阀块；3—电比例减压阀；4—前级伺服缸；
5—伺服缸回位弹簧；6—马达Ⅰ排量控制阀；7—反馈杆；8—最大斜盘角度限位螺栓；
9—最小斜盘角度限位螺栓；A，B—工作油口；E—控制油口

　　斜轴式轴向柱塞马达是指其柱塞的布置方向与输出轴的方向成一夹角 α，α 不变的马达为定量马达，α 可变的马达为变量马达，其工作原理如图 5-20 所示，液体压力推动柱塞，其作用力 F 沿柱塞方向传至马达输出轴上，F 的轴向分力 F_c 由止推轴承承受，而径向分力 F_r 形成了使马达转动的转矩，马达输出轴的转矩是各个柱塞产生的和转矩。

　　图 5-21 是典型的定量斜轴式柱塞马达的结构，油液经配流盘 8 上的配流口进入锥形柱塞 5 的底部，油液推动柱塞产生的作用力作用在驱动法兰 4 上，其轴向分力由圆锥滚子轴承 3 承受，径向分力产生使马达旋转的转矩。

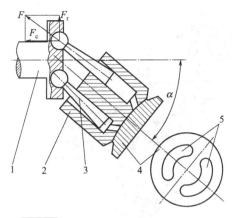

图5-20 斜轴式轴向柱塞马达的工作原理
1—输出轴；2—缸体；3—柱塞；
4—配流盘；5—油口

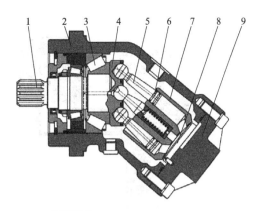

图5-21 斜轴式轴向柱塞马达的结构
1—输出轴；2—壳体；3—圆锥滚子轴承；
4—驱动法兰；5—锥形柱塞；6—柱塞密封环；
7—缸体；8—配流盘；9—接口板

（2）变量控制原理

就像通过调节斜盘中心线与缸体中心线的夹角可以实现斜盘式轴向柱塞马达的变量一样，通过调节缸体中心线与输出轴中心线的夹角可以实现斜轴式轴向柱塞马达的变量。斜轴式轴向柱塞马达的变量控制方式与斜盘式轴向柱塞马达的变量控制方式类似，下面以萨奥51系列斜轴马达的电控无级变量控制为例进行分析。

萨奥51系列电比例控制斜轴式轴向柱塞马达的结构如图5-22所示，通过调节最小排量限制器2和最大排量限制器14可以限制缸体11旋转组件的偏转极限位置，从而限定排量的调节范围，转速传感器6可以监测马达输出轴的转速和旋向。

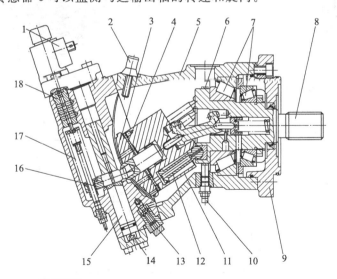

图5-22 萨奥51系列电比例控制斜轴式柱塞马达的结构
1—比例电磁铁；2—最小排量限制器；3—扇形配流盘；4—支撑盘；5—壳体；6—速度磁性环；
7—圆锥滚子轴承；8—输出轴；9—安装法兰；10—速度传感器；11—缸体；12—柱塞；
13—冲洗阀；14—最大排量限制器；15—变量活塞；16—同步轴；17—反馈弹簧；18—排量控制阀

马达的变量原理如图5-23所示。其中图5-23（a）为电液伺服阀不得电时的结构原理，图5-23（b）所示为马达在变量前状态的结构原理，图5-23（c）所示为电液伺服阀得电后的

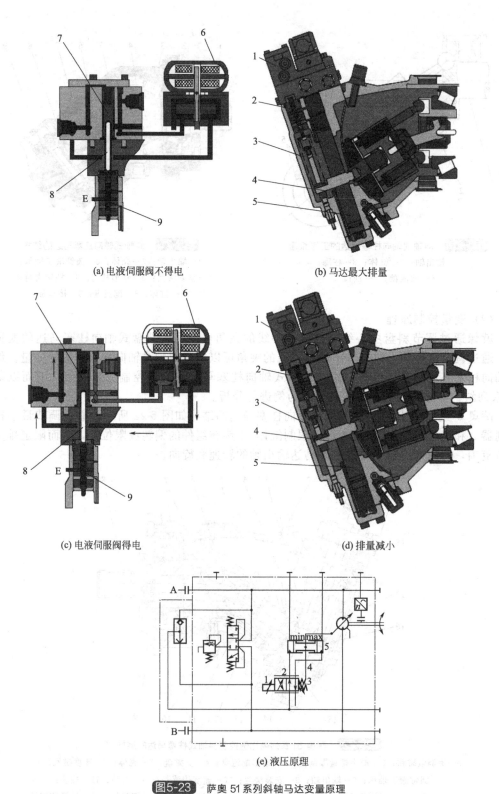

(a) 电液伺服阀不得电　　　　　　　　　(b) 马达最大排量

(c) 电液伺服阀得电　　　　　　　　　　(d) 排量减小

(e) 液压原理

图5-23　萨奥 51 系列斜轴马达变量原理

1—电液伺服阀；2—排量控制阀；3—弹簧；4—同步轴；5—变量活塞；6—喷嘴挡板阀；7—滑阀；
8—顶杆；9—排量控制阀阀杆

结构原理，图 5-23(d) 所示为马达变量后状态的结构原理，图 5-23(e) 所示为马达的液压原理。需要说明的是，马达的变量可以是电液比例控制，也可以是电液伺服控制，例如将电液伺服阀换成图 5-11 所示的比例电磁铁就可以实现马达的电液比例控制。本例为电液伺服原理的喷嘴挡板阀控制，关于喷嘴挡板阀的工作原理，请参见 4.6.2 中的相关内容。

如图 5-23(a) 所示，当喷嘴挡板阀不得电时，挡板阀没有压力输出。在弹簧 3 的作用力下，排量控制阀阀杆 9、顶杆 8 和滑阀 7 被一直推到最顶部，来自 E 口的变量油源通过阀杆 9 进入马达变量缸的上腔，如图 5-23(b) 所示，变量活塞 5 下移到极限位置，马达处于最大排量。

喷嘴挡板阀得电后，如图 5-23(c) 所示，挡板阀有一定的控制压力输出，压力油沿箭头方向流动，进入滑阀 7 的上腔室。这就使滑阀 7 克服弹簧 3 的力，并推着顶杆 8 和阀杆 9 一起向下移动，让 E 口的变量控制油通过阀杆 9 进入马达变量缸的下腔，如图 5-23(d) 所示，变量活塞 5 上移，马达斜盘顺时针偏转，排量减小。马达斜盘顺时针偏转的同时还带动同步轴 4 向上移动，于是弹簧 3 推着阀杆 9、顶杆 8 和滑阀 7 一起上移回位，而阀杆 9 回位的结果是重新关闭了 E 口与马达变量缸的通道，完成变量机构的负反馈动作，变量过程结束。随着输入电流的增大，喷嘴挡板阀输出的压力将会提高，马达的排量进一步减小。

如果输入电流减小，挡板阀输出的控制压力将会降低，滑阀 7 向下作用的液压力减小，于是在弹簧 3 的作用力下，阀杆 9 和顶杆 8 将向上移动，让 E 口的变量控制油通过阀杆 9 进入马达变量缸的上腔，变量活塞 5 下移，马达斜盘逆时针偏转，排量增大。马达斜盘逆时针偏转的同时还带动同步轴 4 向下移动，在滑阀 7 的液压力作用下，顶杆 8 和阀杆 9 一起下移回位，而阀杆 9 回位的结果是重新关闭了 E 口与马达变量缸的通道，变量过程结束。随着输入电流的进一步减小，马达的排量将会继续增大。

以上多个例子分析斜盘马达和斜轴马达的变量原理后我们发现，无论马达的结构形式如何，变量控制的形式如何，其伺服控制的原理都是一样的，每次变量时马达斜盘的偏转运动都伴随着机构一连串的负反馈动作，即每输入一个变量控制信号，马达都将对应一个固定的排量，完成一次变量过程；如果连续地输入变量控制信号，马达将连续地改变输出转速，从而实现系统的精确控制。另外，读者可能也注意到了，马达一般都采用单向变量的形式，马达旋向的改变可以通过双向变量泵（闭式系统）或者主控阀换向（开式系统）来实现。

我们将上述关于斜盘式和斜轴式马达的变量原理分析小结如下。

① 无论哪种结构形式的马达，其基本构造不变，改变的只是排量控制部分。

② 可以选择多种变量形式。如液控、电控、高压自动变量式等。

③ 可以选择多种变量油源。如变量油源可以来自回路的高压端（或减压后使用），也可以来自回路的低压端（马达回油背压阀之前），也可以来自外部其他油源。

④ 可以有或无伺服反馈机构。无伺服反馈机构的马达为两点式变量，有伺服反馈的为比例式（无级）变量。

⑤ 可以根据工况增加各种控制形式。如可以增加平衡阀、制动压力切断、微动控制等。

设计者可以充分利用斜盘式（斜轴式）这类高速马达灵活多变、易于控制的优点，设计出满足各种复杂工况要求的系统。

5.5 径向柱塞马达

径向柱塞马达因柱塞的轴线与输出轴轴线呈径向布置而被称为径向柱塞式。径向柱塞马达的柱塞、连杆和输出轴之间的连接，就像发动机的气缸活塞-连杆-曲轴三者之间的连接一样，其工作原理也很类似：发动机的爆发冲程做功对应径向柱塞马达的高压口进油，发动机的配气对应径向柱塞马达的配流，至于活塞带动连杆驱动偏心曲轴，其原理就完全相同了。

　　由上述原理可知，径向柱塞马达的排量与柱塞的直径和行程有关，这些部位的尺寸都可以做的比轴向柱塞式大很多，所以径向柱塞马达属于大排量马达，即输出的转矩大而转速低。径向柱塞马达的变排量很困难，马达转动过程能够改变的就是柱塞的行程和柱塞的有效作用数量，所以这类马达一般都是定量马达，即便做成变量结构形式，一般也只做成有级变量。

5.5.1　曲轴连杆式径向柱塞马达

　　曲轴连杆式径向柱塞马达的工作原理如图 5-24 所示，壳体 1 内沿径向圆周均匀分布了五个液压缸，形成星形壳体，液压缸内装有柱塞 2，柱塞中心与连杆 3 用球铰连接。星形壳体 1 的形心与曲轴 4 的旋转中心重合，均为 O。连杆大端做成鞍形圆柱面（类似发动机的轴瓦），紧贴在曲轴 4 的偏心圆上，以保证连杆力的作用线指向偏心圆的圆心 O_1。配流轴 5 通过十字滑块联轴器与曲轴 4 连接在一起，曲轴 4 旋转时将带动配流轴一起转动，配流轴上的"隔墙"两侧分别为进油腔和排油腔。

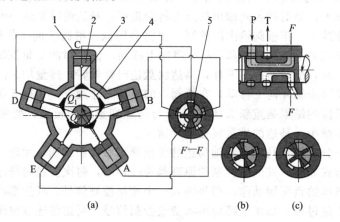

图5-24　曲轴连杆式径向柱塞马达的工作原理
1—壳体；2—柱塞；3—连杆；4—曲轴；5—配流轴

　　在图 5-24(a) 所示的位置，高压油进入壳体 1 的柱塞腔 A、B 顶部，使相应柱塞受到液压力的作用，柱塞 D、E 处于排油状态，而柱塞 C 则处于过渡状态（即与高低压腔均不通）。受液压力作用的柱塞 A、B 通过连杆鞍形圆柱面（轴瓦）对曲轴 4 的偏心圆 O_1 各作用一个力 F，这两个 F 力分别对曲轴旋转中心 O 产生转矩，从而推动曲轴旋转。配流轴随着曲轴旋转一起，使配流状态发生变化。例如，当配流轴旋转到图 5-24(b) 所示的位置时，柱塞 A、B、C 均处于高压状态，柱塞 D、E 处于排油状态；当配流轴转到图 5-24(c) 所示的位置时，柱塞 A 退出高压区而处于过渡状态，而柱塞 B、C 则处于高压状态，柱塞 D、E 回油。因此，在整个转动过程中，五个柱塞以两个、三个、两个这样的顺序交叉进入高压区，推动曲轴连续旋转。若进回油口交换，则马达反转，过程同上。

　　上面讨论的是马达壳体固定而曲轴旋转的情况，这种马达称为轴转马达。如果将曲轴固定，并且把进油管和排油管连接到配流轴中可以达到使马达壳体旋转的目的，这种马达就成为壳转马达，可直接用来驱动车轮和卷筒等。

　　图 5-24 所示的马达为定量马达。曲轴连杆式径向柱塞马达也可以做成变量马达，如图 5-25(a) 所示，将定量马达的偏心轴结构分成两体，即偏心套 1 和偏心轴 2，偏心套 1 的圆心为 O_1，偏心轴 2 的圆心为 O_2，曲轴 3 的旋转中心为 O。图 5-25(a) 位置时偏心距 e 最大，随着偏心套 1 绕着偏心轴 2 的圆心 O_2 相对转动，偏心距 e 将逐渐减小，如图 5-25(b)

所示，如此可达到变量的目的，如果设计成 $\overline{O_1O_2} = \overline{OO_2}$，马达的排量甚至可以为零。从上述变量原理看，调整偏心距 e 的实质就是调节柱塞的行程，而柱塞的行程与排量成正比。

曲轴连杆式马达的径向尺寸较大，从曲轴受力情况来看对曲轴轴承的要求较高。由于马达旋转过程中连杆来回摆动，这就从结构上限制了连杆球铰处的尺寸不能做得很大，因而造成该处的比压较大，容易磨损；另外，鞍形圆柱面（轴瓦）以及球铰等部位较大的摩擦损失也影响了马达的

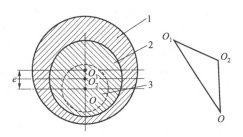

(a) 偏心轴结构　　(b) 变量三角形（圆心放大图）

图5-25 曲轴连杆马达的变量原理

1—偏心套；2—偏心轴；3—曲轴；e—偏心距；
O—曲轴旋转中心；O_1—偏心套圆心；
O_2—偏心轴圆心

启动转矩和低速稳定性，容易产生爬行现象。由于上述种种缺点，目前这种马达的实际应用已经越来越少，分析这种马达原理的目的就是为后面的静平衡马达和内曲线马达的原理分析打下良好的基础。

5.5.2　静平衡式径向柱塞马达

由于曲轴连杆马达存在以上诸多问题，在这种马达的基础上取消连杆，并在主要摩擦副上采用静压平衡技术，减少摩擦损失，改善马达的受力状况，这就是静平衡式径向柱塞马达的主要设计思想。静平衡式径向柱塞马达结构和工作原理如图 5-26 所示。由图 5-26（a）可见，由于该马达外形像五角星以及与柱塞一起密封工作的五边形工作轮（简称五星轮），所以这种马达通常也被称为五星轮马达。该马达没有连杆，由于柱塞底部与五星轮紧密贴合处于平面密封状态，因此液压油可以通过曲轴偏心圆油道和切槽 A、五星轮的油道以及柱塞中心孔油道进入马达壳体的液压缸，在液体压力的作用下柱塞直接压在五星轮上。曲轴的旋转中心与马达壳体的形心重合，均为 O，曲轴偏心圆的圆心为 O_1。图 5-26（b）表示 2 号柱塞在油压作用下，通过五星轮对曲轴产生转矩的工作原理。由机构学可知，如果柱塞底面和五星轮端（其实是嵌在五星轮中的压力环端面）足够光滑，那么柱塞在油压 p 的作用下产生的轴向推力 F（垂直于压力环端面）必定通过曲轴偏心圆的圆心 O_1（这就像一个"高压液柱"作用在 O_1 上），这个作用力 F 将对曲轴的回转中心 O 产生转矩，驱动曲轴沿顺时针旋转。

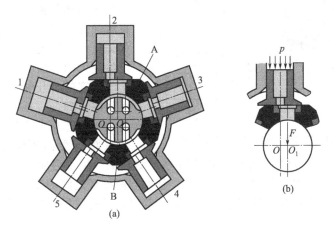

图5-26 静平衡式径向柱塞马达的工作原理

上面分析了 2 号柱塞的传力情况，下面结合图 5-26(a) 分析马达是如何连续运转的。已知曲轴偏心圆切槽 A 通高压，切槽 B 通低压，则在图示状态时，柱塞 1、2、3 处于高压区段，柱塞 4、5 处于低压区段，三个高压液柱都对曲轴旋转中心 O 产生转矩，使曲轴顺时针旋转。随着曲轴的转动，处在曲轴偏心圆上的切槽 A、B 也一起跟着改变位置，这将使柱塞 1 逐渐由高压区段进入过渡状态（即和 A、B 切口均不通），在此瞬时，只有柱塞 2、3 还处在高压区段，对曲轴产生转矩，推动曲轴沿顺时针方向继续旋转。随着曲轴的继续转动，柱塞 1 进入低压区，但此时柱塞 4 却由低压区进入高压区并和柱塞 2、3 一起产生转矩，推动曲轴旋转，就这样总有两个或三个柱塞交替处在高压区段，从而驱动曲轴不停地旋转。

从上述原理分析可以知道，为了使液压油不泄漏，柱塞底部与五星轮的紧密贴合和密封是非常重要的，为此马达的每个柱塞腔内都装有压缩弹簧并设置一定的预紧力，下面还将继续对此进行详细分析。

为改善柱塞、压力环和五星轮等零件的受力情况，减少摩擦损失，可以把它们设计成静压平衡状态，所以这种马达又称静力平衡式液压马达。下面简要分析柱塞、压力环和五星轮的静压平衡原理。

(1) 柱塞的平衡

图 5-27 表示柱塞、压力环、五星轮的受力简图。柱塞顶部 A 面受到马达壳体液压缸内的油压 p 的作用，产生向下的轴向推力 F，把柱塞和压力环看成一体，五星轮腔室内的油压对压力环（C 面）也产生一个向上的轴向推力，如果柱塞直径和压力环直径相等，都为 d，那么压力环的轴向推力也为 F，这两个相等的 F 力把柱塞和压力环紧紧地压在一起。结合图 5-27(b) 所示的柱塞受力情况，分析柱塞和压力环接触面上的接触压力。由于柱塞底面和压力环的环形面是接触的，因此从压力环内径到外径的压力分布按线性减少到零，柱塞底面因油压作用而产生截锥形压力分布的轴向推力 p_1，这个 p_1 力图把柱塞底面和压力环之间撑开，它将减少柱塞底面和压力环接触面之间的接触压力，如果在设计中使 p 略大于 p_1，则（$p-p_1$）这个差值加上柱塞的预紧弹簧力就是两接触面之间的接触压力，良好的设计可以使柱塞既能很好地贴紧压力环和密封圈，又不致在它们的接触面之间产生过大的比压，这样既能保证良好的密封，又不会在相对滑移时产生过大的磨损。

柱塞的静压平衡只是在轴线方向，而从图 5-27(a) 可以看出，柱塞顶部 A 受油压 p 作用产生的轴向推力 F 与压力环底部 C 受油压作用产生的轴向推力

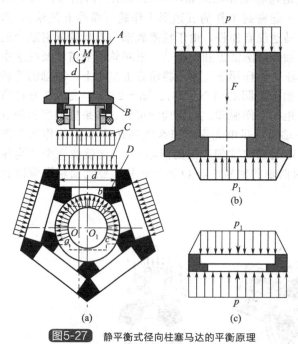

图5-27　静平衡式径向柱塞马达的平衡原理

p_1 不在同一轴线上，这两个相等但不同轴的力 F 对柱塞产生了力偶 M，这对柱塞的往复运动是非常不利的，严重时会导致柱塞与缸体、柱塞与摩擦环之间的摩擦加剧，并有可能使柱塞与压力环密封不严而产生喷油现象，这是设计静平衡马达时需要密切关注的。

(2) 压力环的平衡

压力环的受力情况如图 5-27(c) 所示。由于五星轮中与压力环配合孔的外径和柱塞直径

相等，所以承受的压力正好和图 5-27(b) 相反。而这时的压紧力 p 和撑开力 p_1 作用在同一轴线上，没有不平衡的力矩，所以压力环不受侧向力的作用，这样压力环就可做到较准确的压力平衡。压力环和五星轮配合较浅，有"O"形圈做径向密封，其径向间隙可以做得稍大一些，使压力环具有足够裕度来补偿缸体、柱塞和五星轮因加工误差引起柱塞轴线与五星轮的五角形端面的不垂直造成的接触不良。当压力油进入五星轮时，因压力环的压紧力 p 大于撑开力 p_1，即使五星轮端面、压力环孔和柱塞底面有几何误差（例如不垂直等），压力环也会自动上浮，紧贴柱塞底面，保证它们之间的密封。

（3）五星轮的平衡

五星轮的受力情况如图 5-27(a) 所示，同时参看图 5-26(a)。马达壳体液压缸 1、2、3 处于高压状态，此时的五星轮一方面受三个压力环孔内的油压作用，这三个压力油柱的合力使五星轮压向曲轴偏心圆表面；另一方面，在五星轮和曲轴偏心圆配合表面之间的圆弧内（图示圆弧 $\overset{\frown}{abc}$，其轴向宽度为 B）也作用有高压液体。显然，处在 $\overset{\frown}{abc}$ 圆弧内的液体压力的合力将力图使五星轮和偏心圆表面撑开，即减小两者之间的接触压力。在曲轴的运动过程中，压力环的液柱力的个数是在变化的（有时两个，有时三个），而 $\overset{\frown}{abc}$ 圆弧的长度也在变化，其大小和五星轮的几何尺寸有关，只要在设计中适当地调整五星轮的几何尺寸，使压力环内液柱力的合力与 $\overset{\frown}{abc}$ 圆弧间撑开力的数值大致相等，则五星轮在内外油压作用下将处于平衡状态，这样五星轮在运动过程和曲轴偏心圆表面之间就只有很小的机械接触压力，处于所谓的"平衡悬浮"状态，比压很小，磨损大大降低。

5.5.3 内曲线径向柱塞马达

内曲线径向柱塞马达是低速大转矩马达中非常典型的产品，它具有结构紧凑、功率密度高、传递转矩大、低速稳定性好、效率高、噪声低等优点，广泛应用于工程机械、起重运输机械、农业机械、物流搬运机械以及各种其他工业用途，即凡是需要完成低速大转矩旋转工作的场合几乎都可以看到它的应用。该马达可以设计成具有更大输出转矩的双排柱塞结构，还可以改变作用数，因此能够实现有级变量。根据使用需求，可以做成轴转马达或壳转马达，用于起重机绞盘或者驱动车轮都非常方便，特别是内曲线径向柱塞马达可以胜任的自由轮工况与附带的机械制动系统相互配合，可以大大简化机构的设计，提高机械的作业效率。

（1）工作原理及典型结构

内曲线径向柱塞马达的结构原理简图如图 5-28 所示。内滚道 1 的内表面由 m 段形状相同且均匀分布的曲面组成（本图中 $m=6$），曲面的数目 m 就是马达的作用次数。每一曲面在凹部的顶点处分为对称的两半，一半为进油区段（图中深色部分），另一区段为回油区段（图中浅色部分）。缸体 6 的圆周方向上有 n 个均布的柱塞缸（本图中 $n=8$），柱塞缸中装有柱塞 3，柱塞头部连接有滚柱 2，滚柱 2 可沿内滚道 1 的内表面滚动。在缸体内，每个柱塞缸底部都有配流孔 5（本图中共有 $n=8$ 个配流孔），在配流轴上有配流窗 4（本图中共有 $2m=12$ 个配流窗），配流窗 4 分别接马达的进油和回油，当马达进油旋转时，来自配流窗 4 的高压油将进入某几个柱塞的配流孔

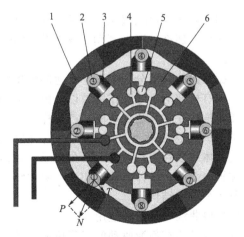

图5-28 内曲线径向柱塞马达结构原理简图

1—内滚道；2—滚柱；3—柱塞；
4—配流窗（配流轴上）；5—配流孔
（缸体上）；6—缸体；①~⑧—柱塞

5做功，其他的柱塞或者回油不做功，或者处于某种中间过渡状态。

例如，图5-28中①号和⑤号柱塞处在进油的高压区段，③号和⑦号柱塞处在回油的低压区段，而②、④、⑥和⑧号柱塞处在中间过渡状态，与进、回油道均不通。考察处于做功状态的①号和⑤号柱塞，并对其中的①号柱塞进行受力分析：高压油进入①号柱塞后对内滚道1产生通过滚柱中心的正压力N，把这个正压力N分解成两个方向的分力，一个是沿柱塞轴线方向的轴向分力P，另一个是沿滚柱中心圆周方向的切向分力T。显然轴向分力P将与柱塞腔内的液体压力相平衡，而切向分力T与圆周半径的乘积将产生马达的转矩。同理，对⑤号柱塞的分析可以得出同样的结论。在配流的相位关系上，显然缸体与配流轴必然是一个转动，另一个固定不动。在图示状态，马达将在①号和⑤号柱塞的作用下输出转矩和转数。如果与缸体6连接的输出轴固定不动，那么内滚道1将逆时针转动（带着配流轴同步转动）；如果内滚道1固定不动，那么与缸体6连接的输出轴将在反作用力下顺时针转动（配流轴固定不动）。

当转过这个状态后，配流窗4和配流孔5的配合关系将发生变化，参与做功的柱塞号数也将改变，而马达的输出转矩也将改变，但无论如何都不会改变马达旋转的方向。显然，当马达的进回油口调换时，马达的旋转方向将会改变。图5-29所示状态即为内滚道固定不动时，变换进、回油口后马达缸体带着输出轴一起转动的情况。

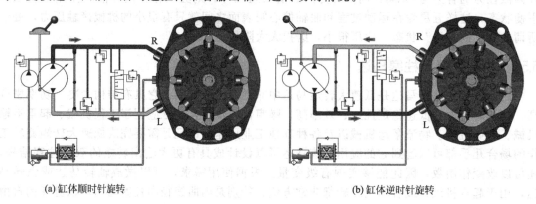

(a) 缸体顺时针旋转　　　　　　　　　　　　　　　　　(b) 缸体逆时针旋转

图5-29　内滚道固定不动时马达的旋转方向

从图5-29中还可以看出，如果马达缸体与马达的壳体相连接，则可以将轴输出改为马达壳体输出，那么就可以利用车轮轮辋的空间装入整个马达，从而使车辆的总体布局更加便利。

根据马达的转矩分析知道，马达的输出转矩实际上是一个变化的值，马达转矩与结构相关的参数有柱塞的尺寸和作用数以及内滚道曲线的形状等，计算时一般取马达的平均转矩，这个转矩值标注在马达制造商的产品样本中。

图5-30是波克兰MS系列内曲线径向柱塞马达的结构简图。它由轴伸、柱塞缸体与滚道、配流体和多片制动器四大部分组成。轴伸采用成对圆锥滚子轴承支承，可以承受很高的径向和轴向载荷，轴伸有花键和法兰两种结构可供选择，图5-30(a)上部所示为法兰结构，下部所示为花键结构。

（2）内曲线马达多种应用

内曲线马达在静液驱动的工程机械领域中获得了非常广泛的应用，下面再以波克兰内曲线径向柱塞马达为例列举两个应用的实例。

① 双速马达　如图5-31(a)所示，这是一个典型的变作用数单排变量马达，它由8个工作曲面，10个工作柱塞，16个配流窗和8个配流孔组成，马达的进回油由一个变速阀来

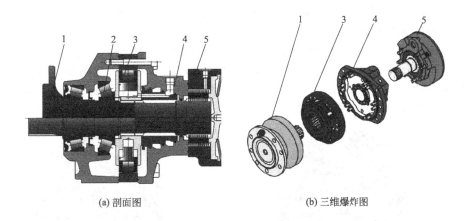

(a) 剖面图　　　　　　　　　　　　(b) 三维爆炸图

图5-30　波克兰 MS 系列内曲线径向柱塞马达

1—轴伸；2—圆锥滚子轴承；3—柱塞缸体与滚道；4—配流体；5—多片制动器

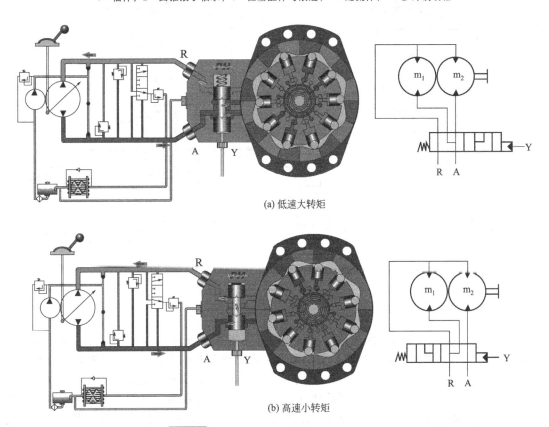

(a) 低速大转矩

(b) 高速小转矩

图5-31　双速内曲线径向柱塞马达的工作原理

进行控制。图 5-31(a) 状态时，变速阀 Y 口没有控制油压，马达以全排量工作，为低转速大转矩工况；图 5-31(b) 状态时，变速阀 Y 口的控制油压使变速阀换向，马达以半排量工作，为高速小转矩工况。

②马达自由轮功能　采用四轮驱动的液压系统越来越广泛地应用于工程机械，其中四轮独立驱动方式具有更大的灵活性，更便于车辆的准确操控，能满足许多特殊的工况和使用要求。由 4 个内曲线马达构成四轮驱动系统是实现四轮独立驱动的有效方式之一，并且可以利用内曲线马达的"自由轮"功能，根据输出转矩的要求，改变实际参与工作的马达数量。

必须提醒的是，利用内曲线马达的自由轮功能时必须避免柱塞出现"敲击"缸体的现象，否则将严重影响马达的寿命。

图 5-32(a)、(b) 是采用弹簧实现马达自由轮工况的工作原理。当图 5-32(a) 所示的控制阀位于左位时，柱塞在油压作用下工作，马达输出转矩和转数；当图 5-32(b) 所示的控制阀位于右位时，马达进、出油口接通，柱塞在弹簧作用下缩回，马达自由空转，不输出转矩和转数，实现所谓的"自由轮功能"。

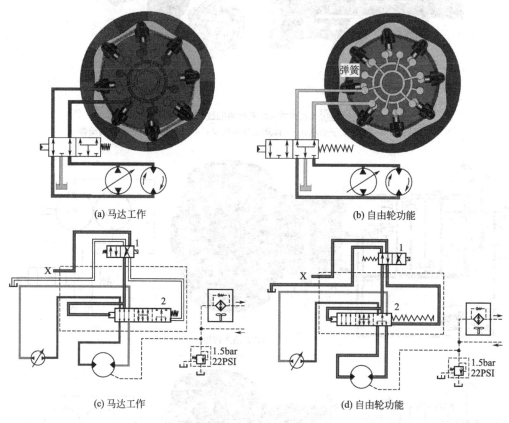

(a) 马达工作　　　　　　　　　　　　(b) 自由轮功能

(c) 马达工作　　　　　　　　　　　　(d) 自由轮功能

图5-32 马达自由轮功能原理

1—电磁阀；2—马达控制阀；X—控制油口

图 5-32(c)、(d) 是采用阀控并设置一定的背压来实现马达自由轮工况的工作原理，图中 X 为控制油口。当图 5-32(c) 所示的电磁阀 1 得电后在右位工作时，马达控制阀 2 在控制油压的作用下右移到左位工作，马达正常工作并输出转矩和转数；当图 5-32(d) 所示的电磁阀 1 失电后在右位工作时，马达控制阀 2 在控制油压和弹簧力的作用下左移到右位工作，马达自由空转，实现自由轮功能。注意到由马达工作转为自由轮功能，即马达控制阀 2 向左移动的过程中有一个全通的"缓冲位置"，并且在自由轮功能时阀 2 给马达的进出油口设置了阻尼，以产生一定的背压，防止马达出现"敲缸"现象。

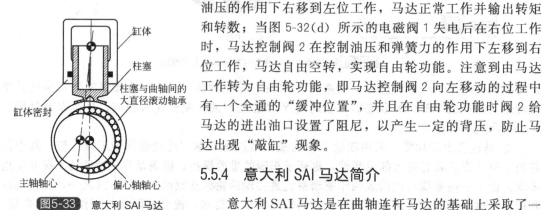

图5-33 意大利 SAI 马达

5.5.4 意大利 SAI 马达简介

意大利 SAI 马达是在曲轴连杆马达的基础上采取了一

些适应高速马达的结构，例如采用摆动缸体、中空柱塞、大直径滚动轴承、柱塞夹持环、浮动式端面配流器等技术措施，如图 5-33 所示。经过改造后的马达兼有径向柱塞马达的低转速和轴向柱塞马达的高转速性能，可用于中高速工况。

5.6 液压缸

5.6.1 液压缸的类型及特点

液压缸是常见的执行元件，按结构形式可分为活塞式液压缸、柱塞式液压缸、摆动液压缸和组合式液压缸，最常用是活塞式液压缸，它可以完成往复运动，输出的主要参数是力和速度，它可以直接推动工作装置（如铲斗、铲刀）做功，也可以通过连杆机构改变传动比后再驱动工作装置。图 5-34 所示为各种结构形式的液压缸。

（1）活塞式液压缸

活塞式液压缸可分为单活塞杆式和双活塞杆式两种。

① 单活塞杆式液压缸 单活塞杆式液压缸的活塞仅一端带有活塞杆，其简图如图 5-35 所示。由于单活塞杆式液压缸左右两腔的有效工作面积不相等，因此，从无杆腔（俗称大腔）和从有杆腔（俗称小腔）通相同压力的油，所得两个方向的推力是不相等的，推力的大小可按式（5-9）和式（5-10）计算。

图5-34 各种结构形式的液压缸

$$F_1 = p_1 A_1 - p_2 A_2 = \frac{\pi}{4}\left[D^2 p_1 - (D^2 - d^2)p_2\right] \tag{5-9}$$

$$F_2 = p_1 A_2 - p_2 A_1 = \frac{\pi}{4}\left[(D^2 - d^2)p_1 - D^2 p_2\right] \tag{5-10}$$

式中　F_1，F_2——压力油进入无杆腔、有杆腔时的推力，N；

　　　p_1，p_2——高压腔、回油腔的压力，Pa；

　　　A_1，A_2——无杆腔、有杆腔的活塞有效工作面积，m^2；

　　　D，d——活塞和活塞杆的直径，m。

当分别给两腔通入相同流量的压力油时，两个方向上得到的运动速度也不相等，分别为

$$v_1 = \frac{4Q}{\pi D^2} \tag{5-11}$$

$$v_2 = \frac{4Q}{\pi(D^2 - d^2)} \tag{5-12}$$

式中　Q——进入液压缸的油液流量，m^3/s；

　　　v_1，v_2——压力油进入无杆腔、有杆腔时活塞的运动速度，m/s。

如图 5-36 所示，当单活塞杆式液压缸两腔同时通入压力油时，由于无杆腔有效作用面积大于有杆腔的有效作用面积，使得活塞向右的作用力大于向左的作用力，因此，活塞向右运动，活塞杆向外伸出；与此同时，又将有杆腔的油液挤出，使其流进无杆腔，从而加快了活塞杆的伸出速度，这种单活塞杆式液压缸的连接方式被称为差动连接，这种液压缸也被称为差动缸。

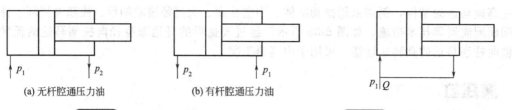

(a) 无杆腔通压力油　　　　(b) 有杆腔通压力油

图5-35　单活塞杆式液压缸简图　　　　　图5-36　单活塞杆液压缸的差动连接

差动连接时，活塞缸输出的推力和活塞的速度分别为

$$F = \frac{\pi}{4} p_1 d^2 \tag{5-13}$$

$$v = \frac{4Q}{\pi d^2} \tag{5-14}$$

由此可见，差动连接时液压缸的有效作用面积是活塞杆的横截面积，运动速度比无杆腔进油时的大，而输出力则较小。差动连接是在不增加液压泵容量和功率的条件下，实现液压缸快速运动的有效办法。

② 双活塞杆式液压缸　双活塞杆式液压缸的活塞两端都带有活塞杆，分为缸体固定和活塞杆固定两种安装形式，如图 5-37 所示。

由于双活塞杆式液压缸的两活塞杆直径相等，所以当输入流量和压力不变时，其往返运动速度和推力相等。缸的推力和运动速度分别为

$$F = \frac{\pi}{4}(D^2 - d^2)(p_1 - p_2) \tag{5-15}$$

$$v = \frac{4Q}{\pi(D^2 - d^2)} \tag{5-16}$$

当活塞式液压缸行程较长时，加工难度增大，使得制造成本增加。

(2) 柱塞式液压缸

对某些并不要求实现双向控制液压缸的场合，可以采用柱塞式液压缸，它的价格相对便宜。图 5-38 是柱塞式液压缸的结构简图和图形符号。从进油口向缸体输入压力油时，柱塞 2 在油压作用下向外推出，而柱塞反方向的回程要靠外力（如自重）实现。

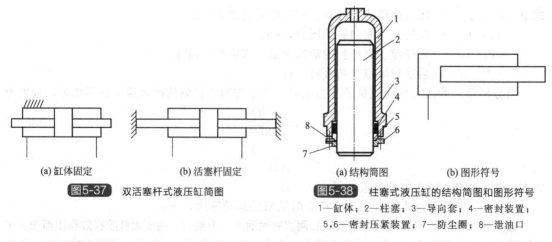

(a) 缸体固定　　　　(b) 活塞杆固定　　　　　(a) 结构简图　　(b) 图形符号

图5-37　双活塞杆式液压缸简图　　　图5-38　柱塞式液压缸的结构简图和图形符号

1—缸体；2—柱塞；3—导向套；4—密封装置；
5,6—密封压紧装置；7—防尘圈；8—泄油口

(3) 摆动液压缸

摆动液压缸能实现小于 360° 的往复摆动，由于它可直接输出转矩，故又称为摆动液压马达，主要有单叶片式和双叶片式两种结构形式，如图 5-39 所示。

图 5-39(a) 所示为单叶片摆动液压缸。当 a 孔通压力油时，压力油推动摆动轴做顺时针方向旋转，转子另一边的回油从 b 孔排出；当 b 孔通压力油时，压力油推动摆动轴做逆时针方向旋转，转子另一边的回油从 a 孔排出；如果用液压阀控制两油口相继通以压力油，叶片即带动摆动轴做往复摆动。

图 5-39(b) 所示为双叶片摆动液压缸。双叶片式摆动液压缸与单叶片式相比，摆动角度小，但转矩增大一倍，且角速度减小一倍，两者输出的功率相同。

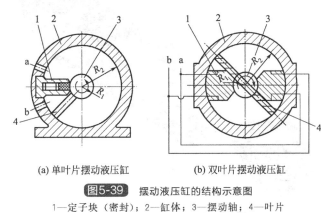

(a) 单叶片摆动液压缸　　　　(b) 双叶片摆动液压缸

图5-39　摆动液压缸的结构示意图
1—定子块（密封）；2—缸体；3—摆动轴；4—叶片

摆动缸结构紧凑，输出转矩大，但密封困难，一般用于中、低压系统中往复摆动、转位或间歇运动的场合。

（4）组合式液压缸

① 伸缩式液压缸　图 5-40 是伸缩式液压缸的结构示意图，由两套活塞缸套装而成，活塞 1 对缸体 3 是活塞，对活塞 2 是缸体。当压力油从 a 口通入，活塞 1 先伸出，然后活塞 2 伸出。当压力油从 b 口通入，活塞 2 先缩回，然后活塞 1 缩回。伸出时的推力和速度是分级变化的，第一级的活塞 1 有效面积大，伸出时推力大、速度低；第二级的活塞 2 有效面积小，伸出时推力小、速度高。

伸缩式液压缸的活塞杆伸出行程长，收缩后的结构尺寸小，适用于翻斗车和起重机的伸缩臂等。

② 增压液压缸　图 5-41 是增压液压缸的结构示意图，它是由大直径活塞缸和小直径柱塞缸（或活塞缸）串接而成的。当大活塞腔输入低压大流量液体时，将推动大活塞和与其相连的小柱塞运动，使柱塞缸输出高压小流量液体，满足执行机械的需要。

增压缸分为单作用式和双作用式两种。单作用增压缸只能单方向输出高压液体，属间断性输出；双作用增压缸具有两个柱塞缸，一个充液，另一个排液，交替工作，可连续输出高压液体。

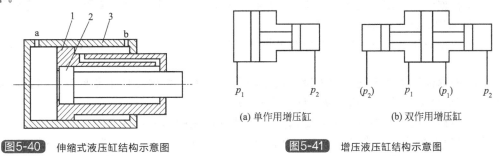

(a) 单作用增压缸　　　　　　(b) 双作用增压缸

图5-40　伸缩式液压缸结构示意图
1,2—活塞；3—缸体

图5-41　增压液压缸结构示意图

5.6.2 液压缸的结构

液压缸的基本结构一般分为缸体组件、活塞组件、密封装置、缓冲装置和排气装置五部分。但并不是所有的液压缸都有缓冲和排气装置，图 5-42 是派克生产的一种液压缸结构。

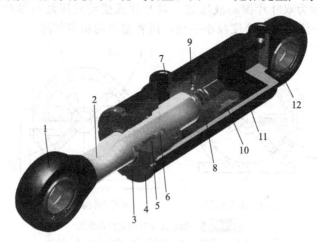

图5-42 双作用单活塞杆液压缸

1—活塞杆头部；2—活塞杆；3—防尘圈；4—缸盖；5—导向套；6—密封圈；7—油口；8—活塞；
9—活塞锁定销；10—活塞密封和支撑环；11—缸筒；12—缸头

活塞杆头部 1 的内孔里装配有关节轴承，可以适应一定范围内的安装和运动误差。活塞杆 2 可以选择各种材料和表面处理方式。防尘圈 3 用于防止外界尘土和泥水等进入油缸内部。缸盖 4 采用螺纹紧固方式（还有螺栓紧固等多种方式）。导向套 5 采用纤维酚醛树脂材料，可以承受较大的侧向力。密封圈 6 为聚氨酯材料。油口连接和密封形式有多种选择（如法兰式、螺纹式）。活塞 8 用活塞锁定销 9 固定（活塞有多种固定形式，工程机械常见的是螺母锁紧）。活塞密封和支撑环 10 的组合也有多种选择，有的是两种功能一体，有的是功能分开。缸筒 11 与缸头 12 一般都采用焊接方式，这样强度会比较高。

5.6.3 液压缸参数设计

关于液压缸（简称油缸）方面的设计资料很多，请读者查看相关设计手册，不再赘述。我们将从整机设计的角度探讨如何合理地进行油缸的参数设计。对于以油缸作为主要做功元件的工程机械（如装载机、挖掘机）来说，油缸是液压系统设计的起点，同时也是总体设计的重要环节，因为它关系到整机的总体性能。下面以装载机动臂缸（双作用单活塞杆式）为例列出油缸参数设计的技术路线。

① 根据整机要求确定发动机功率分配给液压系统所占用的功率百分比（简称功率占比），继而确定液压系统的功率 N。

② 根据液压系统各元件的性能和可靠性确定系统压力 p。据此可以计算出泵的流量

$$Q = N/p$$

③ 根据油缸缸径系列和加工设备状况确定缸径 D，根据设计手册推荐，初选活塞杆直径 d。据此计算出油缸的速比 $\phi = D^2/(D^2 - d^2)$。

④ 根据整机总体参数要求确定满足工作装置性能的第一设计条件。例如第一设计条件是满足动臂缸的全油门提升速度即动臂提升时间 t，并知道动臂缸数量为 2，大腔进油提升，据此可以计算出动臂缸速度 $v = $ 流量/活塞面积 $= 2Q/\pi D^2$，进而计算出动臂缸行程 $s = vt$。

⑤ 计算出油缸推力 $F = 压力 × 活塞面积 = p \pi D^2 / 2$。

⑥ 活塞杆全缩回时油缸的长度尺寸称为油缸的最小安装距，活塞杆全伸出时油缸的长度尺寸称为油缸的最大安装距，油缸的行程 $s = 最大安装距 - 最小安装距$。影响油缸最小安装距的尺寸主要有缸头、缸盖、活塞杆头部和活塞宽度，在保证油缸可靠性的前提下，这些尺寸应该尽量小一些。

⑦ 计算出油缸所做的物理功 $W = Fs$，因所有参数均已知，所以功为定值。

⑧ 计算出油缸的功率 $N = W/t = Fs/t = Fv$，同理，功率 N 也为定值。

可以证明，装载机动臂缸与动臂组成的机构为四杆机构，动臂三角形的其中一条边为伸缩油缸。动臂缸行程 s 与动臂缸在前车架上的位置布置对装载机的动臂挖掘力、动臂提升能力、动臂提升时间以及铲斗卸载高度影响较大。根据能量守恒原理，在做功不变时，设计者如果照顾了卸载高度，必然影响动臂挖掘力；如果想缩短动臂提升时间，除非提高功率，否则必然影响动臂挖掘力或者卸载高度。在动臂机构设计中，设计者还要兼顾动臂提升能力，否则作业时遇到稍微超重的物料就会出现铲斗举升不到设计高度的情况。从以上简单的讨论可以看出，液压工程师还要具备一定的整机知识才能设计出优秀的液压系统。

当某装载机产品遇到需要提高工作装置作业力量或者作业速度时，时常会听到"把系统压力提高一些，把泵的排量增大一些，把缸径增大一些……"等建议，殊不知，提高系统压力和增大泵的排量其实质是提高液压系统的功率，它所带来的问题是，液压系统的功率占比提高了，分配给传动系统的功率减少了，整机功率的分配不合理同样带来整机作业效率的下降。增大缸径虽然带来了挖掘力的提高，但动臂提升时间必然延长。如果学会从能量守恒的角度看问题，从诸多设计参数中找出主要矛盾，抓住它并解决之，对于次要矛盾采取兼顾，对不重要的参数甚至可以忽略，就可以在"有限的功率"范围内使机器发挥出最大的效率。

除以上油缸的参数设计关乎整机性能参数之外，油缸自身设计时还需要考虑以下几点。

① 增大油缸的最小导向长度。活塞的宽度尽可能宽一些，并在结构设计上使活塞受力的支撑环尽量远离缸盖，以增强油缸在最大安装距时的支撑刚度；同样道理，缸盖的导向套也要尽可能远离活塞。

② 缸盖导向套和活塞支撑环要有足够的硬度，一般采用高分子材料，活塞支撑环良好的纳污能力将有效延长油缸的寿命。

③ 活塞的直径要小于油缸内径。活塞杆的往复运动，其两端依靠缸盖上的导向套和活塞上的支撑环支撑，在保证活塞支撑环的安装和在往复运动中不滑脱的条件下，活塞的直径还是小一些比较好。如果活塞直径过大，油缸在支撑环受力后变形的情况下很容易划伤缸体内径，使活塞的密封失效，拆开油缸后会发现缸体内部有很深的纵向划痕，这就是所谓的"拉缸"故障。当然，油液的污染更是拉缸故障的罪魁祸首。从这里也可以看出，油液的清洁度、密封环的密封能力和支撑环的纳污能力对提高油缸的寿命是非常重要的。

④ 缸体的强度必须仔细验算。

⑤ 油缸两端的支撑不能出现干涉现象。安装油缸两端的铰点时应保证油缸的轴线不被弯曲，为此不允许强行装配，否则受到侧向力的油缸很容易损坏。例如装载机的转向缸铰点在装配时偶尔会遇到前、后车架在垂直方向的铰点制造误差，其表现为装配好转向缸的某一端后再装配另外一端时，活塞杆头部（或缸头头部）无法放进结构件的槽口，此时正确的做法是用垫片调整制造误差，使油缸能够很顺利地推入槽口，如若采取"硬撬进去"的装配方法，将会使转向缸在安装时就额外受到一个很大的侧向力，这样的油缸工作寿命不会长。

⑥ 油缸行程需留有足够的裕度。一般不允许活塞杆高速碰撞缸头或者缸盖，严重时甚至会将缸盖螺栓拉脱。必要时需设计缓冲装置。

⑦ 失效的油缸中有很大一部分原因来自于油缸"失稳"，活塞杆直径大一些可以使油缸抗失稳能力提高，但过粗的活塞杆会带来油缸速比 ϕ 过大，在小腔进油、大腔回油时因流速过高造成回油背压增大。

⑧ 除必须满足各部尺寸和强度要求外，应该尽量减少"无谓"的钢材堆积。工程机械作业时的整机稳定性是非常重要的，尤其是"远离"机体的油缸，其无谓的钢材消耗必然带来"配重"的大量增加，这是一种严重的浪费行为。

第**6**章 负荷传感液压系统及控制

6.1 负荷传感液压系统及控制原理

6.1.1 负荷传感系统的主要组成元件

负荷传感系统分为变量负荷传感系统和定量负荷传感系统。变量负荷传感系统的主要组成元件是负荷传感泵（图 6-1）和负荷传感型分配阀（简称主控阀，见图 6-2）。定量负荷传感系统的主要组成元件是定量泵（齿轮泵、叶片泵）和负荷传感型分配阀（必须带三通压力补偿器）。

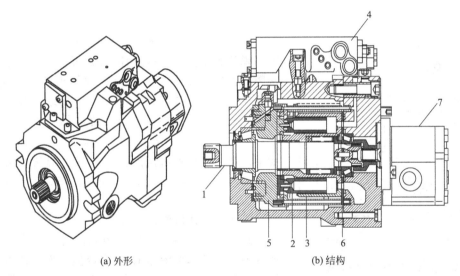

(a) 外形   (b) 结构

图6-1 负荷传感变量柱塞泵（本例串接了齿轮泵）

1—输入轴；2—柱塞；3—缸体；4—控制部分；5—斜盘；6—配流盘；7—齿轮泵

6.1.2 负荷传感基本原理

以图 6-3 所示的负荷传感液压系统为例，分析负荷传感液压系统的基本原理。泵出口的液压油分为两路，一路经过主控阀后流向执行元件，另一路引向负荷传感泵的排量控制器。泵的排量控制器主要由负荷传感（Load-Sensing）阀（简称 LS 阀）和伺服缸组成。LS 阀的弹簧腔作用负载信号压力和弹簧力，LS 阀的非弹簧腔作用泵的出口压力。

负荷传感泵出口压力为 p，负载压力为 p_{LS}，得出由主控阀开口量形成的节流口前后的压差

$$\Delta p = p - p_{LS} \tag{6-1}$$

对于 LS 阀，出口压力 p 作用在 LS 阀上端，弹簧力 p_K 和负载压力 p_{LS} 作用在 LS 阀下端，假设液压油作用在 LS 阀两端的有效面积相同，则 LS 阀阀芯的平衡方程为

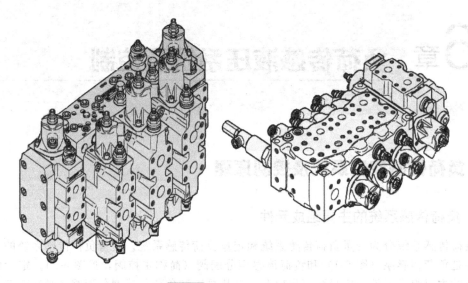

图6-2 负荷传感型分配阀

$$p = p_K + p_{LS} \qquad (6-2)$$

整理得

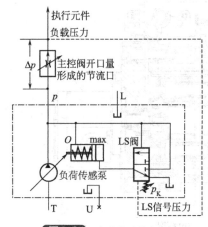

图6-3 负荷传感基本原理

$$\Delta p = p_K（定值） \qquad (6-3)$$

即当弹簧力 p_K 变化不大时，Δp 可以看作一个不变的常数，方向为指向下。需要特别指出的是，Δp 是由于液压油通过节流口而产生的，与负载和泵出口压力无关。液压油通过主控阀的流量 Q 为

$$Q = KA\sqrt{\Delta p} \qquad (6-4)$$

式中　K——与液压油的性质和开口形状等参数相关的系数，对于确定的开口结构和油品，K 为常数；

　　　A——开口面积，m^2。

式(6-4) 说明，如果主控阀的开口面积 A 一定，那么通过主控阀的流量 Q 就为定值。换句话说，负荷传感系统中，通过控制主控阀的开口面积（即节流口大小）就可以调节负荷传感泵的输出流量，即通过主控阀的流量。

主控阀的开口面积与司机操纵主控阀阀杆的幅度有关，流量大小对应执行元件的速度。因此得出结论：执行元件的速度只与司机操纵主控阀杆的幅度大小有关，而与执行元件的负载大小无关。

为加快系统的响应速度和补充少量内部泄漏，没有负载时一般预设 Δp 为 2MPa。

下面结合图 6-3 分析负荷传感液压系统的工作过程。

在发动机启动前负荷传感泵不工作，泵出口压力以及负载信号压力都为零。LS 阀在弹簧力作用下向上运动，使泵排量控制器的伺服缸大腔通油箱，伺服活塞在伺服缸小腔力的作用下右移，负荷传感泵处于最大排量位置。

在发动机启动后负荷传感泵开始工作，当主控阀无动作即开口量为零时，泵出口油被封闭，迫使其压力升高，而此时的负载信号压力 p_{LS} 为零，所以 LS 阀两端的压差 Δp 达到最大。这个压差 Δp 作用在 LS 阀阀芯上端使其向下运动，使泵出口压力油流向泵排量控制器

的伺服缸大腔。现在伺服缸大小腔两端同时作用着泵出口压力,形成差动缸,于是伺服活塞左移,使负荷传感泵的排量减到最小。

当需要执行元件工作时,操纵主控阀阀杆,主控阀阀芯有了一定的开口量,液压油通过主控阀进入执行元件,执行元件克服负载时产生了压力,于是有负载信号压力 p_{LS} 产生,LS阀阀芯两端的压差 Δp 从最大值开始减小,破坏了LS阀的平衡状态,于是LS阀阀芯在弹簧力 p_K 作用下向上移动,使泵排量控制器的伺服缸大腔通油箱,伺服活塞右移,负荷传感泵的排量开始增大。随着泵排量的增大,流过主控阀的流量增加,从式(6-4)可知,Δp 开始增大,一直到LS阀再次达到平衡状态并满足式(6-3)为止,此时泵输出稳定的流量,系统稳态工作。

当主控阀阀芯开度进一步增大时,其节流效果减弱,使 Δp 减小,LS阀在 p_K 作用下继续向上移动,使泵排量控制器的伺服缸大腔通油箱,伺服活塞右移,负荷传感泵的排量继续增大,Δp 增大,使LS阀再次重新达到平衡状态并满足式(6-3)。

当主控阀阀芯开度减小时,其节流效果增强,使 Δp 增大,LS阀阀芯在 Δp 作用下向下移动,使泵出口压力油流向泵排量控制器的伺服缸大腔。伺服缸大小腔两端同时作用着泵出口压力,形成差动缸,于是伺服活塞左移,泵排量减小。

综上所述,主控阀开度发生变化将引起 Δp 改变。主控阀开度增大时,Δp 减小,泵的排量增加;主控阀开度减小时,Δp 增大,泵的排量减小。主控阀开度不变时,泵排量不变,系统流量稳定并满足式(6-3)。这样,泵提供给主控阀的流量将准确地随着主控阀的开度变化而变化,既不会多也不会少。这从图 6-3 中也可以看出,只要泵提供的排量不准确,Δp 的大小就会变化,从而引起LS阀的不平衡,LS阀就要上下移动,而LS阀在移动的过程中就调整了泵的排量,以适应主控阀的开度。

下面分析发动机转速变化时负荷传感系统的工作情况。

系统正常工作时,假如发动机转速升高,泵的转速将增大。如果此时泵的排量不变(即斜盘倾角不变),那么泵输出的流量将增大。根据式(6-4)可知,主控阀两端的压差 Δp 将增大,这就破坏了LS阀的平衡状态,使得LS阀阀芯克服弹簧力向下移动,使泵的排量减小,以维持泵输出的流量不变;同理,假如发动机转速降低,泵的转速也降低,泵输出的流量将减少,主控阀两端的压差 Δp 也减小,LS阀在弹簧力作用下向上移动,使泵的排量增大,继续维持泵输出的流量不变。

由此得出结论:负荷传感泵输出的流量只受主控阀的开度影响,即主控阀的开口量对应负荷传感泵的流量,而与负载压力或发动机的转速无关。上述分析是基于泵的排量还有一定的调节范围而言,如果泵的排量已经达到极限值,泵的输出流量就将随着发动机的转速变化而变化,这就提出了一个阀杆的通流量与泵的流量如何进行合理匹配的问题。

懂得了这个原理,司机在操作配置了负荷传感系统的变油门机器(例如装载机)时,如果司机加大油门,而工作装置控制手柄的角度不增加,油缸的运动速度也不会加快,所以踩油门的同时还必须继续扳动手柄,这与定量系统的操作是不同的。如果此时工作装置手柄的角度已经达到最大,油缸的速度是否还会加快就要看阀杆的通流量与泵的流量是如何匹配的。如果阀杆通流量小而泵的流量还有富裕,这将产生较大的 Δp,泵的排量将减小,维持总流量不变;如果阀杆通流量大而泵的流量还有富裕,就不会产生较大的 Δp,泵的流量将随着转速的增加而继续增加。主控阀的开口量决定了阀的通流能力,阀的通流能力决定了 Δp,而 Δp 控制着泵的排量,这就是负荷传感系统的实质。

需要注意的是,负荷传感泵一般适用于闭中位回路。因为只有当阀杆中位闭芯时,泵出口的压力才会被迫升高,产生的 Δp 将使LS阀下移,使泵的斜盘倾角处于最小排量位置,降低液压损失。在后面的第 7 章中还有负荷传感泵用于开中位回路的例子,但此时必须采用较大的阻尼才能迫使泵出口压力升高，产生的 Δp 才能使泵处于最小排量。

6.1.3 负荷传感控制回路

负荷传感技术可以应用在流量适应回路中，尤其是要求多个执行元件同时动作的协调性，以及随意增减执行元件数量的场合。负荷传感技术还可以应用在功率适应回路中，例如挖掘机的"负荷传感+电控调节"控制回路。

负荷传感液压系统可以根据执行元件所需的流量自动调节泵的输出，因此节能效果显著。除早些年就已获得应用的挖掘机和起重机外，CAT、KOMATSU 和 VOLVO 等最新一代的装载机系列产品也已开始全面应用负荷传感技术。装载机的操作系统很多，例如转向系统、工作系统、制动系统和风扇散热系统等，负荷传感技术都能在这些系统中得到很好的应用。值得一提的是，柳工作为中国工程机械的排头兵企业，近年来在负荷传感技术方面的研究取得了重大突破，继早些年在摊铺机的螺旋粉料系统中采用负荷传感技术之后，最新一代的 H 系列装载机就配备了最先进的负荷传感系统。

下面分析不同的负荷传感控制回路以及工作原理。

（1）负荷传感+电控调节控制回路

负荷传感+电控调节控制回路的原理见图 6-4。与图 6-3 所示的负荷传感系统相比，该负荷传感系统在 LS 阀的非弹簧腔增加了一个由电比例减压阀控制的液压控制信号 p_D。电比例减压阀失电时，减压阀出口没有压力输出。当电比例减压阀得电后，由于阀入口接的是负荷传感泵出口的高压油，因此减压阀出口有减压后的压力油进入 LS 阀的非弹簧腔，这个压力使 LS 阀阀芯向右移动，让泵出口的高压油通过 LS 阀阀芯进入排量控制器的大腔，从而减小泵的排量。

假设经过电比例减压阀后作用到 LS 阀非弹簧腔的压力为 p_D 的作用面积等于 LS 阀阀芯的面积，加入电控调节之后，LS 阀的平衡方程为

$$p + p_D = p_{LS} + p_K \tag{6-5}$$

主控阀开口量形成的节流口前后压差

$$\Delta p = p - p_{LS} = p_K - p_D \tag{6-6}$$

对比式（6-3）与式（6-6）可以发现，有电控调节时的压差要小于无电控调节时的压差，其差值即为 p_D。根据流量公式（6-4）可以得出结论：加入电控调节可以减小系统的流量。当外负载增大到使发动机转速下降较大时，发动机转速传感器可以将该转速信号传递给控制器，控制器自动调整电比例减压阀的输入电流，减小泵的排量，使发动机负荷减小，发动机转速恢复正常。

图 6-5 所示为负荷传感+电控调节的结构原理，该图可与图 6-4 相互结合起来一起看。

图 6-5 中 LS 阀阀杆 9 的右端弹簧腔作用着弹簧力和负荷传感信号压力 6，左端 C 腔中作用着泵出口压力 8，D 腔中作用着来自电控或压力切断控制腔 3 的压力，Δp 的方向为指向右。对于泵的两个伺服缸来说，伺服缸小腔活塞 10 始终作用着泵的出口压力，而伺服缸大腔活塞 13 是否有油压作用则取决于 LS 阀阀杆 9 的位置。泵斜盘左端受到伺服缸小腔活塞 10 和伺服缸小腔弹簧 11 的作用力，右端受到伺服缸大腔活塞 13 的作用力。斜盘逆时针偏转泵排量增大，顺时针偏转泵排量减小。

下面详细分析负荷传感+电控调节如何控制泵的排量。

发动机启动前，泵出口没有压力，LS 阀阀杆 9 在弹簧力作用下位于最左端，而伺服缸大腔 7 通油箱，因此泵斜盘 12 在伺服缸小腔弹簧 11 的作用力下逆时针偏转，泵处于最大排量位置。

发动机启动后，泵出口的油分别进入主控阀、伺服缸小腔和 LS 阀的 C 腔。由于主控阀

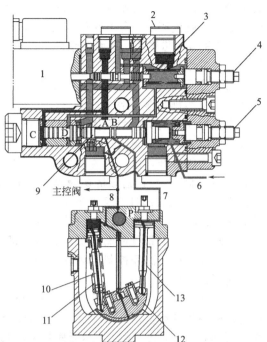

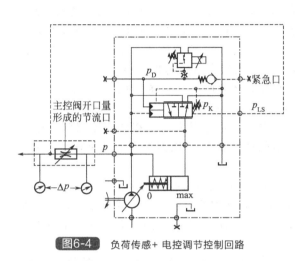

图6-4 负荷传感+电控调节控制回路

图6-5 负荷传感+电控调节结构原理

1—电比例减压阀；2—紧急控制口；3—电控或
压力切断控制腔；4—电控压力调整螺钉；5—压差
（Δp）调整螺钉；6—负荷传感信号压力管路；
7—伺服缸大腔；8—泵出口和伺服缸小腔；
9—LS阀阀杆；10—伺服缸小腔活塞；11—伺服缸
小腔弹簧；12—泵斜盘；13—伺服缸大腔活塞

中位闭芯，所以通往主控阀的油被阀杆阻止，而伺服缸小腔和 LS 阀的 C 腔也被封闭，于是泵出口压力被迫升高，LS 阀阀杆 9 在 C 腔油压的作用下向右移动，A、B 腔连通，使泵出口压力油经 LS 阀阀杆 9 进入伺服缸大腔 7。现在伺服缸的大小腔同时作用着相等的压力而成为差动缸，斜盘在差动缸的作用下克服伺服缸小腔弹簧 11 的作用力顺时针偏转，使泵的排量减到最小。

当机器没有任何动作时，LS 信号压力为零，泵出口压力值始终大于 LS 弹簧设定值，所以 LS 阀阀芯被一直推向右边，此时泵出口保持的压力称为待机压力，其 Δp 达到最大值。Δp 值的大小与泵维持润滑所需的油量有关，也与系统要求的启动响应速度有关，还与主控阀等元件的内泄漏量有关。Δp 可由 LS 阀的弹簧控制：如果各环节需要的流量增大导致负荷传感泵流量不足使待机压力降低，那么 LS 阀阀杆 9 将在弹簧力作用下向左移动，伺服缸大腔回油，泵斜盘逆时针偏转，泵排量增加，使待机压力升高；如果待机压力过高，LS 阀阀杆 9 在 C 腔油压的作用下向右移动，A、B 腔连通，泵排量控制器的斜盘角度减小，泵的排量减小，使待机压力降低。最终使泵出口油压维持待机压力不变。为了保证泵能提供最小排量，一般泵还设有最小排量的机械限位装置，出厂前测试待机压力。

当需要执行元件工作时，打开主控阀，液压油进入执行元件克服负载的同时将 LS 信号压力通过管路 6 传输到 LS 阀阀杆 9 的弹簧腔，因此作用在阀杆 9 的 Δp 减小，阀杆 9 左移，B 腔通油箱。这样，泵斜盘在伺服缸小腔活塞 10 和弹簧 11 的共同作用下逆时针偏转，泵的排量增大。随着泵排量的增大，Δp 也增大，当 Δp 再次与弹簧 11 的力 p_K 相等时，LS 阀回到中位，B 腔被封闭，伺服缸大腔也被封闭。此时泵输出的流量与主控阀开口量所决定的流量刚好匹配，不多也不少，即 LS 阀阀芯的位置总是满足 Δp 与 p_K 相等。如果阀芯的平衡被破坏，就说明 Δp 有了变化，而能够引起 Δp 变化的就是阀的开口量以及泵的流量，但这将使 LS 阀阀芯移动，从而使泵的斜盘角度改变，调节泵的排量，最终使泵的流量与主控阀的开口量相匹配。

当主控阀阀杆的开口量进一步增大时，其节流效果减弱，Δp 减小，阀杆 9 左移，B 腔通油箱，泵的排量继续增大。

当执行元件的负载增加使发动机转速下降较多时，微电脑控制器可以向电比例减压阀 1 输入一定电流，减压阀阀杆右移。当电磁力与减压阀弹簧力平衡时，减压阀阀杆保持在某一位置，减压阀打开，让来自 A 口的高压油经过减压后输出一定的压力，经 E 腔进入电控或压力切断控制腔 3（注意该腔的反馈油压可以使减压阀的出口压力保持稳定），然后通过油道进入 D 腔。现在阀杆 9 又增加了 D 腔的压力作用，于是阀杆 9 右移，A、B 腔沟通，泵斜盘顺时针偏转，倾角减小，泵的排量减小，从而使发动机的负荷减小，转速恢复正常。

同理，当遇到紧急情况需要泵斜盘立即回到中位时，可以人为地在紧急控制口 F 输入压力油，通过单向阀经控制腔 3 进入 D 腔，于是阀杆 9 在 D 腔压力作用下迅速右移，泵斜盘迅速回到中位。

在 4.5.2 液压伺服控制系统的原理中我们知道负反馈是伺服控制的一个重要特征，上述负荷传感泵的控制里，LS 阀阀杆 9 的移动就同样具有这种特征：当 Δp 减小时，阀杆 9 左移，泵排量增大，Δp 增大，然后阀杆 9 右移回位；当 Δp 增大时，阀杆 9 右移，泵排量减小，Δp 减小，然后阀杆 9 左移回位。

图 6-5 所示阀杆 9 的中位位置，如果阀杆完全封闭了 B 口到 A 口和 B 口到油箱的通道，泵的反应速度将会变慢；如果这些油道完全沟通，又将影响斜盘在任意倾角位置的固定。为了解决这个问题，一般在阀杆上设计有很小的节流槽，这是进行阀的动态稳定设计时需要研究和考虑的问题。

图 6-6 所示为负荷传感 + 电控调节功率控制形式的压力-流量（p-Q）曲线。

从图 6-6 中可以看到，当没有达到系统功率需要进行功率限制（即恒功率控制）时，负荷传感系统都能工作。在负荷传感系统工作区域内所控制的功率（压力与流量的乘积即为功率，图中两个阴影部分的总面积）与系统实际需求的功率相比只多了

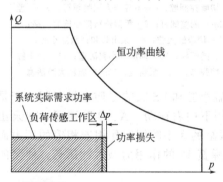

图6-6 负荷传感＋电控调节功率曲线

很小一部分功率损失，这个损失等于系统压差与系统实际流量的乘积。当达到系统功率或超过系统功率时（例如挖掘机液压系统功率过大导致发动机严重掉速），电控调节功能起作用，使泵的流量减小，从而将泵控制在恒功率范围内。这种电控泵理论上的恒功率控制曲线（双曲线）由无数个 p-Q 点组成，实际上不可能做到如此精确，只要满足工程控制的精度需要即可。

（2）负荷传感＋压力切断控制回路

图 6-7 是负荷传感＋压力切断控制回路。泵压力切断的作用是：当系统压力达到或超过安全阀的设定压力时，泵斜盘快速地回到中位，泵只输出很小的流量，系统几乎没有溢流压力损失。压力切断可分为泵自带压力切断和远程负载压力切断两种形式。

与图 6-3 所示的负荷传感基本原理相比，图 6-7(a) 泵自带压力切断控制回路在 LS 阀前串联了一个压力切断阀，并将泵出口液压油引入该阀的非弹簧腔作为控制压力。当泵出口压力在压力切断阀弹簧所决定的设定值以下时，压力切断阀阀杆在弹簧力作用下处于图示位

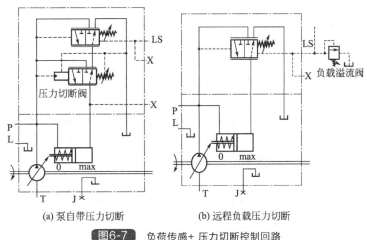

(a) 泵自带压力切断   (b) 远程负载压力切断

图6-7 负荷传感+ 压力切断控制回路

置，此时的 LS 阀可以正常工作。当泵出口压力达到设定值时，压力切断阀阀杆在液压力的作用下克服弹簧力右移，于是泵出口的高压油通过压力切断阀进入泵排量控制器伺服缸大腔，使泵的排量迅速减小。从图 6-3 中可以看出，压力切断阀阀杆右移的动作还阻断了 LS 阀与泵排量控制器伺服缸大腔的油道。因此，压力切断阀的动作优先于 LS 阀，即只要泵出口压力达到设定值，压力切断阀将立即起作用，使斜盘回到中位。

图 6-7(b) 中，远程负载压力切断控制没有在泵的排量控制器上设置压力切断阀，而是在负载反馈回路上设置了一个流量很小的负载溢流阀，并将 LS 信号压力作为负载溢流阀的作用入口。由于负载溢流阀可以不设置在泵的附近，所以可以布置得远一些，从而构成远程外控压力切断。当负载压力达到负载溢流阀的设定值时溢流阀打开溢流，此时泵出口压力将大于负载压力与 LS 阀弹簧力之和，于是 LS 阀右移，泵出口高压油进入泵排量控制器伺服缸大腔，使泵的排量迅速减小。

泵自带压力切断与远程负载压力切断相比，远程负载压力切断时有些许负载溢流阀的溢流损失，而泵自带压力切断则没有溢流损失。

需要注意的是切断压力与待机压力的概念不同。尽管在这两种工况下负荷传感泵的斜盘都要回到最小角度，但两种工况下泵出口的压力值是不一样的。切断压力值由压力切断阀的弹簧力或负载溢流阀的弹簧力决定，而待机压力则由 LS 阀的弹簧力决定。

（3）负荷传感＋无级可调压力切断控制回路

在图 6-7(a) 泵自带压力切断的基础上增加一个电比例负载溢流阀便可以得到"负荷传感＋无级可调压力切断"控制回路，见图 6-8。

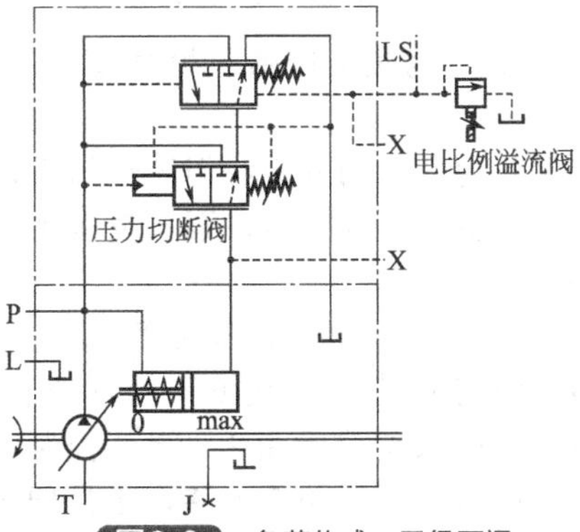

如上所述，当负载增大导致负载压力超过电比例溢流阀的调节压力时，电比例溢流阀溢流，LS阀右移，使泵的排量迅速减小。

电比例溢流阀的应用使得泵的压力切断远程无级可调，控制起来非常方便。根据需求可以采用手控或自动控制，这对于可换多种工作装置并且作业时对负载压力有不同要求的场合更加合适。例如，抱叉作业时夹持水泥管与夹持钢管要求的夹紧力不同，设计者就可以根据两种不同材质管子的强度来设计不同的溢流压力，作业前用户选取"钢管"或"水泥管"工作模式，保证管子不被夹坏。这一想法已被柳工申

图6-8 负荷传感＋无级可调压力切断控制回路

请专利。

泵自带的压力切断阀的切断压力值要稍大于电比例溢流阀的最大压力，即电比例溢流阀要优先于压力切断阀开启。

(4) 恒压控制回路

如果将图 6-7(a) 所示的负荷传感 + 压力切断控制回路的 LS 口与泵的出口短接起来，便构成恒压控制回路，见图 6-9。这种回路的 LS 阀将在弹簧力的作用下始终处于图示位置，不再起排量调节作用，于是负荷传感泵就变成一个带压力切断功能的定量泵。设计者可以灵活地运用这种短接并在短接油路上增加一些控制，从而拓展系统的应用。

(5) 负荷传感 + 恒功率 + 电控调节控制回路

负荷传感 + 恒功率 + 电控调节控制回路见图 6-10。该控制回路是在图 6-3 所示回路的基础上，在 LS 阀前面增加了恒功率控制阀 LB，同时 LB 阀阀杆的位移通过机械负反馈装置反馈回排量控制器。当泵的压力小于 LB 阀设定的压力值时，泵的排量由 LS 阀控制；当泵的压力超过 LB 阀设定的压力值时，LB 阀起作用，随着压力的升高而泵的排量减小，使泵始终在限定的功率范围内工作，形成恒功率控制。在 PZ 口输入不同的压力信号可以改变泵的功率调节范围，即如果采用电比例减压阀在 PZ 口进行输入压力的控制就可以实现电控恒功率变量。

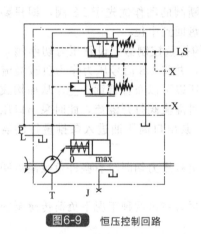

图6-9　恒压控制回路

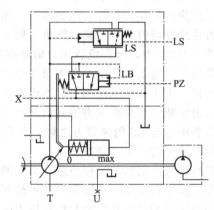

图6-10　负荷传感 + 恒功率 + 电控调节控制回路

图 6-11 为负荷传感 + 恒功率 + 电控调节控制的结构原理，下面结合该图分析其工作原理。

通过前几节的分析我们已经知道，伺服缸小腔 3 始终连通泵出口，伺服缸大腔 4 通高压油时，斜盘顺时针偏转，泵排量减小；伺服缸大腔 4 通油箱回油时，斜盘逆时针偏转，泵排量增大。

图 6-11 中泵出口高压油通过油道进入 LB 阀 6 的 a 腔，当泵出口的压力小于 LB 阀 6 的弹簧力设定值时，LB 阀 6 不动且处于图示位置，通道 b 经通道 x 与伺服缸大腔 4 相通，此时负荷传感泵的排量由 LS 阀 8 控制，LS 阀 8 的 Δp 方向为指向上。当主控阀开口量增大时，Δp 减小，LS 阀 8 下移，于是伺服缸大腔 4 经通道 x、通道 b 与油箱通道 d 相通，泵排量增加；当主控阀开口量减小时，Δp 增大，LS 阀 8 上移，于是 e 腔的泵出口高压油经通道 b、通道 x 进入伺服缸大腔 4，泵排量减小。

当泵出口的压力升高并达到 LB 阀 6 的设定值（即泵的起调压力）时，泵斜盘暂时不动，a 腔压力油克服双弹簧组件中的弹簧力使 LB 阀 6 向下移动，遮断了伺服缸大腔 4 与通道 b，同时还连通了 c 腔与伺服缸大腔 4 的通道，此时泵的排量转由 LB 阀 6 控制。因为 c 腔与泵出口连通，所以当 c 腔与伺服缸大腔 4 相通后，斜盘在差动缸的液压力作用下顺时针

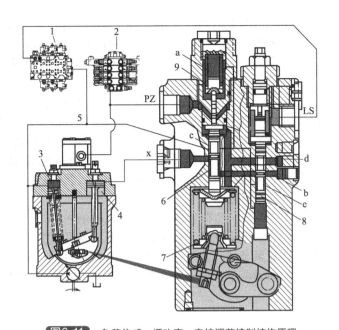

图6-11 负荷传感＋恒功率＋电控调节控制结构原理

1—主控阀；2—其他控制阀；3—伺服缸小腔；4—伺服缸大腔；5—负荷传感泵出油；6—LB阀；
7—双弹簧组件；8—LS阀；9—回位弹簧；PZ—电控口；d—油箱通道

偏转，泵排量减小。这个随着压力升高而排量减小的控制即为泵的恒功率控制。注意到斜盘偏转的同时还将带动双弹簧组件 7 一起顺时针偏转，推着 LB 阀 6 上移回位，完成恒功率控制的机械负反馈动作。

当泵出口的压力降低但仍大于 LB 阀 6 的设定值（即泵的起调压力）时，a 腔压力降低，双弹簧组件中的弹簧力推动 LB 阀 6 上移，使伺服缸大腔 4 经通道 b 与油箱通道 d 连通，于是泵斜盘在伺服缸小腔 3 的压力及小腔弹簧力的作用下逆时针偏转，泵排量增大。同理，这个随着压力降低而排量增大的控制就是泵的恒功率控制。注意到斜盘偏转的同时还将带动双弹簧组件 7 一起逆时针偏转，这样 LB 阀 6 在 a 腔压力以及 a 腔回位弹簧 9 的作用下下移回位，完成负反馈动作。

更详细的有关恒功率控制方面的分析请读者参见 4.6.2 中的单泵恒功率控制。

上述分析中我们谈到通道 b 与油箱通道 d 是连通的，但从图 6-11 上看，通道 b—d 却被 LS 阀 8 封闭着，两个通道并不连通，因此有必要分析一下 LB 阀 6 起作用时 LS 阀 8 的工作状态。假设主控阀阀杆在某个开度不变，如果负载压力不够高，还不能使 LB 阀 6 起作用，那么泵的排量就由 LS 阀 8 控制，此时泵的排量刚好适应这个阀杆开度。如果负载压力开始升高并使 LB 阀 6 起作用，泵的排量将会减小，而通过主阀杆的流量减小（注意阀杆开度没变）就意味着 Δp 减小，LS 阀 8 的平衡将被破坏，于是 LS 阀下移，从而将通道 b—d 打开。也就是说，只要 LB 阀 6 起作用就意味着泵排量的减小，不会比 LS 阀 8 控制时泵的排量大，那么通过主阀杆的流量也就不会比 LS 阀 8 控制时的大，Δp 也将小于 LS 阀 8 控制时的值，LS 阀下移，通道 b—d 将一直处于连通状态。

此例中设计者可以根据需要附加定量泵作为优先输出，控制其他中位开芯形式的方向控制阀，也可以在 PZ 口输入压力信号使 LB 阀 6 下移，从而减小泵的排量（即减小泵的功率）。PZ 口即可以作为电控排量调节的控制口，也可以作为紧急控制口。

从上面的分析可以看出，恒功率控制优先于负荷传感控制。图 6-12 所示为负荷传感＋恒功率＋电控控制的特性曲线。如果在 PZ 口输入不同的压力信号就可以调节泵的功率输

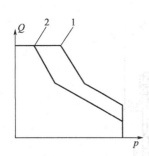

图6-12 负荷传感 + 恒功率 +
电控调节特性曲线
1—PZ 口无压力信号；
2—PZ 口输入一定的压力信号

出。图中曲线 1 表示的是 PZ 口没有控制压力时泵的功率曲线，曲线 2 表示的是 PZ 口有一定的控制压力时泵的功率曲线。如果采用电比例减压阀对 PZ 口进行无级压力控制就可以实现电控恒功率控制。

（6）负荷传感 + 恒功率 + 压力切断控制回路

负荷传感 + 恒功率 + 压力切断控制回路见图 6-13。该控制回路是在图 6-10 的基础上增加了压力切断阀而形成的。其中恒功率控制部分的原理请参见 4.6.2 中的单泵恒功率控制。系统控制的优先顺序为压力切断最先作用，然后是恒功率控制，最后是负荷传感控制。

（7）负荷传感 + 电控双泵控制回路

负荷传感 + 电控双泵控制回路见图 6-14。这是典型的中吨位挖掘机使用的电控负荷传感双泵系统，它是把两个同样排量的电控负荷传感泵并联起来，按照挖掘机的需要分别为主控阀采取单独供油或者合流供油的方式。本例中是向某个阀杆合流供油。

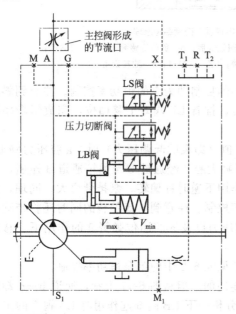

图6-13 负荷传感 + 恒功率 + 压力切断控制回路

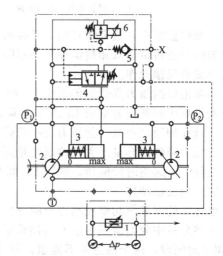

图6-14 负荷传感 + 电控双泵控制回路
1—主控阀；2—电控负荷传感泵；3—泵排量控制器；
4—LS 阀；5—单向阀；6—电比例减压阀

上面介绍了负荷传感泵常见的几种组合控制方式，实际应用中根据机器的工况需求还可以有更多的控制组合，第 7 章中列举了负荷传感系统的具体应用。

6.2　补偿阀的布置形式及特性分析

对于普通的并联回路，当两个以上负载不同的执行元件同时动作时，液压油总是优先流向负载较小的那个执行元件，而负载较大的执行元件没有动作，因而无法实现操作者预想的几个执行元件的同时动作，这种操作一般称为复合动作操作。为了实现复合动作，通常的做法有两种：一种是减小负载较小的那一路阀杆的先导控制压力，即把该回路主控阀阀杆的开口量减小；另外一种是在负载较小的那一路阀杆的进油路上设置阻尼。两种方法的目的都是迫使泵出口压力升高到与最大负载那一路的压力值相等，这样才能进行所谓的复合动作操作。当然，为了增强这种作用，也可以同时采用这两种方法。这些方法通常也被称为"优先功能"，例如采用负流量控制系统的挖掘机就有动臂优先、回转优先等功能，这些优先功能一旦设计好就不能再改变了，比如预先设计好回转相对于斗杆优先，如果还想斗杆相对于回转优先就不可能了。

对于负荷传感液压系统，其专用的负荷传感主控阀内部设计有压力补偿阀，我们就可以通过自动调整压力补偿阀开口量的大小，迫使泵出口压力升高到与最大负载那一路的压力值相等，以实现并联回路多个执行元件的复合动作操作。所谓的压力补偿就是将压差设定为规定值所进行的自动控制，理论上可以随意进行多个元件的复合动作而与回路上的负载大小无关。压力补偿阀可以布置在"泵—主控阀—执行元件—油箱"整个液压传动路线的任意一处。根据压力补偿阀与主控阀相对位置的不同，压力补偿可分为阀后压力补偿、阀前压力补偿和回油压力补偿三种。

6.2.1 阀后压力补偿

阀后压力补偿是将压力补偿阀布置在主控阀与执行元件之间（即主控阀阀杆之后）的压力补偿方式，见图 6-15(b)。

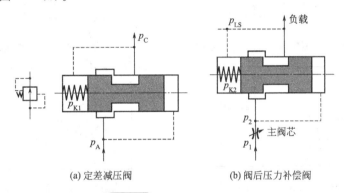

(a) 定差减压阀   (b) 阀后压力补偿阀

图6-15 阀后压力补偿原理

图 6-15 中列出了阀后压力补偿阀和普通的定差减压阀的原理，对比两个阀来看，其工作原理很相似。对于图 6-15(a) 所示的定差减压阀，假设弹簧力为 p_{K1}，列出阀芯的平衡方程

$$p_A = p_C + p_{K1} \tag{6-7}$$
$$\Delta p = p_A - p_C = p_{K1} \tag{6-8}$$

如果选用较软的弹簧，则 p_{K1} 很小，近似为定值。由式(6-8) 可以看出，定差减压阀前后的压差 Δp 也为定值，大小与 p_{K1} 相等。

对于图 6-15(b) 所示的阀后压力补偿阀，假设弹簧力为 p_{K2}，列出阀芯的平衡方程

$$p_2 = p_{LS} + p_{K2} \tag{6-9}$$
$$\Delta p = p_2 - p_{LS} = p_{K2} \tag{6-10}$$

假设弹簧较软，则 p_{K2} 很小，近似为定值。由式(6-10) 可以看出，阀后压力补偿阀前后的压差 Δp 也为定值，大小与 p_{K2} 相等。

实用的阀后压力补偿阀的布置方式见图 6-16，这是一个具有三条回路的负荷传感系统示意图。当然，具有更多回路的工作原理与其是相同的。该系统有三个执行元件，负载回路上的三个单向阀构成了简单的逻辑回路，各自的负载通过各自的单向阀进行比较后，将最大

的负载压力作为 p_{LS} 信号压力引入三个压力补偿阀的弹簧腔以及泵 LS 阀的弹簧腔。

假设所有回路的压力补偿阀的 p_{K2} 值都相等，对于任意一个回路都可以列出以下方程组：

考察泵的 LS 阀得出

$$p_1 = p_{LS} + p_{K1} \tag{6-11}$$

考察压力补偿阀得出

$$p_2 = p_{LS} + p_{K2} \tag{6-12}$$

两式相减得出

$$\Delta p = p_1 - p_2 = p_{K1} - p_{K2} \tag{6-13}$$

由式（6-13）可以看出，主控阀各阀杆前后的压差 Δp 为定值且等于 LS 阀弹簧力与压力补偿阀弹簧力之差，因此通过各阀杆流向执行元件的流量只与阀杆的开口量有关，而与各执行元件的工作压力（即负载）无关，即阀后压力补偿系统的本质就是通过稳定不变的压差来控制泵的排量并向各阀杆供油，实现复合动作。

下面对照图 6-17 分析回路负载不同时系统如何实现复合动作。

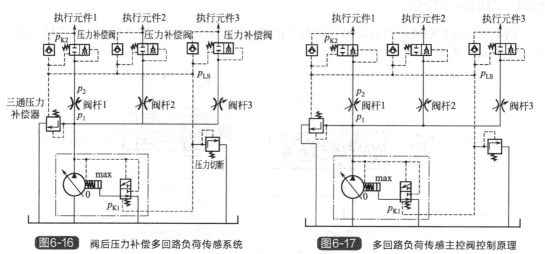

图6-16 阀后压力补偿多回路负荷传感系统   图6-17 多回路负荷传感主控阀控制原理

假设执行元件 1 先动作，阀杆 1 有一个开口量，泵开始提供适应阀杆 1 开口量的流量，阀杆 1 后的压力补偿阀全开。接着执行元件 2 也开始动作，且执行元件 2 的负载小于执行元件 1 的负载。阀杆 2 也有了一个开口量，这相当于阀杆 1 的开口量继续增大，根据本章前述分析我们知道，这将引起泵 LS 阀的压差 Δp 减小，于是泵的排量开始增大。负载大的执行元件 1 将该回路的负载信号压力 p_{LS} 分别作用在负载小的阀杆 2 后的压力补偿阀的弹簧腔和泵的 LS 阀，将阀杆 2 后的压力补偿阀的开口量减小，迫使泵出口压力 p_1 升高，这样泵就可以同时为两个负载不同的执行元件供油了。也就是说，虽然阀杆 2 的开口量没有改变，但是位于阀杆 2 后的压力补偿阀的开口量变小了。如果随着负载的变化，执行元件 2 的负载大于执行元件 1 的负载，那么，系统将提取执行元件 2 的负载压力作为泵 LS 阀的信号压力，同时执行元件 2 的负载压力会将阀杆 1 后的压力补偿阀的开口量减小。显然，这种控制是随着负载的变化自动进行的。

如果执行元件 3 也开始动作，原理相同，请读者自行分析。

通过上述分析可以看到，负荷传感系统不需要设计者预先设定某执行元件优先，它自动进行的压力调整在理论上可以适应任何工况。实际应用中，设计者可以根据工况的具体要求，设计更加合理的阀杆开口尺寸的梯度变化。例如，挖掘机和装载机就要充分考虑动臂在下降过程中重力的影响甚至可能造成动臂缸小腔产生负压等。事实证明，合理的阀杆和压力补偿阀设计可以把负荷传感系统的优点发挥到极致。

还应该看到，负荷传感系统的自动压力补偿或非负荷传感系统的优先功能都得到了复合动作的好处，但却付出了压力损失的代价，而且负载相差越大，这个代价也就越大。

图 6-18 是实现上述负荷传感原理的主控阀结构。这是一款林德液压生产的挖掘机 LSC（Lind Synchron Control，林德同步控制）系统主控阀，为加深理解，我们对照该图分析各个阀杆以及补偿阀的工作原理。主阀杆为空心阀杆结构，内置压力补偿阀 9；而压力补偿阀 9 也为空心阀杆结构，内置梭阀 10（它的作用即为图 6-17 中的单向阀）。

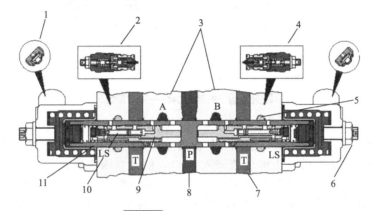

图6-18　负荷传感型主控阀

1—单向阻尼阀；2,4—过载阀；3—工作油口；5—LS 压力口；6—阀杆行程限位；
7—通油箱；8—主泵进油；9—压力补偿阀；10—梭阀；11—主阀杆

将主阀杆、压力补偿阀和 LS 梭阀局部放大，如图 6-19（a）所示为主控阀处于中位时主阀杆 11、压力补偿阀 9 和梭阀 10 的状态，图 6-19(b) 为原理图，读者可自行相互对照。当所有主阀杆都关闭，执行元件没有动作时，负载压力为零，泵在 LS 阀的控制下处于最小排量位置。压力补偿阀 9 在弹簧 5 的作用下位于最右端。此时泵出口的待机压力约为 2MPa。

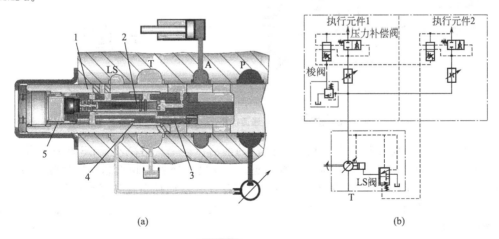

(a)　　　　　　　　　　　(b)

图6-19　主阀杆中位

1—主阀杆；2—梭阀；3—压力补偿阀；4—节流孔；5—弹簧

当需要执行元件 1 动作时，主阀杆开始向右移动。在 P 口与主阀杆内部的通道尚未打开的过程中，首先让油缸大腔的压力（负载压力）通过梭阀进入压力补偿阀的弹簧腔，使油缸处于保压状态，液压油流动的方向如图 6-20 箭头所示。

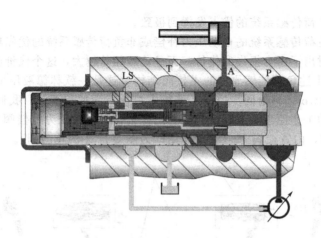

图6-20   主阀杆右移——油缸保压

如图 6-21 所示，随着主阀杆继续向右移动，泵出口压力油 P 开始进入主阀杆内部并作用在压力补偿阀右端的非弹簧腔，使压力补偿阀左移，于是 P—A 通道被打开。在这个过程中，压力补偿阀弹簧腔内的液压油也被挤入 A 口，油缸克服负载压力向左运动。此时主阀杆通往泵的 LS 口也已经打开并将负载压力传递给泵，泵 LS 阀的 Δp 减小，LS 阀向上移动，泵排量开始增大并提供主阀杆开口所需的流量。稳态时压力补偿阀两端的压差与弹簧力平衡，其值等于 p_{K2}。

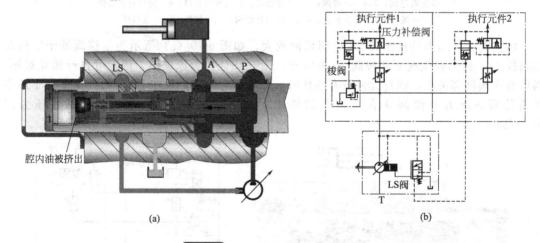

图6-21   P—A通道打开——油缸工作

当主阀杆开口量继续增大时，通过主阀杆的前后压差 Δp 将减小，LS 阀在弹簧力作用下向上移动，从而使负荷传感泵的排量继续变大；反之，当主控阀阀芯开口量减小时，主控阀前后压差 Δp 变大，LS 阀在弹簧力作用下向下移动，从而使负荷传感泵的排量减小。

下面分析两路执行元件同时工作的情况。图 6-22 是主阀杆 1 打开，而主阀杆 2 处于中位位置时的情况。

图 6-23 是将主控阀 2 也打开时的情况，并假设执行元件 1 的负载压力比执行元件 2 的负载压力高。

图中看出，主阀杆 1 的负载压力（即执行元件 1 的负载压力）LS 通过阀体油道到达主阀杆 2，然后通过主阀杆 2 的径向孔和梭阀的轴向孔到达梭阀的左端腔室（路线①），推动梭阀右移（路线②），这个动作在关闭了 A 腔压力油通往压力补偿阀弹簧腔的通道的同时又

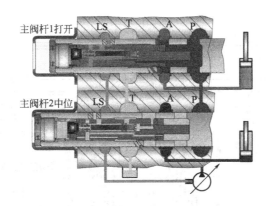

图6-22 主阀杆 1 打开，主阀杆 2 中位

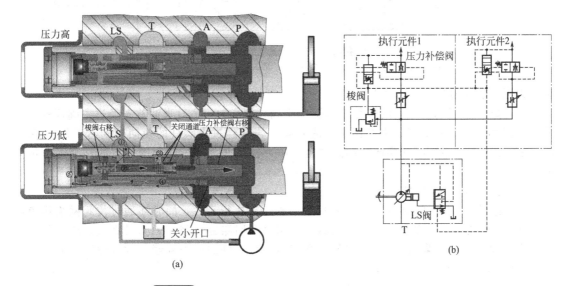

(a)

(b)

图6-23 主阀杆 1、2 同时打开（图中①~⑤为油路线）

打开了 LS 压力油通往压力补偿阀弹簧腔的通道（路线③、④、⑤），LS 压力油进入压力补偿阀的弹簧腔后，推动压力补偿阀右移，从而将主阀杆 2 的 P—A 通道口关小，迫使泵出口压力升高到与克服执行元件 1 的负载所需的压力相等。这样，两个执行元件就可以进行复合动作了，此时压力补偿阀两端的压差也等于 p_{K2}。

另外，主阀杆 1 的负载压力还通过油道反馈给泵的 LS 阀，LS 阀上下两端的 Δp 减小，于是 LS 阀在弹簧力作用下上移，从而使泵的排量进一步增大，以满足两个执行元件所需的流量。

图 6-18 看出，这种结构的主控阀其压力补偿阀需要两个，它的好处是可以根据工况调整油缸的有杆腔和无杆腔的补偿压力，使系统达到最佳工作状态。下面介绍图 6-24 所示的阀杆可变阻尼进油道结构形式的主控阀，这种结构的主阀杆 5 的进油道在两个方向都起可变节流作用（如序号 1 局部放大图所示），P 口泵来油经可变节流阀 1 后到达 P_1 腔，然后通过设置在主阀杆后的压力补偿阀 2，再经过换向阀 4 去执行元件。这样，只需要一个压力补偿阀即可，而且补偿阀可以设计成插装式结构。

根据上述分析，给出该阀的功能性原理图，见图 6-25(a)。它实现了两个功能：可变节流阀功能和换向阀功能（设计成无节流），这种阀后压力补偿方式 REXROTH 称为"与负

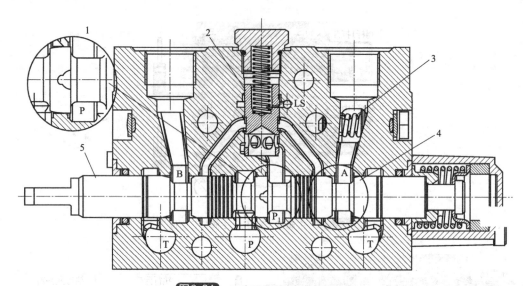

图6-24 可变阻尼形式的主控阀结构

1—可变节流阀；2—压力补偿阀；3—单向阀；4—换向阀；5—主阀杆

载压力无关的流量控制（LUDV）"。

图 6-25（b）所示为该阀的工作原理图。主阀杆换向时，P 口来油首先经过主阀杆的可变节流阀到达 C 口，然后经压力补偿阀到达 D 口，再次经过主阀杆的换向阀到达工作口 A 或 B，回油则直接从主阀杆的换向阀回到油箱。压力补偿阀为三位三通阀，它的三个工作位置的含义如下。

① 最下位，封闭所有通道。

② 最上位，从 C 口到 D 口，将 P 口来油输送到执行元件。同时还通过梭阀网络将负载压力送到 LS 通道，在多个执行元件回路中说明这个回路的负载压力为最大值，压力补偿阀的开度最大。这个负载压力 LS 不仅作用在其他执行元件的压力补偿阀的弹簧腔，而且还作用在泵的 LS 阀以调节泵的排量。

③ 中间位，从 C 口到 D 口，将 P 口来油输送到执行元件。在多个执行元件回路中说明这个回路的负载压力不是最大值，在其他回路的最大负载压力作用下，它的压力补偿阀只能处于开度较小的中间位，C 口与 LS 不通。

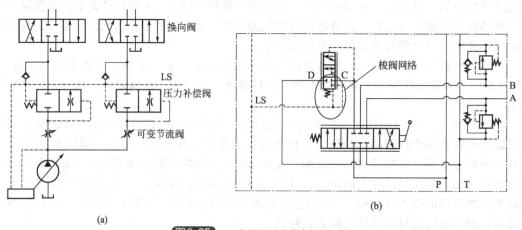

(a)

(b)

图6-25 可变阻尼形式的主控阀原理

以上介绍了两种结构形式的阀后压力补偿。综上所述，对于阀后压力补偿多回路负荷传感系统，当多个执行元件同时动作时，通过梭阀网络将最大的负载压力反馈给泵的 LS 阀来控制泵的排量，并通过压力补偿阀使每个主阀杆前后的压差相等来实现多个执行元件的复合动作。

6.2.2 阀前压力补偿

阀前压力补偿的工作原理如图 6-26 所示。它是一种将压力补偿阀安装在负荷传感泵与主控阀之间的压力补偿方式。对比第 2 章 2.2.3 溢流型调速阀中的图 2-19 可知，阀前压力补偿的实质就是一种定差减压阀式的调速回路，有的也称这种压力补偿阀为二通压力补偿器。现在分析回路的调速原理。

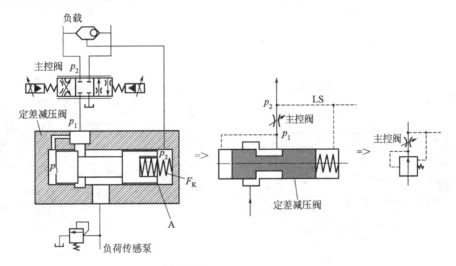

图6-26 阀前压力补偿原理

对压力补偿阀（即定差减压阀）阀杆可以列出以下平衡方程

$$p_1 = p_2 + F_K/A \tag{6-14}$$

整理得

$$\Delta p = p_1 - p_2 = F_K/A \tag{6-15}$$

式中　p_1、p_2——主控阀前后的压力，Pa；

　　　　F_K——阀前压力补偿阀的弹簧力，N；

　　　　A——弹簧力作用面积，m^2。

从式(6-15) 可以看出，当压力补偿阀选用较软的弹簧时，由于弹簧的压缩量变化不大，认为弹簧力基本不变，那么主控阀前后的压差 Δp（方向为指向右）就为定值。如果将主控阀看作可变节流阀，便可以看出阀前压力补偿的原理就是节流阀后置式调速阀的工作原理。当定差减压阀弹簧力设定后，可认为其压差不变，那么流过主控阀的流量就只与主控阀的开口面积有关，多回路操作时不受负载压力变化的影响。

最典型的阀前压力补偿系统是 BUCHEER 液压用于起重机液压系统的负荷传感电比例主控阀。图 6-27 即为该主控阀其中某一联的结构原理，下面结合该图分析阀前压力补偿系统是如何工作的。

图 6-27(a) 所示为发动机启动前的状态。泵不工作，出口压力以及负载压力均为零，压力补偿阀 3 在弹簧力作用下位于最左端，阀口保持与 C 腔有一定的开口量。

看图 6-27(b)，发动机启动后带动负荷传感泵工作，P 口泵输出液压油经压力补偿阀 3 预留的开口进入 C 腔，再通过压力补偿阀 3 的径向孔和中心孔进入左端的非弹簧腔，克服弹簧力推动阀 3 右移，在这个过程中阀 3 预留的开口量将被逐步关小，直到阀 3 移动到图 6-27(c) 所

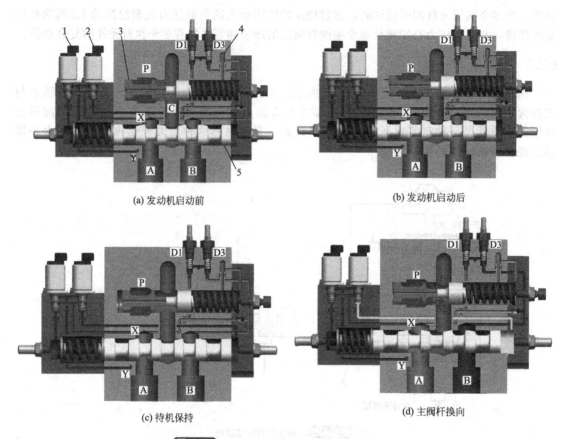

(a) 发动机启动前   (b) 发动机启动后

(c) 待机保持   (d) 主阀杆换向

图6-27   BUCHEER 阀前压力补偿的工作状态

1,2—电比例减压阀；3—压力补偿阀；4—LS口；5—主阀杆；A,B—执行元件工作口；C—腔；

D1,D3—LS溢流阀（压力切断阀）；P—泵来油；X—通先导油压；Y—通油箱

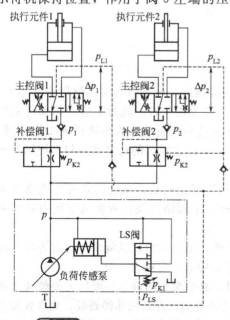

图6-28   阀前压力补偿多回路系统

示待机保持位置，作用于阀 3 左端的压力与弹簧力相等时，阀 3 关闭 P 口到 C 腔的通道，阀 3 处于平衡状态。如果主阀杆 5 因密封使油泄漏到 A 或 B 的低压腔，这将导致 C 腔压力降低，压力补偿阀 3 将在弹簧力作用下左移，重新打开 P 口到 C 腔的通道，使泵来油进入阀 3 左端的非弹簧腔，推动阀 3 右移，再次重新关闭阀 3 的开口。从这个过程看，阀 3 也是处于一种动态下的平衡状态。上述分析可知，由于负载压力为零，所以此工况下的 Δp（方向为指向右）最大，泵的出口压力（即待机压力）取决于压力补偿阀 3 的弹簧力大小。

看图 6-27(d)，当主控阀有动作，例如电比例减压阀 2 得电，输出先导压力油进入主阀杆右端腔室，推动主阀杆向左移动时，有负载压力作用在压力补偿阀 3 的弹簧腔，Δp 减小，于是阀 3 在弹簧力作用下左移，打开 P 口与 C 腔的通道，使 P 口压力油经压力补偿阀 3、主阀杆 5 进入执行元件的 A 口，执行元件的回油则通过 B 口直接流回油箱。

上述分析中我们将重点放在主控阀的某一联，并没有涉及泵的排量控制，各阀杆开口量之间的关系以及多个回路同时操作时阀前压力补偿系统的工作原理。设想将多个回路的主阀杆前面都加装上压力补偿阀（即定差减压阀），这些压力补偿阀就与各主阀杆组成了各自回路的调速阀，于是形成了图 6-28 阀前压力补偿多回路系统。为方便分析，图中只画出了两个回路，对于多个回路其原理是相同的。

设两个压力补偿阀的弹簧刚度以及阀杆的作用面积都相等，执行元件 1 的负载大于执行元件 2 的负载，且泵可以提供足够的流量。两个执行元件的负载压力分别是 p_{L1} 和 p_{L2}，压力补偿阀设定的弹簧力是 p_{K2}。

主控阀 1 的压力补偿阀的平衡方程

$$p_1 = p_{L1} + p_{K2} \tag{6-16}$$

主控阀 1 两端的压差

$$\Delta p_1 = p_1 - p_{L1} = p_{K2} \tag{6-17}$$

式(6-17) 说明，主控阀 1 前后的压差等于常数 p_{K2}。根据节流口的流量公式可知，通过主控阀 1 的流量只与主控阀 1 的开口量有关，而与负载大小无关。

主控阀 2 的压力补偿阀的平衡方程

$$p_2 = p_{L2} + p_{K2} \tag{6-18}$$

主控阀 2 两端的压差

$$\Delta p_2 = p_2 - p_{L2} = p_{K2} \tag{6-19}$$

式(6-19) 说明，主控阀 2 前后的压差与主控阀 1 前后的压差一样，都等于常数 p_{K2}。所以通过主控阀 2 的流量只与主控阀 2 的开口量有关，与负载大小无关。以此类推，不管有多少回路，都将满足各主控阀前后的压差相等，这就是将压差设定为规定值，即常数 p_{K2}。

对泵 LS 阀列出平衡方程

$$p = p_{LS} + p_{K1} \tag{6-20}$$

由假设条件执行元件 1 的负载大于执行元件 2 的负载可知，泵的负载压力 p_{LS} 取负载值较大的 p_{L1}，即

$$p_{LS} = p_{L1}$$

得出泵 LS 阀的平衡方程为

$$\Delta p = p - p_{LS} = p - p_{L1} = p_{K1} \tag{6-21}$$

式(6-21) 说明泵的排量控制方程与阀后压力补偿系统相同。如果泵的流量大于主控阀开口量所决定的流量，势必造成 P 口压力升高，即 Δp 增大，这将破坏 LS 阀的平衡，LS 阀将下移，将泵的排量减小；反之，如果泵的流量小于主控阀开口量所决定的流量，这将引起 Δp 减小，LS 阀上移，泵的排量增大。即泵总能提供与主控阀开口量相匹配的流量，这与阀后补偿系统完全相同。

现在分析两个压力补偿阀之间的关系。压力补偿阀 1 前后的压差

$$p - p_1 = (p_{L1} + p_{K1}) - (p_{L1} + p_{K2}) = p_{K1} - p_{K2} \tag{6-22}$$

压力补偿阀 2 前后的压差

$$p - p_2 = (p_{L1} + p_{K1}) - (p_{L2} + p_{K2}) = (p_{L1} - p_{L2}) + (p_{K1} - p_{K2}) \tag{6-23}$$

对比式(6-22) 和式(6-23) 可以发现，压力补偿阀 2 前后的压差比压力补偿阀 1 大 $(p_{L1} - p_{L2})$，下面分析多出的这部分压力是如何产生的。

当执行元件 1 的负载大于执行元件 2 的负载时，根据并联回路的特点可知，通过主控阀 2 的流量势必要增大，但主控阀 2 的开口面积没有改变，所以这势必导致主控阀 2 前后的压差变大，而此时的负载压力没变，所以主控阀 2 的入口压力 p_2 必将升高。p_2 作用在压力补偿阀 2 的左端，使其向右移动，从而使压力补偿阀 2 的开口量减小。这个动作一方面使泵的

出口压力 p 提高，另一方面使压力补偿阀 2 的节流效果增强，p_2 减小，维持压力补偿阀 2 的平衡，满足式（6-18），这样就保持了通过主控阀 2 的流量不改变。

以上分析说明，如果泵的流量足够，那么通过各个主控阀的流量只与其开口量有关，与负载无关，不同负载的多个回路可以进行复合动作。

6.2.3　回油压力补偿

回油压力补偿是指将压力补偿阀安装在执行元件与油箱之间。图 6-29 是由两个主控阀组成的回油压力补偿系统示意图，对于多个回路，其工作原理是相同的。它由负荷传感泵、LS 阀、两个主控阀、两个执行元件、两个回油压力补偿阀以及油箱组成。

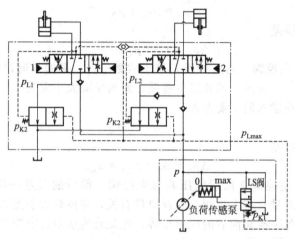

图6-29　回油压力补偿系统

从图 6-28 中可以看出，该系统通过梭阀将最大负载压力作用到压力补偿阀的非弹簧腔和泵 LS 阀的弹簧腔。假设执行元件 1 的负载大于执行元件 2 的负载，分别列出压力补偿阀和泵 LS 阀的平衡方程。

对于压力补偿阀 1

$$p_{L1} + p_{K2} = p_{Lmax} \tag{6-24}$$

对于压力补偿阀 2

$$p_{L2} + p_{K2} = p_{Lmax} \tag{6-25}$$

对于泵 LS 阀

$$p = p_{Lmax} + p_{K1} \tag{6-26}$$

对照图 6-29，用式（6-26）分别减去式（6-24）和式（6-25），得到主控阀 1、2 的进出口的压差都为

$$\Delta p_1 = \Delta p_2 = p - p_{L1} = p - p_{L2} = p_{K1} + p_{K2} \tag{6-27}$$

如果压力补偿阀的弹簧较软，可以认为平衡状态时各主控阀口的压差基本保持不变。

回油压力补偿可以利用压力补偿阀的节流补偿作用防止因重力作用使执行元件下降过快或产生真空，利用重力组成再生回路，即图 6-29 中的单向阀可以将某一腔的回油引入另外一腔补油。

综上所述，无论采取何种补偿方式，压力补偿的根本原理都是将最高负载压力输送到其他压力补偿阀，其作用就是将负载小的压力补偿阀的开口量减小。这是一个自动调节的过程，只要压力补偿阀的平衡（方程）被打破，补偿阀就要移动，而在移动过程中就自动调节了主控阀前后的压差，使所有阀杆的进出口压差都相等。

以上讨论的压力补偿系统都是假设泵能够提供足够的流量。当多个主阀杆均处于大开口量时，泵输送的液压油就可能不够用了。此时补偿系统将会如何工作，就是下面将要讨论的流量饱和问题。

6.3 流量饱和

6.3.1 流量饱和的基本概念

流量饱和是指液压系统中多个执行元件同时动作时，各执行元件需要的流量之和超过了泵能够提供的最大流量。

采用并联回路的普通液压系统出现流量饱和时，液压泵出口压力降低，因此只有低压执行元件得到流量，而负载较大的执行元件速度变慢甚至停止，即机器不能进行复合动作。此时应采取压力补偿的措施按比例减少低压执行元件的供油量，以便分配一些流量给负载较大的执行元件。

具体采取的方法是，利用压力补偿阀起均衡负载的作用，使得所有主控阀进出口的压差都相等，与各执行元件的负载状况无关。因为所有主控阀的进出口压差相等，所以各执行元件同时动作时，通过各主控阀的流量只与其开口量（即节流程度）有关。当流量饱和时，根据各主控阀的开口量等比例地减少进入各执行元件的流量。

下面介绍不同压力补偿方式的抗流量饱和性能。

6.3.2 补偿阀布置形式与抗流量饱和性能

（1）阀后压力补偿

从图 6-30 所示的阀后补偿系统的原理看，阀后压力补偿形式巧妙地利用了定差减压阀与 LS 阀之间的关系，将主控阀前后的压差设为定值并进行自动控制，下面分析其抗流量饱和性能。

从图 6-30 中可以看出，系统通过三个单向阀将最高负载压力 p_{Lmax} 作为反馈信号作用在三个压力补偿阀以及泵 LS 阀的弹簧腔。当系统出现流量饱和时，最高负载压力 p_{Lmax} 将推动回路上的各个压力补偿阀右移，将各个回路上进入负载的油口都关小。负载压力最高的那一路的压力补偿阀右移量最小，负载压力次高的那一路的压力补偿阀右移量稍大一些，而负载压力最低的那一路的压力补偿阀右移量最大，这样就自动将各个回路的流量按比例均衡地减少，从而使泵出口的压力提高。

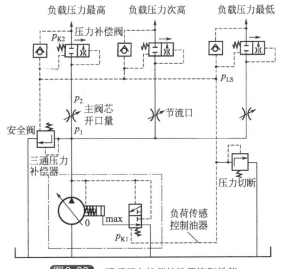

图6-30 阀后压力补偿抗流量饱和性能

从上述分析看，阀后压力补偿形式本身就具有很好的抗流量饱和性能，可以实现多个执行元件的复合动作。这也可以从式(6-13)看出，各主控阀前后的压差相等并且与负载压力无关，无论系统是否出现流量饱和，这个公式总是满足，阀后压力补偿系统都可以实现复合动作。

（2）阀前压力补偿

结合图 6-31 所示的阀前压力补偿系统分析其抗流量饱和性能。

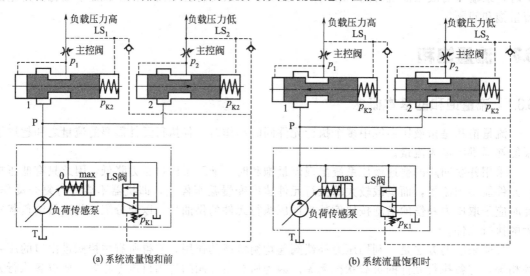

(a) 系统流量饱和前   (b) 系统流量饱和时

图6-31 阀前压力补偿抗流量饱和性能

　　阀前压力补偿回路相当于多个节流阀后置式的调速回路的并联。当系统没有出现流量饱和时，如图 6-31(a) 所示的回路，因为泵出口压力足够高，所以 p_1 和 p_2 点的压力也足够高。p_2 点压力可以使负载较小的那一路的压力补偿阀向右移动，把开口关小，保证通过各主控阀的流量只与主控阀的开度有关，使通过各主控阀前后的压差都能达到补偿压力，各个回路都能起到调速作用。

　　当系统出现流量饱和时，如图 6-31(b) 所示的回路，泵出口压力将会降低，在各回路自身负载压力的作用下都将使各自的压力补偿阀左移，以增大压力补偿阀的开口量（即使节流效果减弱）。但由于此时泵已无法再提供更多的流量，泵出口压力不能再提高，所以负载压力越高的回路其主控阀前后的压差就越小，并且随着流量饱和的程度越高，压差就更加小，造成补偿阀（即定差减压阀）无法建立起正常的工作压差，液压油将流向压力相对较低的回路。因此，这种阀前压力补偿系统不具有抗流量饱和性能。

　　综上所述，阀后压力补偿系统的最高负载压力同时作用在所有回路上，无论系统是否出现流量饱和，最高的负载压力都会同时作用在所有回路的压力补偿阀上，并自动地按照回路中的负载大小，不同程度地"关小"补偿阀开口，使泵的出口压力提高，从而起到抗流量饱和的作用。相比之下，阀前压力补偿系统的最高负载压力不能同时作用在所有的回路上，而且其调速的原理是将压力补偿阀的开口量"调大"或者"关小"，当泵的出口压力达不到足够高时，其调速作用就消失了。

6.3.3 改善阀前补偿形式抗流量饱和性能

　　由上面的分析可以得知，在系统出现流量饱和时，阀前压力补偿系统将不能使执行元件进行复合动作，所以必须采取措施来提高其抗流量饱和性能。下面介绍的 BUCHER 液压生产的 AVR（Automatic Volumetric Flow Rate Reduction）阀就可以解决流量饱和问题，其工作原理如图 6-32 所示。

　　P 口接泵出口高压油，LS 口接负载信号压力，X 口是通往主控阀的先导控制油路，T 口通油箱。AVR 阀阀杆左端作用着控制压力 p，右端作用着弹簧力 F_K 和负载压力 p_{LS}。

可以看出，AVR 阀实际上是一个 B 型半桥液阻网络回路，而 AVR 阀阀杆的作用就是液阻网络中的可变液阻，这个可变液阻由 p、F_K 和 p_{LS} 控制。

对 AVR 阀阀杆列出平衡方程

$$p = p_{LS} + F_K/A \tag{6-28}$$

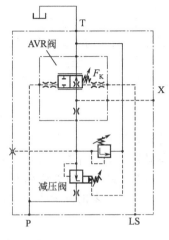

图6-32 AVR 阀抗流量饱和原理

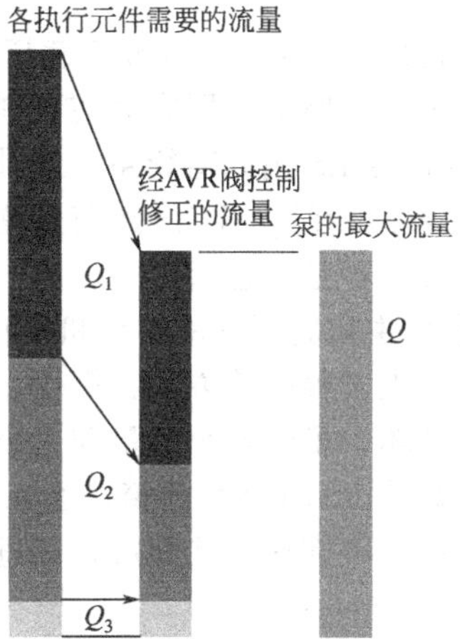

图6-33 AVR 阀抗流量饱和性能

如图 6-32 所示，在系统没有出现流量饱和时，泵出口压力足够高，AVR 阀在左位工作，经减压阀输出的先导控制油被 AVR 阀阀杆阻断，不能返回油箱 T，先导控制回路正常向主控阀输送先导油。当系统出现流量饱和时，泵出口压力降低，AVR 阀将向左移动，在左移过程中 AVR 阀阀杆逐步打开，形成可变液阻，使一部分先导油回到油箱 T，这样就降低了 X 口的主控阀先导控制压力，使各主控阀阀杆的开口量减小，从而降低了流过各个主控阀的流量，这样，泵的流量就自动与各主控阀阀杆的总开口量相匹配，泵出口压力提高。

图 6-33 是 AVR 阀抗流量饱和性能示意图，图中共有三个主控阀，分别由各自的先导油控制。当系统出现流量饱和时，最大流量 Q_1 的阀杆开口量减小得最多，次大流量 Q_2 的阀杆开口量减小次之，而最小流量 Q_3 的阀杆开口量几乎不变化。三个主控阀阀杆的流量之和不超过泵的最大流量。由此看出，配备 AVR 阀的阀前压力补偿系统能够提高系统的抗流量饱和能力，无论何种工况都能实现多个执行元件的复合动作。

6.4 负荷传感系统的元件选型与系统调试

6.4.1 负荷传感系统的元件选型

负荷传感泵与负荷传感型分配阀（主控阀）是负荷传感液压系统最重要的组成部分，两者的选型是否恰当直接关系到系统能否正常工作，下面介绍在元件选型时需要注意的一些问题。

在选择负荷传感泵与主控阀时，要求主控阀的进出口压力损失与管路压力损失之和必须小于泵设定的压差值 Δp（一般要小于 0.2MPa），以保证在主控阀最大开口量时泵能够提供最大排量。如果主控阀的压力损失超过了泵的压差值 Δp，那么泵将不能提供最大的排量，出现这种情况时，必须提高泵的压差值 Δp（即增大 LS 阀的弹簧力）。

从泵 LS 阀的平衡方程式(6-1)～式(6-3) 可以看出，Δp 是主控阀的进出口压差（即压力损失），这个压差是由阀的结构尺寸和性能所决定的，产品样本中一般都有这个数据，必要时可以在液压试验台上实际检测。p_K 是泵制造厂家预先设定的 LS 阀的弹簧力（一般供货状态为 2MPa）。当实际回路的压差大于 LS 阀的弹簧力时，从原理图可以看出，泵的斜盘将不能摆到最大摆角位置，即此时负荷传感泵不能提供最大排量。因此，主控阀的进出口压力损失与管路压力损失之和必须小于负荷传感泵设定的 Δp 是泵能够提供最大排量的必要条件。

负荷传感系统有一条 LS 负载压力信号管路，在主控阀中位时，这条管路不能被封闭，否则，封闭在管路中的压力会使泵斜盘不能回到中位。LS 管路的卸荷方式一般有三种。

① 泵自带 LS 阀卸荷管路。设计者在泵的样本和原理图中可以查到这个选项。

② 主控阀专门设置 LS 卸荷管路。这样的卸荷管路也有两种形式，一种是简单的节流阀形式，另外一种是调速阀形式。

③ 利用主控阀阀杆的中位机能使 LS 管路卸荷。

对比以上三种卸荷方式，第①、②种方式都是常开式，即系统正常工作时也有油流过节流孔回到油箱，虽然这个流量非常小，但还是有一些功率损失。第③种方式较好，它只在主控阀中位时让 LS 管路与油箱接通，系统正常工作时 LS 管路与油箱的通道就断开了。设计者选用其中一种卸荷方式即可，以避免更多的功率损失。此外，过多的卸荷也会使系统反应迟钝。

负荷传感系统的压力切断方式一般有以下四种。

① 泵自带压力切断阀。

② 设计者外接 LS 负载压力安全阀。

③ 主控阀主回路自带 LS 负载压力安全阀（即远程压力切断阀）。

④ 主控阀多个工作回路自带 LS 负载压力安全阀（即远程压力切断阀）。

以上几种压力切断的性能对比请见本章有关内容，一般只要选用其中一种切断方式即可。如果选择更多种的压力切断方式，需要提醒的是，越往上游，其压力级别就越高，即泵自带压力切断阀的压力级别最高，而且每个级别的压力一般都要高出 2MPa 左右。另外，设计者灵活地应用多个工作回路的远程压力切断，就可以根据工况使不同的执行元件有不同的压力切断级别，系统将更加节能。

在后面的章节中可以看到多种形式的 LS 管路卸荷和压力切断，请读者留意。

当设计者选用了负荷传感系统的压力切断功能之后，理论上就不需要再设置系统主安全阀了，如果设计者的确担心系统的可靠性，也可以考虑设置主安全阀。

6.4.2 负荷传感系统的调试

负荷传感系统在实际工作中不但要保证主控阀在最大开口量时泵能够提供最大排量，同时还要对执行元件的运动速度进行调整，因此生产实际中对系统进行细致的调试是十分必要的。系统调试的方法有单回路调试与多回路调试两种情况。

单回路调试方法是指对系统的一条回路进行调试。具体操作方法是：匀速操作先导阀手柄运动到某一位置后稳定不动，此时测定主控阀的进出口压差就是负荷传感泵的 Δp。从原理和结构图可以看出，阀杆在任意位置时的 Δp 理论上都应该是相等的。

多回路的调试方法是指对系统的多个回路一起调试。具体操作方法是：同时匀速操作先导阀的各个控制手柄运动到某一位置后稳定不动，此时测定主控阀的进出口压差是经各回路负载比较后的最大值，这个最大值就是负荷传感泵的 Δp。当然也可以分别测定各个回路的压差并取最大值作为泵的 Δp。

如前所述，如果测定出泵的 Δp 大于阀的压力损失 0.2MPa 以上，说明泵可以提供最大排量，否则，必须根据测试数据增大泵 LS 阀的弹簧力。

如果负荷传感泵的 Δp 远大于负荷传感阀的压力损失（换句话说是阀的压力损失很小），说明阀的开口量远没有达到最大位置时泵就提供了最大流量，这样就会造成执行元件的调速特性不好。此时可以采用阀杆行程机械限位、修改阀杆的开口量变化梯度或者减小泵 LS 阀弹簧力等方法调整。

上述泵的 Δp 调整好之后，还要根据用户的需求调整执行元件的调速特性，即调整先导阀的手柄角度与主控阀阀芯开口量，使两者很好地匹配，实现系统的流量比例控制特性。直观表现为先导阀手柄角度所对应的执行元件速度。例如某个先导阀手柄全行程角度为 25°，当手柄角度为 2°时执行元件开始动作，手柄角度为 20°时主控阀开口量达到最大，这与手柄角度为 22°时主控阀开口量达到最大其执行元件的调速性能是不一样的。这个调试过程要与泵 Δp 的调整过程相互结合，使整个液压系统的操作性能满足用户的需求。

从上面的分析可以看出，负荷传感系统的调试是一个非常复杂的工作，尤其是多回路调试。一旦调试成功，即可要求制造商按照调整好的参数供货，待小批量试制、测试和验证等工作完成后再进入正常大批量供货。

6.5 定量负荷传感系统

前面讲的负荷传感技术都指的是应用在变量系统中，对于定量系统也同样可以应用负荷传感技术。在定量负荷传感系统中一般都要配备三通压力补偿器并要考虑中位卸荷功能，下面介绍三通压力补偿器的工作原理，见图 6-34。

如果将溢流调速阀（见第 2 章相关内容）的可变节流口看作主控阀，将调速阀出口压力看作 LS 负载信号压力，则溢流调速阀可以用于入口压力随外负载变化的定量系统，通常称为三通压力补偿器。从图 6-34 中可以看出，定量泵出口的液压油有一部分经主控阀进入执行元件，另一部分经三通压力补偿器流回油箱。三通压力补偿器的阀芯

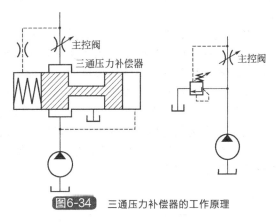

图6-34 三通压力补偿器的工作原理

两端分别作用着负载压力、弹簧力和泵出口压力。假设选用的弹簧刚度较小，那么可以认为阀芯两端的压差为定值，这样泵出口压力就随负载压力的变化而变化，系统并不总是在高压下卸荷，功率利用较合理，系统发热较少，有一定的节能效果。

图 6-35 是三通压力补偿器的结构原理。从图 6-35 中可以看出，泵来油通过阀杆中心孔进入右端腔室，作用在阀杆右端，阀杆左端作用着 LS 和弹簧力，而 P—T 之间的通道是变阻尼结构形式。当没有负载压力时，LS 信号压力为零，阀杆两端压差最大，阀杆左移，P—T 全通，泵卸荷，其卸荷压力取决于三通压力补偿器的弹簧力。当主控阀打开时，负载压力通过 LS 通道进入阀杆左端弹簧腔，阀杆两端压差变小，阀杆右移，关小 P—T 之间的通道，让泵多余的油经这个通道回到油箱。当主控阀开口量进一步增大时，主控阀的节流效果减弱，势必引起阀杆两端的压差减小，阀杆继续右移，进一步关小 P—T 之间的通道，让泵有更多的油进入执行元件，而泵回油箱的油量减少。

图 6-36 是三通压力补偿器应用于多回路定量负荷传感系统的原理。

在各个主控阀都处于闭中位时，液压油经三通压力补偿器回油箱而不通过主控阀，此时的三通压力补偿器起卸荷阀作用。当主控阀动作时，通过主控阀的流量由主控阀的开口量决

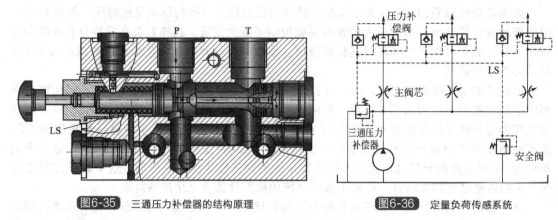

图6-35　三通压力补偿器的结构原理　　　　图6-36　定量负荷传感系统

定，与负载无关。详细分析请参见本章阀后压力补偿部分，不同的是，定量泵只能提供全流量的油，多余部分的油通过三通压力补偿器回到油箱。如前所述，这些回到油箱的油的压力等于多个回路中的最高负载压力加上三通压力补偿器的弹簧等效压力，而并不是系统溢流阀的溢流压力。

　　从图6-36中还可以看出，起先导作用的安全阀与三通压力补偿器还可以看成是先导式溢流阀。当执行元件遇到较大负载时，安全阀打开，而大量的液压油从三通压力补偿器回到油箱。

　　对于起重机、伸缩臂叉装车、叉车等对安全性和作业精确性要求很高的作业机械，其主控阀应具有优秀的调速性能。为了实现这个功能并有效地控制成本，可以在主控阀阀杆的台肩加工出各种形状的切口或磨成锥面，以使主控阀换向过程中阀口的过流面积呈梯度变化，改善调速性能，这相当于在P口到工作口之间有一个可调节流阀，这种节流阀的调速性能与三通压力补偿器配合使用后就组成了溢流调速回路，流量的稳定性就不受负载变化的影响，这也是定量负荷传感系统能够获得实际应用的一个重要原因。

　　下面结合BUCHER液压生产的、用于伸缩臂叉装车的主控阀HDS34来说明定量负荷传感系统的实际应用，见图6-37。

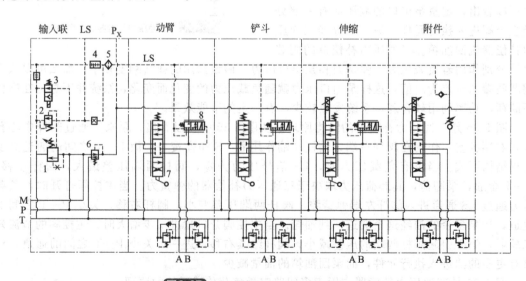

图6-37　BUCHER HDS34 负荷传感系统

1—三通压力补偿器；2—LS安全阀；3—安全锁；4—LS卸荷阀；

5—精滤器；6—减压阀；7—主控阀；8—压力补偿器

该阀主要由一个输入联和四组执行元件联组成。四组执行元件联采用阀后压力补偿形式，与图6-25可变阻尼形式的主控阀原理完全相同，不同的是，附件联没有压力补偿阀，而代之以单向阀传递压力信号。

下面主要分析输入联。

① 三通压力补偿器1、LS安全阀2和安全锁3的作用是：当负载压力使LS安全阀2打开时，大量的油将经过三通压力补偿器回到油箱。很显然，图中安全锁3的上位位置是三通压力补偿器的卸荷位置，机器工作时，司机必须使其工作在下位，这个安全锁一般设计在工作装置先导控制手柄附近，手动和电控形式均可。

② LS卸荷阀4和精滤器5的作用是：在主控阀中位时，将封闭在LS管路中的负载信号压力通过精滤器5和LS卸荷阀4卸掉，否则三通压力补偿器将不能在低压下卸荷。为了减少无谓的泄漏，LS卸荷阀4的阻尼孔直径应该设计得很小，尽管设置了精滤器5，但为了防止过小的阻尼孔被污染物阻塞，所以一般由两个稍大一些的液阻串联而成。这样，当量液阻就会变大而且不容易被堵住。如前所述，正常工作时该阀也会有极少量的油泄回油箱（泄漏量大约为1L/min），此时由于负载压力较高，液压油从LS卸荷阀4中出来呈喷射状射出，所以国外资料称该阀为JET或RUSHING。

③ 并联在泵进油口的减压阀为系统提供先导控制油源。

需要提醒的是，三通压力补偿器处于常工作状态，为了确保系统的安全，建议单独设置溢流阀限定系统的最高压力。

综上所述，不但变量系统可以采用负荷传感技术，定量系统同样也可以采用负荷传感技术。需要注意的是，从节能和散热的角度来看，多数情况下定量系统采用多泵会比单泵要好一些，可以用小排量的泵为经常需要微调和不需要执行元件有很快速度的回路供油，用大排量的泵为需要大流量的回路供油，必要时还可以设计一些合流回路。对于要同时兼顾执行元件微调和追求作业效率的机器来说，如果只用一个单泵来控制所有的回路，不但节能效果不明显，而且系统发热比较严重。

第 7 章 工程机械液压系统及控制

由于液压传动有其突出的优点，目前在国内外工程机械上已得到广泛的应用。挖掘机、装载机、起重机、推土机、摊铺机、平地机、振动压路机等工程机械都不同程度地采用了液压传动。

工程机械采用液压传动后，普遍比原来同规格机械传动的产品减小了外形尺寸，减轻了重量，液压传动与电子控制相结合，使得液压传动具有良好的调节性能，提高了产品性能。例如：起重机采用液压伸缩臂后增加了运输状态的机动性和作业时的灵活性及对作业环境的适应性；挖掘机工作装置采用液压传动，增加了作业的自由度，提高了作业质量；轮胎式挖掘机、起重机这些固定作业位置的机械采用液压支腿大大缩短了作业准备时间，又由于支腿能很灵便地外伸，从而提高了作业时机械的稳定性；内燃叉车装备了液压驱动装置，则可以在装用较小功率发动机的条件下获取比纯机械传动叉车高得多的生产率和较低的比油耗，而操作人员的劳动强度却大为降低；轮式装载机采用液压传动后使铰接车架的结构形式得到广泛应用等，所有这些都大大提高了机械的作业率及各种性能指标。

目前大部分液压挖掘机的行走部分都采用了液压传动，这种液压传动形式的机械底盘使结构大大简化，因而易于改型和发展新品种。此外，这种机械转弯半径很小，甚至可原地转向，还有的将行走履带设计成可升降的，这样，在斜坡上作业时仍能保证有较好的稳定性。将行走履带设计成可宽窄伸缩的，通过狭窄的路况时把履带收回，作业时再把履带伸出，提高了通过和作业时的稳定性。

工程机械由于采用了各种液压助力装置，可使操纵机构大大简化、轻巧、灵便，而且可以手脚并用地操作。操纵的改善大大减轻了操作者的劳动强度，从而有利于提高生产率。

液压技术的采用大大促进了工程机械的发展，这既表现在产品结构的改进、性能的提高上，也表现在产品的规格、品种和数量的增加，即工程机械的发展速度大大加快。要发展一种新的工程机械品种，采用液压传动比采用机械传动所需的研发过程要短得多。原因是液压元件易于实现标准化、系列化和通用化，元件在整机上的布置更容易，并使整机的结构简单。因此，液压技术的发展在工程机械的发展中起到了至关重要的作用。

7.1 装载机的液压系统及控制

按行走系统机构的不同，装载机可分为轮式装载机和履带式装载机。下面以轮式装载机为例进行分析。

装载机主要用来装卸成堆散料，也能进行一定强度的铲掘以及平地和牵引工作，更换工作装置后还可以进行起重作业。在筑路、建筑、矿山和水利建设中广泛采用。

装载机铲掘和装卸物料的作业是通过工作装置的运动实现的。装载机的工作装置由铲斗、动臂、摇臂、动臂油缸和转斗油缸等组成，如图 7-1 所示。铲斗用以铲装物料，动臂一端与铲斗相连，一端与车架相连，动臂和动臂油缸的作用是提升铲斗。转斗油缸通过连杆机构使铲斗转动。动臂的升降和铲斗的转动均通过液压系统控制动臂油缸和转斗油缸的伸缩实现。

　　由动臂、动臂油缸、铲斗、转斗油缸、摇臂及车架相互铰接所构成的连杆机构在装载机工作时要保证：当动臂处于某种作业位置不动时，在转斗油缸作用下，通过连杆机构使铲斗绕其铰接点转动，完成铲斗挖掘和卸料动作；当转斗油缸闭锁时，动臂在动臂油缸作用下提升或下降铲斗，完成动臂挖掘和回到下一个工作循环。在铲斗装满物料提升过程中，连杆机构应能使铲斗在提升时保持平移或斗底平面与地面的夹角变化控制在很小的范围，以免装满物料的铲斗由于铲斗倾斜而使物料撒落；而在铲斗完成卸料、动臂下降回到下一个工作循环时又能自动将铲斗放平，以减轻司机的劳动强度，提高劳动生产率。

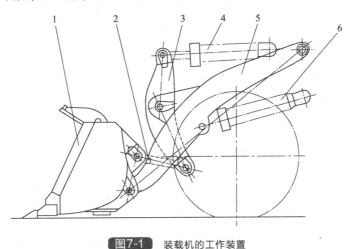

图7-1 装载机的工作装置

1—铲斗；2—拉杆；3—摇臂；4—转斗油缸；5—动臂；6—动臂油缸

　　轮式装载机的基本动作是：将铲斗插入物料、提升动臂或向后翻转铲斗（或边提升动臂边向后翻转铲斗）、装满物料并提升到一定的高度，将物料运输到卸荷地点、倾卸，然后再回到装料处，如此循环作业。装载机工作装置应能有效地完成物料的挖掘、提升和铲斗的翻转。

　　装载机要求液压系统能够实现工作装置的铲装、提升、保持和倾卸等动作。转向机构采用铰接转向，要求液压系统实现铰接车架折腰转向。有的装载机还配备有工作装置先导操纵系统、全液压制动系统、液压驱动散热系统和应急转向系统，因此液压系统在装载机产品中担负着非常重要的工作。

7.1.1 典型装载机液压系统分析

　　图 7-2 是一个典型的装载机液压系统。很多初学者甚至是有一定工作经验的工程师对复杂液压系统的分析感到无从下手，其实任何复杂的系统分析都建立在学习和实践的基础上，除见多识广外，掌握有效的分析方法是非常重要的。我们首先要搞清楚机器的用途、作业工况、它所能实现的各种动作，然后结合原理图把它拆分成几个"相对"独立的系统，再分析各种动作的原理。在相对独立的系统分析中难免会有遗漏和不清晰的情况，我们回过头来再结合整个系统图作"联合"分析，这样一来复杂的系统分析就不是那么难了。关于系统的拆分，这里有一个经验供大家参考：首先找到执行元件，通过执行元件的名称可以大致了解机器的动作原理；然后循着执行元件的进油路找到控制它的阀（组），注意一下如果是阀组一般都会用双点画线"框起来"，很容易识别；最后再循着阀（组）的进油口找到泵，注意一下如果是变量泵都有控制其排量的阀（排量控制阀），泵和排量控制阀一般也都用双点画线"框起来"。这种方法可以很快捷地把各个系统区别开来。当熟练掌握了系统分块的方法之后，你就会"信心大增"。

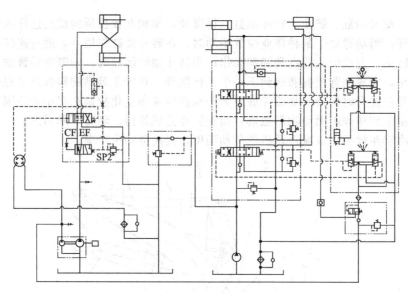

图7-2　典型装载机液压系统

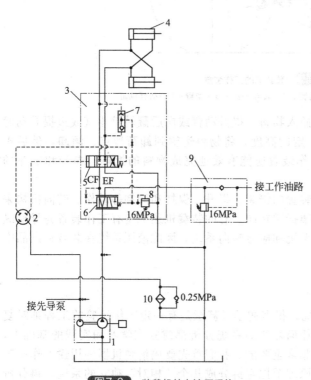

图7-3　装载机转向液压系统

1—转向泵；2—全液压转向器；3—流量放大阀总成；
4—转向油缸；5—流量放大阀；6—优先阀；
7—梭阀；8—安全阀；9—卸荷阀；10—散热器

必须提到的是，有时从系统原理图上很难"看出"某个元件的原理和它的作用，例如挖掘机回转系统的防反转阀，这就需要看它的具体结构，根据结构才能真正分析出原理和作用。

图 7-2 所示装载机液压系统可分为转向系统和工作系统，制动系统为另外一个独立的系统（未在图上展示）。下面分别对各个系统作一些基本原理的分析。

（1）转向液压系统

图 7-3 所示为装载机转向系统液压原理。该转向系统采用定量双泵合流（转向泵与工作泵合流）、优先阀、转向器和流量放大阀组成的转向系统。转向系统的液压油由转向泵 1 单独提供，与转向泵串联的同一转速运转的小泵单独为全液压转向器和分配阀提供低压先导控制油源。

流量放大阀总成 3 中集成了优先阀 6、流量放大阀 5、梭阀 7 以及转向安全阀 8。所谓流量放大，是指通过全液压转向器以及流量放大阀，保证

控制油路的流量变化与主油路中进入转向缸的流量变化具有一定的比例，达到低压小流量控制高压大流量的目的。司机操作平稳轻便，系统功率利用充分，可靠性好。

全液压转向器 2 为闭芯无反应型，方向盘不转动时中位断开。此时，流量放大阀 5 主阀杆在复位弹簧作用下保持在中位，发动机启动后，转向泵供油进入优先阀后，由于流量放大

阀 5 在中位，与转向油缸的油路被断开，压力升高，压力油作用在优先阀的左端使得优先阀阀芯右移，转向泵油源流向工作油路，转向油路仅仅维持少量压力油保持与优先阀右端的弹簧力平衡，优先阀处于待机状态。

转动方向盘时，转向器排出的油与方向盘的转速成正比，先导油进入流量放大阀后，作用在流量放大阀 5 的主阀杆端，控制主阀杆的位移，打开优先阀等待油液与转向油缸的通道，此时梭阀 7 检测到的负载压力作用在优先阀的右侧，使得优先阀向左移动，打开转向泵到转向油缸的油道，转向油缸进油实现转向。同时优先阀去工作油路的阀口通道被关小，此工作过程和原理就是所谓的"转向优先"。

通过控制转向器转速的快慢，从而控制进入转向油缸的流量，实现转向的快慢。

当停止转动方向盘时，转向器停止排油，流量放大阀阀杆在弹簧力的作用下回到中位，重新关闭优先阀到转向油缸的通道，转向停止，优先阀又回到待机状态，转向泵的油源通过优先阀再次合流至工作油路。

在转向过程中，当转向油路压力高时，优先阀阀芯左移，去转向油路的开口（CF 口）增大，去工作油路的开口（EF 口）关小；当转向油路压力低时，阀芯右移，CF 口关小，EF 口增大。当转向系统的压力大于设定压力 16MPa 时，该阀打开溢流，优先阀阀芯右移，随着转向泵的压力继续升高，阀芯向右的位移越大，CF 口越关小，而 EF 口就越增大，直到 CF 口开度仅维持系统压力，绝大多数油进入 EF 口。

（2）工作装置液压系统

① 液压系统　工作装置液压系统用于控制装载机工作装置中动臂和转斗以及其他附加工作装置的动作。工作液压系统油路主要分为两部分：先导控制油路和主工作油路，主工作油路的动作由先导控制油路进行控制，以实现低压小流量控制高压大流量。先导阀操纵轻便、灵活，大大减轻了操作者的劳动强度。

工作液压系统的组成主要有：液压油箱（带回油过滤器）、工作泵、先导泵、组合阀、先导操纵阀、分配阀、动臂油缸、转斗油缸、动臂及转斗自动复位装置，如图 7-4 所示。

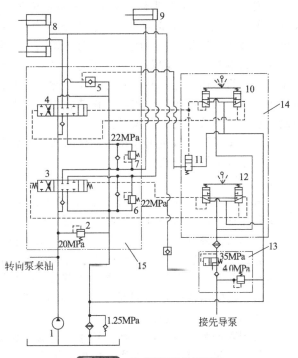

图7-4 装载机工作液压系统

1—工作泵；2—主安全阀；3—转斗油缸主控阀；
4—动臂油缸主控阀；5—液控单向阀；6,7—过载阀；
8—动臂油缸；9—转斗油缸；10—动臂主控阀先导阀；
11—液控换向阀；12—转斗主控阀先导阀；13—组合阀；
14—先导阀总成；15—分配阀

转斗油缸主控阀和动臂油缸主控阀两联主控阀组成串并联油路多路换向阀，且两联主控阀均为液控先导控制。动臂油缸主控阀的进油腔与转斗油缸主控阀的中位回油道相通，两联主控阀的回油腔都直接与总回油口连接，即两联主控阀的进油腔串联，回油腔并联。当转斗油缸主控阀的滑阀换向时，后面的动臂主控阀滑阀的进油口被切断，因此动臂与转斗两个工作装置之间互锁，同时，转斗油缸主控阀由于布置在动臂油缸主控阀之前，能够实现转斗油缸的动作优先功能。

装载机没有任何动作时各主控阀都在中位，需要实现转斗向后翻转动作时，将转斗主控阀先导阀12扳到右侧（操作者的动作是向后扳动先导阀手柄），先导泵的来油通过组合阀13（起减压、溢流与发动机熄火后动臂、铲斗放下等功能的组合阀）之后由先导阀12的右侧滑阀进入转斗主控阀3左侧的弹簧腔，主控阀3的阀杆在左侧液压力的作用下向右移动，主控阀3左位工作，工作泵来油通过主控阀3进入转斗油缸9的无杆腔，通过Z型连杆机构实现转斗的向后翻转动作。同理，需要实现转斗的卸料动作时，只需要将先导阀12扳到左侧即可。

装载机需要实现动臂的举升和下降功能时过程也与上述过程类似，所不同的是，动臂油缸先导阀10的左位有两个位置，即左一和左二。左一位置适用于正常的动臂下降功能，当先导阀10扳到左二位置时，先导阀10输出更高的压力作用在液控换向阀11的上端，换向阀11在上端液压力的作用下下移，将锁止液控单向阀5的封闭油腔与油箱接通，从而使得动臂油缸的无杆腔和有杆腔同时接通油箱，动臂油缸在自重的作用下下降，实现动臂的浮动功能。

过载阀6、7用于铲斗和动臂工作时防止负载压力过大而造成液压元件的损坏。组合阀13由减压阀和先导安全阀组成，当先导泵工作时减压阀右移并在左位工作，由图7-4可以看出，该阀在输出先导控制压力的同时还切断了动臂无杆腔通过单向阀进入减压阀的油路，先导安全阀限制了先导油路的最高压力。当发动机熄火或先导泵出现故障没有流量输出时，减压阀在弹簧作用下左移并在右位工作，此时动臂无杆腔在工作装置自重作用下产生的压力通过单向阀进入减压阀后作用在工作装置先导阀上，司机操纵动臂和铲斗就能够将它们放到地面。这个功能被称为应急操纵。

为进一步了解装载机工作装置动作时液压系统如何实现各个动作，现结合元件的结构图进行工作过程的详细分析。

② 分配阀

a. 结构与原理　分配阀整体安装在前车架内，用于在主工作油路中实现工作泵向动臂油缸及转斗油缸的压力油分配控制，从而实现工作装置的有效工作。

分配阀为串并联式整体式两联阀，主要由阀体、动臂滑阀联、转斗滑阀联、主溢流阀、转斗大腔过载阀、转斗小腔过载阀以及各单向阀组成，图7-5为分配阀的结构原理。

转斗滑阀联和动臂滑阀联的进油油道为串联结构，转斗滑阀联具有优先权，当转斗滑阀联工作时，动臂滑阀联不能同时工作。而转斗滑阀联和动臂滑阀联的回油油道则为并联结构，两滑阀联可同时实现回油。

两滑阀联均为三位六通滑阀。转斗滑阀联中包含有转斗的卸料、中位、收斗三个位置。动臂滑阀联中包含有动臂的下降、中位、提升三个位置。动臂的浮动是通过与先导操纵阀的共同作用在动臂滑阀下降位置实现的。两组滑阀联的动作是通过操纵先导操纵阀的操纵手柄，利用先导操纵阀输出的先导压力油进行控制的。

b. 工作过程

• 转斗中位。当分配阀转斗滑阀阀杆两端没有先导压力油时，转斗滑阀阀杆在弹簧2的作用下处于中位。工作泵的来油经进油口10进入油道7，同时向转斗和动臂滑阀联供油。此时转斗油缸大小腔两端接分配阀的两个工作油口5和6被转斗滑阀阀杆封闭，转斗油缸保持不动。如果此时动臂滑阀阀杆也处于中位，则工作泵的来油经油道14和13，连通分配阀的回油口15。

• 转斗后倾。当操纵转斗操纵手柄向收斗位置动作时，先导压力油进入转斗滑阀阀杆的收斗端油腔1内。而滑阀阀杆的卸料端油腔12内的油则经先导操纵阀连通回油。滑阀阀杆在油压的作用下，克服弹簧2的作用力向右移动，打开连通转斗油缸大腔的工作口6与油道7的开口。工作泵的压力油在顶开单向阀9后，通过油道7，进入转斗油缸大腔。而转斗油缸小腔的油液则通过油口5，经油道13通过阀回油口15回油箱。转斗油缸活塞杆伸出，转斗实现收斗动作。

由图可以看出，当转斗滑阀阀杆向右移动进入工作位置时，工作泵的压力油无法进入动臂滑阀联，动臂无法工作。

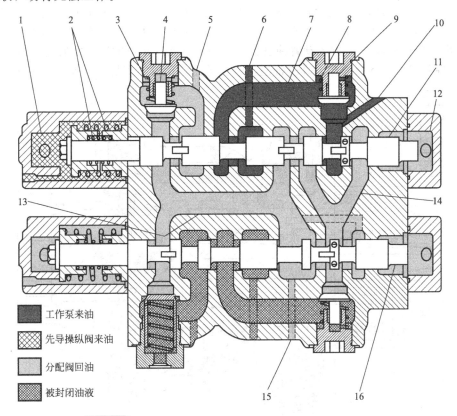

图7-5 分配阀（动臂滑阀杆中位， 转斗滑阀杆处收斗位置）

1—转斗滑阀阀杆收斗腔；2,3,8—弹簧；4—接转斗油缸小腔单向阀；5—油道（通转斗油缸小腔）；
6—油道（通转斗油缸大腔）；7,13,14—油道；9—转斗联进油单向阀；10—工作泵进油通道；
11—转斗滑阀阀杆；12—转斗滑阀阀杆卸料腔；15—分配阀回油通道；16—动臂滑阀阀杆

• 转斗前倾。当操纵转斗操纵手柄向卸料位置动作时，先导压力油进入转斗滑阀阀杆的卸料端腔12内。而滑阀阀杆的收斗端油腔1内的油则经先导操纵阀连通回油。滑阀阀杆在油压的作用下，克服弹簧2的作用力，向左移动，打开连通转斗油缸小腔的工作口5与油道7的开口。工作泵的压力油在顶开单向阀9后，通过油道7，进入转斗油缸小腔。而转斗油缸大腔的油液则通过油口6，经油道13通阀回油口15回油箱。转斗油缸活塞杆缩回，转斗实现卸料动作。

在卸料过程中，如果活塞杆缩回的速度大于工作泵输出流量所能提供的速度，分配阀内与转斗油缸小腔连通的单向阀4在克服弹簧3的作用力后打开，使得油箱内的油经油道13向转斗小腔供油，以避免油缸内气穴的发生。

同样，当转斗滑阀阀杆向左移动进入工作位置时，工作泵的压力油无法进入动臂滑阀联，动臂无法工作。

• 动臂保持。在转斗滑阀联不工作的情况下，当分配阀动臂滑阀阀杆两端17和27没有先导压力油时，动臂滑阀阀杆在复位弹簧18的作用下处于中位。工作泵的来油经进油口10经转斗滑阀联后，进入油道14，向动臂滑阀联供油。此时动臂油缸大小腔两端接分配阀的两个工作油口 23 和 22 被动臂滑阀阀杆封闭，动臂油缸保持不动。工作泵来油经油道 14 和 13，连通分配阀的回油口 15，如图 7-6 所示。

• 动臂提升。在转斗滑阀联不工作的情况下，当操纵动臂操纵手柄向提升位置动作时，先导压力油进入动臂滑阀阀杆的提升端油腔 17 内。而动臂滑阀阀杆的下降端油腔 27 内的油则经先导操纵阀连通回油。动臂滑阀阀杆在油压的作用下，克服阀杆复位弹簧 18 的作用力，向右移动，打开连通动臂油缸大腔的工作口 23 与油道 24 的开口。工作泵的压力油在顶开单向阀 25 后，通过油道 24，进入动臂油缸大腔。而动臂油缸小腔的油液则通过油口 22，经油道 13 通过阀回油口 15 回油箱。动臂油缸活塞杆伸出，动臂实现提升动作，如图 7-6 所示。

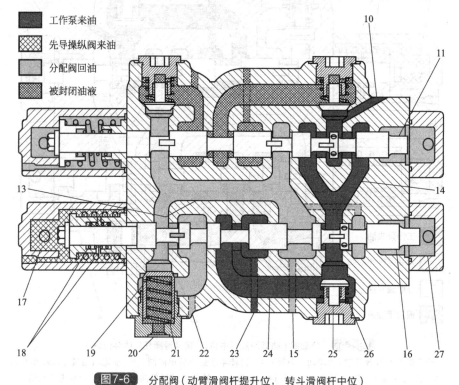

图7-6 分配阀（动臂滑阀杆提升位，转斗滑阀杆中位）

10—工作泵进油通道；11—转斗滑阀阀杆；13,14,24—油道；15—分配阀回油通道；16—动臂滑阀阀杆；

17—动臂滑阀杆提升腔；18,21,26—弹簧；19—接动臂油缸小腔单向阀；20—接先导操纵阀浮动油口；

22—油道（通动臂油缸小腔）；23—油道（通动臂油缸大腔）；25—动臂联进油单向阀；27—动臂滑阀杆下降腔

• 动臂下降。在转斗滑阀联不工作的情况下，当操纵动臂操纵手柄向下降位置动作时，先导压力油进入动臂滑阀阀杆的下降端油腔 27 内，而动臂滑阀阀杆的提升端油腔 17 内的油则经先导操纵阀连通回油，如图 7-7 所示。动臂滑阀阀杆在油压的作用下，克服阀杆复位弹簧 18 的作用力，向左移动，打开连通动臂油缸小腔的工作口 22 与油道 24 的开口。工作泵的压力油在顶开单向阀 25 后，通过油道 24，进入动臂油缸小腔。而动臂油缸大腔的油液则通过油口 23，经油道 13 通过阀回油口 15 回油箱。动臂油缸活塞杆缩回，动臂实现下降动作。

• 动臂浮动。当操纵动臂操纵手柄从下降位置继续向前动作时，动臂滑阀阀杆的位置与下降时是相同的。如前所述，此时图 7-4 中的液控换向阀 11 将下移并接通图 7-6 中序号 19 单向阀背腔 20 到油箱的通道，使单向阀 19 能够顺利打开。这样工作泵来油及动臂小腔经单向阀和油道 13 连通分配阀回油口，而动臂油缸大腔则因为动臂滑阀阀杆处于下降位，也接通了回油口，即此时动臂油缸大小腔都接通油箱。在工作装置自重作用下，动臂实现浮动下降，如图 7-7 所示。

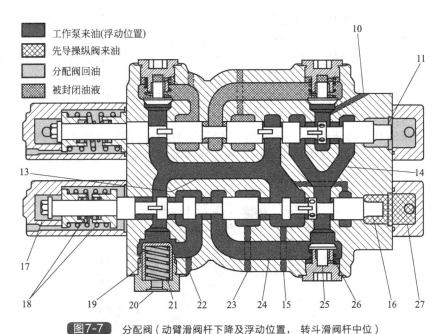

图7-7 分配阀（动臂滑阀阀杆下降及浮动位置，转斗滑阀阀杆中位）

10—工作泵进油通道；11—转斗滑阀阀杆；13,14,24—油道；15—分配阀回油通道；

16—动臂滑阀阀杆；17—动臂滑阀阀杆提升腔；18,21,26—弹簧；19—接动臂油缸小腔单向阀；

20—接先导操纵阀浮动油口；22—油道（通动臂油缸小腔）；23—油道（通动臂油缸大腔）；

25—动臂联进油单向阀；27—动臂滑阀阀杆下降腔

（3）制动系统

图 7-8 所示为装载机双路制动系统液压原理。以美国 MICO 公司液压制动元件和双路系统为例，该制动系统主要由双路充液阀、双路制动阀、停车制动阀块、蓄能器、压力开关等元件组成。下面就制动系统中的主要元件的工作过程分别按充液、行车制动、紧急和停车制动三个部分分析系统的工作原理以及液压制动系统的特点。

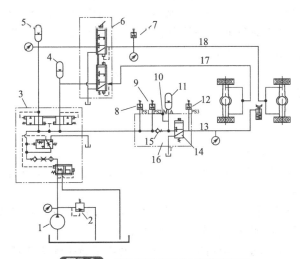

图7-8 装载机双路制动系统液压原理

1—液压泵；2—溢流阀；3—双路充液阀；4—行车制动蓄能器（后桥）；5—行车制动蓄能器（前桥）；

6—双路制动阀；7—制动尾灯压力开关；8—制动低压报警开关；9—紧急制动作开关；10—测压口；

11—停车制动蓄能器；12—停车制动指示开关；13—去停车制动器；14—二位三通电磁阀；

15—单向阀；16—停车制动阀块；17—去前桥制动器；18—去后桥制动器

　　制动系统关系到安全问题，在进行元件选择时必须把性能和可靠性置于首位，在系统设计时必须保证液压泵优先充液。充液时液压油经先导阀芯、过滤器、内部节流孔、单向阀和充液上下限控制阀组进入液控梭阀，然后进入蓄能器。由于先导阀芯内部的节流孔和先导弹簧作用，使得泵来油优先保证制动系统用油。当三个蓄能器压力都达到充液上限设定值时，充液上下限阀芯右移，接通优先充液阀弹簧腔与油箱的通道，泵来油回到油箱。

　　下面结合阀内部的结构分析充液阀的充液和旁通过程。

　　双路充液阀的 P 口接液压泵，A_1、A_2 口接行车制动蓄能器，SW 口接停车制动阀块压力油进口，T 口接油箱，O 口接液压油箱或液压风扇散热系统。其主要组成见图 7-9。

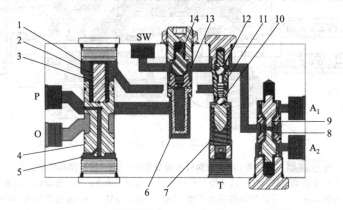

图7-9　充液阀充液状态

1,5—腔室；2—主阀弹簧；3—推杆；4—主阀芯；6—过滤器；7—先导阀弹簧；8,9—梭阀阀组；
10—充液上限单向阀；11—先导阀阀芯；12—充液下限单向阀；13—单向阀阀座；14—单向阀

　　① 双路充液阀充液　充液状态：如图 7-9 所示。液压泵启动前，主阀弹簧 2 的力使主阀芯 4 位于最下端。液压泵启动后，泵来油从 P 口经主阀芯 4 内部通道进入腔室 5，推动主阀芯 4 向上移动，在 P 口和 O 口台肩的节流作用下只有很少的油流向 O 口，绝大部分的油经过滤器 6、单向阀 14 和梭阀阀组 8、9 到蓄能器充液口 A_1、A_2。在蓄能器压力没有达到设定值时，先导阀弹簧 7 保持充液下限单向阀 12 与其阀座打开，并关闭充液上限单向阀 10（即先导阀阀芯 11 每次动作只能使一个单向阀打开）。液压油在通过下限单向阀 12 时将油引入腔室 1，于是得到主阀芯 4 的平衡方程为

$$p = p_1 + F_K/A \tag{7-1}$$

式中　　p——P 口压力，Pa；

　　　　p_1——腔室 1 的压力，Pa；

　　　　F_K——主阀弹簧力，N；

　　　　A——弹簧作用面积，m^2。

　　式(7-1)表明，泵的出口压力 p 高于 p_1，注意到 p_1 压力即为蓄能器压力，这样就确保了为制动系统优先充液。

　　梭阀阀组 8、9 并联在回路上，每次只能开启两个蓄能器中压力较低的那一个为其充液，这样的设计可以保持两个蓄能器都能轮流均衡地充液。

　　旁通状态：如图 7-10 所示。当蓄能器的压力达到先导阀弹簧 7 所决定的充液上限压力时，先导阀阀芯 11 克服先导阀弹簧 7 的力下移，充液上限单向阀 10 打开，充液下限单向阀 12 关闭，于是腔室 1 的压力油通过上限单向阀 10，经 T 口返回油箱。腔室 5 内的 P 口压力推动阀芯 4 和推杆 3 上移，主阀芯 4 与 O 口的通道面积增大。注意到单向阀 12 封闭了蓄能器压力，此时的充液阀处于备用保压状态。上限单向阀 10 所起的作用实际上相当于安全阀，

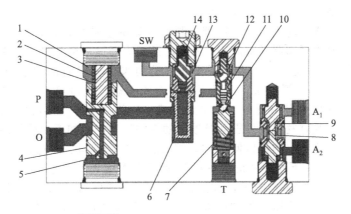

图7-10 充液阀旁通状态（图注同图7-9）

它限制了蓄能器的最高充液压力。当蓄能器的压力降低到一定程度时，先导阀弹簧7的弹力将使充液下限单向阀12打开并将油引入腔室1，充液阀恢复图7-9所示的充液状态。推杆3的作用是对主阀芯4机械限位。

充液完成后从优先充液阀O口出来的油可以进入其他回路，如液压马达驱动的散热系统，即制动和散热系统可以共用一个泵。

② 行车制动　行车制动依靠司机的左脚控制双路制动阀的踏板来实现，因此双路制动阀也被称为脚制动阀，如图7-11所示为脚制动阀实施制动过程的三个位置。

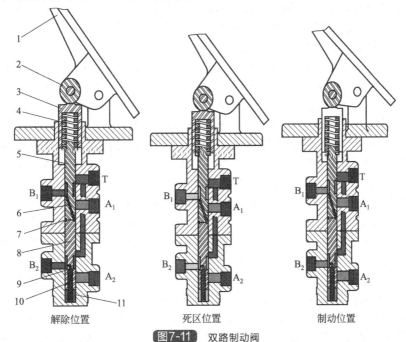

解除位置　　　　　　死区位置　　　　　　制动位置

图7-11 双路制动阀

1—制动踏板；2—滚轮；3—活塞；4—平衡弹簧；5—上阀芯；6—通道；7,11—腔室；8—下阀芯；
9—通道；10—回位弹簧；A_1、A_2—蓄能器来油；B_1、B_2—通往制动器；T—油箱

制动时踩下制动踏板1，通过滚轮2、活塞3对平衡弹簧4施加一定的压力，从而推动上阀芯5和下阀芯8向下移动，关闭 B_1、B_2 口与 T 口通道的同时，打开 A_1、A_2 口与 B_1、B_2 口的通道，从而使蓄能器 A_1、A_2 储存的高压油分别进入前、后桥轮边制动器，同时制动灯开关动作，亮起制动灯。双路制动阀的两个制动回路相互独立，当其中一个制动回路发

生故障时，另一个制动回路仍能正常工作。

下面详细分析双路制动阀的工作原理。制动解除位置时的状态是 B_1 口和 B_2 口均与油箱相通，前、后桥轮边制动器没有油压。制动时踏板力通过平衡弹簧 4 传递到上阀芯 5 和下阀芯 8，使回位弹簧 10 受压。当上、下阀芯移动到阀芯台肩的位置区域时，制动阀处于 A_1—T—B_1、A_2—T—B_2 等各油口相互不通的封闭状态，越过这个状态后各油口才打开，此时对应的踏板行程称为自由行程，该位置一般也称为"死区"。自由行程是非常必要的，它可以避免装载机作业时发生剧烈震动导致制动阀的误动作。如果继续给踏板加力，推动上阀芯 5 下移越过封闭位置，则可以使 A_1 口的高压油进入 B_1 口。注意到 A_1 口的压力油此时还经通道 6 进入腔 7，而下阀芯 8 正是在腔 11 的压力作用下下移越过封闭位置，使 A_2 口的高压油进入 B_2 口，同时 A_2 口的压力油经油道 9 进入腔 11。如果把上、下阀芯当作一个整体，从力学角度分析腔 7 的压力为"内力"。因此，制动时的踏板力等于平衡弹簧 4、回位弹簧 10 以及腔 11 压力这三者之和。如果去掉上阀芯 5，该阀将成为单管路制动阀，制动时踏板力将通过平衡弹簧 4 直接传递到下阀芯 8，细心的读者可能会发现，此时的制动阀原理与定值减压阀相似：制动阀的平衡弹簧 4 相当于定值减压阀的调压弹簧，而回位弹簧 10 的作用是不但要使上、下阀芯回位，并且与平衡弹簧 4 配合保证制动阀处于制动解除状态时留有一定尺寸的"自由行程"。

从上述分析可知：

a. 制动阀的输出压力与踏板行程呈线性正比，在制动阀设定的制动压力范围内，制动时踏板角度踩得越大，整机获得的制动压力也就越大。

b. 如果踏板全部踩下，下阀芯 8 将达到腔体底部，此时制动阀输出最大制动压力。

c. 如果完全放松制动踏板，制动阀回到初始时的制动解除状态。

d. 设计或选择制动阀时应计算阀的流量。

e. 制动压力的调节可以通过调整平衡弹簧的压缩量来实现，简易的方法之一就是增减垫片。一般专业做制动系统的厂家（如美国 MICO 公司）生产的制动阀，其压力每隔 7～8bar 就有一个型号，并且出厂前都已调整设定好，不需要用户调整。

③ 紧急和停车制动 停车制动阀块和蓄能器一般布置在双路充液阀附近，注意要方便维护和保养。停车制动阀块的组成如图 7-12 所示，停车制动阀块 P 口接充液阀 SW 口，T 口接油箱，A 口接停车制动蓄能器，B 口接停车制动器。在停车制动阀块内部 P 口至 A 口之间有一个单向阀，以防止停车制动蓄能器油液流回充液阀。

将紧急制动按钮按下，紧急制动电磁阀 3 通电，阀口开启，停车制动回路中的蓄能器内储存的高压油经紧急制动电磁阀 3 进入停车制动器，解除停车制动。将紧急制动按钮按下的瞬间，停车制动低压报警灯亮起，这是由于此时停车制动回路中油压还低于报警压力，要等停车制动低压报警灯熄灭后才能开动机器。

将紧急制动按钮拉起，紧急制动电磁阀 3 断电，停车制动器的液压油经紧急制动电磁阀 3 流回油箱，弹簧力使停车制动器起作用。在作业过程中，如果停车制动回路出现故障，使得停车制动蓄能器内油压低于预设压力时，停车制动低压报警灯会亮起，此时应停车检查。

当行车制动回路中的蓄能器油压低于预设压力时，紧急制动控制开关 5 动作，自动切断紧急制动电磁阀 3 电源，并使变速箱挂空挡，装载机紧急停车，以确保行车安全。

下面对行车制动动力切断开关和行程制动低压报警开关的工作过程做简单介绍。行车制动动力切断开关和行程制动低压报警开关在停车制动阀块和双路制动阀块上的分布如图 7-13 所示。行车制动动力切断开关 7 为常开型，动作压力值可以根据系统的要求预设；制动灯开关 8 也是常开型，动作压力值一般为 0.5MPa。踩下制动阀踏板，当制动阀出口压力值达到 0.5MPa 时，制动灯开关 8 动作，制动灯亮；当制动阀出口压力上升到预设的动力切断压力值时，行车制动动力切断开关 7 动作，若行车时变速操纵手柄处于前进或后退Ⅰ、Ⅱ挡位，则使变速箱挂空挡，切断动力，以利于实施制动。

行车制动低压报警开关 3 为常闭型，动作压力值为可以根据系统的要求进行设定。紧急制动控制开关 2 为常开型，其动作压力值高于行车制动压力 1MPa。只有当行车制动蓄能器油压高于紧急制动开关的压力时，才能接通紧急制动电磁阀电源，使停车制动器松开。当系统出现故障，行车制动回路中的任何一个蓄能器油压低于行车制动低压报警开关设定的压力时，行车制动低压报警开关 3 动作，行车制动低压报警灯亮，报警蜂鸣器响，此时应立即停车检查。检查机器时应把机器停在平地上，并将紧急制动按钮的开关拉起。如果行车制动蓄能器压力继续下降到紧急制动压力开关设定的值时，紧急制动控制开关 2 动

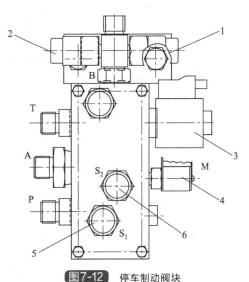

图7-12 停车制动阀块

1—停车制动低压报警器开关；2—停车制动动力切断开关；3—紧急制动电磁阀；4—测压接头；5—紧急制动控制开关；6—行车制动低压报警开关

作，自动切断紧急制动电磁阀电源，并使变速箱挂空挡，装载机紧急停车，以确保行车安全。

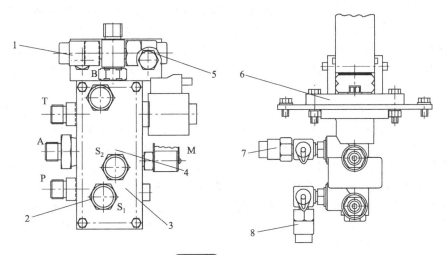

图7-13 压力开关

1—停车制动动力切断开关；2—紧急制动控制开关；3—行车制动低压报警开关；4—停车制动阀块；5—停车制动低压报警开关；6—双路制动阀；7—行车制动动力切断开关；8—制动灯开关

停车制动低压报警开关 5 和停车制动动力切断开关 1 均为常闭型，动作压力值为停车制动器的完全释放压力。在作业过程中，如果停车制动回路出现故障，使得停车制动蓄能器油压低于完全释放压力时，停车制动低压报警开关 5 和停车制动动力切断开关 1 动作，停车制动低压报警灯亮，报警蜂鸣器响，同时使变速箱挂空挡，此时应停车检查，避免造成停车制动器的拖磨。

充液阀、蓄能器、制动阀、紧急和停车制动阀块、各种压力开关和管路的设计或选择必须与整机相匹配。这涉及整个液压制动系统的计算，应该根据整机重量、行驶速度和设计要求的制动距离、制动减速度等参数，计算制动压力、制动器容量（要考虑摩擦片磨损前、后

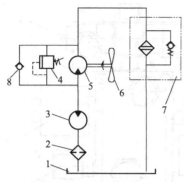

图7-14 装载机散热液压系统

1—油箱；2—滤清器；3—散热泵；
4—溢流阀；5—风扇马达；6—风扇；
7—散热器；8—单向阀

的容量不同）、蓄能器容量、泵流量、制动阀流量、充液阀流量、紧急和停车制动器耐压和释放压力等，样机试验验证后方可设计定型。

（4）液压风扇散热系统

装载机液压风扇散热系统的原理如图 7-14 所示，该系统采用定量泵-定量马达的驱动形式，与其他装载机散热系统不同的是，本散热系统并不是发动机带动冷却风扇转动，而是对风扇采用液压马达单独驱动的形式。系统控制原理为：在各散热器上设置了温度传感器，控制器将采集的温度信号与设定值进行对比；当温度低于调定值时，系统不需要散热，控制器输出大电流，控制溢流阀的溢流压力最低，将风扇转速降至最低；当温度超过起调值时，输出电流开始变小，控制溢流阀的溢流压力上升，风扇转速开始增加；当温度达到设定的最高值时，控制器输出的电流降至最低，溢流阀的溢流压力上升到最大值，风扇转速达到最高。总之，是使散热功率始终与各系统实际散热需求相匹配，最终达到温控散热的目的。

7.1.2 装载机转向液压系统

转向液压系统在装载机中占有非常重要的位置，它涉及装载机以及司机的安全，为此有的国家还就装载机转向系统做了一些规定和限制。就目前发展趋势看，装载机工作液压系统的压力已经上升到 32MPa 以上，但是转向系统的压力一般还都不超过 20MPa，就是考虑到转向系统的安全性是第一位的。由于装载机自重和载荷都很大，所以依靠人力转向几乎是不可能的，必须采用液压或其他助力方式。由于转向系统的特殊性，我们有必要专门就装载机转向系统做深入的研究和分析。

装载机的转向是通过驾驶员操纵方向盘，经转向传动装置，使转向轮在水平面内偏转一定角度来实现。转向系统的作用是控制装载机的行驶方向或保持其直线行驶。

装载机大多在野外不平道路或矿山作业，因此对转向系统有如下要求。

工作稳定可靠且经久耐用。转向系统对保证装载机安全行驶关系很大，因而转向系统的零件要有足够的强度、刚度和寿命。对于动力转向系统还要保证发动机在急速状态也能正常转向。装载机的直线行驶性能要好，在任何状态下方向盘不能有抖动或者摆动。

操作操纵要轻便，转向灵敏，要求操纵力小，操纵行程小。方向盘转动速度与车架偏转速度成比例，使司机操控感觉良好。

转向功率要足够大，要求转向系统能够克服大的转向阻力矩，方向盘转动数圈之后不受或者尽量少受发动机转速的影响。

在保证安全第一的基础上系统经济节能，动力功耗要小。因此，无论是大型机还是中小型机，采用合流系统或更加节能的负荷传感变量系统，已成为转向系统的发展趋势。

具有应急转向功能，要保证在装载机出现故障时，能利用应急转向功能将装载机转移到维修站或是指定地点进行维修。

装载机转向系统的技术变迁，经历了带机械反馈杆的螺杆螺母循环球式转向器、全液压转向器、全液压转向流量放大、全液压转向优先，衍生出了同轴流量放大等多种转向形式。随着液压和电控技术的飞速发展，装载机的转向液压系统又有了更多的形式，逐步克服了因发动机转速变化所引起的转向速度变化的缺点，使得转向愈加稳定。如果说转向优先阀的采用使得装载机向节能方向前进了一大步，那么变量负荷传感转向技术则代表着装载机液压系统的根本性的转变，尤其是电比例指令控制的负荷传感转向技术则使得装载机的转向操纵更加舒适、灵活和简便。下面重点对装载机转向系统做深入的研究和分析。

（1）装载机转向液压系统形式

装载机转向液压系统根据泵的形式可分为定量泵系统和变量泵系统。

定量泵系统又可分为以下五类：

① 定量单泵-转向器-转向油缸系统；

② 定量单泵-转向器-流量放大阀-转向油缸系统；

③ 定量单泵-优先阀-转向器-转向油缸系统；

④ 定量双泵-优先阀-转向器-转向油缸系统；

⑤ 定量双泵-优先阀-转向器-流量放大阀-转向油缸系统。

变量泵系统也可分为五类：

① 负荷传感变量单泵-优先阀-转向器-转向油缸系统；

② 负荷传感变量双泵-优先阀-转向器-转向油缸系统；

③ 负荷传感变量单泵-转向器-转向油缸系统；

④ 负荷传感变量双泵-优先阀-转向器-流量放大阀-转向油缸系统；

⑤ 负荷传感变量单泵-电比例指令转向器-转向油缸系统。

下面分析转向系统关键元件的工作原理以及系统的特点。

（2）液压转向器

下面就装载机转向系统上使用最广泛的两种液压转向器进行介绍，即机械随动式液压转向器和全液压转向器。

① 机械随动式液压转向器　机械随动式液压转向器是液压技术诞生以来装载机最早采用的转向器，至今还在一些装载机产品上继续使用。图 7-15 所示为机械随动液压转向器示

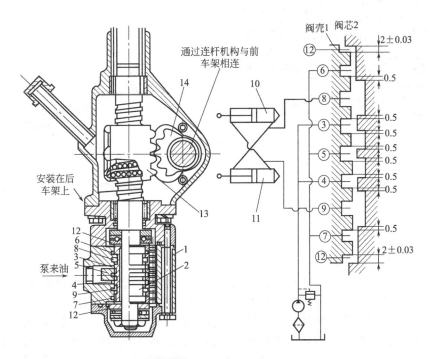

图7-15　机械随动液压转向器

1—阀体；2—阀芯；3,4—进油槽；5～7—回油槽；8,9—接油缸油槽；10,11—转向油缸；
12—端板；13—循环球螺母；14—齿扇

意图。其工作过程为：当司机顺时针转动方向盘时，带动与方向盘连接的阀芯 2 转动，此时由于齿扇 14 通过连杆机构与前车架相连固定不动，所以循环球螺母 13 也不动，则阀芯 2 一边转动一边向下做直线运动，这个动作就像是我们平时拧螺栓一样，直线运动打开了转向泵通往转向油缸的油道，一侧转向油缸伸出，另一侧转向油缸缩回，推动车架偏转。这时前车架通过连杆机构带动齿扇 14 顺时针偏转，而齿扇 14 带动循环球螺母 13 向上做直线运动，这样循环球螺母 13 就带动阀芯 2 向上运动，从而关闭转向泵通往转向油缸的通道，这一系列动作称作机械负反馈。一个完整的转向动作包括从司机转动方向盘、打开油泵通往转向油缸的通道开始到机械负反馈将油缸通道关闭，如果司机连续转动方向盘就得到了连续的转向动作。

负反馈机构也称随动系统，它是转向动作最明显的特征。本例中采用的是机械连杆形式，因此叫作机械负反馈。如果没有机械负反馈，油泵通往转向油缸的通道打开后就不会"自动"关闭，那么转向将继续下去，除非司机主动反方向转动方向盘关闭通道，试想一下，这样的转向无法得到有效的控制。因此，无论采用什么样的转向方式，它都必然要采用负反馈技术。负反馈可以有多种方式，在后面的分析中还将会多次提到这个问题。

② 全液压转向器 全液压转向器是目前装载机转向系统普遍采用的转向器，由它组成的装载机转向液压系统又称为自携随动系统。该转向器主要由随动转阀和计量马达两部分组成，其结构原理如图 7-16 所示。随动转阀包括阀芯 7、阀套 6 和阀体 3，其功能是控制油流方向。由定子 13、转子 9 实现计量马达的功能。图 7-17 所示为全液压转向器的三维爆炸图。

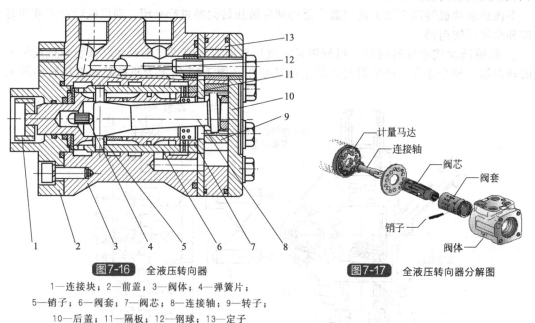

图7-16 全液压转向器

1—连接块；2—前盖；3—阀体；4—弹簧片；
5—销子；6—阀套；7—阀芯；8—连接轴；9—转子；
10—后盖；11—隔板；12—钢球；13—定子

图7-17 全液压转向器分解图

当转动方向盘时，方向盘柱带动转向器阀芯转动一个角度，因为此时计量马达处于闭锁位置不能转动，所以与计量马达相连接的阀套也不会转动，阀芯的转动使得阀芯与阀套之间产生了一个相位差，由此打开了阀芯与阀套之间的油道，油通过阀芯、阀套进入计量马达。一方面计量马达通过转子 9 将油输送到转向油缸（利用转向器直接控制转向油缸）或者流量放大阀的先导油进出口（利用转向器控制流量放大阀，再由流量放大阀控制转向油缸），另一方面计量马达的转子 9 还带动连接轴 8、销子 5，带动阀套 6 与阀芯 7 同向转动，关闭刚刚打开的阀芯与阀套之间的油道，完成负反馈动作。由于这个负反馈是通过计量马达（液压）完成的，所以这种负反馈技术就叫作液压负反馈或液压随动。

由图 7-18(a) 中可以很清晰地看到转向及负反馈过程。由于转向器是转阀结构，与我们平时所看到的圆柱形滑阀结构不同，但是看图的方法还是一样的，就相当于把圆柱形滑阀想象成弯曲状态就行了。

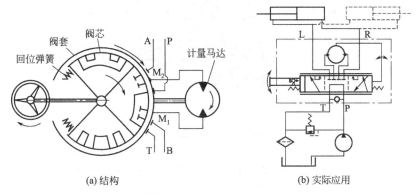

(a) 结构　　　　　　　(b) 实际应用

图7-18 全液压转向器液压负反馈过程

该转向器为开芯结构，转阀处于中间位置（即方向盘不动）时，P 口的泵来油直接回到油箱 T 口，通往转向油缸的工作油口 A、B 是封闭的。顺时针转动方向盘，转阀阀芯一起跟着顺时针转动，P 口的泵来油经转阀阀芯进入计量马达，然后计量马达将油输送到工作口 B，而工作口 A 通油箱 T 口。计量马达转动的同时带动阀套与方向盘同步转动，关闭了打开的转阀-阀套之间的油道（液压负反馈），完成转向动作。当方向盘转得较快时，通过计量马达的流量就大，转向速度就快。当方向盘转动带动阀芯转过一个角度时将压缩一个起对中回位作用的弹簧片，方向盘停止转动，弹簧片使得阀芯、阀套回到中间位置，这与圆柱形滑阀的弹簧对中回位原理是一样的。图 7-18(b) 为开中位转向系统的实际应用原理。

由上述机械随动式液压转向器和全液压转向器的工作原理可知，液压转向器的工作都是利用了负反馈原理，在司机转动方向盘之后随着油口的打开马上又自动关闭，因此根据角速度的定义，方向盘转动的角速度与转向器的开口量成正比，以某个均速转动的方向盘对应其某个不变的转向器开口量。

③ 全液压同轴流量放大转向器 当转向系统需要更大的流量时，单靠全液压转向器通过计量马达输入转向缸这条油路就显得不够了，为此伊顿公司发明了专利产品——同轴流量放大转向器，它的工作原理见图 7-19（读者可以暂不考虑 LS 这条油路）。这种转向器与全液压转向器原理基本相同，但是，除通过计量马达进入转向缸的油路之外，又多了一条直接从泵到转向缸的通道，而且这条通道的开口量与转向器的转阀角度相关。这样就有两条油路同时给转向缸供油，可以给转向系统提供更大的流量。

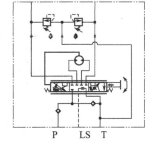

图7-19 同轴流量放大转向器工作原理

（3）流量放大系统

上节提到中大型装载机转向系统需要更大的流量，当采用单独的转向器或全液压同轴流量放大转向器时，压力损失可能会比较大一些。如果设想用一个小排量转向器控制一个通流量比较大的液控换向阀，而且使转向器的输出排量与这个液控换向阀的输出流量成比例控制，即用小排量来控制大流量，这样就组成了所谓的流量放大转向系统，这个液控换向阀就称为流量放大阀。其主要组成包括：换向阀杆 12、流量控制阀 18、安全阀 19 和梭阀 16，其机构原理如图 7-20 所示。

方向盘不转动时，阀杆 12 在复位弹簧 8 的作用下保持在中间位置。当不转向或转向完

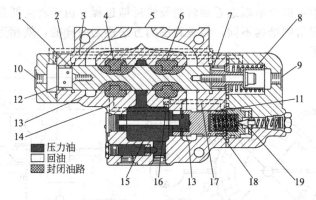

图7-20 流量放大阀（中位）

1,7—计量节流孔；2,3,14,17—通道；4,6—工作油口；5—回油口（至油箱）；
8—复位弹簧；9,10—转向控制油口；11—节流孔；12—阀杆；13—回油通道；
15—进油口（接转向泵）；16—梭阀；18—流量控制阀；19—安全阀

成时，转向器停止向流量放大阀提供先导控制油。此时，没有先导油作用于阀杆 12 的两端，阀杆 12 的两端的油通过通道 2 和通道 3 与油箱相连，阀杆 12 在复位弹簧 8 的作用下保持在中间位置。当阀杆 12 在中间位置时，从转向泵的来油被阀杆 12 封住，使得进油口 15 中的压力增加，推动流量控制阀 18 右移直至油能通过回油口 5 回油箱。

在中位时，与转向缸相连的阀体出口 4、6 处于封闭状态，保持方向盘停止转向时装载机的位置。封闭腔内 4、6 的油压通过梭阀 16 作用于先导安全阀 19，如果外力使得内部压力超过先导安全阀的调定压力，将打开安全阀 19，以保证系统压力不超过调定压力。

当操纵方向盘右转时，先导油进入阀杆 12 的先导油口 9，油压推动阀杆 12 左移，如图 7-21 所示，左移的量是由方向盘转动速度来控制的，如果转动慢一些，阀杆移动就少，相反，阀杆移动就多，转向就快。

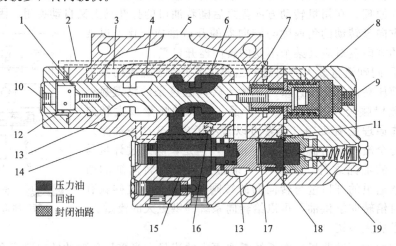

图7-21 流量放大阀（转向位置）

1,7—计量节流孔；2,3,14,17—通道；4,6—工作油口；5—回油口（至油箱）；
8—复位弹簧；9,10—转向控制油口；11—节流孔；12—阀杆；13—回油通道；
15—进油口（接转向泵）；16—梭阀；18—流量控制阀；19—安全阀

先导油从先导油口 9 穿过计量节流孔 7、通道 2 到阀杆 12 另一端，然后通过转向器回油箱。

随着阀杆移动到左边，从转向泵来的油到达进油口 15，通过阀杆 12 上的狭槽，分别进入左转向缸的无杆腔和右转向缸的有杆腔，同时转向缸另一端的油通过出口 4、回油通道 13 回油箱，机子右转弯。这时，出口 6 的油压打开梭阀 16 作用于流量控制阀 18 和先导安全阀 19，如果转向阻力增加，出口油压将推动流量控制阀 18 左移，关小通往油箱的节流口，迫使进口油压升高；如果转向阻力减小，进口油压将推动流量控制阀 18 右移，开大通往油箱的节流口，进口油压降低；无论转向阻力如何变化，流量控制阀都将在出口压力的控制下使得进、出阀杆 12 的压差基本恒定，通过阀杆 12 的流量大小只与阀杆 12 的位移有关，即通过流量大小只与转向器的快慢有关而与转向阻力变化无关。可以证明，当发动机转速发生变化时，同样可以保持上述性能。如果压力超过先导安全阀 19 的调定压力，先导安全阀 19 将打开，于是进口油压推动流量控制阀右移，将通往油箱的节流口开到最大，只有极少部分的油维持整个油路的压力，其余流量全部通过节流口回到油箱。转向阻力下降，流量控制阀 18 和先导安全阀 19 回到原位置。从上述分析可知，流量放大阀的工作原理实际上就是"溢流节流型调速阀"（见第 2 章液压控制阀）的工作原理。

由上述工作过程可知，向右转向时，转向器来油通过流量放大阀阀杆的圆周小孔 7 进入阀体内部的流道，进而进入阀杆另一端的回油口，然后回到油箱，流量放大阀正是利用阀杆两端的压差与复位弹簧的弹簧力的平衡关系来工作的，当转动方向盘越快，由转向器来的压力油的流量就越大，通过小孔之后在阀杆两端产生的压差就越大，阀杆的开口量就越大，转向速度就越快，这就是流量放大阀的压差-弹簧式控制原理。如前所述，转向器是一个随动式转阀，它输出的主要参数是流量。当转向器的排量一定时，转阀转动的速度越快，输出的流量就越大，转向器的这个性能与压差式阀杆控制原理的流量放大阀是非常匹配的，能够实现转向速度的快慢与司机操纵方向盘的转速成正比。如果流量放大阀阀杆利用的是常见的多路换向阀的压力-弹簧式控制方式，则压力与阀杆开度成正比，压力的稳定性将影响放大阀的开口量是否稳定，从而影响进入转向油缸的流量是否稳定。显然，后者与转向器的性能是不匹配的。

转向器与压差式换向原理的流量放大阀组成的流量放大系统中，流量放大阀通过的流量与转向器流量之比叫作流量放大比。或者说转向器排出的流量被流量放大器"放大了"多少倍，这就是为什么起到换向作用的方向阀被称作"放大阀"。根据放大阀的压差式换向原理和流量放大阀的定义，可以知道流量放大的过程和基本原理为：司机转动方向盘带动转向器排出的流量等于转向器排量与方向盘转速的乘积，该流量在流量放大阀阀杆两端产生一定的压差，流量与压差成正比，这个压差使阀杆产生位移，阀杆有了一定的开度，从而使一定流量的液压油进入转向油缸实现装载机的转向。

下面讨论一下装载机转向系统的刚度与突然遇到较大阻力（例如土坑或者石块）时流量放大阀的工作状态。前面提及流量放大阀在中位时阀杆 12 将转向缸出口 4、6 与油箱通道 5 完全封闭，以保持方向盘停止转向时装载机的位置，即装载机行驶时遇到来自地面的阻力时转向缸依然保持闭锁状态，这表述的正是装载机转向系统的刚度问题。当装载机遇到土坑或者石块时，较大的阻力突然作用在转向缸及管路，压力骤然升高，压力太大时可以通过安全阀 19 打开将压力释放。

接着讨论装载机转向稳定性问题。如果装载机转向时的转动惯量很大，转向启动和停止时的液压冲击也很大。这种冲击容易造成所谓的摆振现象，即转向器停止转动后，转向油缸停止进出油，但车架惯量继续作用在油缸上，引起某个转向缸大腔和另一个转向缸小腔（假设是双转向缸）的压力很高，这时安全阀 19 打开卸压，这两腔的压力下降后，另外两腔的压力继续推动车架向相反方向运动，如此反复，可能会引起车架的来回摆振。

最后讨论一下流量放大阀的中位卸荷问题。刚才提出的阀杆 12 中位时完全封闭转向缸与油口 5 的通道，装载机在行驶过程中肯定会遇到各种阻力，导致转向缸有一定压力，而且这个压力随着路况的不同时刻在变化。这个压力将通过梭阀 16、通道 17、节流孔 11 到达流量控制阀 18 的弹簧腔，迫使转向泵的压力升高，才能打开流量控制阀 18，使得转向泵的油回到油箱，如此必将造成较大的压力损失，转向泵也会因为频繁的压力脉冲缩短预期寿命。如果阀杆口中位时转向缸与油箱 5 的通道留有很小的一个开口，那么就可以较好地解决中位卸荷问题，但是转向刚度将会变弱。

（4）定量单泵、全液压转向器组成的转向系统

图 7-18（b）即为定量单泵和全液压转向器组成的转向系统，这种系统比较简单，一般采用开中位转向器，即不转向时，转向泵来油通过转向器回到油箱，当转向时泵来油直接进入转向缸，转向缸的回油也是通过转向器内部油道回到油箱。

（5）定量单泵、全液压转向器和流量放大阀组成的转向系统

图 7-22 所示为装载机定量单泵、全液压转向器和流量放大阀组成的转向系统液压原理。

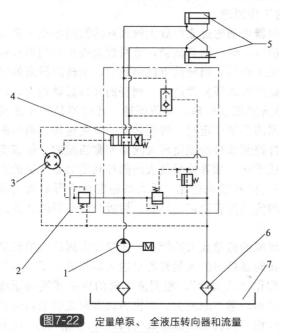

图7-22 定量单泵、全液压转向器和流量放大阀组成的转向系统

1—转向泵；2—减压阀；3—全液压转向器；4—流量放大阀；5—转向油缸；6—液压油散热器；7—液压油

该转向系统采用流量放大系统，系统油路由控制油路与主油路组成，所谓流量放大，是指转向器控制油路的流量变化与进入转向缸的主油路的流量变化具有一定的比例，达到低压小流量控制高压大流量的目的。流量放大转向系统操作平稳轻便，系统功率利用充分，可靠性好。

转向器为闭芯无反应型，方向盘不转动时中位断开。此时，流量放大阀主阀杆在复位弹簧作用下保持在中位，转向泵与转向油缸的油路被断开，主油路经过流量放大阀中的流量控制阀卸荷回油箱。转动方向盘时，转向器排出的油与方向盘的转速成正比，先导油进入流量放大阀后，作用在流量放大阀的主阀杆端，控制主阀杆的位移，通过控制开口的大小，从而控制进入转向油缸的流量，由于流量放大阀采用了压力补偿，因而进入转向油缸的流量与负载基本无关，只与阀杆上开口大小有关。停止转向后，进入流量放大阀主阀杆一端的先导压力油通过节流小孔与另一端接通回油箱，阀杆两端在复位弹簧的作用下回到中位，切断主油路，装载机停止转向。因此方向盘的连续转动与转向器的负反馈使得装载机实现连续转向。

对比全液压转向器的转向方式（包括同轴流量放大转向器）与小排量转向器控制流量放大阀的转向方式可以发现，流量放大转向方式在泵来油进入流量放大阀之前被回路中并联着的全液压转向器"分流"了一小部分用来控制流量放大阀阀杆压差换向所必需的流量，当发动机处于怠速工况，转速较低、泵输出流量不大时会影响转向速度。因此，设计流量放大系统时，要适当将泵的排量选的比单独全液压转向器系统稍大一些，或者再增加一个先导泵（可与先导系统共用）单独为转向器供油。后续还有更加详细的分析。

（6）转向优先系统

图 7-3 所示为典型的装载机转向优先定量双泵合流、优先阀、转向器和流量放大阀组成的转向系统。其液压系统原理已在上文中叙述过，下面对系统中的关键元件——优先阀进行详细分析。

① 优先阀 优先阀根据控制阀芯移动信号的形式可分为静态信号优先阀、静态信号带外部先导优先阀和动态信号优先阀，各类优先阀的符号如图 7-23 所示。

下面以静态优先阀为例说明优先阀的工作原理。发动机没有启动前，阀杆处于图 7-24(a) 所示初始位置。P 口为转向泵来油，T 口通油箱，CF 口通转向回路，EF 口通工作回路，LS 口通转向缸负载压力。启动发动机后转向泵来油，CF 口压力推动阀杆左移，打开 EF 口，除极少量油维持 CF 口压力外，绝大部分的油进入工作系统，如图 7-24(b) 所示。转向时待机的 CF 口油进入转向器，于是 LS 口有负载压力，推动阀杆右移，如图 7-24(c) 所示，转向泵来油优先供应转向系统，剩余的油继续进入工作系统，这就是优先阀的名称来历。

下面分析动态信号优先阀的工作原理。将动态信号优先阀与全液压转向器组成一个转向系统，如图 7-25 所示。我们将转向器内部开口、优先阀阀芯内部开口都看作可变节流口。已经注意到阀芯内部的油道画法与图 7-23 不一样，这样可以清晰、真实地显示出阀口的可变节流作用，而且无论是阀芯移动到左或者右两

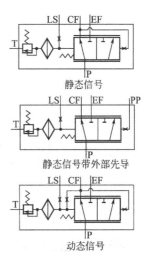

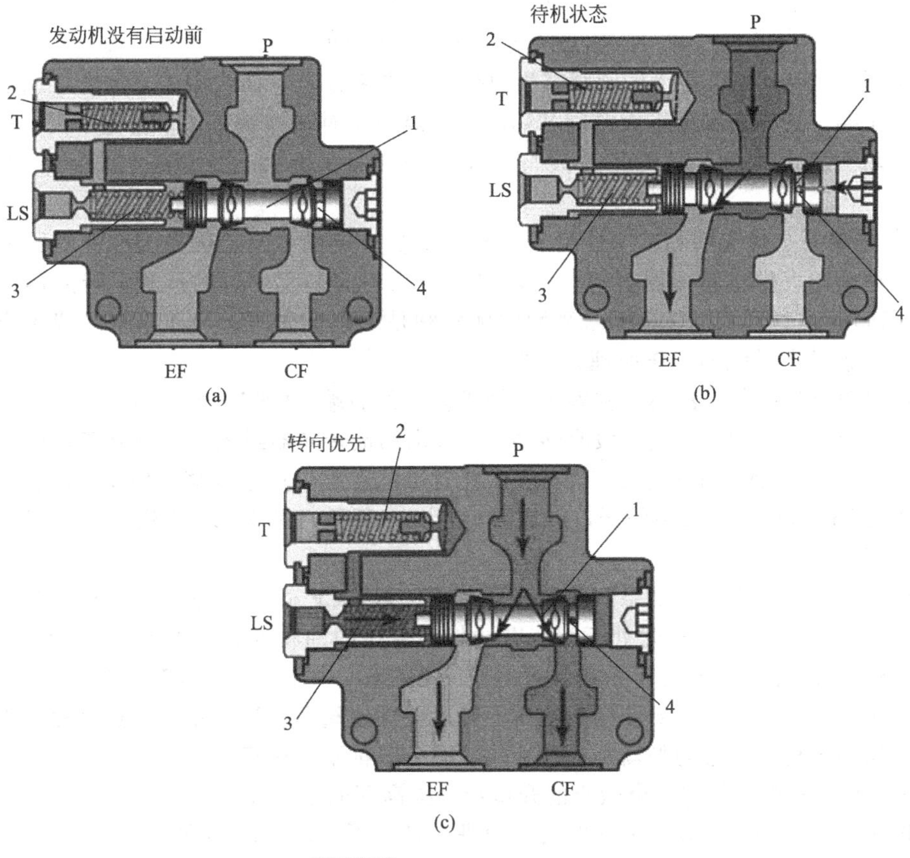

图7-23 各类优先阀符号

P—接泵口；CF—接转向油路；
EF—接工作油路；LS—负载压力信号；
PP—外部先导信号；T—接油箱

发动机没有启动前

(a)

待机状态

(b)

转向优先

(c)

图7-24 静态优先阀工作过程

1—优先阀阀杆；2—转向安全阀；3—弹簧；4—阻尼孔

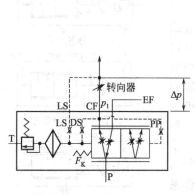

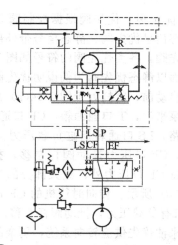

图7-25　动态优先阀工作原理　　　　　图7-26　定量单泵、优先阀和转向器组成的转向系统

个极限位置时都没有完全关闭 CF 和 EF 两个通道，即阀芯在最左位工作时 CF 开口量最大，EF 还留有微小的开口，没有完全关闭；阀芯在最右位工作时 EF 开口量最大，CF 还留有微小的开口，没有完全关闭。阀芯在动态工作情况下，三个固定液阻 LS、DS 和 PP 起到稳定压力和消振的作用，而阀芯在稳定工作状态下它们不产生压力降。很明显，液阻 DS＞PP。

　　忽略液动力和摩擦力的影响，稳定状态下阀芯的平衡方程为：

$$p_1 = p_{LS} + F_K/A \tag{7-2}$$
$$\Delta p = p_1 - p_{LS} = F_K/A \tag{7-3}$$

　　注意到式(7-3)是根据优先阀阀芯受力列出的平衡方程，而式中的 Δp 恰巧也是转向器进出口的压差。当弹簧刚度不大且阀芯移动的距离很小时，弹簧力 F_K 变化不大，即 Δp 变化不大，那么通过转向器的流量就只与转向器的开口量有关，这正是转向系统所需要的性能。

　　② 定量单泵、优先阀和转向器组成的转向系统　定量单泵、优先阀和转向器组成的转向系统往往采用大排量转向器直接转向，转向器采用的是闭中位的形式，转向器在中位时 LS 通油箱口，这种形式的转向系统采用的优先阀是动态优先阀，转向系统的液压原理如图7-26 所示，该转向系统的工作原理分析如下。

　　发动机没有启动前，阀芯在弹簧力作用下处于最右端，CF 口全开，EF 口关闭。

　　发动机启动后，如果方向盘没有转动，P 口出油被转向器封闭，压力升高，而转向没有信号压力 LS（注意此时 LS 通 T 口），所以此时 Δp 最大，阀芯左移，使得 EF 通道的开口最大，到 CF 通道还留有微小的开口，如图 7-27(a) 所示。进入 EF 通道的油从工作装置主控阀中位回油箱。

　　下面我们试着分析一下如果阀芯左移到极限位置，CF 通道被完全关闭时会发生什么情况。由图 7-27 可以看出，这时处于阀芯右端封闭腔内的油将通过 PP 和 DS 两个液阻经 LS 口流回油箱，Δp 下降，阀芯于是在弹簧力作用下右移，再打开一点 CF 通道，油通过 PP 液阻进入阀芯右端封闭腔，封闭腔内的油压上升后再次使阀芯左移。重复上述过程，阀芯以微小的往复运动维持其动态的平衡。这种工作状态一般都不是很稳定，因此，当阀芯左移到极限位置时，给 CF 通道留有一个微小的开口量会提高阀的稳定性。

　　如图 7-27(b) 所示，从 CF 口出来的油进入转向器，转向时转向器的 P 口通 L（或 R）口，LS 与油箱的通道被关闭、与 L（或 R）的通道被打开。LS 油压作用在优先阀阀芯左侧，Δp 减小，阀芯右移，使 CF 通道的开口增大，EF 通道的开口减少，转向泵来油优先进入 CF 口。转向停止时的情况与方向盘不转动时相同。

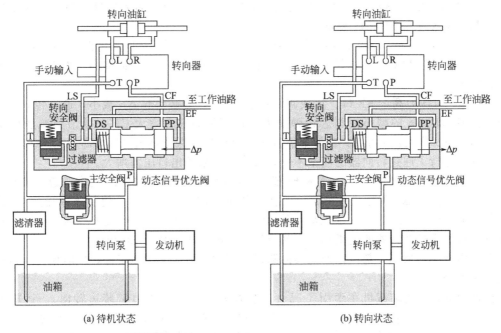

(a) 待机状态　　　　　　　　　　　　　(b) 转向状态

图7-27 定量单泵、优先阀和转向器组成的转向系统

转向缸压力通过 LS 管路作用在转向安全阀的阀芯上，当压力超过转向安全阀设定压力时溢流，溢流时阀芯左移，CF 通道只有少量的油通过以维持转向压力，同时保持阀芯处于这种平衡状态，大量的油进入 EF 口。

当 EF 口压力达到主安全阀设定值时，主安全阀打开，整个系统溢流。主安全阀设定压力应高于转向系统。

下面分析发动机油门开度变化即转向泵的流量变化时阀的工作状态。

如图 7-28(a) 所示，当发动机油门开度的改变引起泵的流量发生变化时，例如当泵流量变大时，势必引起通过转向器的流量也增大，而这时转向器两端的压差 Δp 也会增大，这个增大的 Δp 作用在阀芯右端，克服弹簧力使阀芯向左移动，关小 CF 口（同时 EF 口增大），使节流减压效果增强，Δp 减小，从而维持转向器两端的 Δp 不变，那么通过转向器的流量也就不变，增加的那部分流量全部进入 EF 口。

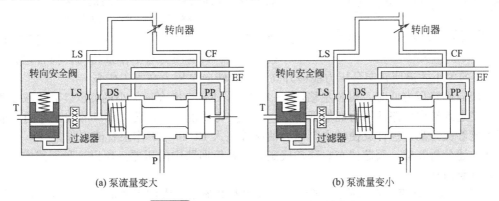

(a) 泵流量变大　　　　　　　　　　　　(b) 泵流量变小

图7-28 泵流量变大和变小时优先阀的状态

当泵流量变小时，势必引起通过转向器的流量也减少，而这时转向器两端的压差 Δp 也

会减小，弹簧力使阀芯向右移动，如图 7-28(b) 所示，增大 CF 口，使节流减压效果减弱，Δp 增大，同时 EF 口减小，从而维持转向器两端的 Δp 不变，那么通过转向器的流量也不变，只是减少了进入 EF 口的流量。

无论出现哪种工况，泵流量变化时都能保证转向油路的流量不变，改变的只是 EF 口的流量。

下面分析当装载机同时装载和转向，两条回路的负载不同引起回路的压力不同时优先阀的工作状态。

如果 CF 口压力高于 EF 口：负载使 LS 压力增高，势必引起 Δp 减小，通过转向器的流量减少。但此时 Δp 的减小使阀芯在弹簧力的作用下右移，增大 CF 口使节流减压效果减弱，从而使 Δp 增大；关小 EF 口使节流减压效果增强，保持泵出口压力高于 CF 口。这样，阀芯右移既保持了通过转向器的流量不变，又可以使泵的出口压力增大。

如果 CF 口压力低于 EF 口：负载使 EF 口压力升高，势必引起 Δp 增大，通过转向器的流量增加。但此时 Δp 的增大使阀芯在 Δp 作用下左移，减小 CF 口使节流减压效果增强，从而使 Δp 减小，泵的出口压力增大；同时增大 EF 口，使节流减压效果减弱。这样，阀芯左移既保持了通过转向器的流量不变，又保持了泵出口压力高于 EF 口。

无论出现哪种情况，都可以使两条回路以不同的压力无干扰地工作，同时保持通过转向器的流量不变。

由此可见，无论装载机在牵引工况（铲装物料，有时还要边铲装边转向）、运输工况（短距离运输）都能依靠优先阀阀芯的左右移动"自动"调整流量分配。需要指出的是，在一边铲装一边转向时，如果两个回路的负载相差很大，那么阀口的压力损失将是很大的。因此，优先阀不易使用在转向系统与工作系统两个系统的溢流压力值相差很大的情况下。

③ 定量双泵合流、优先阀和转向器组成的转向系统 图 7-29 所示为定量双泵合流、优先阀和转向器组成的转向系统液压原理，这种转向方式也是采用大排量转向器直接转向。根据工作油路和转向油路两回路压力不同时优先阀的工况分析可知，对于双泵合流系统，不论转向泵、工作泵两者之间的压力如何变化，都可以依靠阀芯的左右移动自动调整两个回路之间的压差。

当转向回路压力高时，阀芯右移，CF 口增大，EF 口关小。关小的 EF 口节流减压作用增强，使进入 EF 口的压力与工作泵相同。换言之，正因

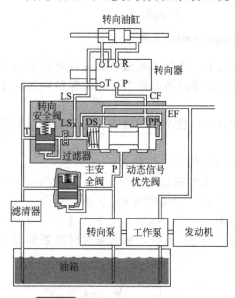

图7-29 定量双泵合流、优先阀和转向器组成的转向系统

为 EF 口的关小才迫使转向泵压力能够升高，此时转向泵压力高于工作泵。

当转向回路压力低时，阀芯左移，CF 口关小，EF 口增大。关小的 CF 口节流减压作用增强，使进入转向回路的压力能够低于 EF 口。换句话说，正因为 CF 口的关小才迫使转向泵压力能够被升高。这样就使转向泵压力油能够进入 EF 口与工作泵合流工作。

从上述分析知道，阀芯的左右移动就是为了补偿回路中的压差。所以这种回路实际上就是压差补偿回路。

④ 定量双泵合流（带卸荷）、转向器、优先阀和流量放大阀组成的转向系统定量双泵合流（带卸荷）、优先阀、转向器和流量放大阀组成的转向系统如图 7-30(a) 所示，其工作原理分析如下。

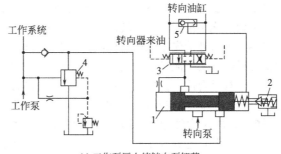

(a) 工作泵压力使转向泵卸荷

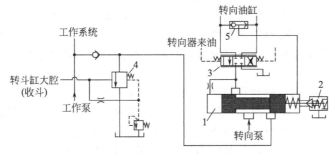

(b) 执行元件压力使转向泵卸荷

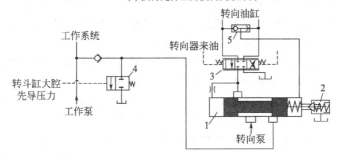

(c) 执行元件先导控制压力使转向泵卸荷

图7-30 定量双泵合流、优先阀、转向器和流量放大阀组成的转向系统

1—优先阀；2—转向安全阀；3—流量放大阀；4—卸荷阀；5—梭阀

这个系统的组成与"定量双泵合流、优先阀和转向器组成的转向系统"相比多了一个优先型流量放大阀（图7-31）和一个卸荷阀。

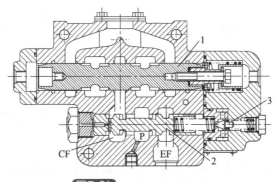

图7-31 优先型流量放大阀

1—流量放大阀阀杆；2—优先阀阀杆；3—转向安全阀

优先型流量放大阀就是把流量放大阀中的流量控制阀18变成了优先阀，并根据优先阀的原

理对相应的油道设计作了一些变化，其他不变，相当于在一个优先阀的后面串接上一个流量放大阀，这种集成式的阀组结构简化了油路。这种转向方式不是采用大排量转向器直接控制转向，而是用一个小排量的转向器（由另外的先导泵单独供油，图中没有画出）控制流量放大阀，原大排量转向器的负载压力信号提取改用了流量放大阀内部的梭阀。经过优先阀以后的转向优先和与工作系统的合流原理与"定量双泵合流、优先阀和转向器组成的转向系统"相同。

图 7-30(a) 中卸荷阀 4 的卸荷控制压力来自工作泵，它的作用是当工作泵的压力大于卸荷阀的设定压力时，转向泵的压力油通过卸荷阀流回油箱。这种系统如果卸荷压力根据工作装置作用力设定，再结合各种工况下液压功率所占发动机的功率占比，合理的设计、分配工作泵和转向泵的排量，那么系统中优先阀的合流、卸荷阀的卸荷功能不但可以提高装载机的作业效率，并且还有一定的节能效果。这种系统的问题是，如果动臂提升较大载荷，随着提升高度的不断升高，动臂缸的作用力臂逐渐减小，工作泵压力逐渐升高，在到达某一提升高度时工作泵的压力大于卸荷阀的设定压力，转向泵卸荷，此时的动臂缸只有工作泵供油，动臂的提升速度会减慢。

图 7-30(b) 中卸荷阀 4 的卸荷控制压力来自转斗油缸大腔（反转连杆机构的收斗位置）的工作回路，只有当转斗油缸挖掘、且压力大于卸荷阀的设定压力时，转向泵才会卸荷，不会影响动臂的提升速度。这种系统的问题是，当利用动臂挖掘时，如果动臂遇到很大载荷，导致溢流阀打开时（具体表现是动臂提不起来），转向泵也不会卸荷，节能效果差一些。

图 7-30(c) 中卸荷阀 4 的卸荷控制压力来自主控阀转斗油缸控制联中的大腔先导控制压力，因为这个压力对应的是转斗油缸控制阀的开口量（即转斗油缸大腔流量），所以这种控制方式当转斗油缸大腔流量较大时转向泵才会卸荷。

不必担心转向泵卸荷后转向系统会失去控制，因为转向泵是基于没有转向信号压力的情况下才卸荷的。如果转向泵被卸荷后仍需操作转向系统，此时的转向负载信号压力将进入优先阀 1 的弹簧腔，使优先阀阀芯左移，优先阀关小（甚或关闭）通往工作系统通道的同时打开通往转向缸的通道，转向泵可以正常向转向系统供油。

综上所述，定量双泵合流带卸荷回路的基本思想是充分发挥液压系统的功率，起到类似"恒功率"控制的节能效果。但由于定量泵只能处于工作和卸荷两种状态，所以两泵之间的工况切换比较"粗暴"。除此之外，无论图 7-30(a)、(b) 或 (c) 都会存在这样一个问题，当装载机铲装结束后一边提升动臂、一边转向时，动臂的提升速度会下降（这种工况下动臂的举升高度一般不会很高，所以工作泵也不会卸荷）。原因是当转向系统开始工作后，双泵合流前已有一部分转向泵的流量优先进入了转向系统，从而使进入工作系统的总流量减少所引起的。

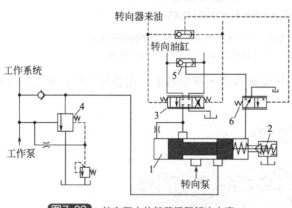

图7-32 转向泵中位卸荷问题解决方案
1—优先阀；2—转向安全阀；3—流量放大阀；
4—卸荷阀；5—梭阀；6—信号选择阀

定量双泵合流还可以选择工作泵卸荷方式，并且卸荷控制压力也可以有多种选择。需要注意的是，如果工作泵卸荷后转向泵仍需有较大的流量，以获得较高的动臂提升速度，此时转向泵的排量就应该选的比较大，优先阀的通流量也要相应加大。否则将会使优先阀的压力损失增加，迫使转向泵出口压力升高，影响节能效果。

与前面讨论的流量放大阀的中位卸荷问题相似，这种优先型流量放大阀同样也存在中位卸荷问题。装载机在行驶过程中的地面阻力使转向缸产生一定的压力，这个压力通过梭阀进入优先阀的弹簧腔，迫使转向泵的压力升高才能打开优先阀使得转向泵的油进入工作液压系统，这将造成一定的压力损失。

柳工提出了一种解决上述问题的方法并申请了专利，见图 7-32。

由图 7-32 可以看出，没有转向动作时转向器没有压力油输出，信号选择阀 6 处于图示状态，将优先阀弹簧腔内被封闭的油引回到油箱，从转向泵来的油克服弹簧力使优先阀阀杆右移，除保持 CF 口少量的油之外，大量的油都通过 EF 口进入工作液压系统分配阀，经分配阀中位油道回到油箱。此时如果工作装置有动作，转向泵的油完全可以与工作泵的油一起合流参与工作装置动作。当有转向动作时，转向器来油切断优先阀弹簧腔回油箱的通道，打开优先阀正常工作时的 LS 信号通道，转向系统正常工作。信号选择阀 6 使得转向器中位时转向泵不需要克服转向负载所强加上去的"额外"压力，因此，这样的系统压力损失降低到最小程度。显然，这也是节能的重要手段之一。需要指出的是，因为转向器中位时信号选择阀切断了 LS 信号与转向安全阀的油路，转向缸不能利用转向安全阀的过载保护功能，所以转向缸的工作油路需要设置过载保护阀。

上述分析可知，定量双泵合流、优先阀、转向器和流量放大阀组成的转向系统最大的问题是如何解决中位卸荷，如果流量放大阀在中位时设计有卸荷功能（即负载压力与油箱接通），阀杆换向时再接通负载压力，那么系统的设计就简单多了。下面介绍的这个优先型流量放大阀就是这样的，见图 7-33。

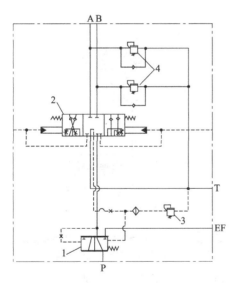

图7-33 优先型流量放大阀

1—优先阀；2—流量放大阀；
3—转向安全阀；4—过载保护阀

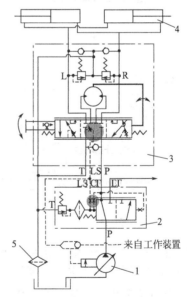

图7-34 负荷传感变量单泵、优先阀和
转向器组成的转向系统

1—负荷传感变量泵；2—优先阀；3—全液压转向器；
4—转向油缸；5—滤油器

当流量放大阀阀杆中位时，优先阀 1 的弹簧腔负载压力通 T 口，因此不转向时优先阀可以很低的压力打开 P 到 EF 口的通道，通过工作系统的分配阀中位回到油箱卸荷。当有转向动作时，优先阀 1 的弹簧腔通过流量放大阀的内部阻尼与负载压力接通，实现转向优先。如前所分析的那样，由于转向缸不能利用转向安全阀的过载保护功能，所以转向缸的工作油路设置了过载保护阀 4。

⑤ 负荷传感变量单泵、优先阀和转向器组成的转向系统　负荷传感变量单泵、优先阀

和转向器组成的转向系统如图 7-34 所示。该系统与定量泵、优先阀和转向器组成的转向系统相比,仅仅是将定量泵换成负荷传感变量泵。负荷传感泵的 LS 信号压力为转向系统负载压力和工作装置负载压力的较大者。

在分析变量单泵系统的工作原理之前,对比优先阀-转向器组成的系统和阀前补偿的负荷传感系统可以发现,两者的差别在于优先阀比二通压力补偿器多了一个 EF 口,如图 7-35 所示,从这方面看,优先阀的原理也类似于定差减压阀,转向优先系统的工作原理也与阀前补偿的负荷传感系统相同(参见负荷传感液压系统及控制)。

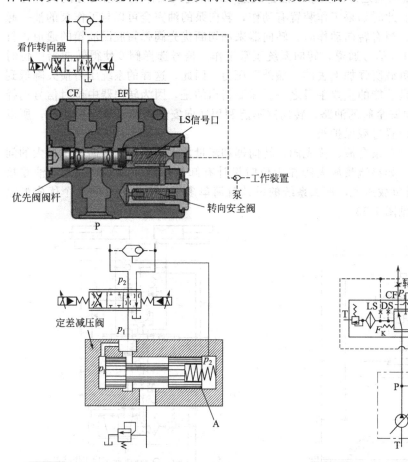

图7-35 负荷传感变量单泵、优先阀和转向器组成的
转向系统与阀前压力补偿负荷传感系统对比

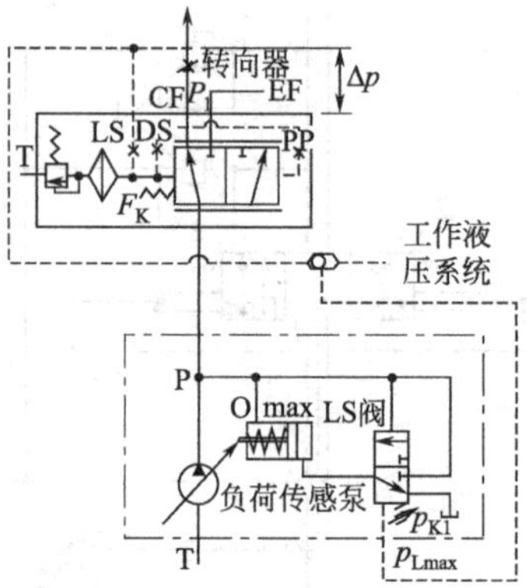

图7-36 负荷传感变量单泵、优先阀和转向器
组成的转向系统工作原理

下面分析负荷传感变量单泵、优先阀和转向器组成的转向系统工作原理。

当工作系统压力高于转向系统时,泵的信号压力取自工作系统,泵的流量肯定大于单独转向时的流量,多余的流量经过优先阀进入 EF 口。转向和工作两个系统可以同时工作,如图 7-36 所示。

当工作系统压力低于转向系统时,泵的信号压力取自转向系统,那么此时来自泵的油将进入 EF 口(如前所述,优先阀阀芯右移到极限位置时,EF 口留有一个微小的开口),泵的流量因此不够用,从而导致出口压力降低,泵的 LS 阀将向上移动,泵的排量增大,优先满足转向系统后,多余的流量经过优先阀进入 EF 口。转向和工作两个系统可以同时工作。

下面我们试着分析一下当工作系统压力低于转向系统且阀芯右移到极限位置时,阀芯将通往 EF 口的通道完全封闭将会发生什么情况。

a. 转向先动作，工作装置后动作。此时优先阀在左位工作，泵无法把油输送到 EF 口，也没有任何信号去感知工作系统需要流量，此时工作装置没有动作。

b. 工作装置先动作，转向后动作。此时优先阀在右位工作，而 CF 口时刻都有少量的油待机，那么优先阀在转向信号压力作用下右移的过程中将 EF 和 CF 通道都打开了，泵将同时提供给 EF 和 CF 两条路，流量不够用，从而导致泵出口压力降低，此时泵的 LS 阀失去平衡而向上移动，泵的排量增大，转向和工作装置都可以同时动作。

从以上分析可以看出：用于负荷传感变量系统的优先阀，无论在左位还是在右位极限位置工作时，CF 口和 EF 口都不能处于完全封闭状态。而对于定量系统，如果优先阀在左位极限位置工作时，EF 口处于完全封闭状态，一般也不会发生上述情况，因为定量泵无论转向器的开口多大，都会"定量"供给系统一定流量的油，这些油一般不会全部用于转向系统（转向泵的排量都比较大），"多余"出来的流量必然迫使泵的出口压力升高，从而推动阀芯左移，打开 EF 通道进入工作液压系统。通过这些分析，读者可能会感到作为液压元件的设计者应该懂得液压系统的原理，而液压系统的设计者应该懂得阀的原理和细微结构设计。

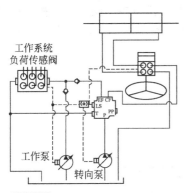

图7-37　负荷传感变量双泵合流、优先阀和转向器组成的转向系统

⑥ 负荷传感变量双泵合流、优先阀和转向器组成的转向系统　与定量双泵合流、优先阀和转向器组成的转向系统类似，负荷传感变量双泵合流、优先阀和转向器系统将定量双泵换成了负荷传感泵，并增加了负荷传感控制，根据转向负载和工作装置负载的大小，转向泵和工作泵提供与负载相适应的流量。其液压系统如图 7-37 所示。

该转向系统的优先阀工作过程与定量双泵、优先阀和转向器转向系统的工作过程类似，限于篇幅不再赘述。与定量双泵的系统类似，当 CF 口压力高于 EF 口时或者当 CF 口压力低于 EF 口时，优先阀阀芯都会自动左右移动来调节 CF 口与 EF 口的压差。

这样的系统转向泵的使用频率比工作泵高。

注意到在工作泵出口设置了一个单向阀，如果不设置这个单向阀，当转向系统单独工作时，从 EF 口过来的油将分别进入工作系统负荷传感阀，并且倒灌进入工作泵。负荷传感阀是闭中位阀，除 LS 回路上的阻尼阀（JET）有一点泄漏之外，负荷传感阀没有其他泄漏点。但是，从变量泵的内部结构看还是有一定的泄漏量，这样就会导致流量损失过大。实验证明也是如此，而且从工作泵泄漏的流量随着转向压力的升高而增大的比较多。

为了锻炼读者的分析能力，下面再试着分析一下工作液压系统在高压力（比转向系统高）、小流量（工作系统负荷传感阀开口量比较小的时候）工作状态时的情况：此时工作泵先有一个与负荷传感阀开口量相适应的排量，然后转向泵被迫变成大排量（由于转向泵的 LS 信号取自转向系统和工作系统两者之间较大的那个信号压力），而转向器需要的流量没有变（或者装载机没有转向动作），转向泵出口压力因此将被迫升高，直至顶开单向阀进入主控阀，这时系统变成了两个泵同时向主控阀供油，但主控阀的开口量没变（还是开口量比较小），那么两个泵合流后提供的"过大流量"将迫使两个泵的出口压力都升高，推动两个泵各自的 LS 阀下移（图 7-36），使两个泵的排量都减小。上述分析再次证明了负荷传感变量系统不管在多么复杂的工况下都只提供系统所需要的流量。

⑦ 优先阀在转向系统应用过程中应该注意的问题　带有优先阀的转向系统使得系统不仅具有转向优先的特点，而且具有在任何工况下保持通过转向器流量稳定的功能。由于机器的转向涉及安全问题，所以对转向系统的设计提出了更高的要求。

阀的构造特点使得阀在整机上的布置形式都会影响到一些阀的性能。例如阀芯水平布置形式就比垂直布置形式好，可以消除阀芯重力对阀的性能的影响；而阀芯与装载机纵轴线呈垂直横着布置又比顺着纵轴线布置形式好，可以消除装载机前进后退的加速度对阀的性能的影响。虽然，优先阀的安装没有那么苛刻，但如果在液压系统的布置上能够尽量"照顾"一下关键部件，对提高转向性能也是很好的。无论采用什么样的安装形式，样机的调试都是非常重要的。

(7) 负荷传感变量单泵、转向器和转向阀组成的转向系统

下面这个转向系统为负荷传感变量泵、转向器和转向阀组成的转向系统，简称负荷传感独立转向系统。

① 负荷传感变量泵　负荷传感变量泵工作原理如图 7-38 所示，和其他负荷传感泵类似，该泵设有排量控制阀和压力控制阀。当发动机没有启动时，排量控制阀和压力控制阀都处于图示位置的最下端，变量油缸通过排量控制阀油道、压力控制阀油道回到壳体油箱泄油。泵斜盘在回位弹簧的作用下处于最大排量位置。

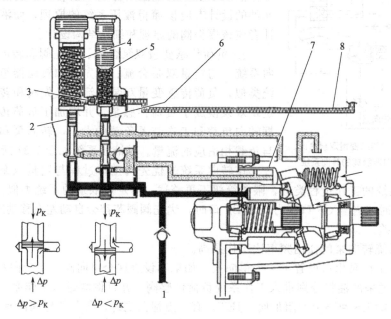

图7-38　负荷传感变量泵

1—泵出油压力管路；2—压力控制阀；3—节流孔；4—b 腔；5—a 腔；
6—排量控制阀；7—变量油缸；8—信号压力 LS

当发动机启动带动转向泵转动，转向器中位阀芯没有动作时，没有压力信号 LS，排量阀两端的压差 Δp 达到最大值，将排量控制阀向上推，泵出口油进入变量缸，变量缸活塞向右推，克服回位弹簧力使泵斜盘处于最小排量角度。

当转向器有动作时，产生压力信号 LS，Δp 减小，即 $\Delta p < p_K$（p_K 为排量控制阀阀芯上端的弹簧预紧力），排量控制阀被向下推，变量油缸里面的油通过排量控制阀和压力控制阀油道回到壳体油箱泄油。泵斜盘在回位弹簧作用下增大角度，使泵的排量增大。

随着排量的增大，Δp 也增大，排量控制阀上移，当达到 $\Delta p = p_K$ 时，排量控制阀将变量油缸的进、回油通道都遮蔽，变量油缸被锁止，泵排出稳定的流量。

当出现很高压力时，两阀杆将处于图 7-39 所示的压力切断控制位置，泵出油将通过压力控制阀打开单向阀进入变量油缸，将斜盘迅速回中，避免产生高压大流量的溢流损失。

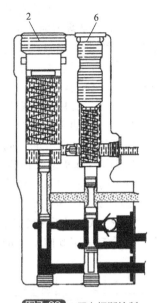

图7-39 压力切断控制

2—压力控制阀；6—排量控制阀

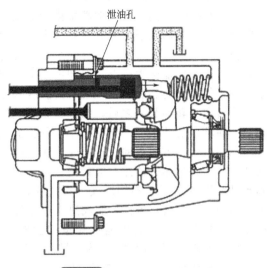

图7-40 斜盘最小角度行程限位

现在分析一下斜盘回中时泵的内部情况，如图 7-40 所示。由图 7-40 可见，在变量缸的活塞杆和活塞上各设置了一个径向小孔，当活塞在图示位置继续向右移动时，两个小孔连通，将压力油泄回油箱，斜盘在回位弹簧的作用下角度变大，活塞左移，再次遮盖住小孔，建立压力。活塞如此左右运动，与弹簧建立动态的平衡。当转向器处于开启状态时，如果过高的压力使斜盘回中，则该位置为高压状态下的压力切断，泵只输出极小的流量以维持系统压力；而当转向器处于中位时，封闭的压力使斜盘回中，该位置为低压状态下的待机压力，泵只输出极小的流量补充系统内部的泄漏，待机压力一般都很低，因为这个压力只需克服排量控制阀 6 的弹簧力。关于负荷传感泵的待机压力和切断压力的区别，请参见第 6 章负荷传感液压系统及控制。

② 转向系统原理 转向液压系统原理如图 7-41 所示，该转向液压系统由转向油泵、转向器、转向控制阀和转向油缸等元件组成。

该转向系统的转向器采用闭中位带泄油的形式，严格意义上讲这应该是一种开中位转向器。发动机启动前，转向泵斜盘处于最大排量位置。发动机启动后，转向器处于中位时，转向泵出口压力油一路作用在图 7-38 所示排量控制阀 6（即 LS 阀）的下端；另一路经图 7-41 中阻尼孔 d（序号 3）进入转向器，这路压力油经转向器内部阻尼后又分成两路，一路经图 7-38 中信号压力 LS 管路（序号 8）作用在排量控制阀 6 的上端 a 腔（序号 5），另一

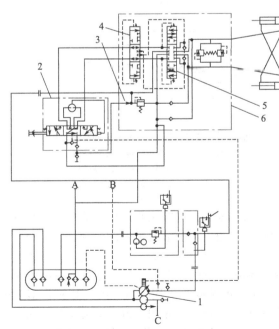

图7-41 装载机负荷传感独立转向系统

1—转向泵；2—全液压转向器；3—阻尼孔 d；
4—方向控制阀；5—流量控制阀；6—转向控制阀

路回到油箱。由于泵出口的油经过了两次阻尼回到油箱，因此在泵出口就形成了一定的压力。当该压力作用在排量控制阀 6 的下端，使阀杆上的力大于阀的弹簧力时，阀杆将上移，泵斜盘往小排量方向偏转，随着泵排量的减少，出口压力也跟着降低。当斜盘一直偏转到泵的实际流量经过两次阻尼回到油箱、出口压力与阀的弹簧力平衡时，斜盘停止偏转，此时的斜盘位置为最小排量位置。该转向系统的转向器不同于一般的闭中位的转向器，它需要转向泵的待机流量可能会大一点，但却可以提高转向系统的响应速度，主要用于装载机各个液压系统（工作、转向、制动、风扇）的温度差异比较大、而且共用一个油箱的场合下。

当转向器转动起来之后，信号压力 LS 这条油路便没有了转向器内部阻尼，同时转向器阀芯的转动也切断了 LS 油路回油箱的通道，这样就可以将负载压力真实地反馈给泵。

当司机转动方向盘向左转向时，转向器的阀芯工作在右位，打开转向泵出口到计量马达的油道，压力油通过油路 e 由转向器进入方向控制阀 4 的上腔，如图 7-42 所示，方向控制阀阀杆是压力-弹簧式控制形式，阀杆的移动和通流量为"自控"式。方向控制阀 4 向下移动，压力油于是通过方向控制阀进入流量控制阀 5 的上腔，流量控制阀 5 向下移动，使其上位处于工作状态，压力油通过流量控制阀 5 上位内部的阻尼到单向阀 c；当流量控制阀 5 阀芯向下移动的同时，阀芯下部腔内的压力油也通过方向控制阀 4 上位内部的阻尼到达单向阀 c 处。流量控制阀 5 在上位工作时打开了转向泵到转向油缸的油道，于是从转向泵过来的大量的油通过流量控制阀 5 进入转向油缸。这样在单向阀 c 处就有三处压力油汇合后进入转向油缸，而转向油缸另一腔的油液通过流量控制阀 5 返回油箱，完成转向动作。三路压力油经过单向阀 c 做信号对比后再将最高压力信号反馈给泵，正常转向时，转向缸的负载压力将通过节流孔 d 和转向器的阀芯反馈给泵。节流孔 d 的作用是调整方向盘转向圈数，并在转向器中位时调整泵的最小排量和转向反应速度。

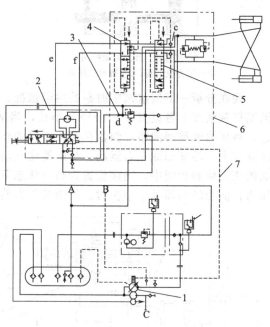

图7-42 装载机负荷传感独立转向系统（向左转向）
1—转向泵；2—全液压转向器；3—阻尼孔 d；
4—方向控制阀；5—流量控制阀；
6—转向控制阀；7—信号压力

该转向液压系统具有转向灵敏的特点，一旦有转向动作发生，在 c 点的三路压力油将迅速建立起转向压力，并能够将负载信号压力迅速反馈给泵，通过负荷传感泵的流量控制阀调节泵排量增大。该转向系统具有转向柔和的特点，司机通过转动转向器的动作，转向器进入方向控制阀的压力油最终还是进入了转向液压缸，而流量控制阀阀芯另一端回油腔体内的压力油液通过方向控制阀内部的阻尼后也被挤入转向液压缸，这两部分压力油能够给系统建立起一定的压力，避免了泵增大排量时从转向泵来的大量的压力油造成系统压力从低到高的突然上升。该转向系统还具有不浪费"流量"的特点，与转向优先阀和流量放大阀相比，虽然同样采用了压差换向原理，但是转向优先阀或流量放大阀组成的系统中，转向器来油推动转向优先阀和流量放大阀阀杆的油最终都流回了油箱，而该系统的转向器来油则全部进入了转向缸，没有任何的流量浪费。另外，这种转向系统与工作系统相互独立分开，没有优先阀那样的合流压力损失。

该转向系统负载压力信号采集经过了三个环节：节流孔 d、转向器阀芯和方向控制阀，不是常规的单个阀后的压力信号，这时转向阀泵的排量不一定与方向控制阀的开口量完全适应，要仔细调试匹配。关于负载压力信号采集后面还有更详细的对比分析。

一般的流量放大系统会不同程度地存在某种问题。例如，如果按较高转速匹配而发动机在较低转速工作时，转向显得沉重些；如果按低转速匹配而发动机在较高转速下工作时，车架偏转速度太快有突然加速摆动的"发飘"感觉，同时还附加有来回的摆动感。引起上述问题的原因就在于流量放大阀的本质是采用了溢流调速阀原理，而任何一个调速阀都不可能适应那么宽的流量范围，对于这一点，负荷传感变量单泵、转向器和转向阀组成的转向系统也将有不错的改善。

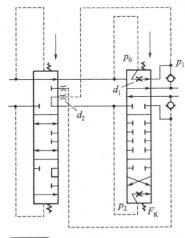

③ 转向阀　下面分析转向系统左转向时转向阀的工作原理。当左转向时，转向阀的受力平衡分析如图7-43所示，设转向器来油的压力为 p_0，经过流量控制阀上位的阻尼 d_1 之后降为 p_1，则有

$$p_0 - p_1 = \Delta p_1 \tag{7-4}$$

流量控制阀下腔被阀杆强迫挤出的油产生压力 p_2，经过方向控制阀上位的阻尼 d_2 后又汇合到 p_1，即

$$p_2 - p_1 = \Delta p_2 \tag{7-5}$$

两回路的油最后都到达了 p_1 点，即 p_1 点的压力是相同的。

图7-43 左转向时流量控制阀的受力

式(7-4)与式(7-5)相减，可得到流量控制阀的平衡方程为

$$p_0 - p_2 = \Delta p_1 - \Delta p_2 = F_K/A \tag{7-6}$$

系统稳态时（即匀速转动方向盘使转向器输出稳定的流量），阀杆停留在某个开口位置上不动，阀杆下腔被强迫挤出的油将不再流动，此时阻尼 d_2 不起作用，于是 $p_2 = p_1$，即 $\Delta p_2 = 0$。得到流量控制阀的平衡方程为

$$p_0 - p_2 = \Delta p_1 = F_K/A \tag{7-7}$$

式中　F_K——流量控制阀阀杆的回位弹簧力，N。

由此可知，流量控制阀阀杆的移动换向方式与一般的流量放大阀一样，都是压差式的，这种流量控制阀的设计原理就是根据转向器的输出流量设计适当的阻尼 d_1、d_2 和弹簧力 F_K 满足以上方程式。

位于阀杆上的阻尼 d_1 实际上是阀杆在移动过程中的可变通流面积，即随着转向器输出流量的增加、阀杆的位移增大而阻尼逐渐减小（但必须满足上述方程式），同时转向泵来油进入流量控制阀阀杆的通流面积也在不断增大。反映在操纵上的感觉就是方向盘转得快，转向速度也快；方向盘转得慢，转向速度也慢。

设计合适的阻尼 d_2。当阻尼 d_2 变大时（阻尼孔减小），流量控制阀阀杆的移动速度慢；当阻尼 d_2 变小时（阻尼孔增大），流量控制阀阀杆的移动速度变快。阻尼 d_2 的作用是调节转向器和转向泵来油进入转向缸的时间，即转向时的反应速度。

（8）负荷传感变量双泵、转向器和优先型流量放大阀组成的转向系统

负荷传感变量单泵、转向器和转向阀组成的转向系统与工作液压系统相互独立，互不干涉。为保证转向安全，一般转向系统的压力都不会很高，但是工作系统却可以提高到很高的压力级别。由于没有"合流"，所以工作液压系统泵的体积会大一些，如果变速箱没有预留出足够数量的动力安装输出口和安装空间，布置起来会非常困难，此时可以考虑采用负荷传感变量双泵、转向器和优先型流量放大阀组成的转向系统。

合流系统中最主要的是转向系统如何设计。对于中吨位装载机可以采用大排量转向器直接控制转向油缸的方式，但是大排量转向器的设计原理实际上就是将转向器与流量放大阀集

成起来构成所谓的"同轴流量放大转向器"，因其通流量有限，所以压力损失比较大。如果采用小排量转向器＋优先型流量放大阀或者小排量转向器＋优先阀＋转向阀的转向系统形式就可以解决这些问题。但必须认识到，采用优先阀之后系统的压力损失将比工作、转向相互独立的系统要大，而且转向系统与工作系统两者之间系统压力的差别不要太大。

组成这种转向系统最关键的问题是压力信号如何提取，下面回顾并分析一下各种情况下的压力信号提取方式对系统的影响，进而找到解决问题的最好方法。

① 定量系统转向优先流量放大回路分析 我们将各个阀或者阀的开口简化为可变阻尼，这样由定量泵、优先型流量放大阀组成的转向系统经简化后的液压回路如图7-44所示。该转向系统的油泵为定量泵，泵来油分别经过转向器、优先阀油路，然后进入流量放大阀，最后进入转向油缸。

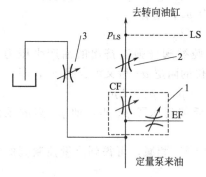

图7-44 定量泵、优先型流量放大阀组成的转向系统简化原理

1—优先阀；2—流量放大阀阀杆；3—转向器

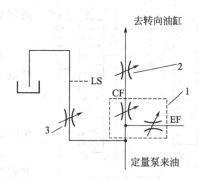

图7-45 定量泵、优先型流量放大阀组成的转向系统简化原理（LS信号提取方式改变）

1—优先阀；2—流量放大阀阀杆；3—转向器

由于转向器油路与优先阀油路关系为并联，则当转向器油路和转向油路的优先阀同时工作时，必须要保证定量泵能够提供足够的流量以满足不同负载下两并联油路的同时工作，否则油将全部流向负载比较小的那一条回路。即在设计定量泵的排量时要使泵在发动机怠速时也能够排出足够的流量，这个流量为流量放大阀完全换向所需要的转向器流量与转向油缸所需要的流量之和。负载压力信号提取于流量放大阀之后，这是最常用的信号提取方式。

但如果按照图7-45所示的方式，即从转向器出油口提取，由于转向器出油推动流量放大阀阀杆移动后，最终还是要通过阀杆和阀体内部通道流回油箱（压差换向原理），如果将信号提取设置在这个回路上，其负载信号的强度将大大减弱，因此这种信号提取方式是错误的。

② 变量系统转向优先流量放大回路分析 如果把定量系统转向优先流量放大回路的定量泵换成负荷传感变量泵，还是从流量放大阀阀后取出负载信号，如图7-46所示。该系统具有以下特点：负荷传感泵的排量受流量放大阀阀口开度的控制。当发动机怠速时，如果泵提供的流量不足，那么转向器输出的流量也不足，这样就不能建立起足够的压差，流量放大阀就不能够实现完全换向（例如只达到换向行程的75%），这样负荷传感泵的斜盘摆角就不能达到最大，泵的实际输出流量也就不够，从而使转向速度变慢。

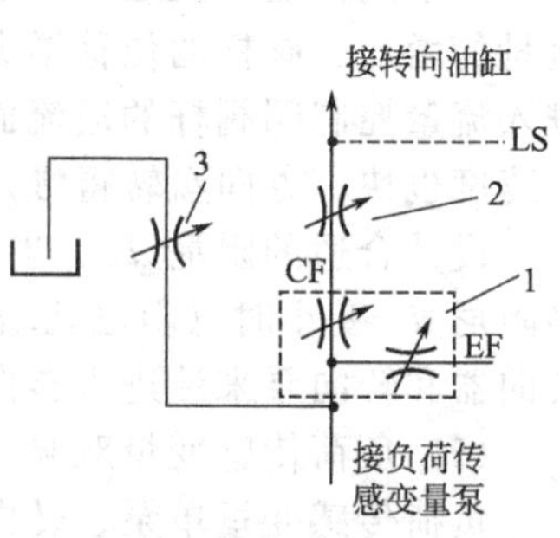

图7-46 变量泵、优先型流量放大阀组成的转向系统简化原理

1—优先阀；2—流量放大阀阀杆；3—转向器

转向器和流量放大阀组成了并联回路，优先阀本身就是一个压力补偿器，但是进入转向器的那一路却没有压力补偿器，因此泵出口的流量要足够大才能建立起压力，解决问题的办法就是加大转向泵的排量来获得发动机低速时整机的转向性能。

经过两个阻尼后的信号强度可能会减弱，导致泵不能提供最大流量，此时可以采用信号复制阀将真实的负载压力反馈给泵。甚至可以采用信号增强阀将减弱了的负载压力"增强"后再反馈给泵。

装载机转向系统试验表明，使流量放大阀完全换向所需的流量一般需要 5～10L/min，有的甚至更大一些。也就是说，转向缸负载反馈的压力信号本来是要变量泵提供给转向缸用

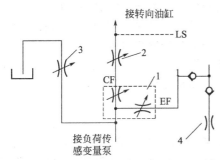

图7-47 双泵合流变量系统油路简图
（当转向泵单独工作时）
1—优先阀；2—流量放大阀阀杆；
3—转向器；4—工作油泵

的，但是这些油却提前被转向器"分流"了一小部分。变量系统要想解决转向泵能"准确"提供系统所需的流量这个问题，就要另外再设置一个先导泵给转向器供油。如果这个泵是定量泵，只要把空载卸荷问题解决好，浪费的功率不会大。如果这个泵是变量泵，就可以考虑与制动、风扇散热、转向、工作装置等先导供油系统共用，用一个逻辑阀块进行控制。不管采取何种形式，"压差式"的流量放大阀阀杆换向原理都将损失转向器一部分的流量。

至于双泵合流转向优先变量系统，它与单泵转向优先变量系统的原理是相似的，但需要注意的是，当转向系统单独工作时，如图 7-47 所示，来自 EF 口的油将倒

灌进入工作泵，此时的工作泵就相当于一个节流阀，让一些流量通过泵的壳体回到油箱，不但造成转向泵的部分流量白白损失，同时也影响了转向速度。在工作泵出口设置单向阀可以解决这个问题。同样道理，为了避免两个泵相互干扰，可以考虑在优先阀的 EF 出口也设置一个单向阀。

③ 负荷传感独立转向系统与变量系统转向优先流量放大回路对比 将负荷传感独立转向系统油路简图与变量系统转向优先流量放大回路油路简图对比可以发现（图 7-48），负荷传感独立转向系统的油路采取的方式是将转向器回油箱的油也接入执行元件油路（流量控制阀阀杆使阀杆另一端的回油"挤进"执行元件油路），从而形成了一个完全封闭的回路，解决了并联油路两回路负载不相等所造成的一系列问题以及转向器"分流"一部分油回油箱所造成的流量损失的问题。

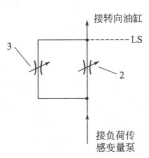

(a) 负荷传感独立转向系统油路简图

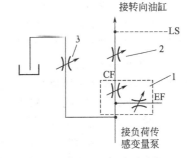

(b) 变量系统转向流量放大回路油路简图

图7-48 负荷传感独立转向系统与变量系统转向流量放大回路简化原理图对比
1—优先阀；2—流量放大阀；3—转向器

（9）负荷传感变量单泵和电比例指令转向系统简介

负荷传感变量单泵和电比例指令转向系统是装载机目前应用的最新转向技术，特点是采用电方向机，方向盘转角与车架转角相等，采用机械负反馈，转向停止时方向盘当前角度就是车架当前的偏转角。

液压系统采用负荷传感系统，根据转向阀开口的大小以及转向油缸负载的大小提供给转向系统所需的流量。

这种电比例指令转向系统的缺点是与常规的方向盘控制不同，司机的操纵适应性需要经过专门训练。另外，有的国家和地区明文规定禁止采用任何电控形式的转向系统，目的就是为了提高转向系统的安全性。

7.1.3 装载机变量负荷传感液压系统

装载机变量负荷传感液压系统以某型号装载机为例分析。该液压系统分为三部分，即工作装置液压系统，制动、冷却风扇液压系统以及转向液压系统。其中工作装置液压系统为负荷传感恒功率变量泵，制动、冷却风扇液压系统共用一个负荷传感变量泵，转向液压系统为负荷传感变量泵。此外，转向液压系统还有一个电驱动的齿轮泵用于装载机的应急转向。由于装载机的各个液压系统均采用负荷传感控制，使它具有非常显著的节能特点。下面就其各个液压系统进行详细分析。

（1）工作装置液压系统

在分析工作装置液压系统回路之前，先对先导液压系统做一个说明，图 7-49 所示为工作装置液压系统，它的先导控制系统没有单独设置先导泵，而是将先导控制压力取自工作泵 1 出口最末端的减压阀 39，各个主控阀中位时，减压阀 39 只维持先导压力，工作泵 1 几乎没有流量，各路损失降低到最小。先导阀 13、17、18、22、36、43 均为电比例减压阀，可通过控制工作装置的电比例阀操纵手柄的行程连续改变输出电流，再通过电比例减压阀输出先导压力，进而连续控制主控阀各个阀阀杆 14、19、42 的工作位置（即控制阀口开度）。先导压力切断阀 46 在图示位置时，司机操纵工作装置手柄没有任何先导压力输出到主控阀的先导控制端，工作装置不会动作，只有司机控制该阀使其处于上工作位时，先导压力才能接通，工作装置才能有动作，因此该阀为工作装置操纵手柄的安全锁。

发动机启动前，各先导阀手柄都处于中位状态时先导阀没有电流输出，所以各电比例减压阀没有压力输出，各主控阀都处于闭中位状态。负载信号压力 LS 通过梭阀网络 16、21、35、40 与油箱接通，信号复制阀 5 没有信号压力输出，泵的 LS 阀在弹簧力作用下使泵处于最大排量位置。发动机启动后，泵输出流量给蓄能器 47 充液，达到设定充液压力后结束充液，由于各主控阀闭中位，泵的出口压力升高，克服泵的 LS 阀弹簧力，使 LS 阀移动，泵处于最小排量位置（待机）。

注意到各主控阀闭中位并采用并联回路是负荷传感系统的一大特点。

① 转斗中位　当控制转斗阀的操纵手柄在中位时，转斗阀阀杆 14 两端没有先导压力油，转斗阀阀杆 14 在两端复位弹簧的作用力下处于中位。此时转斗油缸 8 的大小腔两端接转斗阀联的两个工作油口被转斗阀阀杆 14 封闭，转斗油缸 8 保持不动。电磁换向阀 9 此时断电，控制插装阀 10 实现转斗油缸无杆腔压力油的锁定，防止转斗中位时无杆腔压力油从转斗阀阀杆中位泄漏。如果此时动臂阀阀杆 19 和后面的附属装置阀阀杆 42 也处于中位，则通过各个梭阀 16、21、40 检测到的负载压力均为零，通过信号复制阀 5 输出的负载压力信号也为零，该信号控制负荷传感阀 3 使得工作油泵 1 的输出流量很小，流量仅维持各个先导管路中的先导压力，使得各个先导阀 13、17、18、22、36、43 处于待机状态。

② 转斗后倾　当操纵转斗操纵手柄向收斗位置动作时，此时先导手柄 13 得电输出电流，先导阀输出先导压力油（各先导阀均为电比例减压阀，下同），先导压力油进入转斗阀阀杆 14 上端油腔，而转斗阀 14 下端油腔内的油液则经过先导阀 17 回油箱。转斗阀 14 在上端油压的作用下，克服下端复位弹簧的作用力向下移动，打开转斗油缸 8 大腔与工作泵 1 之间的油道。泵来油通过转斗阀 14 的内部油道（相当于可变阻尼）进入压力补偿器 15（阀后补偿），然后再次进入转斗阀 14 的内部油道（相当于换向功能），油从转斗阀 14 出来后进入插装阀 10，在下部油压的作用下顶开插装阀（弹簧腔内的油此时被"挤"到油路中），进入转斗油缸 8 的无杆腔，油缸伸出，铲斗向后转动完成挖掘动作。从上述动作看出，插装阀 10 的功能就相当于液控单向阀。

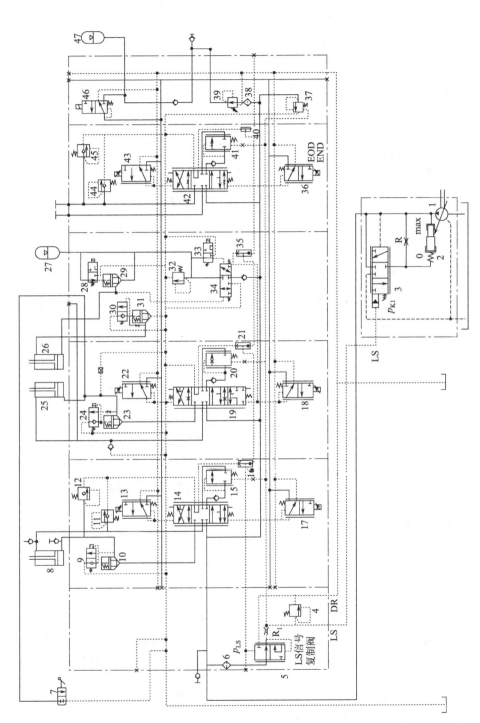

图7-49 某型号装载机工作装置液压系统原理

1—工作泵；2—恒功率控制阀；3—负荷传感阀；4—压力切断阀；5—信号复制阀；6—滤清器；7—动臂卸荷阀；8—转斗油缸；9,24,28,30,33,46—电磁阀；10,23,29,31—插装阀；11,12—过载阀；13,17,18,22,36,43—电比例先导阀；14—转斗滑阀；15,41—压力补偿阀；16,21,35,40—梭阀；19—动臂滑阀；20—动臂油缸；25,26—动臂油缸；27,47—蓄能器；32—溢流阀；34—液控换向阀；37—三通压力补偿器；38—滤清器；39—三通主力补偿阀；42—附属装置滑阀；44,45—过载阀

下面结合转斗油缸8实现收斗的动作分析工作装置液压系统的负荷传感控制特性，这些分析具有普遍性，其他动作的控制特性与其相仿。图7-50所示为装载机转斗负荷传感控制液压原理，转斗油缸的控制采用的是阀后压力补偿形式的负荷传感回路（其他油缸的控制回路也是这种形式，下同），对压力补偿器15的受力分析如下。

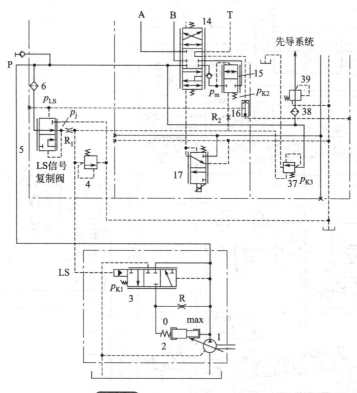

图7-50 装载机转斗负荷传感控制

1—工作泵；2—恒功率控制阀；3—负荷传感阀；4—压力切断阀；5—信号复制阀；6—滤清器；14—转斗阀；15—压力补偿器；16—梭阀；17—先导阀；37—三通压力补偿器；38—滤清器；39—减压阀

若忽略起稳定压力作用的液阻 R_2 的影响，可以得到压力补偿器15的受力平衡方程为

$$p_m = p_{LS} + p_{K2} \tag{7-8}$$

泵 LS 阀3的阀杆平衡方程为

$$p = p_{LS} + p_{K1} \tag{7-9}$$

转斗阀14进、出口压差

$$\Delta p = p - p_m \tag{7-10}$$

将式（7-8）、式(7-9)代入式(7-10)，可得到

$$\Delta p = p - p_m = p_{K1} - p_{K2} = 常数 \tag{7-11}$$

因此，只要转斗阀14的开口一定，那么通过转斗阀14的流量就不会改变，与负载的大小无关。液阻 R_1 的作用是为了稳定输出压力 p_j，使得各工作阀杆的压力补偿作用更加稳定。

跨接（泵出口）变量缸小腔与变量缸大腔之间的阻尼 R 的作用同样是使斜盘在摆动过程中不发生振颤，保证工作泵1的输出流量稳定。

装载机工作液压系统不仅仅是一般的阀后补偿的负荷传感液压系统，它还有很多增值的附加功能，下面一一对其进行分析。

a. 液阻 R_2 的作用。使补偿阀的工作稳定。

b. 单向阻尼阀的作用。稳定泵的信号压力，使斜盘在摆动过程中不发生振颤。

c. 液阻 R_1 的作用。稳定信号复制阀输出的 LS 信号压力。

d. LS 信号复制阀。下面分析 LS 信号复制阀 5 的工作原理和它在系统中所起的作用。信号复制阀 5 的平衡方程为

$$p_j = p_{LS} \tag{7-12}$$

即信号复制阀 5 的输出压力 p_j 与最大负载信号压力 p_{LS} 相等。随着 p_{LS} 的增大，阀输出压力也增大；反之亦是如此。系统将这个信号压力 p_j 沿着 LS 管路输入工作泵 1，作为工作泵 1 的排量调节信号压力，从式 (7-12) 可以看出，该阀的作用是消除由于主控阀内部和管路沿程的压力损失以及温度、油液黏度等因素引起的信号传递失真，将"真实"负载的压力信号传递给泵，这也是"信号复制阀"的称呼来历。

LS 管路初始状态时没有负载信号压力，因为当主控阀各个阀处于中位时，p_{LS} 通过各个阀中位的回油口到油箱卸荷，即 $p_{LS} = 0$，通过信号复制阀 5 的油全部回到油箱，$p_j = 0$，泵的出口压力由泵本身的负荷传感阀决定。

正常工作时通过对回油箱的流量大小来控制信号复制阀 5 的输出压力，从这点来看，信号复制阀采用的原理与溢流调速阀相似。

e. 压力切断阀。压力切断阀 4 布置在 LS 管路上，从阀的符号看为溢流阀，因此有人顾名思义称之为信号压力安全阀，这种称呼是不准确的。从阀的作用看，这就是负荷传感系统中的压力切断阀，只不过这个阀一般都设置在泵的排量调节器上，设置在 LS 管路上其作用仍然是"压力切断"。下面我们就分析压力切断阀 4 的工作原理和它在系统中所起的作用。

当负载压力达到设定值时，压力切断阀 4 打开 LS 管路到油箱的通道，使得 p_j 不再上升，如果工作泵 1 出口压力继续升高，这将使得泵的负荷传感阀 3 左移，打开泵压力油到大直径变量缸的通道，使得工作泵 1 的排量迅速减小，从而起到"压力切断"的作用。与压力切断阀设置在泵的排量调节器上不同的是，该阀在压力切断过程中总有一些很小的溢流损失，这是它的缺点，而优点是出现过载后的反应更快一些，尽量减少泵出现大的脉冲压力。而压力切断阀设置在泵的排量调节器上就没有溢流损失，但反应不如设置在阀上快，且泵可能会出现较大的脉冲压力。

f. 三通压力补偿器。下面分析三通压力补偿器的工作原理和它在系统中所起的作用。

在系统主油路油道的末端设置了三通压力补偿器 37。作为系统的主安全阀，其平衡方程为

$$p = p_j + p_{K3} = p_{LS} + p_{K3} \tag{7-13}$$

即当作安全阀使用的三通压力补偿器 37 的开启压力比负载高 p_{K3}，而且 $p_{K3} > p_{K1}$。

除此之外，三通压力补偿器还有一个重要的功能，这就是快速卸荷。当主控阀阀杆回到中位关闭时，泵的排量应该迅速减小到待机流量，但如果泵斜盘的反应速度不够快，势必产生瞬间的液压冲击，对泵和管路等液压元件的寿命和可靠性非常不利。如果系统中设置了三通压力补偿器，当主控阀各阀杆回到中位时，p_{LS} 管路将通过主阀杆中位机能将管路中的负载压力卸掉（中位时 p_{LS} 通油箱），于是信号复制阀上移，使三通压力补偿器弹簧腔的 LS 信号压力接通油箱，于是三通压力补偿器迅速开启，把泵的压力卸掉。从这个功能看，三通压力补偿器起到了卸荷阀的作用。主控阀中位时负载压力通油箱的机能与三通压力补偿器的快速卸荷功能相互配合，很好地解决了系统的压力冲击问题。

g. 电控油缸缓冲。装载机在动臂和铲斗部位都设置有角度传感器，当动臂缸举升到最高位置、下降到地面位置之前；转斗缸收斗到极限位置、卸载到极限位置之前，安装在动臂或铲斗部位的角度传感器将发出信号给工作装置手柄控制器，手柄控制器自动把输出电流减小，从而使先导控制压力降低、主控阀阀杆开度减小、泵排量减小，最终使油缸运动速度减

慢。这个过程大大减小了油缸活塞杆快要运动到行程极限位置时由于运动速度过快所造成的冲击，提高了操作舒适性，同时也减少了相关各个部件的动载荷。

h. 液阻 R。从图 7-50 上可以看出，泵变量缸的大、小腔通过液阻 R 相通，这与以前所看到的泵调节器是不一样的。当主控阀回到中位时，LS 信号压力消失，泵斜盘回到中位。但变量缸大、小腔通过 R 相互沟通，将使斜盘向流量增大的方向摆动，如果流量增大至超过设定的待机流量，势必迫使泵出口压力升高，但此时 LS 阀在泵出口压力作用下将左移，将变量缸大腔压力卸到 T 口，于是泵斜盘又向流量减小的方向摆动，流量减小直至重新恢复到待机流量，LS 阀回到中位。如此反复，LS 阀在中位和右位两个位置摆动。阻尼越小（即阻尼孔直径越大），LS 阀摆动的就越频繁；相反，阻尼越大（即阻尼孔直径越小），LS阀摆动的频率就越低；如果没有这个阻尼 R，当系统内部出现泄漏时，LS 阀也会摆动，从而调节泵的最小流量弥补系统的泄漏。

一旦主控阀有动作，或泵出口有其他需要流量部件有动作（如动臂减震模块补油单向阀开启向动臂大腔补油），聚集在泵出口的油将首先进入主控阀或这些需要流量的部件，引起泵出口压力降低，此时 R 阻止了变量缸大腔的油顺利流到泵出口，于是泵斜盘在变量缸大腔的压力作用下迅速往排量增大的方向摆动，泵流量开始增加，只要泵出口压力没有达到可以使 LS 阀向左移动的压力值，阻尼 R 与变量缸大、小腔相通的结果将一直使泵有一定的流量输出，当油"充满了需要流量的部件后"，泵出口压力才开始上升。

• 此时对于通过动臂减震模块补油单向阀向动臂大腔补油这条回路来说，当补油压力达到可以使 LS 阀向左移动的压力值后，LS 阀向左移动，泵排量减小（参见后面关于动臂减震模块的分析）。

• 对于通过主控阀向工作装置供油这条回路来说，随着 LS 负载压力的建立，泵排量将随着主控阀的开度被 LS 阀控制。注意到在 LS 信号压力尚未建立起来、泵就先把斜盘摆角向流量增大的方向摆动，我们可以得出这个结论：由于有了液阻 R，泵的反应速度加快了，当然泵的空载流量损失也会因此加大。这就是预先储备一些流量，以备一旦需要时迅速将其投入使用。这再次证明了要想得到某种性能的改善，必然伴随着要"牺牲"一些其他的性能。至于要改善什么，牺牲什么，就要看哪个性能更重要了。

泵在正常工作时，无论斜盘向排量增大的方向摆动还是往排量减小的方向摆动，阻尼 R 都会使斜盘的摆动速度变得稍微缓慢一些，以减少系统的压力冲击。例如，主控阀开度增大引起泵排量增大的过程中，泵出口压力瞬间减小（注意到此时负载压力并没有减小），即来自 LS 信号管路的瞬间压力高于泵出口压力，这样就让 LS 管路的油在进入变量缸之前就从R "分流"了一点儿流量，这样斜盘的摆动就没那么快了；同样道理，主控阀开度减小引起泵排量减小的过程中，泵出口压力瞬间高于 LS 信号管路压力，也会有一点儿油通过 R 回到油箱，斜盘的摆动就平缓了。斜盘摆动的平缓就意味着泵流量的增加和减少都会比较平缓，系统的冲击小，工作装置的动作就比较柔和。

综上所述，阻尼 R 不但使泵"预先储备"一些流量，加快系统的反应速度，而且还可以调节斜盘的摆动速度。选择适当的阻尼 R 可以使系统反应快，而且压力冲击小。

i. 工作液压系统的恒功率控制：装载机还配置了液压恒功率控制功能，当系统压力达到恒功率压力控制点时，系统将自动减少流量，维持泵的恒功率输出。恒功率控制功能在保证不占用更多的发动机功率输出的基础上大大提高了装载机工作装置的各种作业力，使得装载机的作业效率更高。

以上结合铲斗的收斗动作详细分析了系统的主要原理和一些元件的作用，这些分析具有普遍性，即工作装置有其他动作发生时这些分析同样有效。下面将根据工作装置的各种动作和工况进一步分析系统的工作原理。

③ 转斗前倾　当操作转斗手柄向卸料位置动作时，先导手柄 13 得电输出电流，一方面先导阀 17 输出先导压力油，先导压力油进入转斗阀 14 阀杆下端油腔，而转斗阀 14 上端油腔内的油液则经过先导操纵阀 13 回油箱。转斗阀 14 在下端油压的作用下，克服上端复位弹簧的作用力，向上移动，打开转斗油缸小腔与工作泵 1 的开口。泵来油进入转斗阀 14（相当于可变阻尼），再进入压力补偿器 15（阀后补偿），然后再次进入转斗阀 14（相当于换向功能），油从转斗阀出来后进入转斗缸 8 的有杆腔；另一方面，先导手柄 13 得电输出电流后还使电磁换向阀 9 换向，使插装阀 10 背后弹簧腔内被封闭的油流回油箱，无杆腔的回油压差顶开插装阀 10，让大量的油通过主控阀回到油箱，而来自无杆腔的回油只有很小的一部分通过插装阀 10 的阻尼回到油箱。转斗油缸缩回，铲斗向前转动完成卸载动作。

在卸料过程中，如果转斗油缸活塞杆 8 的缩回速度大于工作油泵 1 输出流量所能提供的速度，与转斗油缸 8 小腔相连的单向过载阀 11 中的单向阀将打开油箱与转斗油缸小腔之间的通道，向转斗油缸小腔供油，避免气穴现象发生。

④ 动臂保持　当动臂阀 19 两端都没有先导压力油时，动臂阀阀杆 19 在两端复位弹簧的作用力下处于中位。由于此时动臂油缸 25、26 大小腔两端接主控阀的工作油口被动臂阀阀杆 19 封闭，油缸保持不动。处于动臂保持位置时，电磁换向阀 24 断电，由它控制的插装阀 23 实现动臂无杆腔压力油的锁止，从而避免了动臂在保持位置时压力油从动臂阀阀杆 19 中位泄漏引起的动臂下沉。

当动臂在保持位置时，如果装载机铲斗装满物料运输，地面路况不平，将引起装载机铲斗连同整机的颠簸振动，很容易将铲斗内的物料抛洒出来。为此，装载机在动臂的有杆腔和无杆腔连接了一套液压稳定模块，它可以使装载机在行驶时动臂处于减震状态，从而使得装载机在运输过程中工作更加稳定，故也简称"稳定模块"。这个稳定模块有关闭、手动和自动三种模式。关闭模式在任何情况下都不开启液压稳定模块，手动模式为司机根据情况选择启用液压稳定模块，自动模式为当装载机达到一定的行驶速度时系统将自动启动减震模块（一般设定速度为 4～7km/h），低于设定行驶速度时减震模块自动关闭，行驶速度的信号可以取自变速箱。

下面分析稳定模块处于自动模式时的工作原理。

稳定模块主要由蓄能器 27、电磁阀 28 和插装阀 29，电磁阀 30 和插装阀 31，电磁阀 33 和液控换向阀 34 以及安全阀 32 等元件组成。图 7-51 所示为发动机没有启动前，各电磁阀均处于失电状态。

a. 稳定模块关闭。当装载机行驶速度低于设定速度时稳定模块关闭，此时电磁阀 33 得电，使得液控换向阀 34 的右端通油箱，而电磁阀 28 和 30 失电。现在分三种工况分析稳定模块的工作状态，见图 7-51。

动臂阀杆 19 处于中位闭锁状态。在自重作用下动臂缸无杆腔产生负载压力，液控换向阀 34 右移，将蓄能器与来自泵出口的压力管路接通，注意到该回路上设置了一个单向阀，此时蓄能器压力远高于泵出口的压力（由前述关于液阻 R 的分析可知，这种工况下泵出口的压力只有相当于泵 LS 阀弹簧力所决定的压力值），所以蓄能器压力不会卸掉，泵出口压力也打不开单向阀。

动臂阀杆 19 处于动臂提升状态。注意到液控换向阀 34 一直处于左位工作，蓄能器与来自泵出口的压力管路一直接通，如果动臂负载决定的泵出口压力比蓄能器压力低，则单向阀不能开启，插装阀 29 也不能开启，泵来油通过主控阀进入动臂无杆腔，工作装置正常工作，不受减震模块的任何影响；如果动臂负载决定的泵出口压力比蓄能器压力高，泵来油一路通过主控阀进入动臂缸无杆腔，另一路将顶开单向阀进入减震模块回路，注意到插装阀 29 的弹簧腔与此时泵出口压力和蓄能器都相通，所以插装阀 29 还是不能开启，于是进入减震模

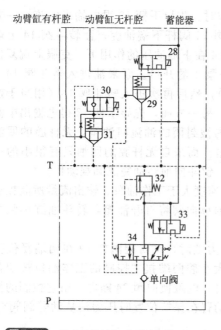

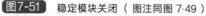

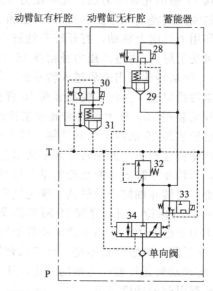

图7-51　稳定模块关闭（图注同图 7-49）　　　　图7-52　稳定模块启用（图注同图 7-49）

块的泵来油只给蓄能器充液。泵此时给动臂无杆腔和蓄能器两条并联回路同时供油，由于充液回路压力低且没有压力补偿器，所以来自泵的油全部优先供给蓄能器充液，当充液压力达到动臂负载决定的压力时单向阀关闭，来自泵的油全部进入主控阀。动臂提升过程中随着重物的升高，动臂缸负载也会变化，只要这个负载决定的压力比蓄能器高，泵就会优先给蓄能器充液，这会影响一些提升时间，而充液过程中动臂无杆腔有时会停止供油造成动臂提升过程中的"短暂停顿"。装载机正常作业时，动臂一般都会下降的很低，而在铲装过程中如果使用了动臂缸，那么动臂无杆腔的负荷就会很大，所以铲装过程中泵已经给蓄能器充液，这个充液压力远超过动臂提升过程中的压力，因此铲装结束后提升动臂不会出现上述分析的情况。由于铲装过程中还要"兼顾"充液，这会影响一些铲装效率。安全阀 32 限制了蓄能器的最高充液压力，这个压力要高于系统主安全阀压力，否则在动臂缸达到系统压力前就会有压力油从安全阀 32 泄回油箱。

　　动臂阀杆 19 处于动臂下降状态。此时蓄能器压力比较高。动臂下降时尽管无杆腔压力很低，但仍然可以使液控换向阀 34 处于左位工作，泵出口压力打不开单向阀。蓄能器压力也不会卸掉。下降时插装阀 29 和 31 均不能开启。

　　b. 稳定模块自动启用。当铲装结束、动臂阀杆 19 处于中位、动臂缸闭锁、装载机行驶速度达到一定高时，稳定模块将自动启动，工作在动臂减震状态。此时电磁阀 28、30 得电，电磁阀 33 失电。电磁阀 28、30 得电使得插装阀 29、31 的弹簧腔通油箱，电磁阀 33 失电使得液控换向阀 34 右端通蓄能器，见图 7-52。

　　当装载机行驶在平坦路面时，动臂缸不会产生很大的"附加"压力，不必担心蓄能器压力比动臂缸无杆腔压力高而使得液控换向阀 34 左移，让蓄能器的储存压力泄到油箱而白白损失能量，因为蓄能器压力已顶开插装阀 29 作用在液控换向阀 34 的左端面，即液控换向阀 34 两端都作用着同样的蓄能器压力（如果合理地设计蓄能器压力油经过插装阀 29 所产生的压差与液控换向阀 34 右端面腔的阻尼），该阀不会左移。

　　当装载机因路面颠簸造成动臂上下"震动"时，动臂向下运动引起的动臂油缸 25、26 无杆腔压力的升高将打开插装阀 29，这样由路面颠簸引起的压力升高的能量将被蓄能器 27

吸收，从而使震动幅度减小（如果瞬间压力上升过高，蓄能器压力可以使液控换向阀 34 左移，将过高的压力泄到油箱）；这个过程势必引起动臂的微量下降，这时动臂油缸有杆腔容积将增大，可能会造成系统吸空，但此时插装阀 31 的弹簧腔通油箱，可以从油箱吸油以补充真空，同时主控阀动臂联阀块的动臂缸有杆腔还通过一个单向阀与油箱连通，油箱里的油也可以顶开单向阀给有杆腔补油；当动臂由微量下降转为微量上升状态时，有杆腔压力升高，顶开插装阀 31 让有杆腔多余的油回到油箱。这个过程势必造成动臂无杆腔容积增大，可能会造成系统吸空，这时蓄能器 27 储存的压力油将释放出来，它顶开插装阀 29 给动臂无杆腔补油。装载机经过多次颠簸后，如果蓄能器储存的压力能快要消耗殆尽，当动臂再次向下运动时，无杆腔产生的压力将使液控换向阀 34 右移（事实上如果蓄能器压力小于动臂无杆腔压力，来自动臂缸无杆腔的压力油经过插装阀 29 和液控换向阀 34 右端的阻尼到达液控换向阀 34 的阀杆右端面时已经有了一定的降低，即在液控换向阀 34 的两端产生了压差），泵来油顶开单向阀由泵主油路通过液控换向阀 34 向蓄能器补油。前述分析可知，补油压力不超过泵 LS 阀弹簧力所决定的压力。通过主回路由泵向蓄能器补油的措施大大减小了多次颠簸造成的动臂下沉。

现在讨论一下如果司机在装载机行驶时选择了稳定模块的"手动"功能，而铲装作业时忘记关闭稳定模块会发生什么情况（其实这种情况也出现在启用稳定模块后司机又做提升动臂的动作）。如果提升动臂、而蓄能器压力又高于动臂缸无杆腔，此时液控换向阀 34 将左移，把蓄能器压力泄到油箱，直至动臂缸无杆腔压力高于蓄能器，液控换向阀 34 右移，泵来油通过单向阀给蓄能器充液。如果再次出现蓄能器压力高于动臂缸无杆腔，将重复上述过程。司机的感觉是动臂提升无力而且提升速度很慢。

⑤ 动臂提升　当操作动臂操纵手柄向提升位置动作时，先导阀 22 输出先导压力油，先导压力油进入动臂阀阀杆 19 提升端油腔，而动臂阀 19 对面下降端油腔内的油液则经过先导阀 18 回油箱。动臂阀 19 在上端油压的作用下，克服下端复位弹簧的作用力向下移动，打开动臂油缸 25、26 大腔与工作泵 1 之间的油道。工作泵 1 的压力油依次经过阀 19、单向阀、压力补偿器 20、再次进入阀 19，然后通过插装阀 23 进入动臂油缸 25、26 的大腔，而动臂油缸 25、26 小腔的油液则通过动臂阀 19 回油箱。动臂油缸 25、26 活塞杆伸出，动臂实现提升动作。

⑥ 动臂下降　当操作动臂操纵手柄向下降位置动作时，先导阀 18 输出先导压力油，同时电磁换向阀 24 换向。来自先导阀 18 的压力油进入动臂阀阀杆 19 下端油腔，而动臂阀 19 上端油腔内的油液经过先导阀 22 回油箱。动臂阀 19 在下端油压的作用下，克服上端复位弹簧的作用力，向上移动，打开动臂油缸 25、26 小腔与工作泵 1 之间的油道。工作泵 1 的压力油依次经过阀 19、单向阀，压力补偿器 20，再次进入阀 19，然后进入动臂油缸 25、26 的小腔。而大腔的油液打开插装阀 23、通过动臂阀 19 回油箱。动臂油缸 25、26 活塞杆缩回，动臂实现下降动作。为避免动臂下降过快造成泵对有杆腔的供油不足，动臂缸有杆腔可以通过单向阀直接从油箱补油。

当只有一个动臂下降动作时，如果动臂下降过快、泵供油不足形成动臂小腔真空，那么信号复制阀输入给泵的 LS 信号就非常弱，理论上甚或为负值，导致泵的 Δp 变大而不能提供最大流量，影响动臂下降速度。此时将来自先导阀 18 的压力油引入梭阀 35，这个先导压力与各路负载压力比较后作用在 LS 信号复制阀 5 的上腔（参见图 7-44 上的 p_{LS} 点），如果动臂小腔负载压力小于先导控制压力，那么 p_{LS} 点的压力将取先导控制压力，由于先导回路蓄能器 47 的存在，这个压力一般不会很低，因此泵的 LS 信号压力也就不会很弱，泵仍将能提供最大流量。

⑦ 动臂浮动　当操纵手柄从下降位置继续向前动作时，电磁换向阀 24 同样处于换向位

置,同时先导阀 18 继续输出更高一些压力的先导控制油,推动动臂阀 19 继续向上移动。此时动臂阀将动臂油缸 25、26 的大小腔连通且同时接通油箱,在工作装置的自重作用下,动臂实现浮动下降。此时泵出口封闭,泵的 p_{LS} 信号压力也与油箱接通,泵处于最小排量位置。

⑧ 动臂应急下降 当遇到意外或其他紧急情况时,可以手动控制动臂卸荷阀 7 使动臂下降到地面。

以上分析可以看出,每次铲斗油缸的回缩以及动臂油缸的下降(都是有杆腔进油,无杆腔回油)过程中都必须同时打开插装阀,而这个插装阀是由电磁换向阀控制的,电磁阀的频繁动作对电磁阀的可靠性和寿命是一个严峻的挑战。角度传感器的应用也使电控式油缸缓冲成为可能,比传统的油缸缓冲技术来的更加简单且更加容易调节。由此可见,可靠的电控技术给装载机的电液控制带来了一种新的思维方式,极大地拓展了先进技术的应用。

由于采用了阀后补偿形式的负荷传感系统,没有"流量饱和"的困扰,因此动臂和铲斗可以随意动作,不受负载大小变化的影响,这就可以允许司机操纵铲斗以"合适"的角度插入料堆进行铲装作业,卸料时可以任意做出各种动作,动臂举升和下降时可以随意调整铲斗角度等,相信这种全新的操纵方式会给操作者带来全新的感受并能提高作业效率。

值得一提的是,负荷传感系统的特点之一是"泵的实际流量只与主控阀开口大小相关",与负载大小和发动机转速无关,如果操作者不理解这个特点就会产生问题。例如,操作者必须改掉操纵定量系统装载机的习惯。操作者必须懂得,他踩下油门后装载机一边利用传动系统的牵引力插入料堆、一边利用工作装置油缸进行挖掘动作,此时只靠加大油门不会使工作装置油缸的动作速度加快,他还必须同时操纵工作装置手柄,使手柄的角度更大才能达到提高作业速度的目的。

在液压系统设计和调试过程中有时会遇到由于油缸无杆腔回油时"背压"过大导致油缸运动速度减慢的情况,不但影响作业效率,还造成不必要的压力损失。产生这种情况的原因多为主控阀的通流量不足所致,且油缸无杆腔面积与有杆腔作用面积的比值越大(即无杆腔要求阀杆的通流量越大),这种现象就越严重。如果加大阀杆直径受到结构上的限制,一方面可以考虑改变无杆腔阀杆口处的过流切口形状和过流面积,另一方面还可以考虑在主控阀上游的无杆腔主回油路上并联一个液控或电控(单向)阀,然后再将该(单向)阀的回油引回油箱,即预先分流一部分油回到油箱。更进一步的改进思路是,使油缸的无杆腔进油、活塞杆伸出时该(单向)阀闭锁,而有杆腔进油、活塞杆缩回时该(单向)阀开启,并能通过该阀将一部分回油再引到有杆腔,从而实现有杆腔的补油。它不但可以加快油缸的运动速度,还可以避免系统产生气蚀,这就是所谓的"回油再生"功能。

(2)制动与散热风扇系统

① 制动系统 制动与散热风扇的液压系统原理如图 7-53 所示。制动系统与风扇系统共用一个负荷传感泵 1 供油,正常情况下制动系统流量不大,且蓄能器 8、9 间歇性充液,每次充液在很短的时间内就能完成,因此,风扇系统与制动系统可以共用一个油源,这样能够节省安装空间。

下面就制动系统的双回路充液阀工作过程分析制动系统的充液过程。双回路充液阀块 23 的 P 口接负荷传感泵 1,A_1、A_2 口分别接行车制动用蓄能器 8、9,PS 口接压力传感器 18,F 口接冷却风扇马达 21,LS 口为负载信号压力输出口,接负荷传感泵的负荷传感控制阀弹簧腔,T 口接油箱。

当系统中任何一个蓄能器的压力小于最小设定压力时,例如蓄能器 8 的压力小于设定压力时,则双路充液阀中 A_2 侧单向阀 11 开启,负荷传感泵 1 开始向蓄能器 8 充液,充液时充液阀 13 阀芯处于右位工作,泵出口压力通过阀芯右位的阻尼孔成为一路负载信号压力,该负载压力经过梭阀提取再传至负荷传感阀 4 的弹簧腔,调节负荷传感泵 1 的输出流量,使泵的流量与充液工况的所需流量相适应,负载压力同时作用在顺序阀 17 的弹簧腔,使得在

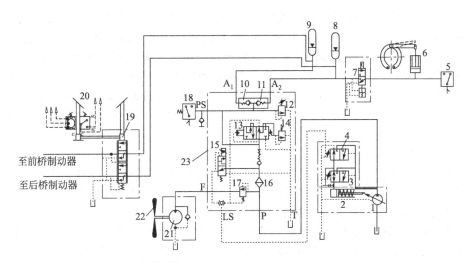

图7-53 制动系统与风扇系统的液压原理

1—负荷传感泵；2—泵排量调节伺服油缸；3—压力切断阀；4—负荷传感阀；5—停车制动低压报警器；
6—停车制动器；7,19—停车制动阀；8,9—蓄能器；10,11—单向阀；12,14—溢流阀；13—充液阀；
15—电比例减压阀；16—滤清器；17—顺序阀；18—压力传感器；20—行车制动灯开关；
21—冷却风扇马达；22—冷却风扇；23—双回路充液阀块

蓄能器充液过程中顺序阀 17 始终保持关闭，优先保证制动系统充液以及正常制动时的用油。当蓄能器压力达到最高设定压力时，A_2 侧的单向阀 11 关闭，溢流阀 14 溢流，充液阀 13 阀芯在左端液压力的作用下使阀芯向右移动，这个动作封闭了泵进入充液阀 13 的通道，同时使得顺序阀 17 弹簧腔的控制压力卸到油箱，顺序阀打开，泵来油进入风扇马达回路。注意到溢流阀 14 的溢流动作只要一发生，充液阀 13 右移，在顺序阀 17 弹簧腔的控制压力卸到油箱的同时，充液阀 13 的弹簧腔也与油箱接通，于是溢流阀 14 就立即关闭了，此时充液阀 13 左端的液压力始终压缩着充液阀 13 的弹簧。当连续制动导致蓄能器压力降低到一定程度时（这个压力值由充液阀 13 的弹簧力以及充液阀 13 的阀芯作用面积决定），充液阀 13 在弹簧力作用下左移至图示位置，于是顺序阀 17 关闭，切断泵到风扇马达的回路，继续优先保证制动系统用油。如果负荷传感泵 1 的排量足够供给两个系统同时用油，一般不会发生连续制动后风扇停止转动的情况。

装载机采用前后桥双路、双踏板制动，最大限度地确保行车安全。例如，切断变速箱动力的行车制动用制动阀 19，当驾驶员踩下制动阀 19 的踏板时，通过机械连杆机构带动行车制动阀阀芯 19 向下移动，同时接通两路蓄能器到前后桥轮边制动器的油道。制动踏板被踩下的同时，给传动系统一个控制信号，动力切断，并开启行车制动灯开关，行车制动灯亮。当制动踏板放松时，行车制动阀阀芯在弹簧的作用下被推至最上端，蓄能器与轮边制动器油路断开，轮边制动器油路通油箱，制动解除。如果司机采用不切断变速箱动力，可用制动阀 19 的踏板，此时制动阀 19 的踏板不动，制动灯亮起，但变速箱动力没有被切断。

停车制动过程：停车制动器为弹簧制动、液压释放，拉起停车制动阀 7，把停车制动器内的油卸掉为停车制动；按下停车制动阀 7，接通蓄能器压力油为解除制动。当蓄能器压力没有达到设定值时，停车制动低压报警器 5 灯亮，没有电信号给变速箱和工作装置，必须要等到制动蓄能器压力达到设定值、停车制动低压报警灯熄灭后才能开动机子，这是必要的安全措施。

② 风扇冷却系统　风扇冷却系统采用的是变量负荷传感泵驱动定量马达的开式回路。充液阀 13 完成充液工作后，顺序阀 17 打开，负荷传感泵 1 向风扇马达 21 供油。当温度传

感器感应水温达到设定温度时，冷却风扇马达 21 带动风扇 22 开始转动，随着水温的升高，电比例减压阀 15 逐渐向上移动，使其输出的压力信号也逐渐升高，从而使负荷传感泵的排量增大，供给冷却风扇马达更多的流量，马达转速提高，冷却系统散热能力增强；当水温降低时，调节过程和上述相反。因此，风扇马达的转速随着温度的变化而变化，当系统不需要很强的散热能力时，泵的流量小一些；当系统需要很强的散热能力时，泵及时提供大的流量满足散热要求，这样的散热系统根据散热量的需求自动调节泵的流量，从而达到节能的目的。

（3）转向系统

转向系统采用的是负荷传感泵、转向器和转向阀组成的系统。由于在前面章节中已经详细介绍了负荷传感转向系统，两种型号装载机均采用了同样原理的转向系统，所以在此只给出液压系统原理图，不再具体分析其工作原理。

图 7-54 所示为转向系统液压系统原理。在此对行程切断阀 5、6 和转向油缸溢流阀 11 的作用做一下补充：当装载机前后车架折腰转向时，位于前车架上的机械限位块 14、15 与位于后车架上的行程切断阀 5、6 碰撞时切断了来自供油泵的压力油，使得泵来油不能进入转向阀 12，保护液压系统和前后车架钢结构不受大的冲击。

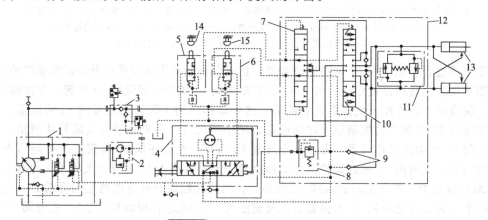

图7-54 转向系统液压系统原理

1—转向泵；2—应急转向泵；3,9—单向阀；4—转向器；5,6—行程切断阀；7—方向控制阀；
8—过载阀；10—流量控制阀；11—转向油缸溢流阀；12—转向控制阀；13—转向油缸；14,15—机械限位块

转向油缸溢流阀 11 的作用是：当装载机遇到比较大的外载荷时，可导致转向油缸受到很大的力而"一个油缸被迫压缩、另一个油缸被迫伸出"，此时高压侧的转向油缸溢流阀开启，将高压油卸荷到低压的一侧，避免急剧上升的压力可能导致液压管路或其他部件损坏。

转向系统设置了一个应急转向泵 2，当发动机出现故障熄火或者需要牵引车辆将装载机牵引至别的地方，应急转向泵能够启动为转向系统提供油源，使得装载机完成转向动作。该应急转向泵为电机驱动的齿轮泵，装载机正常工作时该泵不工作。

以上通过对装载机液压系统的全面分析，我们基本了解了负荷传感系统在装载机上的应用以及用户能够从中获得的利益，进一步理解了任何一项技术进步都是来源于市场的需求。需要指出的是，本节只是举出了负荷传感系统在装载机上的实际应用，其理论依据和分析的方法、手段适用于所有的产品。

7.2 履带式挖掘机液压系统及控制

挖掘机的液压系统是由动力元件（各种液压泵）、执行元件（液压缸、液压马达）、控制

元件（各种阀）以及辅助装置（冷却器、过滤器等）用管路按照一定的方式连接起来组合而成。它将发动机的机械能以油液作为介质转变为液压能进行传递，然后再经过执行元件转变为机械能，实现主机的各种动作。挖掘机根据其行走方式的不同可分为轮式挖掘机和履带式挖掘机。下面以履带式挖掘机为例进行挖掘机液压系统的分析，后文中提到的挖掘机未作特殊说明均是指履带式挖掘机。

履带式挖掘机的主要执行元件有铲斗油缸、斗杆油缸、动臂油缸、回转马达和行走马达，各执行元件完成的主要动作有：铲斗挖掘、卸载；斗杆放出、收回；动臂提升、下降；回转马达正转、反转；行走马达正转（前进）、反转（后退）。由于上述所有的执行元件动作均依赖于液压系统，因此液压系统是履带挖掘机的最关键部分。

挖掘机的作业过程包括下列几个间歇动作：动臂升降、斗杆收放、铲斗装卸、转台回转、整机行走以及其他辅助动作，如图 7-55(a) 所示。

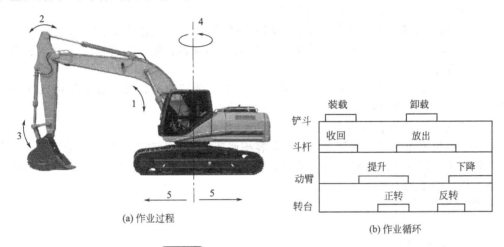

(a) 作业过程

(b) 作业循环

图7-55 挖掘机的作业过程及作业循环

1—动臂升降；2—斗杆收放；3—铲斗装卸；4—转台回转；5—整机行走

图 7-55(b) 所示为挖掘机一个作业循环的组成和动作的复合，包括以下几步。

① 挖掘 通常以铲斗缸或斗杆缸进行挖掘，或两者配合进行挖掘，因此，在此过程中主要是铲斗和斗杆的复合动作，必要时，配以动臂动作。

② 满斗回转 挖掘结束，动臂缸将动臂升起，满斗提升，同时回转马达使转台转向卸载处，此时，主要是动臂和回转的复合动作。

③ 卸载 转到卸载点时，转台制动，用斗杆缸调节卸载半径，然后铲斗缸回缩卸载，为了调整卸载位置，还要有动臂缸的配合。此时，主要是斗杆和铲斗的复合动作，间以动臂的动作。

④ 返回 卸载结束，转台反向回转，动臂缸和斗杆缸配合，把空斗放到新的挖掘点，此时，是回转和动臂或斗杆的复合动作。

实践证明，除个别情况以外，挖掘机正常工作时较少出现两种以上的复合动作。

挖掘机的动作繁复，主要机构经常启动、制动、换向，外负荷变化很大，冲击和振动多，而且野外工作，温度和环境变化大，所以对液压系统的要求是多方面的。

根据挖掘机的工作特点，液压系统要满足主机正常工作要求。

① 动臂、斗杆和铲斗的动作，要保证可以各自单独动作，也可以互相配合实现复合动作。

② 主机工作过程中，要求工作装置的动作和转台的回转既能单独进行，又能作复合动

作，以提高生产率。

③ 挖掘机的左、右履带要求分别驱动，使机械行走方便，转向灵活，并且可以原地转弯。

④ 挖掘机的一切动作都是可逆的，而且要求无级变速。

⑤ 要求机械工作安全可靠，各工作油缸要有良好的过载保护和补油。

⑥ 回转机构和行走装置要有可靠的制动和限速，要有防止动臂因自重快速下降和整机超速溜坡的措施。

⑦ 有的国家和地区要求动臂有防爆阀，防止管路爆破或破裂后动臂快速下降。

⑧ 用于起重、吊装作业的挖掘机要求有防泄漏阀，以使挖掘机工作装置能够长时间保持无泄漏状态。

根据挖掘机的工作环境和条件，液压系统还应满足下列要求。

① 充分利用发动机功率，以提高作业效率。

② 系统和元件应保证在外负荷变化大和急剧的振动冲击作用下具有足够的可靠性。

③ 力求减少系统总发热量，设置轻便耐振的冷却装置，使主机持续工作时，油温不超过液压元件要求的温度。

④ 系统的密封性能要好。由于工作场地尘土多，油液容易污染，要求所用元件对油液污染的敏感性低，整个系统要设置滤油器和防尘装置。

⑤ 采用液压或电液伺服操纵装置。

现代挖掘机液压系统一般都采用变量泵容积调速控制，而对于一些小型挖掘机采用定量泵节流调速不在讨论之列。常见的变量泵主要控制方式是全功率控制（有的称为功率限制）与以下几种控制方式的组合。

① 负流量控制。

② 正流量控制。

③ 负荷传感控制。

④ 全电比例控制（简称全电控）。

当然还有一些其他控制方式，如高压切断，流量限制等，可以根据需要与上述控制一起组合。变量泵的控制方式我们在第 4 章中有很多分析，本章我们再举实际应用的例子深入分析系统的控制方式。

对典型负流量液压系统分析如下。

挖掘机的液压系统在工程机械产品线的液压系统中属于比较复杂的系统，分析如此复杂的系统需要一种方法，这里尝试向读者推荐使用一种"化繁为简的模块式"分析方法。

我们先将这个系统原理图划分为几个部分，并对各个部分做一些图纸上的"技术处理"，形成功能模块，然后进行各个模块的分析，最后再把这些分散的模块集成起来成为一个系统进行综合分析。模块划分和技术处理的基本原则是：首先按照液体能量传递的顺序，再综合考虑元件总成、功能和操作等因素把复杂的系统分成功能模块；然后，根据这些功能模块把在看图分析过程中经常被搞得晕头转向的、代表各种管路的线条适当去掉一些，改之以一一对应的符号，视觉效果就好多了。这样的处理就可以把复杂的系统简化为"功能相对独立的模块"，分析起来就容易多了。最后需要提醒的是，如果没有丰富的实践经验，甚至连挖掘机的作业都没有看见过，对工况一无所知的人来说，分析一个复杂的液压系统是非常困难的事情。所以建议读者在学习工程机械液压系统时一定要理论结合实际。

按照液压能量传递的顺序，挖掘机液压系统一般可以分为主泵（能源）、主控阀（控制）和马达或油缸（执行）等几个功能模块。对于司机操作来说，他不是直接控制主控阀，而是

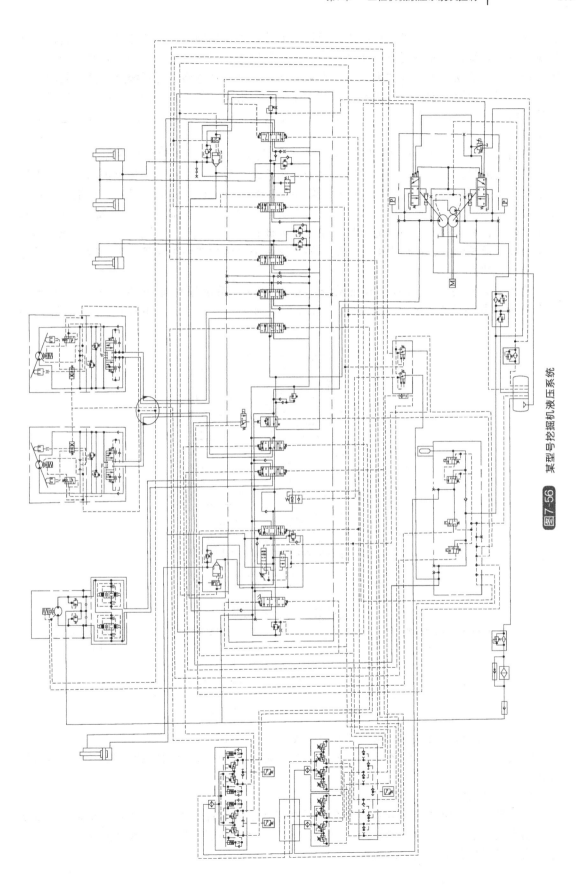

图7-56 某型号挖掘机液压系统

通过先导阀（先导手柄）对主控阀进行操控，另外，先导控制部分还往往是电控和其他辅助控制的主要来源，最能体现设计者对挖掘机的控制思想，因此对先导部分控制的分析绝不能因为控制管路的规定画法是"虚线"而不被重视。以上方法忽略了对系统原理分析起辅助作用的滤油器、油箱、散热、背压阀、管路连接等液压附件，但当要进行系统详细设计时，这些液压附件就需要认真对待了，往往就是因为附件设计的不合理造成系统的失败，这样的教训很多。

下面以图 7-56 某型号挖掘机液压系统为例对其进行功能模块划分和详细分析。这是一个典型的负流量控制系统，我们可以把这个液压系统划分为主泵系统、先导供油系统、先导控制系统、主控阀和执行元件等几个功能模块。其中执行元件包括回转马达、行走马达和工作装置油缸。油缸的原理不列入本章，但需要提醒读者的是，挖掘机的油缸属于高压系列，由于工作装置和斗内装载物料的重量都很大，因此运动惯量是设计时必须考虑的重要因素，为了有效地保护油缸，在最大伸出和最小缩回这两个极限位置的缓冲是油缸细微结构设计里面非常重要的内容。

略去泵、马达壳体回油和散热系统，得到的主泵系统原理如图 7-57 所示，先导控制系统原理如图 7-58 所示，先导供油系统原理如图 7-59 所示，主控阀原理如图 7-60 所示。

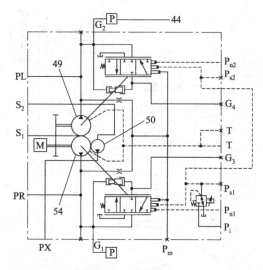

图7-57　主泵系统原理

44—测压口；49—左侧油泵；50—先导泵；54—右侧油泵；PL—左侧油泵输出口；PR—右侧油泵输出口；
S_1—主泵进油口；S_2—先导泵进油口；PX—先导压力输出口；G_1—压力传感器口（右侧油泵）；
G_2—压力传感器口（左侧油泵）；G_3—应急压力口（右侧油泵）；G_4—应急压力口（左侧油泵）；
P_m—液压交叉控制口压力；P_i—电比例减压阀先导进油口；P_{n1}—右侧油泵负流量压力控制口压力；
P_{n2}—左侧油泵负流量压力控制口压力；P_{s1}—右侧油泵电控系统压力；
P_{s2}—左侧油泵电控系统压力；T—箱体排油口

回转马达和行走马达已经在系统图中自成一体，不必展示。

很明显，经过处理后的各个模块看起来很清晰。下面对各个功能模块逐一进行详细的分析。

（1）主泵系统

图 7-61 所示为主泵原理结构，它包括并联形式组成的右侧油泵 13 和左侧油泵 15，发动机带动右侧油泵 13 的同时，利用齿轮带动左侧油泵 15 反向同速旋转。两个油泵位于一个整体壳内，且都是斜盘式变量柱塞泵。

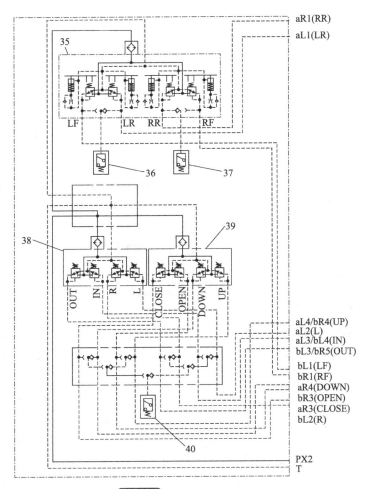

图7-58 先导控制系统原理

35—行走控制阀组；36—左行走压力开关；37—右行走压力开关；38—斗杆（左）和回转（右）控制阀组；
39—铲斗（左）和动臂（右）控制阀组；40—工作装置/回转压力开关，aR4—动臂Ⅰ阀上端（DOWN）；
bR4—动臂Ⅰ阀下端（UP）；aL4—动臂Ⅱ阀上端（UP）；bL4—动臂Ⅱ阀下端（IN）；
aR3—铲斗阀上端（CLOSE）；bR3—铲斗阀下端（OPEN）；aL3—斗杆Ⅰ阀上端（IN）；
bL3—斗杆Ⅰ阀下端（OUT）；bR5—斗杆Ⅱ阀下端（OUT）；aL2—回转阀上端（L）；
bL2—回转阀下端（R）；aL1—左行走阀上端（LR）；bL1—左行走阀下端（LF）；aR1—右行走阀上端（RR）；
bR1—右行走阀下端（RF）；PX2—先导油压力（由先导控制系统引出）；T—油箱

　　来自液压油箱的油液进入主泵进油口 14，左侧油泵 15 和右侧油泵 13 共用这一个进油口。右侧油泵 13 由输出口 3 出油，左侧油泵 15 则由输出口 4 出油。先导泵供油经过进油口 11，然后经过输出口 5 出油。

　　左侧油泵和右侧油泵各有一个排量调节器，采用液压交叉方式控制泵的排量。

　　电比例减压阀 1 位于右侧油泵，由发动机转速传感器发出信号、微电脑控制器输出控制电信号给电比例减压阀，从而实现对泵排量的电比例控制。

　　来自主控阀的负流量控制压力分别从口 6 和 17 进入左、右侧泵排量调节器，来自泵壳体内的泄漏油从孔 2 流回油箱。

　　通过泵排量调节器可以对挖掘机双泵进行液压交叉全功率控制、负流量控制和微电脑控制。双泵组合控制原理如图 7-57 所示，下面对每种控制给予详细的分析。

　　① 液压交叉控制通过液压交叉控制实现双泵的全功率控制（也称功率限制）。即当系统

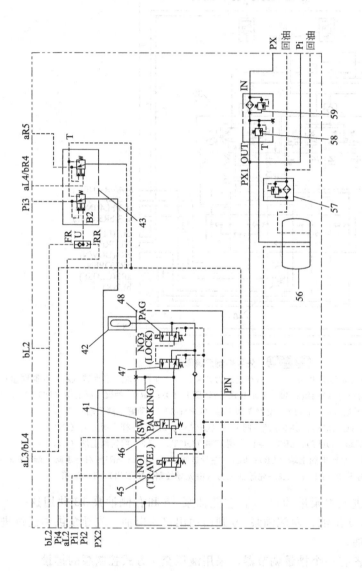

图7-59 先导供油系统原理

41—先导供油阀块；42—蓄能器；43—回转先导阀和臂优先阀、臂优先阀、46—回转制动电磁阀；
47—截止阀；48—截止电磁阀；56—油箱；57—回油滤清器；58—先导系统安全阀；59—先导系统滤清器；
PX2—先导油压力（来自截止阀）；Pi2—回转停车制动电磁阀电磁阀输出行驶电磁阀；Pi1—行驶速度电磁阀输出压力（R）；
aL2—回转阀上端先导压力（供给直线行驶电磁阀）；Pi4—动臂Ⅱ阀下端（DOWN）；bL2—回转优先减压阀下端；
aL3—斗杆Ⅰ阀上端（IN）；bL4—动臂Ⅱ阀下端（DOWN）；Pi3—回转优先减压阀输出压力；
aL4—动臂Ⅱ阀上端（UP）；bR4—动臂Ⅰ阀下端（UP）；aR5—斗杆Ⅱ阀上端（IN）；
PX—先导油压力（来自先导油泵）；Pi—先导压力（用于主泵系统中的电比例减压阀）

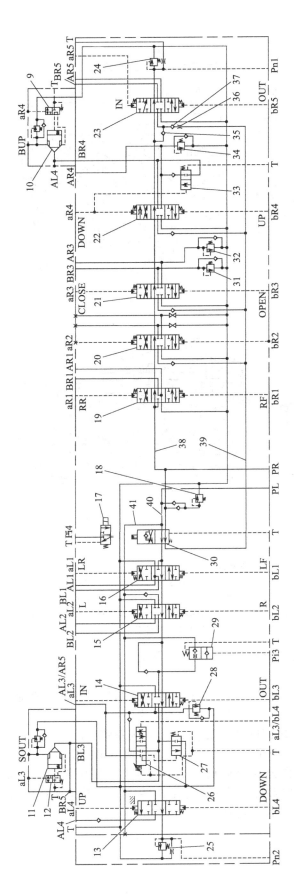

图7-60 主控阀原理

AL4—动臂缸大腔；aL4—动臂Ⅱ阀上端（UP）；BL3—斗杆缸小腔；aL3—斗杆缸Ⅰ阀上端（IN）；BL2—回转马达左端油口；
AL2—回转马达右端进油口；aL2—回转阀上端（L）；BL1—左行走阀上端（L）；aL1—左行走阀左端进油口；
P14—先导压力（供给直线行驶电磁阀）；aR1—右行走阀上端（CLOSE）；BR1—右行走马达后退（RR）；AR1—右行走马达前进；
aR2—附属装置阀上端；aR3—铲斗缸阀上端（IN）；AR4—动臂缸小腔；BR3—铲斗缸小腔；AR3—铲斗缸大腔；aR4—动臂Ⅰ阀上端（DOWN）；
aR5—合流后斗杆Ⅱ阀上端（IN）；AR4—动臂缸小腔；AL3/AR5—铲斗阀下端（OPEN）；BR4—动臂缸后腔；BR5—斗杆缸后腔；BUP—合流后动臂大腔；
SOUT—合流后斗杆斗杆缸大腔；Pn1—右侧油泵负流量输出口；bR5—斗杆缸Ⅱ阀下端（OUT）；
bR4—动臂Ⅰ阀下端（UP）；bL1—左行走阀下端（LF）；bR3—铲斗阀下端（OPEN）；bR2—附属装置阀下端（R）；bR1—右侧走阀下端；PR—右侧油泵输入口；
PL—左侧油泵输入口；bL2—左行走阀下端（DOWN）；Pn2—左侧油泵负流量输出口；P13—回转阀优先减压阀输入压力；bL3—斗杆Ⅰ阀下端（OUT）；

11—斗杆缸小腔锁定阀；12—斗杆锁定控制阀；13—动臂Ⅱ阀；14—斗杆Ⅰ阀；15—左行驶阀；16—左行驶阀；17—直线行驶电磁阀；18—主安全阀；
19—右行驶阀；20—附属装置阀；21—铲斗阀；22—回转阀；23—动臂Ⅰ阀；24—25—负流量溢流阀；26—斗杆再生阀；27—斗杆卸荷阀；
28—过载阀；29—可变可转位优先阀；30—直线行驶阀；31—过载阀；32—过载阀（铲斗缸小腔）；40—左泵中位油道；41—左泵平行通道；
33—动臂再生阀；34—过载阀（斗杆缸小腔）；35、37—单向阀；36—阻尼孔；38—右泵平行通道；39—右泵中位油道；40—左泵中位油道；41—左泵平行通道；

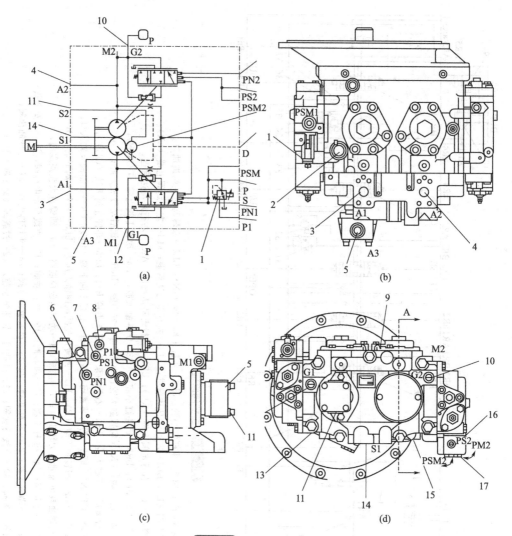

图7-61 主泵原理及结构

1—电比例减压阀；2—壳体排油孔；3—右侧油泵输出口；4—左侧油泵输出口；5—先导压力输出口；
6—右侧油泵负流量控制压力口；7—右侧油泵电控系统压力口；8—电比例减压阀先导进油口；9—外壳；
10—压力传感器口；11—先导泵进油口；12—压力传感器口；13—右侧油泵；14—主泵进油口；15—左侧油泵；
16—左侧油泵电控系统压力口；17—左侧油泵负流量控制压力口

压力上升到一定高时，泵的排量自动减小，始终保持泵的功率不变。

图 7-62 所示为双泵电控全功率原理。

从图 7-62 中可以看出，这个双泵液压交叉控制的形式与前文介绍的川崎的负流量控制方式有所不同，下面我们用两种方法求解一下这种控制方式的实质。

解法一：假设两个泵的压力 p_1、p_2 之间的关系是 $p_1 > p_2$，则系统中液压油的流动方向为 $p_1 \rightarrow$ 阻尼孔 $d_1 \rightarrow$ 液压交叉控制口 $p_M \rightarrow$ 阻尼孔 $d_2 \rightarrow p_2$；如果两个泵的压力 p_1、p_2 之间的关系是 $p_1 < p_2$，则液压油的流动方向为 $p_2 \rightarrow$ 阻尼孔 $d_2 \rightarrow$ 液压交叉控制口 $p_M \rightarrow$ 阻尼孔 $d_1 \rightarrow p_1$。根据阻尼孔流量的公式可知，如果两个阻尼孔直径 $d_1 = d_2$，无论上述何种情况，流过 d_1 和 d_2 的流量都是相等的，由此产生的压差也相等，即 $\Delta p_1 = \Delta p_2$。

如果假设 $p_1 > p_2$，这时经过节流孔 d_1 产生压降为：

$$\Delta p_1 = p_1 - p_M。$$

液压油经过节流孔 d_2，产生的压降为：

$\Delta p_2 = p_M - p_2$。

如前分析，$\Delta p_1 = \Delta p_2$，可以得到液压交叉控制口的压力：

$$p_M = (p_1 + p_2)/2$$

解法二：液压油经过节流孔 d_1 产生压降 $\Delta p_1 = p_1 - p_M$，同样经过节流孔 d_2 时产生压降为 $\Delta p_2 = p_M - p_2$，无论液压油向哪个方向流动，p_M 点压力总是相等的，因此两式相加：

$\Delta p_1 + \Delta p_2 = (p_1 - p_M) + (p_M - p_2)$。

可以得出：$p_M = \{(p_1 + p_2) - (\Delta p_1 + \Delta p_2)\}/2$

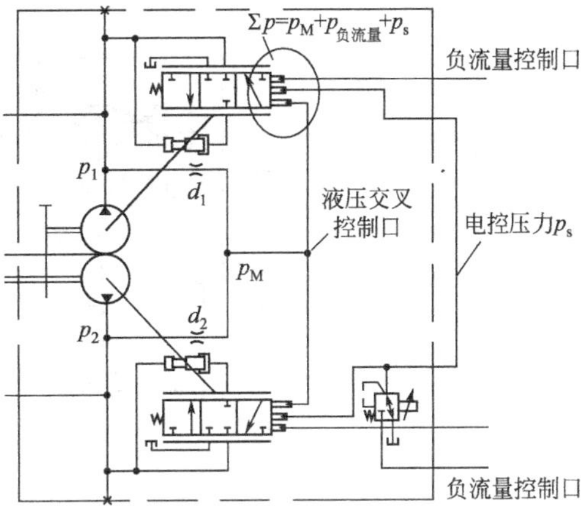

图7-62　双泵电控全功率原理

根据阻尼孔流量公式，如果 $d_1 = d_2$，无论上述何种情况，流过 d_1 和 d_2 的流量都是相等的，由此产生的压差也相等，但方向与假设的相反，即 $\Delta p_1 = -\Delta p_2$，或者说 $\Delta p_1 + \Delta p_2 = 0$，由此得到：液压交叉控制口的压力：

$$p_M = (p_1 + p_2)/2$$

② 负流量控制　当执行元件没有动作时，来自主控阀的负流量压力控制泵使其处于最小排量位置，以节省能源。当执行元件有动作时，随着负载流量的增大，负流量对泵的控制压力逐步减小直至负流量的控制作用完全消失。关于泵的负流量控制可参见第4章有关泵的控制相关章节。

③ 微电脑控制系统（简称电控系统）　挖掘机一般都采用定油门工作，即作业前驾驶员选定好一个发动机转速，然后依靠液压系统的功率调节来适应发动机的功率。为了能够充分利用发动机的功率，一般都采用实时状态的全功率控制。电控系统的基本工作原理如图 7-63(a) 所示，发动机速度传感器实时检测发动机转速，并将转速信号输入给微电脑控制器，一旦负荷过大导致发动机转速下降到一定程度，微电脑控制器将输出电信号给电比例减压阀，电比例减压阀输出液压先导压力，这个压力称为电控系统压力（p_S），这个压力使右侧油泵和左侧油泵的输出流量减少，于是发动机负荷减小，转速恢复正常。这个调控过程实质上就是发动机有一个固定的输出功率，微电脑控制器实时调整液压功率与发动机功率相匹配，从而达到充分利用发动机功率的目的。

下面分析电控系统是如何进行功率控制的。

在系统无电控信号的情况下，当 $\Sigma p = p_1 + p_2 \geqslant 2p_0$ 时（p_0 为泵的起调压力，由泵调节器阀芯调节弹簧的预紧力决定），泵进入全功率调节状态。

在系统有电控信号的情况下，当 $\Sigma p = p_1 + p_2 + p_S \geqslant 2p_0$ 时，泵进入全功率调节状态。式中，p_S 为电控系统利用先导油路施加的压力。把这个公式变换为：$\Sigma p = p_1 + p_2 \geqslant 2p_0 - p_S$，再对比无电控信号时的公式可以发现，有电控时泵的起调压力比无电控时降低了 p_S。

由上述分析可知，电控系统就是减小了泵的起调压力，从而达到减小泵功率的目的。调控的实质就是当泵的起调压力减小时，泵的流量减小了。

随着电控系统电比例减压阀控制电流的大小，泵在确定的转速下有一个最大调节功率和最小调节功率。或者说泵有一定的功率调节范围。因此电控系统的工作曲线是在确定转速下随外载荷变化的一组曲线簇，如图 7-63(b) 所示。

电控系统可以根据挖掘机工作的需要设定泵的工作模式。常用的有泵功率跟随模式和泵的经济模式。

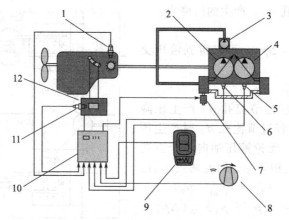

(a) 电控系统基本工作原理

1—柴油机速度传感器；2,4—主泵；3—先导泵；5,6—泵压力传感器；7—电比例减压阀；8—柴油机速度旋钮；
9—监视器；10—微电脑控制器；11—传感器；12—油门执行器

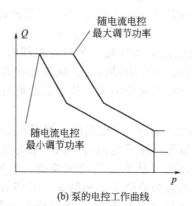

(b) 泵的电控工作曲线

图7-63 电控系统基本工作原理及泵的电控工作曲线

泵功率跟随模式工作特点是：泵的功率设定为最大，当外载荷增大致使发动机掉速时，电控系统使泵的流量（功率）减小。

泵的转速减小时，泵的实际流量和功率也将减小，将泵的功率与此转速下的发动机输出功率比较，就可以确定电控系统是继续采取功率跟随模式还是给泵设定一个固定的功率即可，如图 7-64 所示。

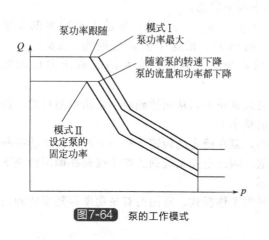

图7-64 泵的工作模式

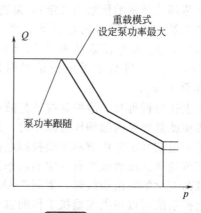

图7-65 泵的重载模式

对于要求高效率挖掘的工况，应该将发动机转速设定为最高。此时不预留发动机的功率储备，既泵的设定功率大于发动机的飞轮功率。作业时要求泵功率跟随，当外载荷增大到致使发动机转速下降时，电控系统减小泵的功率，使发动机转速恢复正常。这种工况也叫动力模式、重载模式、高功率模式等，如图 7-65 所示。

图 7-66 举例说明泵工作在功率跟随模式下的发动机转速、控制电流、泵的转速随着时间变化的曲线。

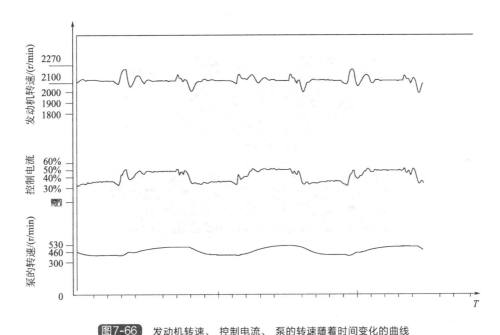

图7-66　发动机转速、控制电流、泵的转速随着时间变化的曲线

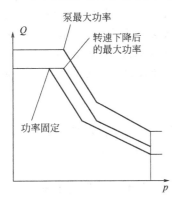

图7-67　泵的经济模式

对于挖掘时要求有较好的燃油经济性，同时又有较好（但不是最大）的作业效率时，可以设定标准模式。对于以燃油经济性为主又有一定的作业效率时，可以设定经济模式。从发动机的特性曲线可知，这些模式都可以通过降低发动机转速来实现。随着发动机设定转速的降低，发动机和泵的功率都将下降，一般情况下泵功率的下降幅度要大于发动机。这个模式一般给泵设定一个固定的功率即可（即给电比例减压阀一个固定的电流），这种模式也称经济模式，图 7-67 所示为泵在经济模式下的压力流量曲线。这种模式根据具体的发动机应该有防熄火措施。一般情况下，当发动机比最高空转转速下降超过 250r/min 时，电控系统应该调小泵的功率。

通过详细计算泵功率可以知道，当泵功率小于发动机功率达到一定"程度"时，就没有功率跟随的必要。这里的"程度"与泵的最大功率有关。例如：情况一，如果液压泵的最大功率略大于发动机功率，那么两者都在最大功率输出时必须使用泵功率跟随模式，而当发动机设定转速下降 100r/min 后，发动机功率就大于泵功率了；情况二，如果液压泵的最大功率比发动机功率大的比较多，那么发动机设定转速下降 200r/min 时，液压泵功率仍然比发动机功率大，此时还需要功率跟随模式。再计算下去，当发动机设定转速下降 250r/min 时，发动机功率大于泵功率，如此等等。因此，是否采用功率跟随模式，只要详细计算一下就可以很清楚。如果能把发动机使用一段时间后功率下降或者高原缺氧造成的功率下降等因素一并考虑进去，泵功率跟随模式的设定界限就拓展了。

这只是模式设定的一般原理，详细的模式设定应根据图 7-68 所示的发动机油耗特性曲线确定。该图横坐标为发动机转速，纵坐标为发动机转矩和功率，发动机的最大能力为外特性转矩线，双曲线簇为发动机的功率线，各条等高线所围成的区域为发动机的油耗，同一区域内的油耗是相同的。

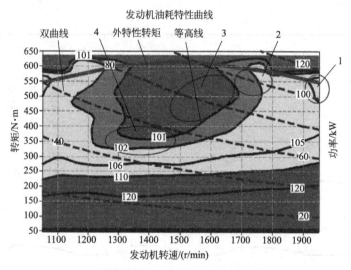

图7-68 发动机油耗特性曲线
1—动力模式；2—标准模式；3—经济模式；4—精细模式

例如，看图上 80kW 的功率线，在 1270r/min 左右时的转矩为 558N·m；在 1950r/min 左右时的转矩为 358N·m。这条功率线穿越了 101、102、105 三条油耗等高线，也就是说，在发动机转速 1270～1950r/min 都具有相同功率的这个区间，随着转速的降低，发动机的转矩不断增大。设定发动机的工作区域时要首先计算液压泵的功率（转矩），如果超出了发动机在该功率线上的转矩，就要对液压泵进行电控功率调节。图 7-68 列举了四个模式区域设定的示例，它们分别是动力模式 1、标准模式 2、经济模式 3 和精细模式 4。在这些模式区域中还可以继续细分不同的发动机转速，这就使挖掘机的工作模式有了多种设定。

设定工作模式时应该注意的几个问题。

① 挖掘机的工作区域应位于发动机燃油消耗率较低的经济区。需要提醒的是，不同发动机、不同的排放标准，其燃油经济区有很大区别，必须按照发动机的油耗特性曲线图设定。

② 正确设定工作模式和转速挡位。详细的说明书指导用户正确使用这些工作模式和转速挡位。

③ 适当降低发动机转速。降低发动机转速可以有效减少发动机的摩擦功消耗，由于发动机转速的降低将会带来泵流量的减少，因此泵排量的选择要适当加大一些。

④ 合理匹配液压系统的先导控制。过快、过猛的操作将会使发动机瞬间加载过快，造成发动机掉速过大，冒黑烟甚至熄火。匹配合理的液压先导控制系统不仅可以使挖掘机具有良好微动调速性能，还可以减小发动机加载过快。下面的章节中将详细讲述如何合理匹配先导控制系统。

⑤ 不宜过分追求发动机的调速率。要允许发动机适当掉速，过分追求调速率将会浪费

燃油。

⑥ 合理选择发动机附件，降低功率消耗。例如风扇和散热系统，对几何相似尺寸不同的多个风扇，其能耗与直径的 5 次方成正比，与转速的 3 次方成正比，且叶片形状影响风扇的效能；高效的散热器、合理的发动机机舱风道设计等措施都可以有效降低发动机功率消耗。

除以上两种典型的电控系统泵的功率设定模式以外，还有平地模式、精细模式、附件模式、挖沟模式等。

对于平地模式，司机操作时手柄动作大而工作装置的运动速度慢一些将更容易控制。控制速度实际上就是控制流量，平地时也会遇到大块石头、树根等，根据具体的发动机应该有防熄火措施。

精细模式主要是做一些动作缓慢而细致的工作，例如起重、吊装焊接等。要求的流量更低，但是动作必须稳定，因此以控制系统流量和节省燃油为主，此时发动机转速较低，容易熄火，尤其是低速性能不好的发动机更应该注意。

附件模式是专门针对破碎锤、液压剪等附件设置的，仍然以满足附件要求的流量和节省燃油为控制目的，同时根据具体情况决定是否增加防熄火措施。

有的挖掘机专门为挖掘沟壕而设置挖沟模式，它的主要目的是更有利于挖掘沟壕的边缘，主要措施是增大回转力矩，采用回转优先模式（相对于动臂和斗杆）。

电控系统还有应急模式，即当电控系统失效的时候启用，这个模式一般是给泵一个固定的电流，使用户能将挖掘机停靠在安全区域等待维修，有的可以使用户在一般情况下继续作业。

电控系统还有瞬时增力的功能，在正常作业状态下，当遇到翻起石块或树根等最需要挖掘力量的时候，使用触式瞬时增力可以在原有的工作模式基础上再瞬时提高挖掘力量，从而顺利完成作业，实际上这是短时间内提高液压系统的溢流压力。一般多采用延时电路手触式瞬时增力的功能，操作时间不超过 9s，之后自动回到原有模式。根据需要也可以将手触式瞬时增力功能改为自动增力。

电控系统还有自动怠速功能，采用延时电路，当操作杆全部中立几秒钟后，发动机自动降至怠速。当再次操纵操作杆时，自动恢复原来转速。这里要注意的问题是：油门执行器提升油门的动作优先于液压主阀打开的动作，以防止柴油机熄火。

需要说明的是，上述功能并没有包括市场上所有正在销售的挖掘机的全部功能，也并不是每个挖掘机都全部采用这些功能，读者只要理解了这些功能的内在含义，在设计整机功能时可以根据液压元件的功能、工况需要以及制造水平有选择地设置一些增值功能，而功能是否增值的评价标准就是用户是否需求这些功能。功能越多，驾驶员的选择就越多，合适的选择可以提高作业效率，降低油耗；但驾驶员可选择性越多的同时其选择错误的概率也会越多，最佳的产品设计就是把复杂问题简单化，例如，驾驶员根据工况只需要选择一个开关或者按钮就比选择两个要来的简单。

以上依据双泵组合控制原理对泵如何进行控制做了详细分析，下面我们将详细分析当电控信号压力、泵系统压力和负流量压力变化时，泵调节器对泵的排量调节的过程。由于左侧泵调节器和右侧泵调节器的结构和原理相同，下面以左侧油泵调节器为例进行分析。

左侧油泵调节器的结构如图 7-69 所示。左侧油泵输送压力油进入变量缸活塞小腔 67（这是一个常开通道），同时经过通道 66 和通道 32 进入滑阀 41 的左侧腔室，然后经过通道 49、46、31 与变量缸活塞大腔 48 相通，滑阀 41 的移动将接通或断开油泵来油进入变量缸活塞大腔 48 的通道，以控制变量缸活塞 47 的运动，而活塞 47 带动斜盘 20 偏转，实现泵排量的变化。例如，如果负流量控制压力、液压交叉控制压力或者电控压力任何一个的压力输

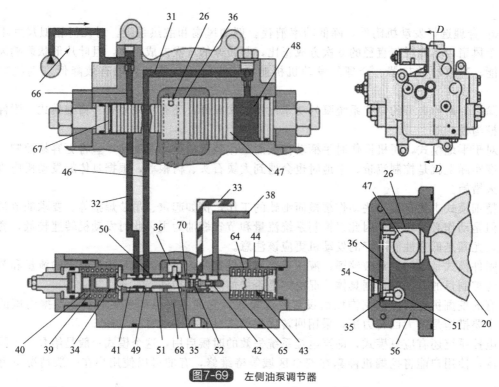

图7-69 左侧油泵调节器

20—斜盘；26,54—销；31,32,33,38,44,46,49,50,66—通道；34—弹簧座；35—键；36—反馈连杆；
39、40,64,70—弹簧；41—滑阀；42—先导活塞；43—负流量控制活塞；47—变量缸活塞；
48—活塞大腔；51—阀套；52—台阶；56—左侧泵体；65—活塞腔；67—变量缸活塞小腔；68—油箱

入能够使得滑阀41向左移动，滑阀41都将断开油泵来油进入变量缸活塞大腔48的通道，同时使变量缸活塞大腔48接通油箱68，活塞47在变量缸活塞小腔67的压力油作用下向右移动，带动斜盘20偏转，泵排量开始减小。读者请注意，斜盘20与拨动斜盘偏转的销26以及变量缸活塞47是相互连在一起的，并且它们与反馈连杆36相互连接；阀套51通过键35与反馈连杆36相互连接；这样，斜盘20-反馈连杆36-销54-阀套51就组成了一个杠杆机构，这个杠杆机构绕着销54转动。因此，当斜盘20偏转的同时，带动反馈连杆36绕销54转动，通过键35带动阀套51向左移动，重新遮盖住泵来油经过滑阀41通向变量缸活塞大腔48的通道，滑阀41位置也遮盖住了变量缸活塞大腔48与油箱68的通道，于是变量缸活塞大腔48处于闭锁状态，变量缸活塞47固定不动，泵斜盘也就固定在某一个角度不动，泵排量就维持在这个状态。此时泵完成了一个完整的排量减小的动作。很明显，这个动作过程中斜盘20偏转，带动反馈连杆36转动，从而使阀套51左移就是液压伺服原理的机械负反馈动作。

　　排量增大的过程刚好相反，如果任何一个控制压力的降低或消失都会使滑阀41在弹簧力作用下右移，接通油泵来油进入变量缸活塞大腔48的通道，由于活塞47右端的表面积大于左端的表面积，于是活塞47在压力油作用下向左移动（差动原理），带动斜盘20偏转，泵排量开始增大。斜盘20偏转的同时带动反馈连杆36转动、阀套51右移的负反馈动作使阀杆41重新遮盖住泵来油与变量缸活塞大腔48的通道，也遮盖住变量缸活塞大腔48与油箱的通道，变量缸活塞大腔48处于闭锁状态，变量缸活塞47固定不动，泵排量又维持在当前这个状态。

　　综上所述，如果滑阀41左移，泵排量减小；滑阀41右移，泵排量增大。无论哪个控制压力使泵排量发生变化，在排量调节过程中都伴随着机械负反馈动作，为节省篇幅，不再赘述。

下面我们逐个分析各控制压力如何作用在阀杆 41 上，为更容易看懂原理，可以参考图 7-62。请注意滑阀 41、先导活塞 42 和负流量控制活塞 43 这三个主要零件以及作用在相应的零件上各个控制压力。滑阀 41、先导活塞 42 和负流量控制活塞 43 的局部放大图分别如图 7-70(a)～(c) 所示。

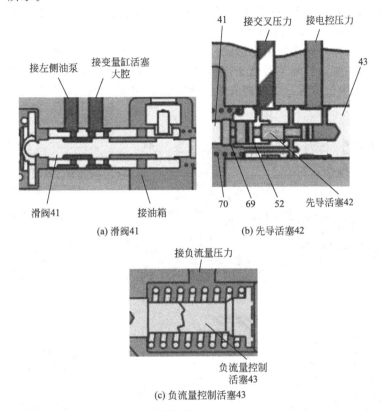

图7-70 滑阀 41、先导活塞 42 及负流量控制活塞 43 局部放大图（图注同 7-69）

滑阀 41：它控制泵来油是否进入变量缸活塞大腔，还控制变量缸活塞大腔是否与油箱接通。

先导活塞 42：它承受来自通道 33（即左侧油泵和右侧油泵的液压交叉控制）和通道 38（即电控系统压力）的压力。图中序号 69 为先导活塞的左侧台阶。

负流量控制活塞 43：它承受来自通道 44（即负流量压力）的压力。

先导活塞 42 左端面与滑阀 41 的右端面相互靠在一起，先导活塞 42 受到各种控制压力移动，通过这个相互紧靠的端面推动滑阀 41 一起移动，由滑阀 41 来实现活塞大腔 48 与泵来油和油箱的接通或断开功能。

液压交叉控制压力（p_M）：即左侧油泵和右侧油泵的平均输送压力（p_M）经过通道 33 作用于先导活塞 42 的台阶 52 上，这个压力可以克服弹簧 39、40 的弹簧力向左移动。

电控系统压力（p_S）：经过通道 38 作用于先导活塞 42 的右端，这个压力可以克服弹簧 39、40 的弹簧力向左移动。

负流量控制压力（p_N）：负流量压力（p_N）从管路 44 进入活塞腔 65，对负流量控制活塞 43 的右端施加压力，使负流量控制活塞 43 向左移动，先使负流量控制活塞 43 的左端面与先导活塞 42 的台阶 69 相互靠在一起，然后通过先导活塞 42 的端面作用在滑阀 41 上。这个压力可以克服弹簧 39、40、64、70 的弹簧力向左移动。注意到负流量控制活塞 43 与先导活塞 42 之间并不是紧靠在一起的，而是留有一点儿间隙，当负流量控制压力减小到一定程度后就不起排量控制作用了。

弹簧 70 的作用是使阀套 51 始终靠紧键 35 的一个边缘，消除阀套 51 与键 35 之间的间隙，让阀套处于一个确定的位置。

上述分析可知，先导活塞 42 共有三个作用台阶或端面，它们分别是台阶 52（作用着 p_M），右端面（作用着 p_S），台阶 69（作用着 p_N）。

机械负反馈（杠杆）机构的主要组成：斜盘 20、反馈连杆 36、销 54 和阀套 51。

待机位置：当左侧油泵调节器处于待机位置时，如图 7-71 所示，所有的操纵杆和行驶操纵杆/踏板都处于中位位置，主泵调节器由活塞腔 65 中的负流量操纵压力（p_N）控制。

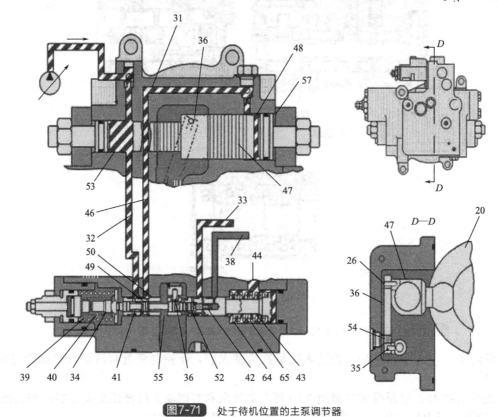

图7-71 处于待机位置的主泵调节器

20—斜盘；26,54—销；31,32,33,38,44,46,49,50,55—通道；
34—弹簧座；36—反馈连杆；39,40,64—弹簧；41—滑阀；42—先导活塞；
43—负流量控制活塞；47—变量缸活塞；48—活塞腔；52—台阶；53—油路；
57—限位器；65—活塞腔

泵控制器根据发动机转速控制电控系统压力（p_S）。当主泵调节器处于待机位置时，没有电控压力作用于先导活塞 42 的右端部。

液压交叉控制压力（p_M）作用于先导活塞 42 的台阶 52，通道 33 内的压力（p_M）为低压备用压力。

当所有的操纵杆和行驶操纵杆/踏板位于中位位置时，所有工作装置、回转和行驶控制阀也都处于中位。这时通过主控阀内中位油道的液压油流速达到最大。这些油在流经负流量控制量孔处受到限制而产生压力，将这个压力经过相应管路和通道 44 引到活塞腔 65，当压力足够大时使负流量控制活塞 43 左移，消除负流量控制活塞 43 与先导活塞 42 之间的间隙后推动先导活塞 42 左移，通过先导活塞 42 再推动滑阀 41 左移，关闭通道 32 与通道 46，同时接通了通道 46 与油箱，这使得变量缸活塞大腔的油流回油箱，变量缸活塞 47 在变量缸活塞小腔压力油的作用下向右移动，带动斜盘偏转，使泵的排量减小。这个压力被称为负流量控制压力（p_N），当负流量控制压力（p_N）达到最大时，泵的输出流量维持最小值。

下列三种情况可导致主泵输出流量增加：

① 负流量操纵压力（p_N）降低。

② 液压交叉控制压力（p_M）降低。

③ 电控系统压力（p_S）降低。

图 7-72 所示为负流量控制压力（p_N）降低、泵排量增大时主泵调节器工作状态。当操纵杆 / 行驶操纵杆 / 踏板缓慢地移开中位位置时，通过主控阀内中位油道的液压油流量会根据主控阀内各阀杆移动的距离成比例减少，即随着阀杆开口量的增加，负流量控制压力也会与滑阀移动量成比例的减小。因此，控制活塞 43 将在弹簧 39、40 和 64 的作用力下向右移动，这个过程中滑阀 41 在弹簧 39、40 的作用下右移，关闭变量缸活塞大腔到油箱的通道，同时接通通道 32 与通道 46，这使得变量缸活塞的大、小腔同时进入压力油，由于变量缸大、小腔的面积差，于是变量缸活塞在差动力作用下向左移动，带动斜盘偏转，使泵的排量逐渐增大，即泵的流量增大。由于泵的输出流量与操纵杆 / 行驶操纵杆/踏板的移动量成比

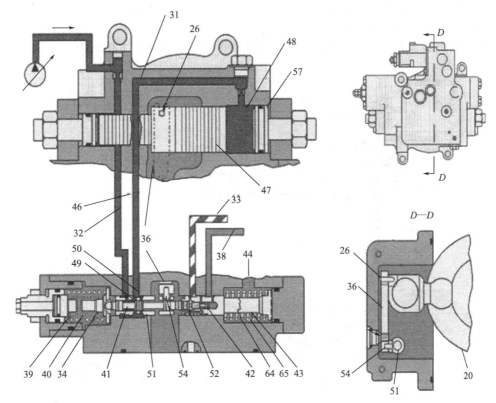

图7-72 处于排量增大位置的主泵调节器

20—斜盘；26,54—销；31,32,46,49,50—通道；33—通道（左侧油泵和右侧油泵的平均输送压力）；
34—弹簧座；36—反馈连杆；38—通道（电控系统压力）；39,40,64—弹簧；41—滑阀；
42—先导活塞；43—负流量控制活塞；44—通道（NFC）；47—变量缸活塞；48—活塞腔；
51—阀套；52—台阶；57—限位器；65—活塞腔

例，因此可以实现微动操作，此时泵输出流量由负流量控制压力（p_N）控制。随着阀开口量的不断增大，通过主控阀内中位油道的液压油流量不断减少，即负流量控制压力不断减小，直至负流量控制作用完全消失。由此可以知道，负流量对泵排量的控制作用与阀杆开口量相关。阀杆开口量越小，负流量的控制作用越强（泵的排量越小）；阀杆开口量越大，负流量的控制作用越弱直至消失（泵的排量增大直至最大）。

从上述分析看出，负流量不仅能使泵在待机状态流量最小，它还能使泵的排量很好地适应阀杆的开口量变化，起到变量泵的容积调速作用。

下面接着分析液压交叉控制压力（p_M）和电控系统压力（p_S）降低、泵排量增大的主泵调节器工作状态。来自通道33的右侧油泵和左侧油泵的平均输送压力（p_M）作用于先导活塞42的台阶52上。来自通道38的电控系统压力（p_S）作用于先导活塞42的右端。压力（p_M）与压力（p_S）的合力试图克服弹簧39和弹簧40的作用力，迫使先导活塞42和滑阀41向左移动。但是由于压力（p_M）与压力（p_S）的合力小于弹簧39和弹簧40的作用力，于是滑阀41向右移动，泵排量增大（请记住此时一定伴随着负反馈动作，参见前述）。如果压力（p_M）与压力（p_S）的合力不足以使弹簧39和弹簧40受到任何压缩，滑阀41将继续向右移动，活塞47将被推向最左侧，泵的排量达到最大状态。

下列三种情况可导致主泵输出流量减少：

①系统压力升高或液压交叉控制压力（p_M）升高；

②电控信号压力（p_S）上升；

③负流量操作压力（p_N）上升。

图7-73所示为由于系统压力升高、泵排量减小的主泵调节器工作状态。如前分析，如

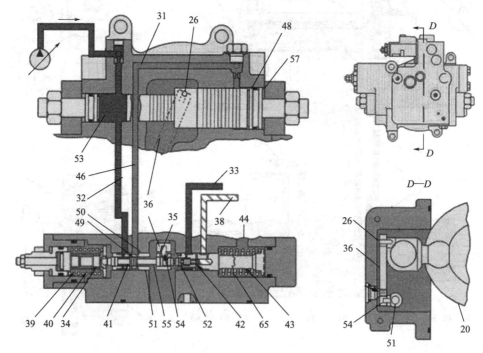

图7-73 处于排量减小位置的主泵调节器

20—斜盘；26,54—销；31,32,46,49,50,55—通道；33—通道（左侧油泵和右侧油泵的平均输送压力）；
34—弹簧座；35—键；36—反馈连杆；38—通道（电控系统压力）；39,40—弹簧；41—滑阀；
42—先导活塞；43—负流量控制活塞；44—通道（NFC）；48,65—活塞腔；51—阀套；52—台阶；
53—油路；57—限位器；65—活塞腔

果活塞腔 65 内的负流量操作压力低，控制活塞 43 将移向右端，泵排量将增大。如果通道 33 内的右侧油泵和左侧油泵的平均输送压力（p_M）升高，这个升高的压力（p_M）作用于先导活塞 42 的台阶 52 上，当压力升高到能够推动先导活塞 42 使滑阀 41 向左移动并压缩弹簧 39 和 40 时，泵排量开始减小。此时的这个压力被称为"起调压力"，注意到弹簧 39、40 为并联安装的双弹簧，对于单泵来说，这种排量调节方式为"恒功率控制"，而对于本例的双泵液压交叉控制方式就称为"全功率控制"（全功率控制可参见 4.6.2 中的相关内容）。

同样道理，如果挖掘机遇到大的负荷导致发动机掉速，控制器将发出信号给电比例减压阀［参见图 7-63(a)］，电比例减压阀输出压力（p_S），由通道 38 进入主泵调节器并作用于先导活塞 42 的右端面。先导活塞在液压交叉控制压力（p_M）和电控压力（p_S）合力作用下进一步压缩弹簧 39、40 使阀杆 41 左移，泵排量进一步减小，于是泵的输出功率减小，发动机负荷减小而转速恢复正常，这就是前面所分析的"电控系统"排量调节。

（2）先导供油系统

先导系统包括供油和控制两个部分。

先导供油系统如图 7-59 所示。先导系统所有的压力油源均来自先导泵（齿轮），泵来油进入供油系统 PX 口，油液过滤后一路到 Pi 口供给主泵电比例减压阀，另外一路经 PIN 进入先导供油阀块入口。供油系统主要完成以下几个功能。

① 从 Pi 输出先导压力油给主泵电比例减压阀，供电控系统调节主泵输出流量。

② 从 PX2 输出先导压力给先导控制系统。

③ 从 Pi1 输出先导压力给行走马达变速阀，以便马达变量。

④ 从 Pi2 输出先导压力给回转马达制动缸，以便马达解除机械制动。

⑤ 从 Pi4 输出先导压力给直线行驶电磁阀，以便挖掘机边行走、边动作工作装置时能够保持直线行走。

⑥ 利用回转优先阀和动臂优先阀 43 使动臂、斗杆和回转系统做复合动作时完成预定的优先功能。

先导泵输送的先导油进入先导供油阀块 41 的 PIN 口后分成两路：一路经单向阀进入并联着截止阀组的蓄能器充液，为先导控制系统提供备用油源。司机操纵挖掘机工作装置之前必须先按下安全锁按钮（解锁），使截止电磁阀 48 得电，先导油压推动截止阀 47 下移，于是先导油经截止阀 47 将先导油输送到 PX2 和经回转制动电磁阀 46 到 Pi2。另一路到 Pi4 和经行驶速度电磁阀 45 到 Pi1。

蓄能器充液结束后，先导泵的油将通过先导系统安全阀 58 全部溢流回油箱。从这里可以看出，采用开中位的负流量系统需要一个另外的小排量先导泵给先导系统供油，比起装载机的先导系统由负荷传感系统主回路减压后供油的方法来说，负荷传感系统不但省却了一个先导泵，而且更加节能。

先导控制系统如图 7-58 所示。来自先导供油系统的压力油进入 PX2 口后分成两路：一路进入工作装置与回转控制阀组；一路进入行走控制阀组。当司机扳动相应的控制手柄时，来自 PX2 的压力油将进入先导阀内部，经减压后输出，同时经过逻辑梭阀（组）将压力油送到相应的压力开关。挖掘机的基本操作动作如下。

动臂提升（UP）：操纵控制阀组 39 里的动臂操纵杆到提升（UP）位置，先导压力油到达输出口 aL4/bR4，然后进入主控阀的动臂Ⅰ阀杆（bR4）和动臂Ⅱ阀杆（aL4），同时经逻辑梭阀组将压力油送到回转压力开关 40，压力开关将油压信号转换为电信号后传输给控制器，由控制器输出电信号给回转电磁阀 46（参见图 7-59 先导供油系统原理），以便解除回转制动。注意到操纵控制阀组 38 和 39 中的任何一个手柄时，先导油压都将经过回转压力开关 40，并由控制器输出电信号给回转电磁阀 46，这就意味着只要挖掘机工作装置或回转有动作时都将解除回转制动。

动臂下降（DOWN）：操纵控制阀组 39 里的动臂操纵杆到下降（DOWN）位置，先导压力油到达输出口 aR4。

铲斗挖掘（CLOSE）：操纵控制阀组 39 里的铲斗操纵杆到挖掘（CLOSE）位置，先导压力油到达输出口 aR3。

铲斗卸载（OPEN）：操纵控制阀组 39 里的铲斗操纵杆到卸载（OPEN）位置，先导压力油到达输出口 bR3。

斗杆向内（IN）：操纵控制阀组 38 里的斗杆操纵杆到挖掘（IN）位置，先导压力油到达输出口 aL3/bL4。

斗杆向外（OUT）：操纵控制阀组 38 里的斗杆操纵杆到放出（OUT）位置，先导压力油到达输出口 bL3/bR5。

左回转（L）：操纵控制阀组 38 里的回转操纵杆到左转（L）位置，先导压力油到达输出口 aL2。

右回转（R）：操纵控制阀组 38 里的回转操纵杆到右转（R）位置，先导压力油到达输出口 bL2。

左行走前进/后退（LF/LR）：操纵控制阀组 35 里的左行走操纵杆/踏板到前进/后退位置，先导压力油到达输出口 bL1（LF）/aL1（LR）。

右行走前进/后退（RF/RR）：操纵控制阀组 35 里的右行走操纵杆/踏板到前进/后退位置，先导压力油到达输出口 bR1（RF）/aR1（RR）。

注意到操纵控制阀组 35 时，先导压力油还要经梭阀将压力油送到左行走压力开关 36、右行走压力开关 37。这两个行走压力开关都可以将油压信号转换为电信号后传输给控制器。当控制器同时收到来自左行走压力开关 36、右行走压力开关 37 和回转压力开关 40 的电信号时，控制器将输出电信号给直线行走电磁阀（参见图 7-60 主控阀原理中的序号 17），使挖掘机在工作装置有动作时也能够实现直线行走。

压力开关还有很多其他作用，例如左行走压力开关 36、右行走压力开关 37 和回转压力开关 40 在几秒钟内没有压力信号传输给控制器时，控制器将发动机油门设定为怠速，这就是所谓的自动怠速功能。

下面详细分析先导阀的工作原理以及先导阀-主控阀流量控制原理。

现代中小型液压挖掘机大量采用液压先导控制方式，即司机扳动先导阀手柄，先导阀输出压力油，推动主控阀阀杆打开一定的开口量来控制执行元件的速度。除此之外，挖掘机还可以采用电-液先导控制方式，即司机扳动一个电控手柄输出电比例信号，然后通过电比例减压阀输出先导控制油压。无论采取哪种控制方式，都有一个先导输出压力与主控阀开口量大小的匹配问题。需要指出的是，下面对液压先导阀-主控阀的匹配原理及分析方法适用于包括装载机、平地机、推土机等所有采用先导控制的工程机械。

挖掘机的左、右行走阀杆的先导阀为手/脚都可以控制的先导阀，其他阀杆的先导阀均为手控先导阀。一般先导阀对主控阀的控制形式都采用压力-弹簧式，先导阀均为减压阀原理。图 7-74 和图 7-75 分别为减压阀式手控先导阀的结构原理和其液压系统符号，图 7-77 和图 7-78 分别为减压阀式脚控先导阀的结构原理和其液压系统符号。

图 7-74 所示的减压阀式手控先导阀的工作原理：先导阀阀杆 13 处于中位时，推杆 5 的底部与传力弹簧 6 之间留有间隙。司机操纵先导阀手柄，压盘 4 偏转，于是推杆 5 推着弹簧座 8 向下移动，克服回位弹簧 10 的弹簧力并压缩了调压弹簧 9，于是阀杆 13 在调压弹簧 9 的弹簧力作用下向下移动，这个动作打开了先导泵来油 14 到先导阀工作口 A 的通道（通过通道 12），同时关闭了工作口 A 与油箱的通道 11，先导泵来油通过 A 口进入主控阀阀杆的

某一端，而主控阀阀杆另一端的回油则通过 B 口回油通道 1 回到油箱。注意到 A 口输出的压力油已经过缝隙减压，随着压盘 4 偏转角度的增大，调压弹簧 9 的弹簧力增大，阀杆 13 向下移动的位移也增加，A 口的输出压力也增大，A 口的输出压力作用在阀杆 13 的底部是为使输出的压力稳定（请参见有关减压阀工作原理部分）。由此可见，减压阀式先导阀的本质是利用调压弹簧的弹簧力来调节输出压力的。

如图 7-74 和图 7-75 所示，此时减压阀的阀杆平衡方程为

$$P_A = F_0 + K_1 x \tag{7-14}$$

式中　P_A——阀杆 13 底部的液压力，它等于阀杆截面积（常数）与阀输出压力的乘积，N；

　　　F_0——调压弹簧预紧力，N；

　　　K_1——调压弹簧刚度，N/m；

　　　x——调压弹簧的压缩量，m。

随着压盘 4 偏转角度继续增大，推杆 5 的底部与传力弹簧 6 之间的间隙消除而变为直接接触，于是阀杆 13 在调压弹簧 9 与传力弹簧 6 组成的并联弹簧组的合力作用下继续向下移动，显然此时的传力弹簧也起到了调压弹簧的作用，减压阀阀杆的平衡方程为

$$P_A = F_0 + K_1 x + K_2(x - x_0) \tag{7-15}$$

式中　K_2——传力弹簧刚度，N/m；

　　　x_0——传力弹簧未参加工作前，调压弹簧的压缩量，m。

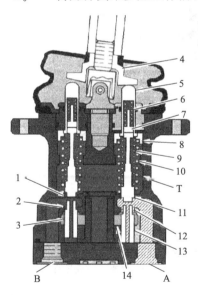

图7-74　减压阀式手控先导阀结构原理

1—回油通道；2,11,12—通道；3—先导泵来油；
4—压盘；5—推杆；6—传力弹簧；7,8—弹簧座；
9—调压弹簧；10—回位弹簧；13—阀杆；14—先导泵来油

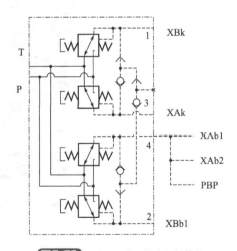

图7-75　减压阀式手控先导阀符号

这种先导阀开始工作时只有一根调压弹簧起作用，随着压盘 4 继续偏转、增大到某个角度时，传力弹簧也开始参加工作，因此该阀的性能曲线为两段直线组成的折线，我们姑且称之为两段式先导阀。取消传力弹簧后该阀的性能曲线就变成一根直线了，我们姑且称之为单段式先导阀。两段式先导阀的微动特性明显优于单段式先导阀，这可以从图 7-76 所示的两段式先导阀性能曲线的形状以及后续的先导阀-主控阀流量匹配分析中看出。

因为阀杆 13 在工作过程中的开口量变化很小，所以调压弹簧力的变化也很小，根据阀

杆受力平衡方程知道，P_A 的变化也很小。

从阀的工作过程看，如果进口压力升高导致出口压力 P_A 也升高时阀杆将向上移动，减小开口量，使出口压力 P_A 降低，从而保持 P_A 不变。反之如果进口压力降低造成出口压力 P_A 也降低时调压弹簧 9 的弹簧力使阀杆向下移动，增大开口量，使出口压力 P_A 升高，保持 P_A 不变。

由上述分析可以得知，司机操作先导阀手柄在某个角度，对应阀杆 13 的某个行程，先导阀将输出某个不变的先导压力。通过操作手柄不同的角度即可调节先导阀的输出压力

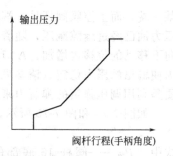

图7-76 两段式先导阀性能曲线

P_A，进而调节对应的主控阀阀杆的开度，使挖掘机按照操作者的意图完成各类动作。

挖掘机脚控先导阀的工作原理与手控先导阀相同，不同之处在于，它比手控先导阀多了一套阻尼减震装置，如图 7-77 和图 7-78 所示。司机用脚踩踏板使推杆 3 上、下移动时被"阻尼和减震"，这样，当司机操纵挖掘机行走时，大大减小了挖掘机行驶不稳定所引起的司机身体和脚部晃动对行驶阀操控稳定性的影响。

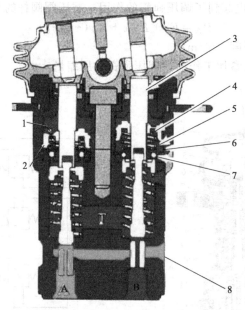

图7-77 减压阀式脚控先导阀结构原理

1—阻尼孔；2—阻尼活塞；3—推杆；4,5—弹簧；6—弹簧腔；7—钢球；8—先导油

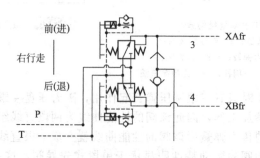

图7-78 减压阀式脚控先导阀符号

先导阀的应用不但使司机操作轻便灵活，而且还可以通过对先导阀和主控阀的特性调

整，使两者更好地"匹配"起来，使之发挥出最佳的效果。下面以单段式先导阀为例分析一下先导阀-主控阀流量匹配问题。

图 7-79 所示为某个减压阀式先导阀的输出压力与对应手柄角度的关系曲线。

图 7-80 所示为先导阀-主控阀匹配后的流量特性曲线。其中第一象限为先导阀手柄角度（或先导阀阀杆行程）-先导阀输出压力特性曲线，这是已知条件一；第二象限为先导阀输出压力-主控阀行程特性曲线，这是已知条件二；第三象限为主控阀行程-主控阀流量（即主控阀开口面积）特性曲线，这是已知条件三；第四象限即为我们所想要得到的先导阀手柄角度-主控阀流量特性曲线。当把三条已知曲线画在一张图上时，按照函数关系作图（或解析计算）就可以得到这个最终结果。

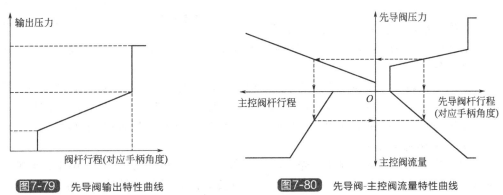

图7-79　先导阀输出特性曲线　　　　　图7-80　先导阀-主控阀流量特性曲线

从图 7-80 中可以看出，先导阀手柄角度与主控阀流量的一一对应关系。手柄角度的变化范围可以对应到主控阀流量随之变化的范围，我们把这种关系称为液压系统的调速特性。如果某个手柄的有效工作角度为 3°～21°，而手柄在 21° 时主控阀的流量达到最大，那么这个系统的调速特性范围就是 3°～21°；如果某个手柄的有效工作角度为 3°～21°，而手柄在 18° 时主控阀的流量达到最大，那么这个系统的调速特性范围就是 3°～18°；在调速范围内，主控阀流量随先导阀手柄角度的变化程度为系统的微调特性。显然，手柄角度变化大而主控阀流量变化比较小的系统微调性能好，司机将更加容易控制，相反则微调性能差。对于不同的机械，甚至相同的机械对于不同的国家和地区，用户对调速特性的要求都会有所不同。例如，对于要求作业速度快的装载机来说，其微调性能就不会很好；对于要求作业速度快并且具有一定舒适性的挖掘机来说，就要很好地平衡作业速度与微调特性，特别是众多用户要求挖掘机具有微动特性和平地功能，我们就更要采取一些措施使得挖掘机在平地作业时容易操作；对于要求作业平稳的起重机来说，微调甚至"精密调整"的特性就显得十分重要。相同的产品对于国内和大多数发展中国家的用户来说，用户追求的是生产率，机械的作业速度是第一位的；对于欧美等发达国家来说，用户更看重作业时的舒适性；作业速度与舒适性两者之间本身就是矛盾的，我们只有根据用户的需求"量体裁衣"式地调整先导阀手柄角度-主控阀流量特性曲线才能满足不同用户的需求。

调整先导阀手柄角度-主控阀流量特性曲线有多种办法。例如调整主控阀的开口截面形状和面积梯度变化，减少主控阀行程（如在阀杆某一端增加垫片限制阀杆移动的距离），在先导压力油进入主控阀阀杆之前设置阻尼（即进口节流），在主控阀阀杆另一个回油端设置阻尼（即回油节流），进油端或回油端旁路并联节流，还可以设置单向阻尼（与阻尼孔并联单向阀）等多种方法。上述调整措施从根本上来讲还是可以转化为如图 7-80 所示的先导阀-主控阀流量特性曲线。当然，如果我们再把回油背压的因素也考虑进去，分析就会更加全面。

下面我们再着重讨论一下如何通过对先导阀特性曲线作一些调整，以期改变先导阀手柄角度-主控阀流量特性曲线。图 7-81 所示为先导阀的不同特性对调速特性的影响。当先导阀阀杆在调速段的位移从 x_M 变化到 x_N 时，先导阀压力从 p_M 变化到 p_N，对应主阀杆的行程从 S_M 变化到 S_N，由图 7-81 中对比可以发现，先导阀在调速段的位移变化 x_N-x_M 比直接手动控制主控阀时主控阀杆的位移 S_N-S_M 大了许多，说明减压阀式先导阀控制主阀后增大了调速范围。

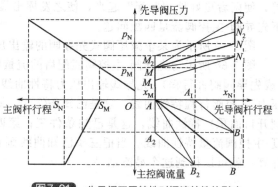

图7-81 先导阀不同特性对调速特性的影响

如果减小调压弹簧的预紧力，得到先导阀的特性曲线 M_1N_1，相应主控阀流量的调速特性曲线为 A_1B_1B，调速范围变小而且不能实现全程调速。

如果增大调压弹簧预紧力，得到先导阀的特性曲线 M_2N_2，相应主控阀的流量的调速特性曲线为 AA_2B_2，不但调速范围小，不能实现全程调速，而且丧失了微调性能。

如果增大调压弹簧的刚度，先导阀特性曲线斜率加大变为 MK，相应的调速特性曲线变为 AB_2，调速范围缩小了。

如果减小调压弹簧的刚度，先导阀特性曲线斜率减小变为 MN_1，相应的调速特性曲线为 AB_1B，此曲线与曲线 AB 相比调速范围未变，改善了微调性能，但不能实现全程调速，对于不要求全程调速而特别强调微调性能时可以采用这种办法。

以上分析可以看出，有时候简单地调整先导阀不能得到理想的调速特性，必须对主控阀进行一些改造，例如从图 7-81 上可以看出，第三象限的主阀杆行程-主控阀流量就是一条很敏感的曲线，当然第二象限的先导阀压力-主阀杆行程也是可以很好利用的曲线。通过理论分析，我们可以找到很多解决问题的方法并综合应用。

最后需要说明的是，计算和理论分析只是解决问题的第一步，实验验证才是解决问题的最终办法。工作装置在作业过程中的重心位置和物料的重心位置时刻都在变化，对进油压力和回油背压的影响也时刻在变化，试验和调整需要多次反复，更需要耐心和仔细。

（3）主控阀

① 主控阀阀体和阀杆 主控阀位于液压系统中主泵与执行元件（油缸和马达）之间。司机操纵控制手柄，先导阀出油控制主控阀各阀杆的开口量，从而控制从右侧油泵和左侧油泵流向各执行元件液压油的方向和流量。

主控阀包括右侧阀体和左侧阀体。主控阀各阀块由螺栓固定连接成一个组件，见图 7-82。

主控阀的液压原理见图 7-60。右行驶阀 19、附属装置阀 20、铲斗阀 21、动臂Ⅰ阀 22 和斗杆Ⅱ阀 23 位于右侧阀体中。各阀杆中位时，右侧油泵来油通过进油口、中位油道和负流量节流孔将节流前的负流量压力输送到右侧油泵排量调节器，泵斜盘在负流量压力控制下偏转到最小排量位置，系统只维持很小的流量。右侧阀体中还有如下部件：过载阀 31、32 和 34，动臂再生阀 33，负流量溢流阀 24 等。

直线行驶阀 30、左行驶阀 16、回转阀 15、斗杆Ⅰ阀 14 和动臂Ⅱ阀 13 位于左侧阀体中。左侧油泵油经进油口、中位油道和负流量节流孔将节流前的负流量压力输送到左侧油泵排量调节器，泵斜盘在负流量压力控制下偏转到最小排量位置，系统只维持很小的流量。左侧阀体中还有如下部件：主安全阀 18、直线行走电磁阀 17、变阻尼阀 29、斗杆大腔过载阀 28、斗杆卸荷阀 27、斗杆再生阀 26 以及负流量溢流阀 25 等。

② 主安全阀 主安全阀 6 位于主控阀左侧阀体，它限制系统的最大工作压力，主安全

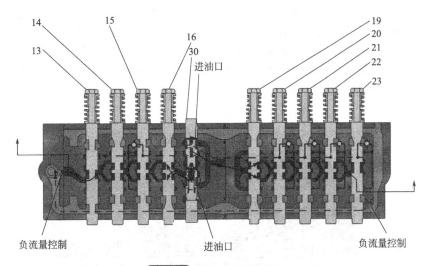

图7-82 主控阀阀体与阀杆

13—动臂Ⅱ阀；14—斗杆Ⅰ阀；15—回转阀；16—左行驶阀；19—右行驶阀；20—附属装置阀；
21—铲斗阀；22—动臂Ⅰ阀；23—斗杆Ⅱ阀；30—直线行驶阀

阀的位置及结构见图 7-83。

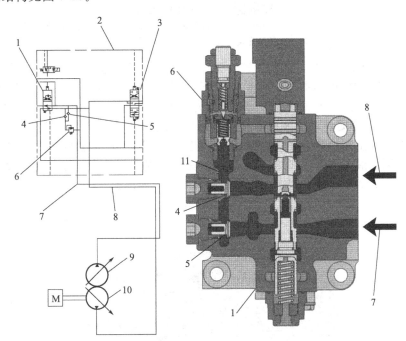

图7-83 主安全阀的位置及结构

1—直线行驶阀；2—主控阀；3—右行驶阀；4,5—单向阀；6—主安全阀；7—管路（左侧油泵）；
8—管路（右侧油泵）；9—左侧油泵；10—右侧油泵；11—通道

　　右侧油泵 10 输送的液压油经过管路 8 进入主控阀 2，左侧油泵 9 输送的液压油经过管路 7 进入主控阀 2。右侧油泵和左侧油泵油经过单向阀 4 和 5 进入通道 11 并作用在主安全阀 6 的进口。

　　图 7-84 所示为主安全阀处于关闭位置时的状态。先导阀 17 被先导阀弹簧 18 的作用力压在先导阀座 16 上，主阀芯 13 被主阀弹簧 14 的作用力压在主阀座 12 上。通道 11 中的系

统压力油经阻尼孔 20 流进主阀背后的弹簧腔 15 并作用在先导阀 17 上。当通道 11 中系统压力低于先导阀弹簧 18 的作用力时，先导阀 17 不会打开。根据连通器原理，通道 11 中的压力与弹簧腔 15 中的压力相等，因此弹簧腔 15 中的压力油和主阀弹簧 14 的作用力共同保持主阀芯 13 处于关闭状态。因此，只要先导阀 17 不打开，主安全阀 6 就会保持在关闭位置，油不能从通道 11 流向回油通道 21。

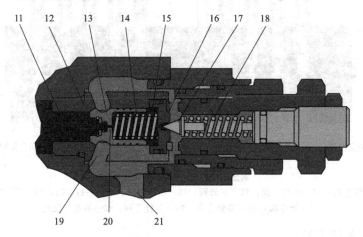

图7-84 主安全阀关闭位置

11,19—通道；12—主阀座；13—主阀芯；14—主阀弹簧；15—弹簧腔；16—先导阀座；17—先导阀；
18—先导阀弹簧；20—阻尼孔；21—回油通道

如果通道 11 的压力升高，如前所述，弹簧腔 15 中的压力也升高，当这个压力升高到大于先导阀弹簧 18 的作用力时，先导阀 17 打开，弹簧腔 15 中的压力油经先导阀座 16、腔 23、通道 22 和回油通道 21 回到液压油箱。与此同时，通道 11 中的系统压力油经过阻尼孔 20 进入弹簧腔 15，于是流动的液压油在阻尼孔 20 的左、右两端产生了压差，压差方向为向右，这个压差克服主阀弹簧 14 的弹簧力使主阀芯 13 打开，让通道 11 中的系统压力油经过通道 19 和 21 回到液压油箱，如图 7-85 所示。这个主安全阀的工作原理与先导式安全阀完全相同，详见第 2 章液压控制阀中的先导式溢流阀工作原理。

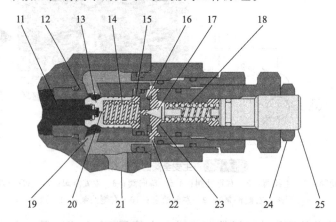

图7-85 主安全阀打开位置

11,19,22—通道；12—主阀座；13—主阀芯；14—主阀弹簧；15—弹簧腔；16—先导阀座；17—先导阀；
18—先导阀弹簧；20—阻尼孔；21—回油通道；23—腔；24—锁紧螺母；25—调压螺钉

先导阀弹簧 18 的弹簧力大小决定了主安全阀的压力调定值，而通过调压螺钉 25 可以改变先导阀弹簧 18 的弹簧力，因此调压螺钉 25 的位置决定了主安全阀的开启压力。主安全阀压力在整机出厂时已经设定好并打上铅封，不允许随意调整。

③ 过载阀　过载阀位于油缸与其相应的主控阀阀杆之间的工作油路上，且每个过载阀都具备单向补油功能。当主控阀阀杆处于中位时，工作油路闭锁。如果油缸作用有外载荷，则油缸的油压会增加，通过管路连接到过载阀通道中的油压也增加，当外载荷超过了过载阀的设定压力时过载阀将打开卸荷，把工作油路的闭锁压力限制在设定值内，保护油缸和管路。

过载阀关闭位置如图 7-86 所示，油缸与主控阀阀杆之间被封闭的高压油作用在通道 1，从通道 1 流经滑阀 7 的阻尼孔 9，然后进入弹簧腔 4。当油压低于先导阀 5 的压力调定值时，先导阀 5 在弹簧 6 的作用力下保持在关闭位置。通道 1 中的油压与弹簧腔 4 中的油压相等。由于阀套 2 右侧的作用面积大于左侧，因此阀套 2 不会打开。主阀芯 3 在主阀弹簧和弹簧腔 4 的合力作用下压在阀套 2 上也不会打开，因而没有压力油从通道 1 流到通道 8。

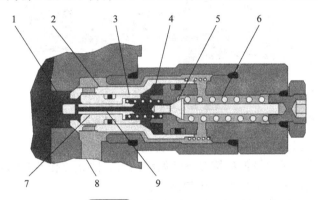

图7-86　过载阀（关闭位置）

1—通道；2—阀套；3—主阀芯；4—弹簧腔；5—先导阀；6—先导阀弹簧；7—滑阀；8—回油通道；9—阻尼孔

过载阀开启位置如图 7-87 所示，当通道 1 中被封闭的高压油达到过载阀压力的调定值时，弹簧腔 4 内的压力使得先导阀 5 克服先导阀弹簧 6 的作用力而打开，高压油从先导阀回油腔 10、通道 12 流到回油通道 8。与此同时，通道 1 中的高压油经过滑阀 7 上的阻尼孔 9 进入弹簧腔 4，流动的液压油在滑阀 7 的左、右两端产生了压差，压差方向为向右，这个压差克服主阀弹簧的弹簧力使滑阀向右移动。随着滑阀 7 的右移，一方面逐渐关闭通道 1 与阻尼孔 9 之间的通道，使阻尼迅速增大；另一方面滑阀 7 接触到先导阀 5 的左端锥部，使得先导阀 5 的开度进一步增大，这就使主阀芯 3 两端的压差迅速增大，于是主阀芯 3 快速打开，通道 1 中的高压油经通道 11 和通道 8 流回油箱，工作油路的闭锁压力降低。

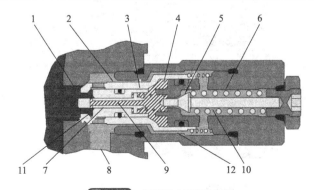

图7-87　过载阀（开启位置）

1,11,12—通道；2—阀套；3—主阀芯；4—弹簧腔；5—先导阀；6—先导阀弹簧；
7—滑阀；8—回油通道；9—阻尼孔；10—先导阀回油腔

该过载阀还可以作为单向补油阀使用。当来自油缸一端的液压油通过过载阀卸荷时，油缸的另一端会形成负压，必须及时补油，以防止在油缸中产生真空。如图 7-88 所示，当油缸的某一端形成负压时，通道 1 以及弹簧腔 4 内也会产生一个负压。通道 8（通油箱）中的压力（油箱通大气压力）作用在阀套 2 的台阶 13，这个压力克服主阀芯弹簧的作用力，推动阀套 2、主阀芯 3 和滑阀 7 整体向右移动，打开通道 8 与通道 1 之间的通路，于是油箱内的油在大气压力作用下进入通道 1 给油缸补油。

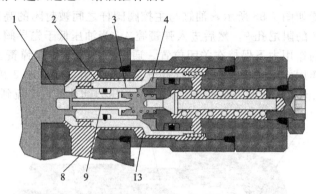

图7-88　过载阀（单向补油）

1—通道；2—阀套；3—主阀芯；4—弹簧腔；8—回油通道；9—阻尼孔；13—台阶

④ 进油单向阀　进油单向阀有以下两项功能。

a. 当主阀杆在油泵压力较低的情况下开始移动时，防止工作装置的意外动作。

b. 防止高压油路的液压油回到低压油路中。

以动臂 I 阀杆为例说明。当动臂先导阀操纵杆处于中位时，弹簧 8 把动臂 I 阀杆 10 保持在中间位置，主泵此时处于最小排量位置，并把待机压力输送到动臂 I 阀杆的中位油道 11 和平行通道 7，进油单向阀 4 处于关闭位置。

把动臂先导阀操纵杆稍微移向动臂提升位置，如图 7-89 所示，使先导油进入先导阀来油的孔 9，动臂 I 阀杆 10 向右稍微移动，主泵排量开始增大，通道稍微打开，允许动臂缸小腔油道 5 中的液压油流回回油通道 6。随着动臂 I 阀杆的继续右移，通道继续稍微打开，接通了动臂缸大腔油道 1 与通道 2 的通路，此时来自动臂大腔的工作负载压力和弹簧 3 的弹簧

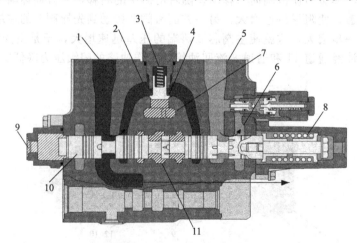

图7-89　动臂 I 控制阀（部分移动）

1—动臂缸大腔油道；2—通道；3—弹簧；4—进油单向阀；5—动臂缸小腔油道；6—回油通道；7—平行通道；
8—弹簧；9—先导阀来油孔；10—动臂 I 阀杆；11—中位油道

力合并作用于进油单向阀4。如果主泵的输出压力低于进油单向阀4的开启压力，进油单向阀4将保持在关闭位置，阻挡动臂缸大腔的油流回到低压油路，这就防止了动臂在提升过程中意外地向下运动。动臂提升过程中的某个瞬间，动臂不升反降的情况被形象地称为"点头"现象，这是非常危险的。

当主泵压力升高到可以开启进油单向阀时，主泵压力油将进入通道2，经过动臂Ⅰ阀杆进入通道1，然后进入动臂缸大腔，动臂开始上升。把动臂先导阀操纵杆继续移向动臂提升位置直至最大角度，如图7-90所示，进入先导阀来油的孔9的控制压力达到最大。动臂Ⅰ阀杆10将向右移动到极限位置，主泵排量继续增大，中位油道11和平行通道6的压力也将随着负载的增大而升高，动臂以最快的速度提升。

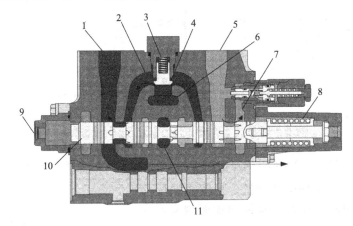

图7-90 动臂Ⅰ控制阀（完全换向）

1—动臂缸大腔油道；2—通道；3—弹簧；4—进油单向阀；5—动臂缸小腔油道；6—平行通道；
7—回油通道；8—弹簧；9—先导阀来油孔；10—动臂Ⅰ阀杆；11—中位油道

进油单向阀4也可以防止高压油路中的液压油流失到低压油路中。例如，动臂缸提升的同时铲斗缸也在较轻的负载下移动，此时的进油单向阀阻止了动臂缸大腔的高压油流向铲斗缸中压力较低的一侧。

⑤负流量控制 右侧油泵和左侧油泵接收来自主控阀中位油道的信号油压力，这个压力称为负流量控制压力，负流量控制压力可以控制主泵的输出流量。

a. 中位待机流量。当所有先导阀操纵杆/踏板均处于中位位置时，各控制阀的阀杆处于中位位置，如图7-91所示。中位油道1和3打开。所有右侧油泵15输出的液压油经中位油道3、通道4和负流量控制孔9流到回油管2。负流量控制孔9是个阻尼孔，它限制了油的流量，于是阻尼孔前的通道4中的压力将会增加，把这个压力作为负流量的控制压力经通道10、负流量控制管路13引入右侧油泵调节器，使右侧油泵的斜盘偏转到最小角度位置，此时右侧油泵只输出最小的流量，这个流量就称为中位待机流量。左侧油泵调节器的负流量控制原理与右侧油泵相同。

与负流量控制孔9并联的负流量溢流阀5限制了负流量的最大压力，图7-92所示为负流量控制孔9和负流量溢流阀5的结构，把负流量控制压力PN从负流量控制（阻尼）孔9前提取出来，输送给主泵用于控制主泵流量。

b. 负流量对主泵流量的控制。如图7-93(a)、(b)所示，主控阀阀杆中位时，泵来油进入某个阀杆的中位油道，穿过该阀杆后再进入下一个阀杆的中位油道（串联回路），最后经过负流量控制孔回到油箱，该位置中位油道的通流面积最大。当某个阀杆移动换向时，随着执行元件的回油以及泵来油进入执行元件的同时，来自中位油道的油将只能经过阀杆上的阻

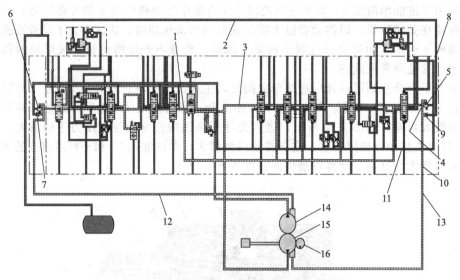

图7-91 负流量控制原理

1,3—中位旁通油道；2—回油道；4—通道；5,6—负流量溢流阀；
7,9—负流量控制（阻尼）孔；8,11—回油通道；10—通道；
12,13—负流量控制管路；14—左侧油泵；15—右侧油泵；16—先导泵

尼槽才能进入下一个阀杆中位油道，见图 7-93(c)，而且这种阻尼作用随着阀杆位移的增加而增大，直至阀杆阻尼槽完全被封闭，也就是说，阀杆移动过程中通过中位油道的流量越来越少，负流量的控制压力越来越低，它对主泵流量的控制作用将逐步减弱，直至消失。上述分析可知，主控阀阀杆进入执行元件的流量是由负流量压力来控制的，只要设计好阀杆的各个开口面积，准确匹配负流量的控制压力，主泵将能够精确提供执行元件所需要的流量。

(4) 动臂系统

当操纵图 7-58 中的动臂控制阀组 39（右）到动臂提升（UP）位置时，先导油被输送到 aL4/bR4，然后进入主控阀相应的先导油入口，aL4 被输送到动臂Ⅱ阀上端，bR4 被输送到动臂Ⅰ阀下端，见图 7-

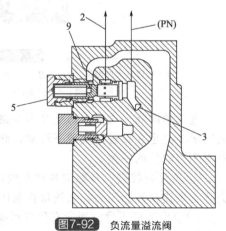

图7-92 负流量溢流阀

2—回油道；3—中位油道；5—负流量溢流阀；
9—负流量控制孔；PN—负流量控制压力

60。动臂提升动作时有动臂Ⅰ阀杆单独供油和动臂Ⅰ阀杆与动臂Ⅱ阀杆同时供油两种工况。

① 动臂高速提升　来自左侧油泵 PL 和右侧油泵 PR 的油同时进入动臂Ⅰ阀杆和动臂Ⅱ阀杆，动臂Ⅱ阀的出油在图 7-60 中动臂缸大腔锁定阀 10 的 AL4 口与动臂Ⅰ阀的出油合流后，推开锁定阀共同向动臂缸供油。由于是两个主泵一起供油，所以实现了动臂高速提升，也就是所谓的动臂合流。动臂缸小腔回油通过动臂Ⅰ阀回到油箱，动臂Ⅱ阀没有小腔回油道。

如图 7-94(a) 所示，来自先导阀 bR4 的控制油进入动臂Ⅰ阀的先导阀来油口 10，克服弹簧 8 的作用力，使动臂Ⅰ阀杆 22 向右移动，右侧油泵输送的液压油从平行通道 6，经进油单向阀 4、通道 2 和阀杆开口进入动臂缸大腔油道 1。动臂缸小腔回油通过油道 5 和阀杆开口流回油箱。

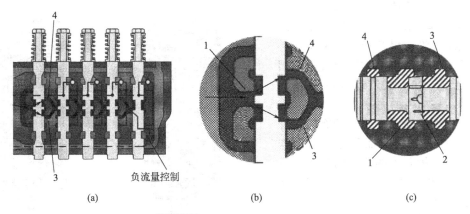

图7-93 负流量对主泵流量的控制

1—中位油道；2—阀杆阻尼槽；3,4—下一个阀杆中位油道

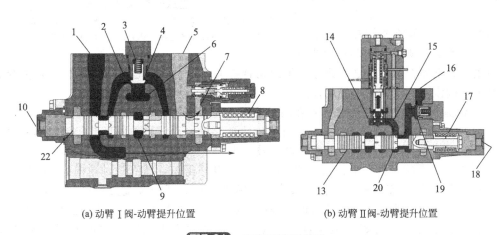

(a) 动臂Ⅰ阀-动臂提升位置   (b) 动臂Ⅱ阀-动臂提升位置

图7-94 动臂高速提升位置

1,16—动臂缸大腔油道；2,15,20—通道；3,8,17—弹簧；4—进油单向阀；5—动臂缸小腔油道；
6,14—平行通道；7—回油通道；9—中位油道；10—先导阀来油 bR4；
13—动臂Ⅱ阀杆；18—先导阀来油 aL4；19—进油单向阀；22—动臂Ⅰ阀杆

如图 7-94(b) 所示，来自先导阀 aL4 的控制油进入动臂Ⅱ阀的先导阀来油口 18，克服弹簧 17 的作用力，使动臂Ⅱ阀杆 13 向左移动，左侧油泵输送的液压油从平行通道 14，流经阀杆开口，推开进油单向阀 19 进入动臂缸大腔油道 16。动臂Ⅱ阀没有动臂缸小腔油道，因此动臂缸小腔回油不通过动臂Ⅱ阀。

② 动臂低速提升　动臂控制阀组 39（右）的手柄移动角度不到动臂提升 UP 位置的一半左右时，先导阀的输出油压只能打开动臂Ⅰ阀，但不能打开动臂Ⅱ阀，此时只有动臂Ⅰ阀也即右侧油泵供油给动臂缸，动臂的提升速度慢。也就是说，动臂Ⅱ阀的阀杆回位弹簧 17 的弹簧力比动臂Ⅰ阀的阀杆回位弹簧 8 大一些。

③ 动臂优先（相对于斗杆）　当同时进行动臂提升（UP）和斗杆向内（IN）动作时，动臂提升 UP 手柄的先导油被输送到 aL4/bR4，见图 7-58。然后进入主控阀相应的先导油入口，aL4 被输送到动臂Ⅱ阀上端，bR4 被输送到动臂Ⅰ阀下端，见图 7-60。

斗杆向内（IN）手柄的先导油被输送到 aL3/bL4，见图 7-58。然后进入主控阀相应的先导油入口，aL3 被输送到斗杆Ⅰ阀上端和斗杆再生阀 26 的控制口，bL4 被输送到动臂Ⅱ阀下端，见图 7-60。注意图 7-59 所示的先导供油系统原理，来自 aL3/bL4 的先导油经过动臂优先阀后将控制油输送到 aR5，动臂优先阀的结构和原理如图 7-95 所示。

动臂优先阀受控于动臂提升动作时的先导油 aL4/bR4。如图 7-95（a）所示，如果动臂没有提升动作，来自斗杆的先导油 aL3/bL4 将直接通过优先阀阀芯 1 输出到 aR5；如果动臂有提升动作，来自斗杆向内的先导油 aL3/bL4 将被减压后再输出到 aR5 给主控阀的斗杆 II 阀上端（图 7-60），而且这种减压作用随着动臂手柄角度的增加而增加，直至 aL3/bL4 先导油被完全切断，aR5 通油箱，见图 7-95（b）。

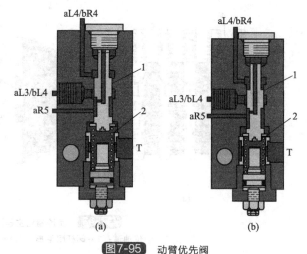

图7-95 动臂优先阀
1—优先阀阀芯；2—弹簧；aL3/bL4—来自斗杆向内先导油；
aR5—通往斗杆 II 阀上端；aL4/bR4—来自动臂提升先导油

分析动臂 II 阀，它同时受到作用在上端的动臂提升控制油压 aL4 和作用在下端的斗杆向内控制油压 bL4。如果 aL4>bL4 且这个压差能够克服动臂 II 阀的回位弹簧力，则左泵也将向动臂缸大腔供油，即动臂合流；反之，则左泵不向动臂缸大腔供油，但也不会向动臂缸小腔供油，因为动臂 II 阀没有到动臂缸小腔的油道。

a. 动臂提升动作可以使动臂 I 阀和动臂 II 阀一起合流向动臂缸大腔供油。

b. 斗杆向内的动作使得斗杆 I 阀向斗杆缸大腔供油，而斗杆 II 阀因其控制油压被减压，阀杆的开口量减小，向斗杆缸大腔的供油量被减少。

c. 对于斗杆 II 阀，来自平行通道的油必须通过阻尼孔 36、推开进油单向阀 37 才能进入斗杆 II 阀，阻尼孔 36 使得进入斗杆 II 阀的流量减少。从阀杆的位置关系看，动臂 I 阀位于斗杆 II 阀的上游，从动臂 I 阀中位油道出来的油进入斗杆 II 阀的中位油道，虽然这个油路上也并联了一个进油单向阀 35，但是这个油道的油是从动臂 I 阀中位油道节流后流过来的（图 7-60），所以这个回路的压力低于平行通道的油压，进油单向阀 35 不会打开。

d. 当斗杆手柄移动的角度不大时，作用在斗杆 II 阀的先导压力 aR5 不足以推动阀杆移动，斗杆 II 阀不参加工作。也就是说，斗杆 II 阀的回位弹簧力比斗杆 I 阀要大一些。

综合上述分析，以上 4 个措施使得动臂具有优先功能，这个功能由动臂手柄的位置所控制，在动臂提升过程中，当手柄达到特定位置时会自动启动动臂优先功能。通过对斗杆 II 阀的供油量控制以及动臂 I 阀和 II 阀的合流，可以使更多的油流向动臂缸大腔，这就是所谓的动臂优先。

当同时进行动臂提升（UP）和斗杆向外（OUT）动作时，斗杆向外手柄的先导油不通过动臂优先阀，即上述措施中的 b. 不起作用，其他措施还继续发挥动臂优先的作用。

动臂优先功能适用于平地工况。平整场地时斗杆绕着它与动臂的铰点由外向内运动，斗齿尖的运动轨迹为圆弧，而工况要求的运动轨迹为弦线。因此当斗杆位于斗杆与动臂铰点的垂线外面时，斗杆向内运动的同时必须提升动臂。此时动臂、斗杆和铲斗的自重、重心位置以及负载等各种因素使两条回路的负载不同，一般说来动臂的负载大于斗杆。动臂优先阀的作用就是通过减小斗杆阀杆的先导控制油压来达到减少斗杆缸流量的目的。当斗杆运动越过垂线继续向内刮平作业时，应伴随着下降动臂，由于自重的原因，很小的动臂阀杆开口量就可以使动臂下降。注意到动臂和斗杆同时动作时组成了并联回路，所以上述措施的实质就是减小斗杆阀杆的开度以及其他节流措施迫使并联油路中负载较小的斗杆那一路的进油压力升高，这会带来一些压力损失。

动臂提升相对于斗杆优先，里面涉及更详细的斗杆动作原理请参见前述的斗杆系统。

需要提醒的是，对于斗杆Ⅱ阀来说，由于在平行通道、进入阀杆的回路上设置了阻尼孔36，这种限制斗杆Ⅱ阀流量的措施不仅让动臂Ⅰ阀优先，在做其他复合动作时，还让处于斗杆Ⅱ阀上游的铲斗阀21、附件阀20和右回转阀19"优先"得到更多的油。

④ 动臂下降　在动臂下降（DOWN）操作过程中，如图7-58所示，先导油被输送到aR4，结合图7-60，然后进入主控阀动臂Ⅰ阀上端，只有右侧油泵通过PR给动臂Ⅰ阀提供液压油并输送到动臂缸小腔。

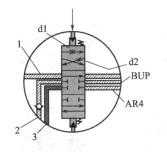

图7-96 动臂Ⅰ阀下降位置（DOWN）
1—中位油道；2—平行通道；
3—油箱；d1—阻尼；d2—阻尼；
BUP—动臂缸大腔；AR4—动臂缸小腔

aR4先导油不但控制动臂Ⅰ阀使阀杆下移，打开右侧油泵来油通往动臂缸小腔的通道，它还通往动臂缸大腔锁定阀10的控制部分即动臂锁定控制阀9，使锁定控制阀下移，弹簧腔通油箱，以便动臂缸大腔的油打开锁定阀回到油箱。此外，aR4先导油还被输送到动臂再生阀33，打开动臂缸大腔回油到小腔的通道，由于动臂Ⅰ阀阀杆在大腔回油设置了阻尼d2，迫使回油压力升高，见图7-96，这就允许动臂缸大腔的回油中有一部分通过动臂再生阀直接进入小腔，这就是所谓的动臂再生。动臂下降时由于工作装置自重的影响下降速度很快，将会造成泵供油不及，动臂缸小腔出现真空，影响系统的正常工作和部件寿命，动臂再生功能可以很好地解决这个问题，而且还可以进一步提高下降速度，提高作业生产率。

图7-96所示的动臂Ⅰ阀阀杆下移过程中，来自中位油道1的油路上设置阻尼d1，这就意味着其流过中位的流量比其他阀杆要略大一些，即负流量的控制压力要高一些，以限制泵排量的增加，使动臂下降速度可控。

如图7-97为动臂再生阀结构。如图（a）所示，如果没有来自先导阀的控制油压作用，动臂缸大腔BUP通道与动臂缸小腔AR4通道被再生阀阀芯5隔断，动臂再生阀保持在关闭状态。如图7-9/(b)所示，当动臂下降时，先导阀控制油压aR4作用在再生阀阀芯上部，克服阀芯回位弹簧力，推动再生阀阀芯下移，打开BUP-AR4通道，这就允许动臂缸大腔的油推开单向阀进入动臂缸小腔，实现动臂再生功能。如果动臂缸大腔的回油背压不是足够高，就不能实现动臂再生，此时单向阀阻止了动臂缸小腔的油流向大腔。

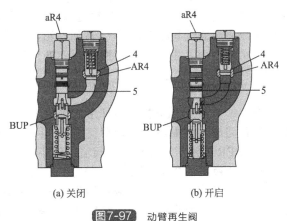

(a) 关闭　　　　(b) 开启

图7-97 动臂再生阀
BUP—动臂缸大腔；aR4—先导阀控制油；
AR4—动臂缸小腔；4—单向阀；5—再生阀阀芯

⑤ 动臂锁定　为了长时间保持动臂在某一位置不动，仅依靠阀杆的密封是远远不够的，必须使用动臂缸大腔锁定阀，如图7-60中的动臂锁定控制阀9和动臂缸大腔锁定阀10。当动臂控制手柄处于中位时，锁定阀10的弹簧腔与动臂缸大腔BUP连通而不能被打开，这个状态就称为"动臂锁定"，它阻挡了动臂缸大腔的油通过主阀杆泄漏，有效地防止动臂下沉。由于锁定阀的主阀芯采用了锥阀密封结构，所以防泄漏功能非常好。

动臂锁定阀和锁定控制阀的结构如图7-98所示。当动臂控制手柄处于中位时，没有先导控制油作用在控制孔 10，控制阀芯 11 不动。来自动臂Ⅱ阀的油进入通道 6，来自动臂Ⅰ阀的油进入通道 7，通道 6 和 7 的油合流后进入通道 1。当通道 1 中的油压增加时，主阀芯 2 克服弹簧 3 的作用力向下移动，打开通道 1 通往动臂缸大腔 BUP 的通道 8，与此同时，弹簧腔 4 中的液压油经通道 5 和 9 也被挤入通道 8，这样，合流后的液压油就进入了动臂缸大腔。

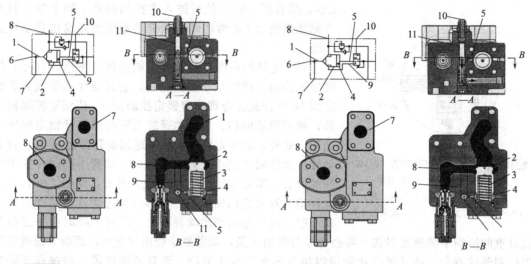

图7-98 动臂缸大腔锁定阀—动臂提升状态
1,5,6,7,9—通道；2—主阀芯；3—弹簧；
4—弹簧腔；8—动臂缸大腔通道 BUP；
10—控制孔；11—控制阀芯

图7-99 动臂缸大腔锁定阀—动臂下降状态
1,5,6,7,9—通道；2—主阀芯；3—弹簧；
4—弹簧腔；8—动臂缸大腔通道 BUP；
10—控制孔（aR4）；11—控制阀芯

当操作动臂手柄执行动臂下降动作时，如图 7-99 所示，来自先导阀的控制油 aR4 被输送到动臂Ⅰ阀上端的同时也送到锁定阀的控制孔 10，于是控制阀 11 向下移动，让弹簧腔 4 中的液压油经通道 5 和控制阀 11 流回油箱，当通道 8 中来自动臂缸大腔的回油背压高于弹簧腔 4 的压力时，主阀芯 2 克服弹簧 3 的作用力向下移动，这就让动臂缸大腔的油经通道 8、通道 1 和通道 7 进入动臂Ⅰ阀，然后回到油箱。

（5）斗杆系统

图 7-60 中，当独立操作斗杆手柄执行斗杆向内（IN）或向外（OUT）动作而不关联其他液压回路时（例如不关联动臂优先），斗杆Ⅰ阀 14 和斗杆Ⅱ阀 23 将同时为斗杆缸供油，右侧油泵 PR 的液压油经斗杆Ⅱ阀输送到斗杆Ⅰ阀相应的出口，再与左侧油泵 PL 经斗杆Ⅰ阀输送出的液压油合流后进入斗杆缸完成斗杆动作。

① 斗杆向外 当斗杆手柄移到斗杆外伸（OUT）位置时，如图 7-58 所示，先导油被输送到 bL3/bR5，结合图 7-60，然后进入主控阀斗杆Ⅰ阀和斗杆Ⅱ阀的下端，两个油泵同时为斗杆缸小腔提供液压油。

对于斗杆Ⅰ阀，左侧油泵 PL 输送到中位油道中的液压油经进油单向阀和阀杆开口到达 BL3。

对于斗杆Ⅱ阀，右侧油泵 PR 输送过来的油一部分通过中位油道，推开进油单向阀 35 进入斗杆Ⅱ阀；另一部分通过平行通道，经阻尼孔 36，推开进油单向阀 37 进入斗杆Ⅱ阀，两路来油会合后经斗杆Ⅱ阀杆到达 BR5，然后输送到斗杆Ⅰ阀的斗杆缸小腔锁定阀 12 的 BR5 入口。

注意，当斗杆手柄移动的角度不大时，作用在斗杆Ⅱ阀的先导压力 bR5 不能推动阀杆移动，即斗杆Ⅱ阀的回位弹簧力比斗杆Ⅰ阀要大一些。

来自斗杆Ⅰ阀、斗杆Ⅱ阀的油合流后进入斗杆缸小腔锁定阀12的入口，推开锁定阀输送到SOUT口，然后进入斗杆缸小腔，完成斗杆向外的动作。

斗杆缸大腔分别通过各自阀杆的开口回到油箱。

如前分析的动臂优先所述，阻尼孔36的作用是做复合动作时减少进入斗杆Ⅱ阀的流量，让其他回路优先。

进油单向阀35的作用是，如果不在中位油道上再设置一条并联回路，并在这条并联回路上设置单向阀，那么当独立操作斗杆时，所有右侧油泵PR输送过来的液压油都必须通过阻尼孔36才能进入斗杆Ⅱ阀，这样就会造成较大的压力损失。

② 斗杆向内　当斗杆手柄移到斗杆向内（IN）位置时，如图7-58所示，先导油被输送到aL3/bL4，如图7-59所示，aL3/bL4先导油经动臂优先阀后被输送到aR5，此时动臂没有动作，aR5没有被减压。结合图7-60，这些控制油然后进入主控阀斗杆Ⅰ阀和斗杆Ⅱ阀上端，两个油泵同时为斗杆缸大腔提供液压油。

斗杆Ⅰ阀包括斗杆再生回路。当斗杆手柄移到斗杆向内（IN）位置时，如图7-60所示，aL3/bL4先导油还被输送到斗杆再生阀26的控制口，推动斗杆再生阀26左移，这就允许来自斗杆缸小腔SOUT的油推开回路上的单向阀直接进入斗杆缸大腔。当斗杆外伸到处于距离机体较远的位置时，斗杆和铲斗的自重将帮助斗杆加速向内运动（与动臂下降类似），泵可能供油不及造成斗杆缸大腔局部真空，斗杆再生功能可以很好地解决这个问题，同时也可以加快斗杆向内的摆动速度。

斗杆Ⅰ阀还包括斗杆卸荷回路。斗杆再生阀26左移时还打开了斗杆卸荷阀27的控制口，使斗杆缸的大腔压力作用在卸荷阀左端，当大腔压力高于卸荷阀设定的压力值时，卸荷阀右移，打开大腔通往油箱的通道而卸荷。

对于斗杆Ⅰ阀，左侧油泵PL输送到中位油道中的液压油经进油单向阀和阀杆开口到达AL3。

对于斗杆Ⅱ阀，右侧油泵PR输送过来的油一部分通过中位油道，推开进油单向阀35进入斗杆Ⅱ阀；另一部分通过平行通道，经阻尼孔36，推开进油单向阀37进入斗杆Ⅱ阀，两路来油会合后经斗杆Ⅱ阀杆到达AR5，然后与斗杆Ⅰ阀的AL3口合流。

斗杆Ⅰ阀和斗杆Ⅱ阀一起向斗杆缸大腔供油，完成斗杆向内的动作。

斗杆Ⅱ阀的回位弹簧力比斗杆Ⅰ阀要大一些以及进油单向阀35和阻尼孔36的设置原理不赘述。

斗杆缸小腔回油从SOUT口进入，注意到先导阀控制油aL3作用在斗杆锁定控制阀12，这使得控制阀12下移，打开斗杆缸小腔锁定阀11的弹簧腔与油箱T的通道，于是斗杆缸小腔回油得以打开锁定阀经BL3口回到斗杆Ⅰ阀，然后或回到油箱，或再生进入斗杆缸大腔。

斗杆Ⅱ阀没有斗杆缸小腔的回油通道，所有的斗杆缸小腔回油全部通过斗杆Ⅰ阀，这样设计的好处在于让尽可能多的斗杆缸小腔的油经再生阀进入大腔补油。

斗杆再生阀和斗杆卸荷阀的结构如图7-100所示。

在操纵斗杆手柄向内（IN）的过程中，先导控制油aL3也到达了控制通道2，在先导控制油压的作用下斗杆再生阀5下移，允许斗杆缸小腔的油从通道6经再生阀阀杆推开单向阀进入斗杆缸大腔通道4，为斗杆缸大腔补油，实现所谓的斗杆再生功能。此时的卸荷阀处于关闭状态。

斗杆卸荷阀的工作状态如图7-101所示。

如果斗杆再生过程中从斗杆缸小腔补充进入大腔的油量过多，斗杆缸大腔的压力就会升

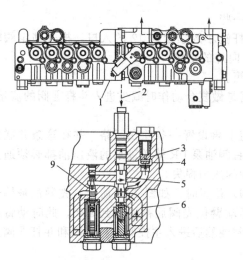

图7-100 斗杆再生阀（卸荷阀关闭）

1—主控阀；2—控制通道；3—单向阀；
4—斗杆缸大腔通道；5—斗杆再生阀；
6—斗杆缸小腔通道；9—斗杆卸荷阀

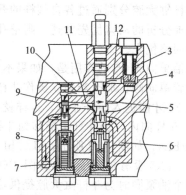

图7-101 斗杆卸荷阀（卸荷阀开启）

3—单向阀；4—斗杆缸大腔通道；5—再生阀；
6—斗杆缸小腔通道；7—弹簧；
8,10,11,12—通道；9—斗杆卸荷阀

高，这个压力经过通道4、通道12、再生阀5和通道10作用在斗杆卸荷阀9的上部，推动卸荷阀阀杆克服弹簧7的作用力下移，这个动作打开了斗杆缸小腔到油箱的通道，于是斗杆缸小腔的油经通道6、再生阀5、通道11、斗杆卸荷阀9和通道8回到油箱。当斗杆缸小腔进入大腔的补油量因卸荷阀打开而减少后，大腔的压力将会降低，卸荷阀关闭，继续使用斗杆再生功能。

斗杆卸荷阀的控制压力来自斗杆缸大腔，其目的是让小腔的油回到油箱，从而减少从小腔进入大腔的补油量。从卸荷的目的看，弹簧7的作用力较小。在进行正常的斗杆挖掘作业时负载压力很大，这个阀处于开启状态，但挖掘作业时斗杆缸小腔的正常回油绝大部分通过斗杆Ⅰ阀回到油箱。

③ 斗杆缸小腔锁定阀　当斗杆外伸到处于距离机体较远的位置时，斗杆和铲斗的自重有使斗杆缸被迫拉出的趋势，尤其是对于要求工作装置长时间保持某个位置固定不动（如挖掘机担负某些吊装工作），此时斗杆缸小腔的闭锁能力就显得十分重要，斗杆缸小腔锁定阀可以使油缸小腔里被封闭的液压油几乎不会通过阀而泄漏。

斗杆缸小腔锁定阀的工作原理与动臂缸大腔锁定阀相同，结构类似，不赘述。

（6）铲斗系统

当操作铲斗手柄执行铲斗挖掘（CLOSE）或卸载（OPEN）动作时，铲斗回路的液压油仅由右侧油泵 PR 通过铲斗阀 21 提供。

当铲斗手柄移到铲斗挖掘（CLOSE）位置时，如图 7-58 所示，先导油被输送到 aR3；结合图 7-60，然后进入铲斗阀 21 的上端，铲斗阀阀杆下移，来自右侧油泵的液压油经铲斗阀到达主控阀 AR3，然后进入铲斗缸大腔，实现铲斗的挖掘动作。

当铲斗手柄移到铲斗卸载（OPEN）位置时，如图 7-58 所示，先导油被输送到 bR3；结合图 7-60，然后进入铲斗阀 21 的下端，铲斗阀阀杆上移，来自右侧油泵的液压油经铲斗阀到达主控阀 BR3，然后进入铲斗缸小腔，实现铲斗的卸载动作。

（7）行驶系统

如图 7-60 所示，当独立操作行走操纵杆/踏板执行挖掘机前进/后退行走动作时，左侧油泵 PL 提供液压油给左行走阀 16，右侧油泵 PR 提供液压油给右行走阀 19。

当左行走操纵杆/踏板在前进（LF）位置时，如图7-58所示，先导油被输送到bL1；结合图7-60，然后进入行走阀16下端，行走阀阀杆上移，来自左侧油泵的液压油经行走阀到达主控阀的BL1口，然后通过回转中心阀进入右行走马达。

当左行走操纵杆/踏板在后退（LR）位置时，如图7-58所示，先导油被输送到aL1；结合图7-60，然后进入行走阀16上端，行走阀阀杆下移，来自左侧油泵的液压油经行走阀到达主控阀的AL1口，然后通过回转中心阀进入左行走马达。

当右行走操纵杆/踏板在前进（RF）位置时，如图7-58所示，先导油被输送到bR1；结合图7-60，然后进入行走阀19下端，行走阀阀杆上移，来自右侧油泵的液压油经行走阀到达主控阀的BR1口，然后通过回转中心阀进入右行走马达。

当右行走操纵杆/踏板在后退（RR）位置时，如图7-58所示，先导油被输送到aR1；结合图7-60，然后进入行走阀19上端，行走阀阀杆下移，来自右侧油泵的液压油经行走阀到达主控阀的AR1口，然后通过回转中心阀进入左行走马达。

左、右两个行驶马达总成完全相同，下面结合图7-102以某个马达低速行驶为例详细分析工作原理。

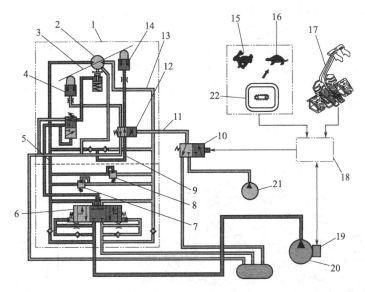

图7-102 低速行驶液压原理

1—行驶马达总成；2—马达；3—斜盘；4—变量缸（高速）；5—马达进油通道；6—平衡阀；7,8—过载阀；
9—变速通道；10—行驶速度电磁阀；11—通道；12—速度控制阀；13—回油通道；14—变量缸（低速）；
15—高速挡（兔子）；16—低速挡（乌龟）；17—行驶操纵杆；18—控制器；19—主泵排量控制器；20—主泵；
21—先导泵；22—行驶速度控制开关

假设预先设定行驶速度控制开关22为低速挡（乌龟）16，然后操纵行驶操纵杆17，将主泵输出的液压油经过主控阀的某个行驶阀后送入行驶马达，原理图中的回路简化为泵直接进入行驶马达总成1。

泵输出的油进入马达总成后分成两路，一路顶开单向阀进入马达；另一路克服平衡阀6右端复位弹簧的作用力，推动平衡阀右移换向，让泵来油经平衡阀后再分成两路，一路汇合于马达进油通道5，另外一路推动制动阀上移，将液压油送到制动器，解除马达的机械制动。

当行驶速度控制开关22设置在低速挡时，控制器18不给行驶速度电磁阀10通电，电磁阀就工作在图示位置，于是主泵输送的油经梭阀、变速通道9和速度控制阀12进入变量缸 14，将斜盘偏转到最大排量位置。这个位置的马达转速低、转矩大，这就实现了挖掘机的低速行驶。

当行驶速度控制开关 22 设置在高速挡时，控制器 18 给行驶速度电磁阀 10 通电，电磁阀左移，此时主泵输送的油经梭阀、变速通道 9 和速度控制阀 12 进入变量缸 4，将斜盘偏转到最小排量位置。这个位置的马达转速高、转矩小，实现挖掘机的高速行驶。行驶速度电磁阀 8 的位置可以参见图 7-59 中的序号 45，它输出的压力 Pi1 作用在马达的速度控制阀 12 上。

当下坡时，挖掘机由于惯性而使行驶速度加快，马达转速升高，造成泵供油不及，在回路中形成空穴，同时很容易引起事故发生。此时平衡阀将发挥作用，泵供油不及引起压力降低，推动平衡阀 6 右移的油压也降低，于是平衡阀在右端复位弹簧力的作用下将左移，关小回油口，使马达的回油背压上升，马达转速下降。马达转速下降后，需要的供油量也减少，避免了气蚀发生。

挖掘机独立行走时，如果各种阻力使两个行走马达的负载不同，但两个主泵的液压交叉控制功能使两条回路有了关联，主泵的排量控制取决于两路回路的平均压力，并且同时变量，即两个泵的排量始终是一样的。因此，理论上只要两个行走操纵杆/踏板的行程一样，泵输出的流量就一样，行走马达的转速也就相等，挖掘机就可以保持直线行驶状态。实际上，由于两回路的容积效率以及泵内部泄漏等各种因素，不可能实现完全的直线行驶。

现在分析挖掘机行走时还要做一些回转和工作装置动作时的情况，即直线行走能力。独立行走时，如图 7-58 所示，只有左、右行走压力开关 36、37 得电，工作装置/回转压力开关 40 不得电。如图 7-103 所示，直线行走电磁阀 14 不得电，该阀工作在图示的左位。行走阀阀杆 12 在弹簧 7 作用下不动。

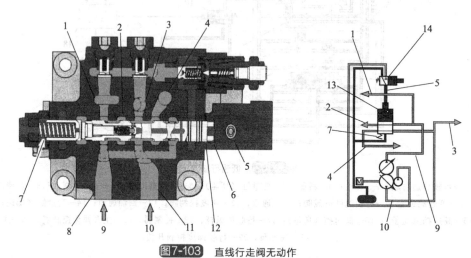

图7-103 直线行走阀无动作

1—左泵平行通道；2—左泵中位油道；3—右泵中位油道；4—右泵平行通道；5—先导油；6—阀杆腔；7—弹簧；8,11—通道；9—左泵进油口；10—右泵进油口；12—阀杆；13—直线行走阀；14—直线行走电磁阀

左泵输出的油分成两路：一路进入平行通道 1，另外一路从通道 9 进入直线行走阀，经通道 8、阀杆 12 到达中位油道 2。

右泵输出的油也分成两路：一路进入中位油道 3，另外一路从通道 10 进入直线行走阀，经通道 11、阀杆 12 到达平行通道 4。

独立操作行走动作时，左泵通过中位油道 2 为左行走马达供油，右泵通过中位油道 3 为右行走马达供油，两个泵输出的油相互不关联。

如果行走时伴有回转或工作装置动作，图 7-58 中的工作装置/回转压力开关 40 将得电。

此时三个压力开关 36、37 和 40 都得电，控制器将信号传给直线行走电磁阀。

如图 7-104 所示，直线行走电磁阀 14 得电后左移，将先导泵输出的先导油引入直线行走阀 13 的控制口 5。

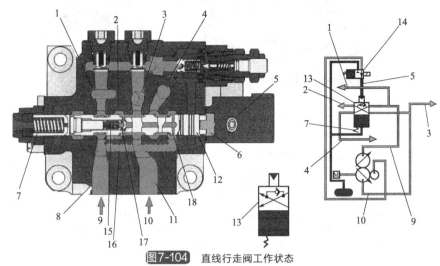

图7-104 直线行走阀工作状态

1—左泵平行通道；2—左泵中位油道；3—右泵中位油道；4—右泵平行通道；5—先导油；6—阀杆腔；
7—弹簧；8,11,16,17—通道；9—左泵进油口；10—右泵进油口；12—阀杆；13—直线行走阀；
14—直线行走电磁阀；15—单向阀；18—阻尼孔

先导油进入阀杆腔 6，推动阀杆 12 左移。

来自通道 10 右泵输出的油一路经中位油道 3 给右行走马达供油，另外一路经通道 11 进入阀杆 12，然后经中位油道 2 给左行走马达供油。

来自通道 9 左泵输出的油一路经平行通道 1 给主控阀左边的几个阀杆供油；另外一路经通道 8、通道 16、阻尼孔 18 和阀杆 12 到达平行通道 4 给主控阀右边的几个阀杆供油。

一般情况下，挖掘机一边行走、工作装置/回转一边做动作时，工作装置/回转的动作都会比平时慢，需要的流量不大，这样左泵输出多余的那部分油将推开单向阀 15，经通道 17 流入中位油道 2，与来自右泵的油汇合后共同向行走马达供油，加快行走速度。

综上所述，挖掘机边行走、工作装置/回转边做动作时，右泵为两个行走马达供油，而左泵为工作装置/回转供油，且左泵多余的油可以与右泵合流，为行走马达供油。需要注意的是，与独立行走时左、右两个泵分别为各自的马达供油不同，此时只是右泵在为两个并联的马达供油，如果两个马达的负载差异较大，直线行走的效果就不会好，必须依靠司机的操纵来修正。

下面分析行走马达的结构原理，见图 7-105。

该行走马达与制动器设计为一体式，主泵来油进入马达柱塞 4 后，主泵压力通过滑靴 20 作用在斜盘上，在柱塞上产生一个圆周方向的分力，于是柱塞带动马达缸体 19 旋转。缸体除带动马达输出轴 1 输出动力外，还带动摩擦片主动片 5 旋转。

马达的变量通过两个变量活塞 2 和 22 实现，采用机械方式限制马达排量。

制动器为弹簧制动，液压解除。泵来油从马达制动解除进油口 14 进入制动阀，推开阀芯后进入制动腔，油压克服制动弹簧 10 的作用力将制动器活塞 9 向右推，把被弹簧相互压紧的摩擦片主动片 5 和摩擦片从动片 6 分开，让马达缸体自由旋转。

挖掘机的自重很大，起步行走和制动时在回路中将产生很高的冲击压力，图 7-102 中序号 7、8 两个交叉布置的行走马达过载阀此时将起到快速卸荷的作用。过载阀结构原理见图 7-106。

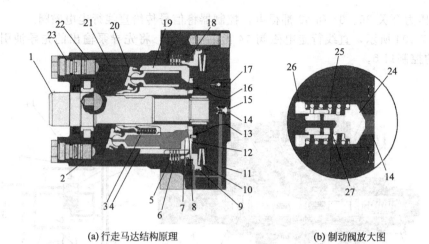

(a) 行走马达结构原理　　　　　　　　　(b) 制动阀放大图

图7-105　行走马达

1—马达输出轴；2—变量活塞（低速）；3—滑靴压紧弹簧；4—马达柱塞；5—摩擦片主动片；6—摩擦片从动片；
7,8,13,16—通道；9—制动器活塞；10—制动弹簧；11—端盖；12—配流盘；14—制动解除进油口；
15—制动阀；17—单向阀；18—制动器活塞导环；19—马达缸体；20—滑靴；21—斜盘；
22—变量活塞（高速）；23—排量限制；24—制动阀阀芯；25—弹簧；26—阀座；27—阻尼孔

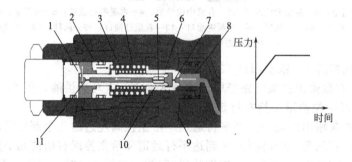

图7-106　行走马达过载阀

1—孔；2—缓冲活塞；3—阀体；4—弹簧；5,7,11—节流孔；6—主阀芯；
8—马达高压腔；9—马达低压腔；10—滑阀

　　这种过载阀在普通直动式安全阀的基础上增加了可移动的缓冲活塞2，并采用了一些节流措施来改善阀启闭特性。通道8的直径大于滑阀10的直径，即通道8的作用面积大于滑阀10的作用面积，主阀芯6受到一个指向左方向的液压力作用。来自马达高压腔8的压力油可以经过节流孔7进入主阀芯6内部，再经过滑阀10上的节流孔5、中心通道、阻尼孔11和孔1到达缓冲活塞的左腔。马达开始转动时，马达高压腔8的压力上升，当压力达到能够克服弹簧4的作用力时，推动缓冲活塞右移，经过阻尼孔5的油开始流动，加大了作用在主阀芯6上的液压力，主阀芯打开，让少量的油流到马达低压腔9补油。随着压力不断升高，缓冲活塞继续右移，每一个压力值都对应缓冲活塞一个位置。如果此时马达高压腔压力降低，缓冲活塞将在弹簧4作用下左移，同时主阀芯关闭，重复上述过程。当马达高压腔压力油推动缓冲活塞移动到图示最右边位置时，过载阀压力达到设定值。如果马达高压腔压力继续升高，主阀芯向左移动打开，让马达工作口8的压力油流到马达低压腔9，高压卸荷的同时兼顾补油的功能。

　　这种过载阀也被称为两段式安全阀，有资料形象地称之为"软溢流阀"，其时间-压力变化曲线如图7-106所示。无论挖掘机行走或者制动，它都能有效地减小马达高压腔的压力冲击。

下面再介绍一种纳博特斯克行走马达的控制原理（图 7-107），其中图 7-107(a) 为原理，图 7-107(b) 为不含变速部分的结构，现在分析如何实现对马达的控制。

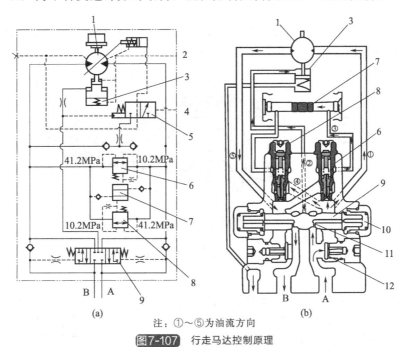

注：①~⑤为油流方向

图7-107 行走马达控制原理

1—行走马达；2—接油箱；3—制动器；4—接手动变速；5—变速阀；6—右过载阀；7—缓冲活塞；8—左过载阀；
9—平衡阀；10—阀杆右弹簧腔；11—节流孔；12—单向阀

该马达控制阀有两个结构完全相同的过载阀，为分析方便，按照图上的位置姑且称之为左过载阀和右过载阀。假设主控阀的行驶阀阀杆换向，A 口进油，马达控制阀动作如下。

① 泵来油进入阀体后打开单向阀 12，进入马达右腔，马达旋转，油路如箭头①所指方向。

② 泵来油通过节流孔 11 进入平衡阀 9 的中心孔，到达阀杆右弹簧腔 10，推动平衡阀左移，接通制动器 3 的油路，使制动器解除制动，油路如箭头②所指方向。这个动作还接通了马达 B 口的回油箱通道，油路如箭头⑤所指方向。

③ 液压油通过右过载阀 6 的阀芯中间节流孔进入缓冲活塞 7 的右腔，将缓冲活塞推到左侧，如箭头③所指方向。如果 A 口压力超过右过载阀阀芯的设定压力（10.2MPa），右过载阀将打开，将压力油泄到 B 口。液压油充满缓冲活塞腔后，其压力随着 A 口的压力一起上升，右过载阀关闭。

④ A 口压力油同时还进入左过载阀阀套上的孔，并作用在阀芯的环形面积上，如箭头④所指方向。如果 A 口压力超过左过载阀的设定压力（41.2MPa），左过载阀将打开，将压力油泄到 B 口。

⑤ 如果马达超速（例如下坡时），泵来不及供油，则 A 口压力降低，平衡阀 9 在弹簧力作用下向右移动，关小马达的回油通道，从而限制马达的转速。

⑥ 如果主控阀的行驶阀阀杆回到中位，A 口将不供油，平衡阀 9 回到中位，马达制动，但由于机器惯性的影响马达继续旋转，而平衡阀的封闭导致 B 口压力升高，压力油通过左过载阀 8 的阀芯中间节流孔进入缓冲腔，推动缓冲活塞 7 右移，如果 B 口压力超过左过载阀阀芯的设定压力（10.2MPa），左过载阀将打开，将压力油泄到 A 口并兼补油。当缓冲活塞

移动到最右端后，随着 B 口压力的继续上升，左过载阀关闭。

⑦ B 口压力油同时还进入右过载阀阀套上的孔，并作用在阀芯的环形面积上，如果 B 口压力超过右过载阀的设定压力（41.2MPa），右过载阀将打开，将压力油泄到 A 口并兼补油。

由上述分析可以看出，左、右过载阀以及它们的交叉作用使得回路具有两级压力卸荷功能，下面以右过载阀为例详细分析其工作原理，如图 7-108 所示。

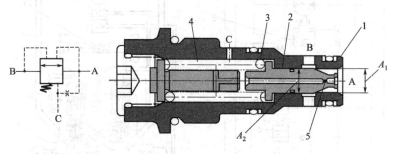

图7-108　右过载阀

1—阀套；2—阀芯；3—弹簧；4—弹簧腔；5—阻尼孔；

A—油口；B—油口；C—缓冲活塞口；A_1—作用面积；$(A_2 - A_1)$—作用面积

假设过载阀处于关闭状态时，缓冲活塞位于右端位置，过载阀内充满液压油。阀芯 2 被弹簧 3 顶在阀套 1 上，关闭了油口 A—B 之间的通道。A_1 为 A 口的油压作用面积，$(A_2 - A_1)$ 为 B 口的油压作用面积，且 $A_1 > (A_2 - A_1)$，所以 A 口的开启压力较低，为 10.2MPa，B 口的开启压力较高，为 41.2MPa。

A 口通高压油，油通过阀芯 2 的阻尼孔 5 进入弹簧腔 4，再通过 c 口进入缓冲活塞，缓冲活塞移动到左端位置后，弹簧腔 4 的压力将升高，A 口关闭。在这个过程中，如果压力升高的过快，A 口将打开向 B 口的低压腔泄一部分油，使 A 口打开的这个压力称为一级压力，它的开启过程很短暂。与此同时，高压油还进入了左过载阀的 B 口，如果压力继续升高，达到左过载阀 B 口压力设定值时，B 口打开向低压腔泄油，左过载阀 B 口限制了马达的最高压力（41.2MPa），这个压力被称为二级压力，也就是马达的制动压力。图 7-109 即为两个过载阀交叉配合后的时间-压力曲线。

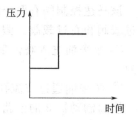

图7-109　时间-压力变化曲线

如果假设 B 口通高压油，两个过载阀的工作过程与上述类似。无论挖掘机起步或制动，它们都可以有效地消除压力冲击。

（8）回转系统

挖掘机除下部行走机构以外，其余部分都布置在回转平台上，整个上部机构的质量和惯性都很大，而且重心也将随着工作装置的位置的不同而变化，驾驶室也位于平台上，因此上部机构的回转控制是非常重要的。

如图 7-58 所示，当回转手柄移到左转（L）/右转（R）位置时，先导油被输送到 aL2/bL2。

如图 7-59 所示，无论左转/右转（aL2/bL2），先导油还同时被输送到回转优先阀 43，将来自先导泵的油减压后输送到 Pi3。

如图 7-60 所示，左转先导油 aL2 进入回转阀 15 的上端，相应的左转马达进油口为 AL2；右转先导油 bL2 进入回转阀 15 的下端，相应的右转马达进油口为 BL2。

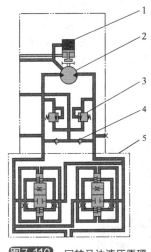

图7-110 回转马达液压原理
1—回转制动器；2—回转马达；
3—安全阀；4—单向阀；
5—防反转阀

回转马达液压原理如图 7-110 所示。

当操纵回转或工作装置中的任何一个手柄时，回转制动控制油路都将通入先导压力油，解除回转制动器 1。回转操纵时马达相应的工作口进油和回油，回转马达 2 旋转。回路中的安全阀 3 限制了回转系统的最高制动压力，单向阀 4 为低压油路补油，马达停止转动时，防反转阀 5 用来限制回转平台由于惯性产生的来回晃动。

下面分析回转优先功能。从图 7-60 中可以看出，为斗杆Ⅰ阀 14 的阀杆供油的油路有两条：一条为串联在斗杆Ⅰ阀上游的回转阀 15 左泵中位油道 40；另外一条为左泵平行通道 41。如果没有回转动作而只单独操纵斗杆Ⅰ阀时，来自先导泵的油压经过回转优先阀后，输出的 Pi3 没有被减压，变阻尼阀 29 将上移，即工作在单向阀位置，这样斗杆Ⅰ阀的进油可以通过上述两条油路实现；如果回转和斗杆手柄同时动作时，因为串联在斗杆Ⅰ阀上游的回转阀 15 将左泵中位油道 40 的大部分来油截断，所以斗杆Ⅰ阀的进油就只有通过左泵平行通道 41 这一条油路，如前分析，无论左转还是右转操作，来自先导泵的油压经过回转优先阀后，输出的油压 Pi3 将被减压，变阻尼阀 29 将下移，工作在单向阀＋变阻尼位置，这就给液压油进入斗杆Ⅰ阀设置了阻尼，优先让回转阀进油，即所谓的回转优先（相对于斗杆）。由上述分析可以看出，回转优先受控于回转手柄的角度，回转手柄操作的角度越大，经回转优先阀输出的 Pi3 控制压力就越低，变阻尼阀的阻尼就越大，回转就越优先。回转优先适合于挖掘机的水平动作和沟壑作业，挖掘沟壑时铲斗经常处于偏载状态，给回转更多的供油有利于对沟壑边缘的挖掘。

图 7-111 所示为回转优先阀与变阻尼阀的结构和工作原理。回转优先阀 2 与动臂优先阀 1 的结构相同，两个优先阀并排安装在一个整体阀块中。变阻尼阀 7 由弹簧 6、滑阀 8、阀套 11 和单向阀 13 等组成。

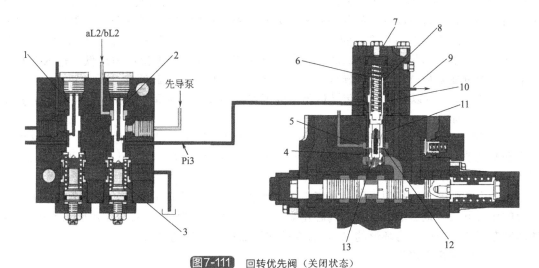

图7-111 回转优先阀（关闭状态）
1—动臂优先阀；2—回转优先阀；3,6—弹簧；4—左泵平行通道；5—斗杆Ⅰ阀通道；
7—变阻尼阀；8—滑阀；9—油箱；10—控制腔；11—阀套；
12—阀套径向孔；13—单向阀

当回转手柄处于中位时，回转优先阀处于关闭状态。来自回转手柄的 aL2/bL2 口没有控制油，回转优先阀 2 在弹簧 3 的作用下向上移动并处于图示位置，允许来自先导泵的控制油顺利通过回转优先阀，从 Pi3 口输出后进入变阻尼阀 7 的控制腔 10，克服弹簧 6 的作用力推动滑阀 8 向上移动，于是来自左泵平行通道 4 的液压油顶开单向阀 13，经滑阀 8 上的径向孔和阀套径向孔 12 进入斗杆 I 阀通道 5，油路上没有阻尼。

回转时，回转手柄将处于某个角度位置，此时的回转优先阀处于工作状态，见图 7-112。

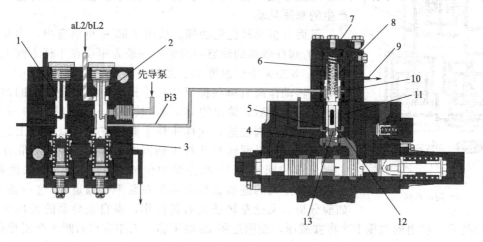

图7-112 回转优先阀（工作状态）

1—动臂优先阀；2—回转优先阀；3,6—弹簧；4—左泵平行通道；5—斗杆 I 阀通道；7—变阻尼阀；
8—滑阀；9—油箱；10—控制腔；11—阀套；12—阀套径向孔；13—单向阀

现在来自回转手柄的 aL2/bL2 口有了一定的控制压力，而且这个压力随着回转手柄角度的增加而增大。回转优先阀 2 在 aL2/bL2 的控制压力下克服弹簧 3 的作用力向下移动，逐步关小先导泵控制油到 Pi3 输出口的开口尺寸，使得 Pi3 输出口的压力降低，并且随着回转手柄角度的不断增大，直至可以完全关闭先导泵来油到 Pi3 的输出口（图示位置）。由于 Pi3 输出口的压力降低，作用在变阻尼阀 7 的控制腔 10 的压力也降低，滑阀 8 在弹簧 6 的作用下向下移动，使得滑阀 8 上的径向孔和阀套径向孔 12 之间构成了一个可变阻尼，来自左泵平行通道 4 的液压油顶开单向阀 13 后，必须经过这个阻尼才能进入斗杆 I 阀通道 5。综上所述，回转手柄的角度越大，aL2/bL2 控制压力越高，Pi3 的输出压力越低，进入斗杆 I 阀液压油的可变阻尼就越大，回转优先（相对于斗杆）的作用就越明显。

从图 7-110 上可以看到，回转马达还集成了安全阀和防反转阀，下面我们将重点分析这两个阀的工作原理。

① 回转马达安全阀　回转马达安全阀用于限制回转系统的最高工作压力，同时又能吸收启动和制动时的液压冲击，改善操作性能。假设油压 P 作用在安全阀入口，T 口通油箱，图 7-113 所示为回转安全阀处于关闭时的状态。

阀芯 3 在弹簧 4 的作用下紧贴阀座 1，封闭住从 P 口到 T 口的通道，缓冲活塞 6 也在弹簧力的作用下处于最右端的位置。阀芯左端入口的作用面积为 A_1，右端作用面积为 A_2，缓冲活塞左端的作用面积为环形的 A_3，右端的作用面积为环形的 A_4。

阀芯 1 的平衡方程为

$$p(A_1 - A_2) = F_K$$

缓冲活塞 6 的平衡方程为

$$p[A_4 - (A_2 + A_3)] = F_K$$

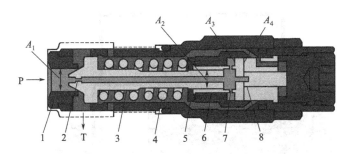

图7-113 回转安全阀（关闭状态）

1—阀座；2—阻尼孔；3—阀芯；4—弹簧；5—弹簧座；6—缓冲活塞；7,8—阻尼孔；
A_1, A_2, A_3, A_4—作用面积

两方程联立解出

$$A_1 - A_2 = A_4 - (A_2 + A_3)$$

此即该阀各部尺寸设计时需满足的关系式。

初始状态时安全阀关闭。液压油从阻尼孔 2 进入，通过阀芯 3 的中心孔到达缓冲活塞 6，再分别通过阻尼孔 7、8 进入缓冲活塞的 c、b 腔室，见图 7-114。当 P 口压力上升到能够克服弹簧 4 的作用力时，阀芯 3 开启溢流，而缓冲活塞也向左移动，通过弹簧座 5 进一步压缩弹簧 4，增加了弹簧力，即溢流压力提高。

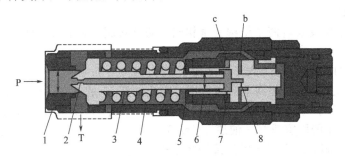

图7-114 回转安全阀（开启状态）

1—阀座；2,7,8—阻尼孔；3—阀芯；4—弹簧，5—弹簧座；6—缓冲活塞

安全阀开启过程中，液压油必须经阻尼孔 8 才能流入 b 室，所以阻尼孔 8 的尺寸限制了缓冲活塞向左移动的速度。此外，缓冲活塞向左移动时将迫使 c 室中的油经阻尼孔 7 挤出，这也限制了安全阀开启压力上升的时间，而弹簧 4 的力决定了该阀的开启压力和额定溢流压力。

从上述工作过程可以看出，这种安全阀正常工作时有一个短暂的打开过程，然后关闭，压力逐渐上升到设定值，阀的这种性能起到了启动平稳，制动时吸收压力脉冲的作用，改善了回转平台的操作性能。从上述分析来看，该回转安全阀与行走马达过载阀虽然结构不同，但工作原理相同。

② 防反转阀 回转平台上安装有发动机、散热系统、液压系统、驾驶室和工作装置等，尤其是工作装置作业时铲斗装满料，斗杆远伸，其回转惯性非常大。马达在制动过程中不断地在泵—马达—泵之间转换工况，工作口反复经受高压、低压，尽管有回转制动器和安全阀起作用，但巨大的惯性仍然使回转平台来回晃动。这种晃动不仅对液压系统有害，对钢结构也非常不利，而且影响司机的操作舒适性，防反转阀的应用可以有效地解决回转制动过程中平台来回晃动的问题。图 7-115 所示为防反转阀处于中位时的状态。

当回转操作手柄中位时，主控阀中的回转阀和马达的防反转阀也处于中位。阀座 6 和滑阀 9 在各自的回位弹簧 5 和 10 的作用下处于图示最底部位置。

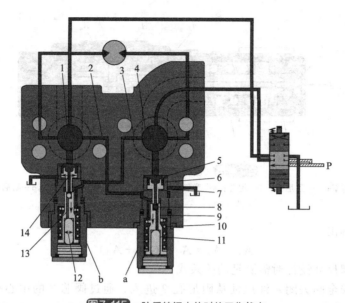

图7-115 防反转阀中位时的工作状态

1,2,3,4—油道；5,10—弹簧；6—阀座；7—阻尼孔；8—单向阀；9—滑阀；
11—柱塞；12—柱塞面积；13—偏心孔；14—阀座面积；a,b—防反转阀；P—左泵输送口

结构分析如下。

a. 防反转阀块中安装着两个结构完全相同的防反转阀 a 和 b，且通过交叉油道 2 和 3 相互沟通联系。

b. 防反转阀的阀座面积 14 大于柱塞面积 12。

c. 单向阀 8 向上运动时起到单向阀作用，阻止柱塞 11 的腔室或交叉油道 2（或 3）里的油进入油道 4（或 1）；单向阀 8 向上运动时，油道 4（或 1）里的油可以顶开单向阀，经偏心孔 13 进入柱塞 11 的腔室或交叉油道 2（或 3）。

d. 阀座 6 与滑阀 9 之间配合段的接触区域很短。

假设回转操作手柄动作，主控阀中的回转阀上移，接通左泵输送口 P，如图 7-116 所示。

左泵输送过来的液压油进入高压油道 4，回转马达逆时针旋转，马达出油通过低压油道 1 回油箱。防反转阀的动作如下。

防反转阀 a，油道 4 中的高压油经过阀座 6 的中心孔，顶开单向阀 8，经滑阀 9 的偏心孔进入柱塞 11 的腔室。由于阀座面积 14 大于柱塞面积 12，所以液压力和弹簧力的合力将阀座 6 和滑阀 9 一起向下推，处于图示的最底部位置。

防反转阀 b，油道 4 中的高压油还经过油道 3 进入滑阀的弹簧腔，油压不但作用在滑阀 9 的底部，同时也作用在柱塞 11 的底部。柱塞 11 试图向上运动，但柱塞腔室中的油被单向阀 8 堵住，所以现在的柱塞腔室变成了一个封闭腔，于是柱塞 11 和滑阀 9 在油压的作用下，克服弹簧 10 和 5 的作用力，推着阀座 6 一起向上运动，处于图示最高位置。这个动作起到了马达从静止到运动的缓冲作用。

当回转操作手柄回到中位时，主控阀中的回转阀回到中位，马达的进回油口均被回转阀切断，马达制动，但由于回转平台的惯性作用，马达被迫继续逆时针旋转，见图 7-117。

此时马达工况变为泵工况。油道 1 为高压区，而油道 4 为低压区。

先考察防反转阀 b。与油道 4 相通的油道 3 和滑阀弹簧腔也为低压区，于是油道 1 中的高压油顶开单向阀，经滑阀的偏心孔进入柱塞 11 的腔室。由于阀座面积大于柱塞面积，所

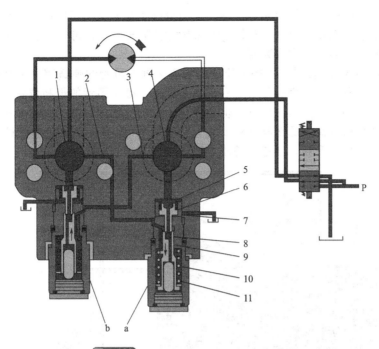

图7-116 马达工作时防反转阀的工作状态

1～4—油道；5,10—弹簧；6—阀座；7—阻尼孔；8—单向阀；9—滑阀；
11—柱塞；a,b—防反转阀；P—左泵输送口

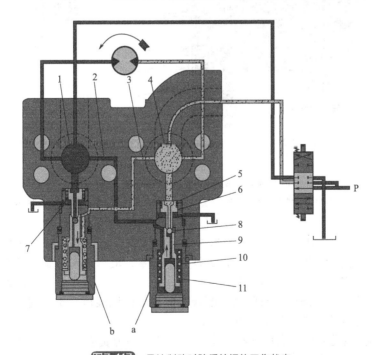

图7-117 马达制动时防反转阀的工作状态

1～4—油道；5,10—弹簧；6—阀座；7—阻尼孔；8—单向阀；9—滑阀；
11—柱塞；a,b—防反转阀；P—左泵输送口

以液压力和弹簧力的合力将阀座和滑阀一起向下推，如图示状态。阀座向下运动时，由于阻尼孔 7 的作用，运动得慢一些；而滑阀在弹簧作用下向下运动得快一些；从前述知道，阀座

与滑阀之间配合段的接触区域很短，这样阀座与滑阀将会分离，形成通道，允许油道 1 的高压油通过油道 3 泄到低压油道 4。这个动作有效缓解高压冲击的同时，也使马达的转矩迅速减小，上部机构的回转晃动大为减轻。

　　再考察防反转阀 a，油道 1 中的高压油经油道 2 进入滑阀的弹簧腔，于是柱塞、滑阀在高压油的作用下推着阀座，克服弹簧力一起向上运动，处于图示的最高位置。

　　接上述分析，油道 1 为高压区域，但被泄掉了一部分油压。油道 4 为低压区域。如果此时油道 1 的油压仍然较高，那么马达将反转（顺时针），而回转平台的惯性试图阻止马达旋转，所以油道 4 的压力升高，油道 1 的压力降低，如图 7-118 所示。

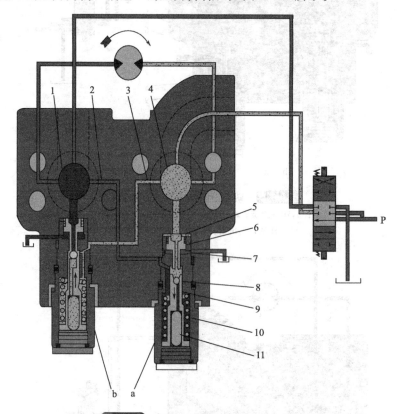

图7-118　马达反转时防反转阀的工作状态

1～4—油道；5—弹簧；6—阀座；7—阻尼孔；8—单向阀；9—滑阀；10—弹簧；
11—柱塞；a—防反转阀；b—防反转阀；P—左泵输送口

　　防反转阀 a。与低压油道 1 相通的油道 2 和滑阀弹簧腔也为低压区，于是高压油道 4 中的高压油顶开单向阀，经滑阀的偏心孔进入柱塞的腔室。液压力和弹簧力的合力将阀座和滑阀一起向下推，阀座向下运动时由于阻尼孔 7 的作用，运动得慢一些；而滑阀在弹簧作用下向下运动得快一些；由于阀座与滑阀之间配合段的接触区域很短，于是阀座与滑阀分离，将油道 4 的高压油通过油道 2 泄到低压油道 1。

　　防反转阀 b。油道 4 中的高压油经油道 3 进入滑阀的弹簧腔，于是柱塞、滑阀在高压油的作用下推着阀座，克服弹簧力一起向上运动。

　　重复上述过程，马达的两腔压力可以迅速接近一致。当马达的高、低压两腔压差产生的转矩不足以使回转平台转动时，平台将在机械制动器作用下保持不动。图 7-119 的时间-压力曲线说明了使用防反转阀的效果是非常明显的，它很快就可以使平台稳定。

　　以上我们分析了回转马达防反转阀的工作原理，它的主要作用就是减小马达制动行程末

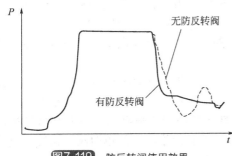

图7-119 防反转阀使用效果

端的来回摆动，减小驾驶员的冲击感，提高挖掘机的操控性能。

最后讨论一下挖掘机的回转工况问题。一般挖掘机作业时平台的回转角度都不会很大，其回转时间占作业总时间的比例较高，因此，如能缩短平台的回转时间将有利于提高挖掘机的作业效率。一般的挖掘机产品样本都标示了挖掘机的回转速度，这很容易产生一个误区：重视了回转速度却忽视了回转加速度。回转速度是平台达到匀速圆周运动后的速度指标，当回转角度不是很大时，加速度就会显得非常重要，特别是铲斗装满物料后的平台转动惯量非常大，回转加速度大的挖掘机从平台启动、加速、到达指定位置卸料、然后返回所用的时间要少于回转加速度小的挖掘机。从能量守恒的原理来看，在回转功率相同的情况下，如果回转速度快（马达减速机的速比小），其回转转矩必然小，根据牛顿第二定律，其回转加速度也必然小。因此，挖掘机的回转机构设计首先应该保证有足够大的回转力矩，然后再兼顾回转速度。除此之外，在回转系统设计时设计者还应该考虑回转马达的控制方式，如何使其发挥出最好的效果。

林德液压生产的挖掘机回转马达提供了一个很好的转矩控制案例，其原理如图 7-120(a) 所示。

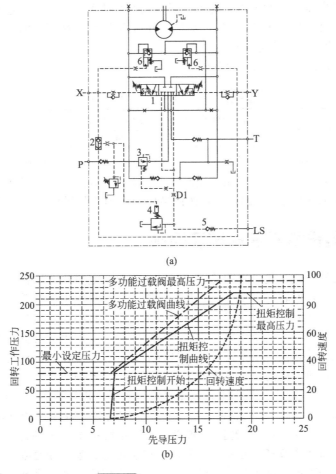

图7-120 回转马达的转矩控制

1—回转马达换向阀；2—梭阀；3—压力补偿阀；4—转矩控制阀；5—单向阀；6—多功能过载阀

第 6 章介绍过的林德液压的 LSC 系统实际上为阀后压力补偿的负荷传感系统，在 33t 左右级别的挖掘机回转马达的控制上，将回转马达换向阀 1 集成在了马达上，所以 LSC 主控阀上取消了回转马达控制联，并为此采用了一个（阀前）压力补偿阀 3 以实现负荷传感的压力补偿功能。

当先导口 X（Y）来油时，压力油一路进入换向阀 1 的端部推动阀杆换向，另一路经梭阀 2 作用在转矩控制阀 4 的弹簧腔。这样，并联在 LS 回路上的转矩控制阀 4 就相当于一个受先导压力控制的、可调压的溢流阀，而阻尼 D1 和转矩控制阀 4 则组成了一个 B 型半桥液阻网络。这样，来自回转马达的负载压力经过这个半桥液阻网络后，经单向阀 5 输送给负荷传感泵的 LS 阀压力将受控于先导压力：先导压力低，转矩控制阀 4 的溢流压力也低，输入给泵的 LS 压力就低，泵的排量小；先导压力高，转矩控制阀 4 的溢流压力也高，输入给泵的 LS 压力就高，泵的排量大。

如果再跟回转马达换向阀 1 的动作结合起来看，先导压力低，换向阀 1 的阀杆位移小，泵的排量小；先导压力高，换向阀 1 的阀杆位移大，泵的排量大。如果没有转矩控制阀 4，根据负荷传感系统的特点，上述关系也成立。但是系统设置转矩控制阀 4 之后，泵的排量将比没有转矩控制阀 4 时要小一些，这样做的好处是减小了因回转平台转动惯量大、平台从静止到加速运动过程中马达突然涌入大量液压油所引起的压力冲击。

注意到多功能过载阀 6 的开启压力也受控于先导压力，设计时匹配好转矩控制阀 4 和多功能过载阀 6 的开启压力，就可以实现正常回转操作时的负载压力低于过载阀的压力，过载阀 6 一般情况下不会开启。图 7-120(b) 即为先导压力-回转马达压力曲线，马达随先导压力（手柄角度）的变化呈转矩控制状态。

表 7-1 所示为系统中各个部件之间的变化关系。

表7-1　系统各部件之间的变化关系

先导压力	阀1位移	阀4开启压力	阀6开启压力	泵 LS 压力	泵排量
低	小	低	低	低	小
高	大	高	高	高	大

当先导压力达到一定值时，转矩控制阀 4 不再溢流，B 型半桥液阻网络的功能消失，负载压力可以真实地输入给泵 LS 阀，泵将按照换向阀 1 的实际阀杆开口量提供流量。

7.3　履带式起重机液压系统及控制

起重机可分为汽车式、履带式和轮胎式。其中汽车式起重机主要机构的动作包括：支腿水平和垂直伸缩，平台回转，吊臂变幅，吊臂伸缩，主卷扬和副卷扬等，大吨位的汽车式起重机还包括配重的自装卸等附件功能。履带式起重机主要机构的动作包括：行走，履带梁伸缩，平台回转，主臂变幅，副臂变幅，主卷扬和副卷扬以及配重的自拆卸等动作。轮胎式起重机的机构动作也大致相同，不赘述。无论哪种形式的起重机，其机构动作都由液压系统驱动，基本原理相似，所不同的是根据作业工况的要求，技术细节有一些变化而已。

下面以 80 吨履带式起重机为例进行起重机液压系统分析，见图 7-121。

工作油泵为林德 HPR02 系列负荷传感变量泵，它为行走液压系统（包括左、右行走马达）、起升液压系统（包括主、副卷扬）和变幅液压系统提供压力油源。林德 HPR02 系列负荷传感变量泵在前面章节多有介绍，不赘述。控制行走、起升和变幅液压系统的主控阀为布赫液压负荷传感分配阀，该阀为片式组装，有五个工作联，加上进油联和尾联总共七个阀片。该分配阀多用于高端起重机产品，它的特点是采用阀前补偿形式，变幅和主、副卷扬的

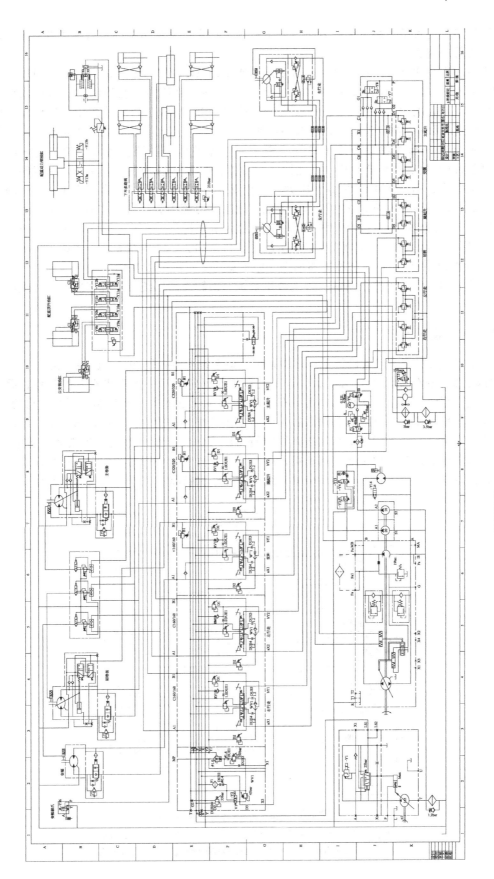

图7-121 80t 履带式起重机液压系统

下降回油路上配置了布赫液压独具特色的平衡阀，加之以系统精细的调试，使得起重机的各机构控制得心应手。

主控阀进油联（最左边一联）包含了减压阀 D2、D3，它的作用是将先导控制压力设置在 35~45MPa 之间。电磁阀 Y2 失电时手柄没有先导控制压力，它的作用是防止人误碰手柄时机构动作，因此电磁阀 Y2 俗称安全锁。精滤器 F1 与两个阻尼的作用是当各阀杆中位时将 LS 压力及时释放到油箱，以使泵斜盘快速回到中位。大流量的插装式直动溢流阀与下面的小流量安全阀两者组合成了先导式溢流阀，保护整个系统。尾联（最右边一联）的 AVR 阀可以有效地抗流量饱和，原理详见第 6 章。各工作联均有独立的 LS 溢流阀，可以按照工况要求分别设置不同的溢流压力，从前面学习的知识可以知道，当 LS 溢流阀溢流时，泵的斜盘将回到中位，这样可以最大限度地减少溢流损失。各工作联的 LS 信号通过梭阀 WV1、单向阀 RV1 后全部并联到 XL 口，然后给泵提供 LS 压力。当某两个或两个以上的工作联同时工作时，各联的流量只与主阀的开口量相关，与负载无关。系统出现流量饱和时尾联的 AVR 将保证各联仍然能够动作（原理见第 6 章有关章节）。

下面分别介绍下车液压系统、行走液压系统、回转液压系统、起升液压系统和变幅液压系统。

7.3.1　下车液压系统

图 7-122 为履带式起重机的下车液压系统。该系统主要控制四个支腿液压缸 9、10、13、14 和两个履带梁伸缩缸 11、12，因为起重机在工作面定位后一般不再有其他工作，因此该系统为定量系统。定量泵 1 供油并由下车多路阀 15 对上述动作进行控制。下车多路阀 15 为六联阀，包括四联支腿操纵阀和两联履带梁伸缩操纵阀，各阀均为三位六通，手动换向，并联油路。安全阀 2 用于限制下车液压系统的最高压力。当下车多路阀的各联都处于中位时，泵 1 的压力油通过各联中位通道回油箱，四个支腿油缸和两个履带梁伸缩缸中的压力油均被闭锁在油缸内，各个支腿油缸和履带梁伸缩油缸处于保持状态。下面以支腿操纵阀 3 对支腿

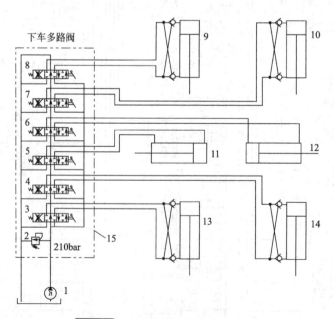

图7-122　履带式起重机的下车液压系统

1—泵；2—安全阀；3,4,7,8—支腿操纵阀；5,6—履带梁伸缩操纵阀；
9,10,13,14—支腿液压缸；11,12—履带梁伸缩液压缸；15—下车多路阀

油缸 13 的控制过程为例，分析各个支腿油缸和履带梁伸缩缸的控制。当司机用手扳动支腿操纵阀 3 置于左位时，泵出口压力油经过液控单向阀进入支腿油缸 13 的无杆腔，有杆腔液压油经过开启的液控单向阀和支腿操纵阀 3 左位的通道回油箱，支腿油缸伸出。当司机扳动支腿操纵阀 3 置于右位时，泵出口压力油经过液控单向阀进入支腿油缸 13 的有杆腔，无杆腔液压油经过开启的液控单向阀和支腿操纵阀 3 右位的通道回油箱，支腿油缸缩回。两个液控单向阀组成了双向液压锁，消除了阀杆泄漏，保证支腿油缸不工作时处于闭锁状态。

该起重机采用的是手动调平系统，其优点是结构简单，工作可靠；缺点是调平速度比较慢，调平的精度不高。

7.3.2　行走液压系统

履带式起重机的行走液压系统如图 7-123 所示，行走液压系统的控制分为左行走马达控

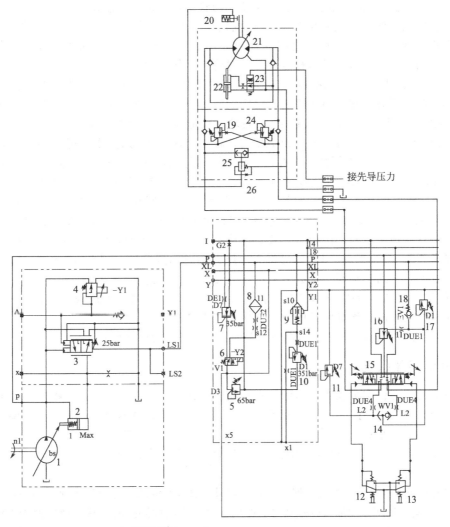

图7-123 履带式起重机的行走液压系统

1—变量泵；2—泵排量调节油缸；3—泵 LS 阀；4—电比例减压阀；5—先导压力溢流阀；
6—电磁阀；7—减压阀；8—滤清器（LS 卸荷）；9—插装式主溢流阀；10—先导安全阀；
11—压力切断阀；12,13—先导阀；14,25—梭阀；15—主控阀；16—二通压力补偿器
（阀前压力补偿）；17—压力切断阀；18—单向阀；19,24—平衡阀；20—制动油缸；
21—行走马达；22—马达排量调节油缸；23—液控换向阀；26—减压阀

制和右行走马达的控制，由于两个行走马达控制方式完全一样，下面以左行走马达液压系统为例来分析履带式起重机的行走液压系统。

行走液压系统是由负荷传感变量泵和液控两级变量行走马达构成的闭式回路。负荷传感变量泵 1 采用的是林德 HPR02 负荷传感阀（该泵在负荷传感挖掘机的主泵系统中已经分析过），主控阀采用的是布赫负荷传感分配阀。

机器启动后，如果司机没有操纵电磁换向阀 6，泵来油将全部被封堵，如前所述 LS 压力通过滤清器 8 和与其串联的两个阻尼泄回油箱，因此变量泵 1 的排量很小，系统只维持泄漏所需要的流量，此时泵处于待机压力状态。司机操纵电磁换向阀 6 使其得电，泵 1 出油将经过减压阀 7 进入先导手柄进油口，如果手柄没有动作，泵出油仍然处于被封闭状态，此时还没有产生 LS 信号，泵的流量仍然很小。只要调整好泵在待机状态下的斜盘角度，使其输出的流量能够维持一定的待机压力，就可以使泵消耗的功率减到最小。

主控阀 15 处于中位，制动油缸 20 保持制动状态，行走马达制动。

当司机操纵手柄控制先导阀 12 时，待机先导压力通过先导阀 12 作用在主控阀 15 的左端使其右移，打开泵与行走马达之间的油道，泵出口压力油依次通过阀前压力补偿器 16，主控阀左位油道，进入行走马达控制阀，此时将产生如下动作。

① 压力油通过梭阀 25 和减压阀 26 进入制动油缸 20 的有杆腔，克服弹簧力使得制动缸解除制动。马达压力的建立与解除制动之间的时间差取决于减压阀的压力和流量设定。

② 压力油冲开单向阀进入马达 21 的右端，行走马达 21 开始转动。

③ 压力油帮助打开平衡阀 19，使平衡阀开启，让马达回油通过主控阀 15 左位的油道回油箱。当机器下坡时，如果在惯性力作用下越溜越快，泵供油不及势必造成马达进口压力降低，此时平衡阀自动将马达回油通道关小，产生足够的背压使马达转速降低，保证下坡时的安全。

司机控制操纵手柄使先导阀 12 移动的行程加大时，先导阀的输出压力提高，主控阀右移的行程加大，主控阀口开度增大，负荷传感泵 1 将提供更大的流量，马达的旋转速度加快。

行走马达采用了液控两级变量形式，由液控换向阀 23 控制，图示位置为马达最大排量。司机控制电磁阀 Y3（见图 7-121）可将先导压力接通到液控换向阀 23 的上端，使马达工作在小排量状态，从而实现履带式起重机的快、慢两种行走速度。

如前所述，LS 溢流阀 11 和 17 用于限制负载的最高压力，当负载超过设定压力值时，泵实现压力切断功能，斜盘回到中位，几乎没有溢流损失。

同理，当司机操纵手柄控制先导阀 13 时可实现马达的反向旋转。

7.3.3 回转液压系统

起重机的回转机构可以实现吊钩在水平面内的移动。图 7-124 所示为履带式起重机的回转液压系统原理，该回路为一双向变量泵与双向定量马达组成的容积调速回路。调节变量泵 1 的排量可以改变回转马达的转动方向和速度。变量泵的排量调节采用的是液控伺服无级调节方式，关于泵的伺服变量控制原理可参见泵的变量控制形式相关章节，在此只对回路的工作过程进行分析。

当司机对回转操纵手柄没有任何动作时，前级伺服缸 5 的两腔都没有先导压力油，伺服滑阀 4 处于中位，变量柱塞在两端回位弹簧力的作用下使与之刚性连接的斜盘反馈杆处于中位，泵此时排量为零，由于制动油缸 16 未接通压力油，因此制动油缸处于制动状态，回转马达保持静止。

当司机控制回转先导阀 6 时，先导压力油通过减压阀流至前级伺服缸右腔，伺服滑阀 4 向左移动，补油泵 13 提供的压力油通过伺服滑阀右位的油道进入变量缸 3 的右腔，泵的排量从零开始增大，与此同时电磁阀 Y4 得电（见图 7-121），制动油缸 16 接通压力油，解除马达制动，马达开始旋转。随着司机操纵先导阀 6 的手柄角度增大，泵输出的流量也增大，

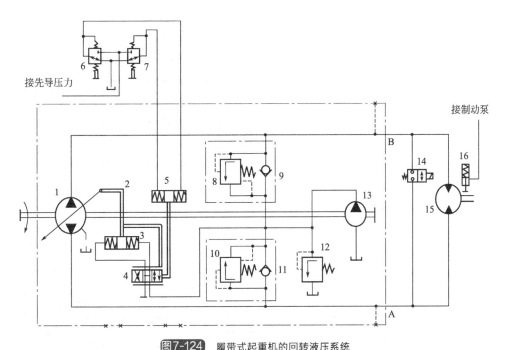

图7-124 履带式起重机的回转液压系统

1—双向变量泵；2—斜盘反馈杆；3—变量缸；4—伺服滑阀；5—前级伺服缸；6,7—先导减压阀；
8,10,12—溢流阀；9,11—单向阀；13—补油泵；14—电磁换向阀；15—回转马达；16—制动油缸

马达转动就越快。当司机控制操纵手柄回到中位时，先导压力消失，泵斜盘回到中位，泵的排量为零，马达停止转动的同时电磁阀 Y4 失电，制动油缸回油制动。当司机控制回转先导阀 7 时，与上述过程类似，泵反向供油，回转马达反向旋转。电磁换向阀 14 得电时该阀工作在右位，马达进、出油口直接相通，平台解除液压制动效能。

假定变量泵 1 正向供油时上端油路为高压回路，下端为低压回路，压力油进入回转马达 15 使其正向旋转，溢流阀 8 此时为安全阀，防止正向旋转时回路过载，溢流阀 10 不起作用。补油泵 13 通过单向阀 11 向低压回路补充新的冷油。当变量泵 1 反向供油时，工作原理同上类似，个不再赘述。

7.3.4 起升液压系统

履带式起重机的起升机构包括主、副卷扬两套装置，起重机利用起升机构可以实现吊钩的垂直上下运动。由于主、副卷扬液压系统工作原理相同，因此以主卷扬液压系统的工作原理为例，对履带式起重机的起升液压系统进行分析，图 7-125 所示为主卷扬液压系统。

由图 7-125 可以看出，该控制回路与行走液压系统一样是由负荷传感变量泵和变量马达构成的闭式回路，主卷扬液压系统主控阀为负荷传感流量分配阀五联中的一联，系统中负荷传感泵、主控阀和先导减压阀等工作原理都与行走液压系统中的相同。

当司机对行走操纵手柄没有任何动作时，主控阀 15 处于中位，此时没有压力油进入执行机构，马达 26 不旋转，由于先导阀没有输出压力，制动油缸在弹簧力的作用下使马达处于制动状态。当司机控制先导阀 12 时，主控阀 15 向右移动，打开泵与马达之间的油道，泵出口压力油依次通过阀前压力补偿阀 16，主控阀左位油道，平衡阀 19 进入马达 26；同时，泵来油经过梭阀 20、减压阀 21 和液动换向阀 22 进入制动油缸 27 的有杆腔，制动油缸解除制动，马达 26 开始正向旋转。

下面分析马达的变量原理：马达高压端的压力油始终作用在马达变量缸的有杆腔，图示

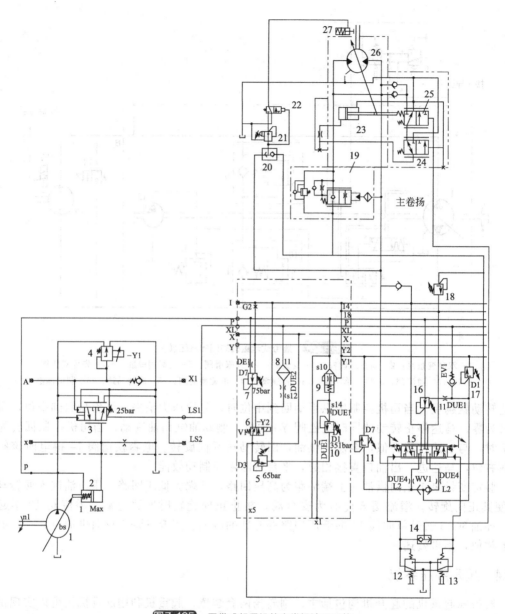

图7-125 履带式起重机的主卷扬液压系统

1—变量泵；2—泵排量调节油缸；3—泵LS阀；4—电比例减压阀；5—先导压力溢流阀；6—电磁阀；7,21—减压阀；
8—滤清器（LS卸荷）；9—插装式主溢流阀；10—先导安全阀；11—压力切断阀；12,13—先导阀；14,20—梭阀；
15—主控阀；16—阀前压力补偿阀；17—压力切断阀；18—过载阀；19—平衡阀；22—液动换向阀；
23—马达排量调节油缸；24—液控阀；25—伺服阀；26—马达；27—制动油缸

初始位置的马达处于最大排量，马达输出大转矩有利于起吊重物。随着手柄角度的增大，先导阀输出的控制压力升高，伺服阀25左移，马达高压端的压力油进入马达变量缸的无杆腔，此时马达变量缸的有杆腔和无杆腔同时进油，在差动压力的作用下马达排量减小（相应马达输出转矩减小），马达转速升高，这样在提升较轻的重物时有利于提高作业速度；如果当马达排量变小、提升速度提高时，同样的重物会使系统压力升高，或者提升的重物较重，也会因马达排量减小而引起压力升高。当压力超过液控阀24的弹簧设定力时，液控阀24将左移，马达变量缸无杆腔通油箱，使马达排量增大，输出转矩相应增大，压力降低。从上述控制过程看出，马达的压力控制（通过液控阀24）优先于马达的排量控制（通过伺服阀25），

　　无论任何时候，只要马达压力超过液控阀 24 的设定值，马达都将优先锁定变为大排量，增加输出转矩、降低系统压力。从这个角度看，伺服阀 25 的主要作用是控制排量，液控阀 24 的主要作用是高压大排量的锁定功能。

　　当司机控制操纵手柄将先导减压阀 13 按下时，则可以实现主卷扬马达的反转，实现重物的下降，主卷扬液压系统中的平衡阀可以有效防止重物在下放过程中出现的失速现象，保证重物下降速度平稳可靠，提高安全性。关于平衡阀的结构和原理，后面将有专门的章节进行详细的分析。

7.3.5　变幅液压系统

　　履带式起重机的变幅机构实现吊钩在垂直平面内的移动。图 7-126 所示为履带式起重机

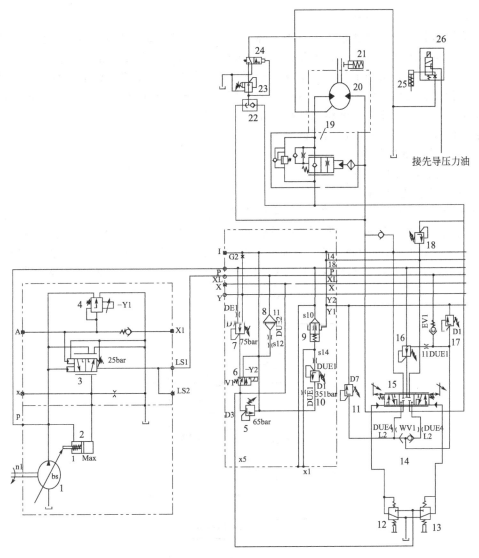

图7-126　履带式起重机的变幅液压系统

1—变量泵；2—泵排量调节油缸；3—泵 LS 阀；4—电比例减压阀；5—先导压力溢流阀；6—电磁阀；
7—减压阀；8—滤清器（卸荷）；9—插装式主溢流阀；10—先导安全阀；11—压力切断阀；12,13—先导阀；
14,22—梭阀；15—主控阀；16—阀前压力补偿阀；17—压力切断阀；18—过载阀；19—平衡阀；
20—变幅马达；21—制动油缸；23—减压阀；24—液控换向阀；25—棘爪制动油缸；26—电磁阀

的变幅液压系统。变幅液压系统的执行元件为双向定量马达，由于变幅液压系统和起升液压系统、行走液压系统共用一个负荷传感泵 1 作为工作油泵，主控阀也是负荷传感流量分配阀五联其中的一联，先导系统、压力切断阀以及平衡阀的工作过程均与起升液压系统的类似，因此对于液压系统的工作过程不再具体分析。

马达 20 被驱动后通过减速装置直接驱动变幅卷鼓。通过控制操纵手柄的位置和行程改变马达的转动方向和转动速度。进而实现吊臂的起升和俯下的转换。当操纵手柄回中位时，泵出口到马达的油路被封闭，马达停转，与此同时，装在马达和减速器之间的制动器自动制动，在变幅卷鼓一侧的凸缘上带有棘轮机构，当操纵手柄回中位时，棘轮和棘爪相嵌便锁住了变幅卷鼓，保证了吊臂能够保持在一个固定的位置。

7.3.6 平衡阀

(1) 平衡阀的工作原理

起重机吊装工况外负载很大，重物下降过程中一般都需要"限制超速"。还有一种工况更需要综合考虑超速下降问题，那就是二次起升和二次下降，即重物起升到空中某个位置停止，然后再次起升；重物下降到空中某个位置停止，然后再次下降。以上这两种情况可能多次发生或者交替发生，例如下降-停止-起升-下降-停止等。在上述复杂作业工况下，起重机能够安全、平稳地工作，能够精确地控制是非常重要的。

起重机液压系统需要限速回路的有：

① 起重臂的变幅下降；

② 主卷扬马达的下降；

③ 副卷扬马达的下降。

限速回路的基本要求是：下降速度由泵的流量决定，不受载荷大小的影响；可以使载荷停留在任何位置。图 7-127 所示为一典型的起重机限速回路，图中看出平衡阀是起决定作用的元件。平衡阀有多种结构形式和控制方式，下面结合世界上最著名的起重机液压元件专业制造商瑞士 BUCHER HYDRAULICS（布赫液压）的 CINDY 平衡阀工作原理讲述起重机的限速回路。

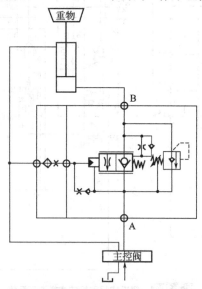

图7-127 起重机中的限速回路

BUCHER HYDRAULICS 的 CINDY 平衡阀有以下优点。

① 零泄漏（B 口→A 口）。

② 平衡阀主阀的开启几乎不受负载大小的影响。

③ 很高的响应速度。

④ 即使主阀芯回位弹簧失效，主阀芯也可以安全关闭。

⑤ 特殊处理的主阀芯与阀座结合处使之具有很长的使用寿命。

⑥ 特殊的低噪音设计。

⑦ 很小的滞环。

⑧ 可以选择不同的先导控制压力。

⑨ 可以选择不同的控制方式。

该平衡阀由三个部分组成：先导控制单元、载荷控制单元以及安全阀单元，如图 7-128 所示。这种平衡阀的模块化结构特点可以根据工况更换先导控制以实现多种控制功能。图中 A 腔连接油缸小腔，B 腔连接油缸大腔。

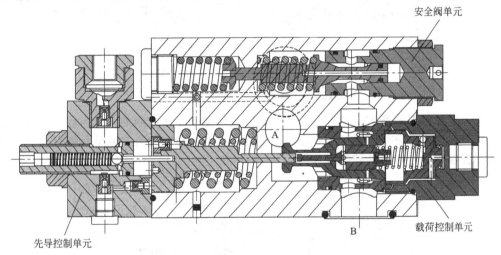

图7-128 BUCHER 平衡阀

平衡阀有三个基本动作：保持，提升，下降。下面逐个分析动作原理。

保持：当要通过平衡阀实现油缸的保持动作时，平衡阀中的各个油腔充油状态及阀芯的位置如图 7-129 所示。由于构件自重产生的油缸大腔压力通过节流通道与主阀芯后面的弹簧腔相通。B 腔压力使单向阀紧压在阀座上，锥面密封无泄漏，因此即使弹簧损坏也能保证其密封。

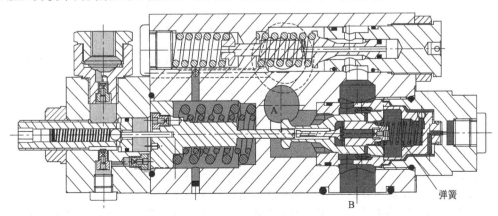

图7-129 平衡阀实现执行元件的保持动作

提升：当压力油通过平衡阀实现执行元件的提升动作时，压力油的流向为 A 腔→B 腔。

如图 7-130 所示，动作的顺序为：泵来油→主控阀→进入 A 腔→建立压力→推动主阀芯→弹簧腔内的单向阀打开→油进入缸大腔（B 腔）。弹簧腔单向阀的作用是让弹簧腔内的油快速进入 B 腔，使主阀的响应速度快。如果压力没有建立起来就打不开单向阀，因此不会在提升的过程中产生油缸的下降动作（俗称点头现象）。

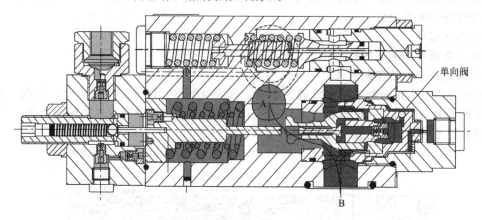

图7-130　平衡阀实现执行元件的提升动作

下降：通过控制平衡阀实现执行元件的下降动作是平衡阀控制的主要内容，压力油的流向为 B 腔→A 腔，如图 7-131 所示。在这个过程中，平衡阀的载荷控制单元将有一系列的动作，先导控制单元也有多种控制方式。

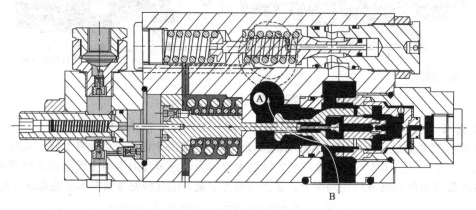

图7-131　平衡阀实现执行元件的下降动作

我们将平衡阀的载荷控制单元放大，图 7-132 所示，并注意到 B 腔通过箭头所指的两路节流通道与弹簧腔相通。

为便于分析，我们再去掉阻尼 5，见图 7-133。

动作一，先导阀打开。来自先导控制部分的外力作用使推杆向右移动（如图 7-133 左端粗箭头所示），先导控制活塞接触到先导阀后推动先导阀向右移动，这个动作

① 关闭了 B 腔通往弹簧腔的一条节流通道（结合图 7-132）。

② 打开了弹簧腔通往 A 腔的通道，使弹簧腔内的油进入 A 腔。

③ 来自先导控制部分的外力与弹簧力平衡后稳定在某一位置。

动作二，主阀芯向右移动。弹簧腔内的油流入 A 腔后（注意到先导阀已经切断了一条 B 腔通往弹簧腔的节流通道），弹簧腔的压力开始下降，大约压力降到 30％左右时，在主阀芯两端形成了一定的压差（指向右），使主阀芯向右移动打开 B-A 通道，使得 B 腔的油流入 A 腔。

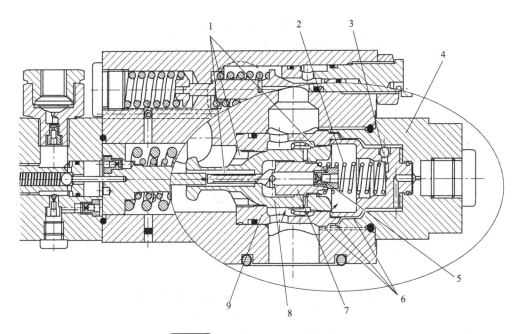

图7-132 平衡阀的载荷控制单元放大图

1—缝隙；2—弹簧；3—单向阀；4—阀底座；5—阻尼孔；6—通道；7—先导阀芯；8—主阀芯；9—阀套

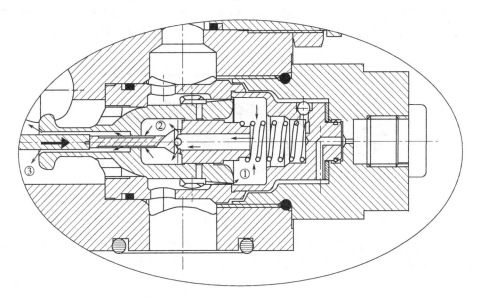

图7-133 平衡阀的载荷控制单元放大图（略去阻尼部分）

注：图中①～③为油流向。

动作三，B腔大量的油进入A腔，如图7-134所示。

① 弹簧腔内油的流动：1→2→3→4。

② B腔至A腔油的流动：①→②→③。

③ B腔的油继续通过主阀芯大端纵向切口槽进入弹簧腔的油通过先导阀与主阀芯形成的节流槽进入A腔，参见平衡阀主阀芯实物图，这个起节流作用的切口槽随着主阀芯位移的增大其阻尼作用逐步减小。从主阀芯的受力来看，左端受到B腔的压力作用，而右端受到经B腔节流后的压力作用，并且节流的液阻随着主阀芯的开度增大而逐步减小，也就是说使主阀芯向右移动的外

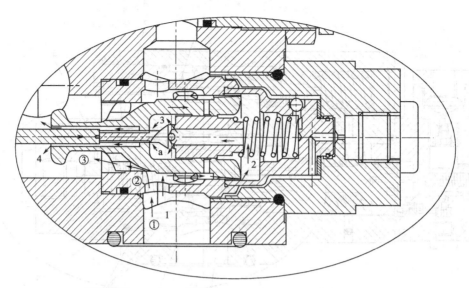

图7-134　平衡阀的载荷控制单元内的油液流向（略去阻尼部分）

注：图中①～③，1～4为油流向。

力——压差随着主阀芯开度的增大而逐步减小，或者说随着主阀芯开度的增大阀芯右端的压力越来越高。如此一来，虽然主阀芯（图7-135）在这个压差的作用下将继续向右移动，但是阀芯向右移动的速度将逐渐减小。这就意味着随着流量的增大，阀芯的开度也在增大，但是阀芯移动的速度在逐渐减小。这就使得主阀芯的开启和逐步增大的过程非常平稳，起到了缓冲作用。

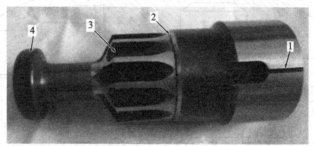

图7-135　平衡阀主阀芯实物

1—大端纵向切口槽（变截面）；2—阀芯与阀套密封面；3—小端A、B腔流道；4—消音锥

④ 当主阀芯移动到与先导阀纵向切口槽平齐时，见图7-136所示a点，（参见平衡阀先导阀芯实物图）将关闭弹簧腔至A腔的通道。a点的实际形状为一个三角形的切口槽，其切口深度比长条形的切口还要浅一些。这个三角形切口槽随着主阀芯的右移，节流面积逐渐减小，阻尼逐渐增大、直至使主阀芯逐渐停止运动，起到了缓冲作用。

图7-136　平衡阀先导阀芯实物

动作四，主阀芯处于开启状态下的动态平衡。弹簧腔至A腔通道关闭后，弹簧腔内的

油又被封住，因此主阀芯将不能继续向右移动。而 B 腔的油此时正源源不断地通过主阀芯大端纵向切口槽进入弹簧腔，使得弹簧腔压力继续升高，当弹簧腔的压力足够高时，主阀芯将向左移动，离开封闭的 a 点，继续打开弹簧腔到 A 腔的通道，使弹簧腔内的油再次流入 A 腔。于是主阀芯再次向右移动，当主阀芯移动到 a 点时再次关闭弹簧腔至 A 腔的通道。重复上述过程，主阀芯处于动态平衡。a 点就是主阀芯在这个先导控制外力下的最大开口位置。需要指出的是，主阀芯的动态平衡设计可以提高系统的反应速度，但是阻尼的设计一定要合理，这样才能避免主阀芯的震颤。

综上所述，我们给定一个确定的先导控制外力→对应推杆一个确定的位移→主阀芯对应一个确定的开口量。

上述分析中我们略去了先导阀芯的后端阻尼（如图 7-132 中的序号 5）。当这个阻尼存在时，弹簧腔的压力将比没有阻尼时要高一些，弹簧腔的油流入 A 腔的时间也更长一些，作用在主阀芯上的压差也将更小一些，调整这个阻尼可以适应不同的工况需求。例如，当重物下降速度过快时，B 腔油压将上升，这将使更多的油通过主阀芯大端纵向切口槽挤入弹簧腔，由于阻尼的作用，进入弹簧腔的油不能顺畅地流入 A 腔，这就会引起弹簧腔压力升高，使主阀芯向左移动，关小 B→A 通道，有效防止因自重引起的超速下降。以上过程称之为负载反馈，更是该阀的优点之一。

调整阻尼孔的大小可以使执行元件的下降速度得到有效控制，甚至可以使下降速度比正常值还小，见图 7-137。

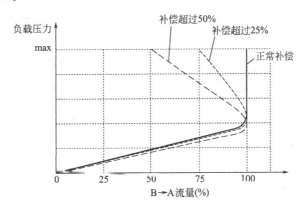

图7-137 平衡阀调整阻尼对 B-A 流量的影响

特别需要指出的是，防止超速下降的前提是先导控制的外力不能变大，否则先导阀将进一步向右移动，使弹簧腔油压降低，导致主阀芯开口量增大，由此看出如何使先导控制外力稳定是非常重要的。

（2）平衡阀的先导控制

使推杆移动的外力来自平衡阀的液压先导控制压力。控制油源的一种取油方式来自同一执行元件相对的另外一条管路（例如油缸大腔回油取决于小腔的控制压力）。这种控制形式容易引起液压振动，从而造成机器振动，非常危险，必须用适当的阻尼来进行调整；这个阻尼在回路中用进口液阻 ZD 和旁路液阻 By 来表示。

控制油源的另一种取油方式来自控制同一执行元件的外部先导控制油路（例如先导油路控制主控阀的同时并联一条油路控制平衡阀）。这种控制形式引起的振动很小，但是必须适当调整先导控制压力使其匹配。

BUCHER 平衡阀有多种控制形式，使得平衡阀有多种性能曲线，适应多种不同的作业工况。这些控制形式分别为 G、D、H、R、E 等。

① G 控制形式　如同液压半桥（惠斯通电桥原理）一样，选择不同液阻 ZD 和 By，可以得到无数组负载数据，对开启压力和响应时间（从 0 到最大流量的开启时间，从最大流量到 0 的关闭时间）等各个参数进行调整。

液阻 By 的作用是排空管路中的空气和加快阀的关闭速度，液阻 By 是标准配置。

单向阀设置在图 7-138(b) 所示位置可以阻止主回路的污染物进入先导控制油路，起到保护作用。

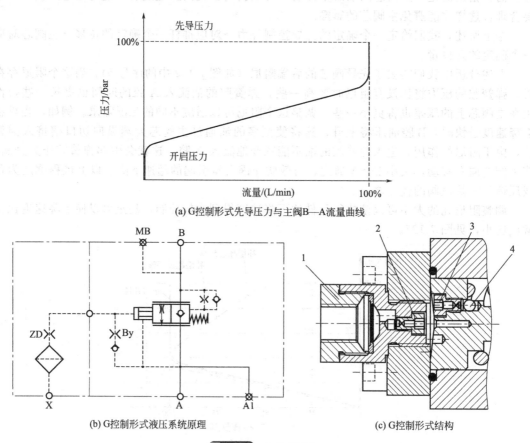

(a) G控制形式先导压力与主阀B—A流量曲线

(b) G控制形式液压系统原理　　　　(c) G控制形式结构

图7-138　G 控制形式

1—过滤单元；2—入口阻尼；3—通道阻尼；4—单向阀

G 控制形式的压力-流量曲线、液压系统原理以及结构如图 7-138 所示。

回油背压对先导控制系统是有影响的。如果采用集中回油方式（图 7-139），即回油口接 A 口，而 A 口通过主控阀接回油滤、散热器之类的附件，那么回油背压就比较大。如果比较大的回油背压对控制系统产生了不良影响，就应该采用单独回油方式，另设一条直接回油箱的回路 L，如图 7-140 所示。

② D 控制形式　这种控制形式适用于控制油来自执行元件相对的那一条管路。先导油通过 ZD 进入控制端盖 9 后，有两条油路通向控制腔 a，一条通过单向阀座 8 的径向孔、阀座 8 与传递杆 3 之间的间隙进入控制腔 a，这是一条无阻尼通道。另一条通过 D1、D2 两个串联阻尼进入控制腔 a，如图 7-141(c) 左侧图所示。控制油通过无阻尼通道进入控制腔使得先导控制活塞容易启动。当活塞运动到一定行程时，传递杆 3 离开了单向阀 6，使得单向阀 6 的钢球靠在阀座 8 上将无阻尼通道堵塞，此时的先导油必须通过 D1、D2 并在 By 的控制下才能进入控制腔 a，如图 7-141(c) 右侧图所示。

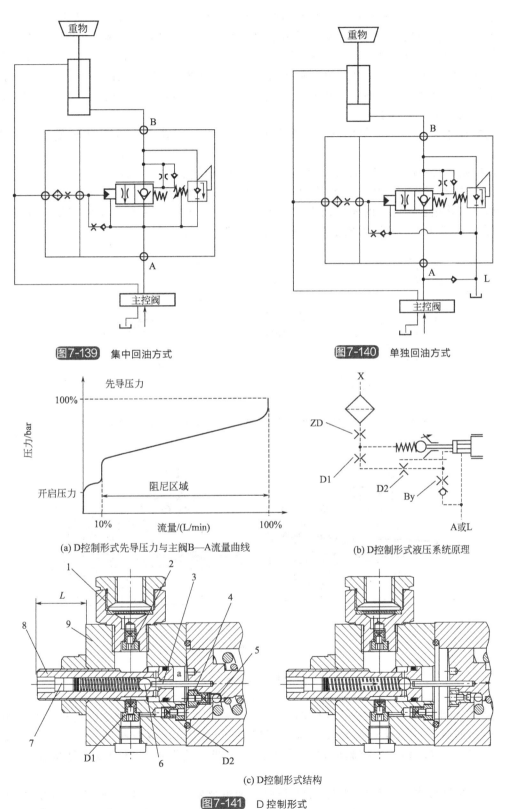

图7-139 集中回油方式

图7-140 单独回油方式

(a) D控制形式先导压力与主阀B—A流量曲线

(b) D控制形式液压系统原理

(c) D控制形式结构

图7-141 D 控制形式

1—过滤器；2—进口阻尼 ZD；3—传递杆；4—旁路阻尼 By；5,6—单向阀；
7—调节螺丝纹；8—单向阀座；9—控制端盖

这种控制形式可以适应机械由静摩擦变为动摩擦的情况。机械由静止状态开始运动时，静摩擦力很大，一旦机械运动起来以后由于动摩擦力比静摩擦力小很多，所以机械有一个突然加速的可能，造成机械抖动、点头甚至振动，这对起重机来说是非常危险的。D 控制形式在机械起步阶段的开启压力比正常开启压力低一些，而供应的流量也比正常时小一些，这样就使机械起步更加容易，而且启动速度也慢一些，待克服静摩擦后再供应给正常的流量，这样机械运动就更加平稳了。

调整尺寸 L 可以调节单向阀 6 的关闭行程，因此可以调节先导压力-流量图上的曲线形状。

D 控制形式的压力-流量曲线、液压系统原理及其结构如图 7-141 所示。

③ H 控制形式　开始时先导油通过 ZD 可以进入活塞腔，当活塞运动到一定行程时，单向阀将油路堵塞，此时的先导油不能进入活塞腔，这样就可以限制最大流量。H 控制形式的压力-流量曲线、液压系统原理以及结构如图 7-142 所示。

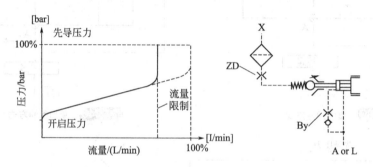

(a) H控制形式先导压力与主阀B—A流量曲线　　(b) H控制形式液压系统原理

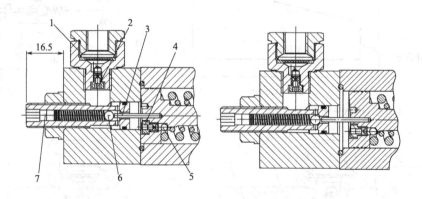

(c) H控制形式结构

图7-142　H 控制形式

1—过滤器；2—入口阻尼；3,7—调节螺纹；4—通道阻尼；5—单向阀；6—安全阀

④ R 控制形式　由于定压减压阀输出的压力基本恒定，因此可以把这个压力作为先导控制油源。定压减压阀的入口压力可以达到 100bar，减压阀的输出压力可以达到 19bar。ZD 可以取消。R 控制形式的压力-流量曲线、液压系统原理以及结构如图 7-143 所示。

⑤ E 控制形式　将 R 控制形式的减压阀换为电比例减压阀，则构成 E 控制形式。设计进口压力 30～50bar。E 控制形式的压力-流量曲线、液压系统原理以及结构如图 7-144 所示。

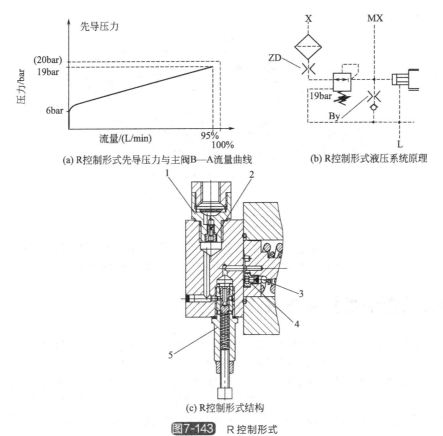

(a) R控制形式先导压力与主阀B—A流量曲线

(b) R控制形式液压系统原理

(c) R控制形式结构

图7-143 R控制形式

1—过滤器；2—入口阻尼；3—单向阀；4—通道阻尼；5—减压阀

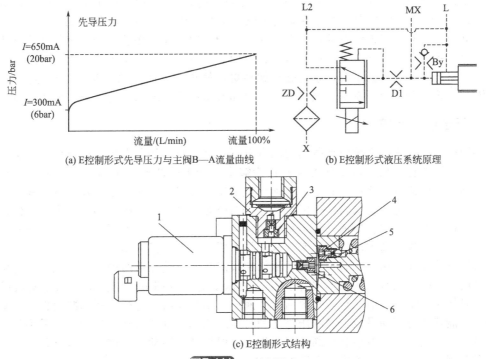

(a) E控制形式先导压力与主阀B—A流量曲线

(b) E控制形式液压系统原理

(c) E控制形式结构

图7-144 E控制形式

1—电比例减压阀；2—过滤器；3—入口阻尼；4—通道阻尼；5—单向阀；6—阻尼孔

（3）安全阀（图 7-145）

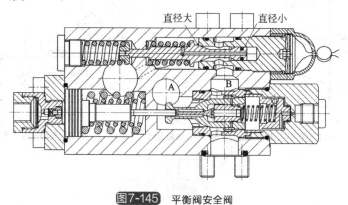

直径大   直径小

A   B

图7-145   平衡阀安全阀

这是直动式安全阀，通过更换不同的弹簧或调整弹簧力可以得到不同开启压力。当出现载荷过大的情况时溢流阀打开，保护系统和各机构，保证整机作业的安全。

7.4   履带式摊铺机的液压系统及控制

摊铺机是按照路基或者旧路面的厚度、平整度、路拱等设计要求，把拌好的沥青混凝土均匀地摊铺在它们上面并达到初步压实的一种路面施工机械。

路面施工机械是典型的非牵引型机械，为了保证路面施工质量，无论来自地面或其他方面的载荷如何变化，机械都必须保持恒定的行驶速度。本文用摊铺机作为例子，对于其他路面机械如压路机、平地机等都是同样的道理，不随负载变化的速度恒定控制是路面机械产品最为重要的控制。

履带式摊铺机液压系统一般包括：行走液压系统、输料液压系统、分料液压系统、振捣液压系统、振动液压系统等。不同档次、不同用途的摊铺机其液压回路不尽相同，本文以 CLG509 摊铺机液压系统为例进行摊铺机液压系统的分析。图 7-146 为 CLG509 摊铺机液压系统原理图，乍看起来摊铺机的液压系统非常复杂，但是如果按照各个系统的功能分块进行分析的话，系统就比较简单了。如果读者再对前面章节的闭式变量系统、负荷传感系统和定量调速回路有比较深入的了解，系统分析就会更加简单。下面按照摊铺机的行走液压系统、输料液压系统、分料液压系统、振捣液压系统和振动液压系统的功能分块，分别进行分析。

7.4.1   行走液压系统

摊铺机的行走液压系统应具备的功能有以下几点：对控制器发出的指令做出准确及时的响应，对机器的行走状态做出各种控制；能够实现行走的两挡无级调速，即工作挡和转场挡；能够实现摊铺机的前进、后退，摊铺机在工作时直线、恒速行驶以及转弯行驶。

摊铺机行走工况的要求为：摊铺机的行走系统必须具备作业模式和行走模式，即机器具有作业和行走两种速度。摊铺机行走系统必须满足最低摊铺速度要求（一般为 1.5m/min），并使液压元件工作在高效区。为了实现这一技术要求，一般都采用闭式系统。对左、右行走马达采用电控双速马达，并验算马达的最低和最高转速以及在这两种行走工况下行走泵的排量。采用电控闭式变量泵实现对各个挡位行驶速度的无级调节。起步加速采用斜坡函数控制，使得加速平稳，一般在行驶时提前打开液压驻车制动器。对行走制动减速也采用斜坡函数控制，能够使得制动平稳，对液压马达和行走减速机的制动器磨损也较小。采用延时电路控制泵斜盘回到中位后再使驻车制动器起作用，但是紧急制动不应该有延时电路控制，一旦启用紧急制动，驻车制动器应该立即刹车。

以左行走为例，图 7-147 所示为 CLG509 摊铺机的行走液压系统，该系统为一双向变量

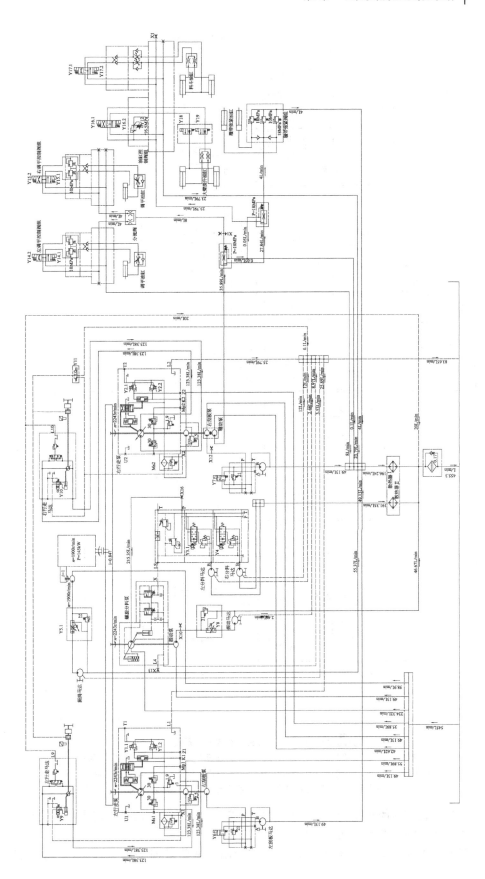

图7-146 CLG509 摊铺机液压系统

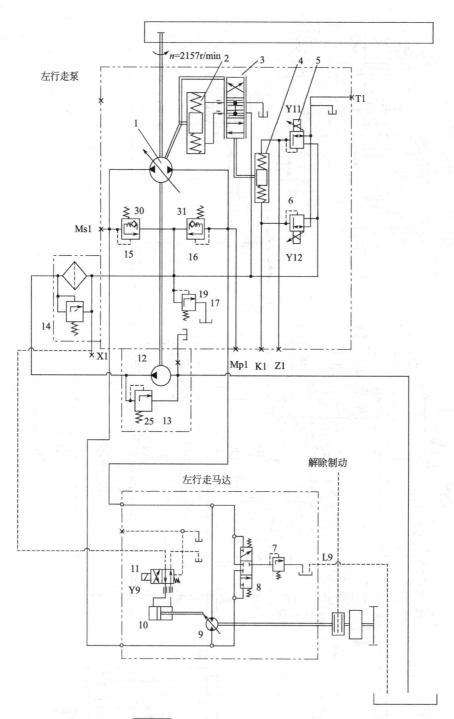

图7-147 CLG509摊铺机行走液压系统

1—左行走泵；2—泵变量缸；3—伺服滑阀；4—前级伺服缸；5,6—电比例减压阀；
7—背压阀；8—马达冲洗阀；9—变量马达；10—马达变量缸；11—电磁换向阀；
12—补油泵；13,17—溢流阀；14—旁通阀；15,16—多功能阀

泵与双向变量马达组成的闭式系统。调节变量泵 1 或者变量马达 9 的排量均可以改变行走马达的转速。变量泵的排量调节利用了伺服变量反馈原理。

当电比例减压阀 5 通电时，来自补油泵 12 的控制油从前级伺服缸 4 的上侧进油（此时

斜盘固定不动），活塞克服弹簧力向下移动的同时带动伺服滑阀 3 向下移动，控制油经过滑阀 3 上位进入泵变量缸上腔，伺服柱塞下移，调节变量泵的斜盘角度改变泵的排量。斜盘偏转的同时机械式负反馈机构使得伺服滑阀 3 回到中位。由于电比例减压阀 5 能够连续地、按比例地输出压力，因此可以实现变量泵 1 的排量无级调节，从而实现左行走马达 9 转速的无级调节，达到了摊铺机行走速度无级调节的目的。同理，当连续调节电比例减压阀 6 的输出压力时，也可实现变量泵 1 排量的连续变化，从而无级调节摊铺机的行走速度。

　　控制电磁换向阀 11 的通电和断电，可使马达变量缸 10 处于两个不同的工作位置，分别对应变量马达 9 的最小排量位置和最大排量位置，从而实现摊铺机作业和行走时两种不同的行驶速度。

　　回路中变量泵可以正反向旋转，实现摊铺机的前进和后退。多功能阀 15、16 集成了溢流阀和补油单向阀的双重功能，例如变量泵 1 左端为高压时，阀 15 中的溢流阀防止回路高压过载，而阀 16 中的单向阀打开，使补油泵向右端的低压回路补油。图中序号 8 为马达冲洗阀，在马达工作时该阀打开，将参与能量转换后的热油排回油箱，这一方面降低了系统油温，另一方面冲洗了回路中参与工作的液压元件的磨损微粒，提高系统的可靠性和寿命。背压阀 7 的作用是时马达保持一定的背压，提高马达的使用寿命。马达背压值的设置一般是根据马达的结构，制造商在产品说明书中有具体的要求。补油泵通过单向阀不断地向低压回路补充新的冷油、马达冲洗阀不断地将热油排回油箱是闭式回路的标准设计形式。

　　补油泵 12 除了向闭式回路补油以外，还为泵和马达提供控制油源，补油泵的排量计算可以咨询变量泵的制造商。上述分析可以看出补油泵在系统中的作用是非常重要的，有些人认为补油泵就是一个普通的低压齿轮泵而已，在昂贵的闭式系统中只是一个"配角"，选型时比较随意，殊不知这样的随意将很可能"毁了"整个闭式系统。鉴于补油泵的重要性，笔者还是建议选择性能好、质量可靠的齿轮泵为好。

7.4.2 输料液压系统

　　图 7-148 所示为 CLG509 摊铺机的输料液压系统，这是典型的压力适应回路。由于输料液压系统由完全相同的两套液压系统组成，即左刮板马达由左刮板泵单独供油，右刮板马达由右刮板泵单独供油，各自控制元件也相同且互不干扰，因此下面以左刮板的液压系统为例进行摊铺机输料液压系统的原理分析。

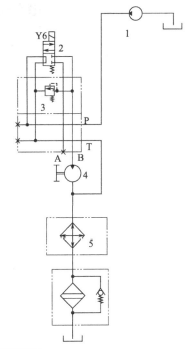

图7-148 CLG509 摊铺机输料液压系统
1—左刮板泵；2—电磁换向阀；
3—溢流阀；4—左刮板马达；5—散热器

　　该系统由左刮板泵（定量泵）1、电磁换向阀 2、溢流阀 3 和左刮板马达（定量马达）4 等组成。启动输料功能前，泵空载卸荷，启动输料功能后，系统按照设计速度输送物料，当输料量过大，使得堆料高度达到一定高时，机械式料位拍（开关式）将电信号切断，泵空载卸荷。溢流阀 3 限制回路的最高工作压力，防止回路过载。

7.4.3 分料液压系统

　　摊铺机的分料器一般采用螺旋式分料器，从输料系统传输过来的物料进入摊铺室，两个反方向旋转的螺旋分料器将这些混合料用螺旋输送的方法向两边输送摊铺。混合料的配比、路面状况的变化等各种因素使得摊铺机分料系统的负荷变化很大，因此该系统应当对控制器发出的指令做出准确、及时的响应，而且要求各分料马达能单独调节各自的转速，以实现对输料系统传输来的物料均匀地向两边输送。

CLG509摊铺机分料液压系统采用了负荷传感系统、阀后补偿形式。主要元件有螺旋分料变量泵、LS阀、压力切断阀、溢流阀、电比例换向阀、压力补偿器、左分料马达、右分料马达等，分料液压系统如图7-149所示。其工作原理与负荷传感系统完全相同，给电比例换向阀一个电信号，电比例换向阀中的电比例减压阀将输出一个控制油压，推动换向阀阀杆移动，使得阀杆有一个对应的开口量，变量泵的1的变量调节机构自动地对泵的斜盘角度进行调节，从而控制变量泵1的输出流量始终等于执行元件所需的流量。当负载压力升高到设定值时，压力切断阀将泵的排量减到最小，系统只维持设定压力，几乎没有流量输出。溢流阀为先导式，保护系统不会超载。

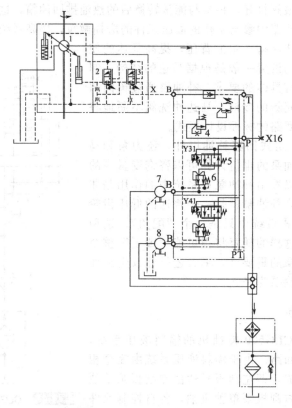

图7-149 CLG509摊铺机输料液压系统

1—螺旋分料变量泵；2—压力切断阀；3—LS阀；4—溢流阀；5—电比例换向阀；
6—压力补偿器；7—左分料马达；8—右分料马达

7.4.4 振捣液压系统

摊铺机振捣系统应具备的功能是对控制器发出的指令作出准确及时的响应，控制振捣频率（即马达转速），并对摊铺的材料进行振捣压实。

图7-150所示为CLG509摊铺机振捣液压系统原理图。该振捣液压系统的原理与行走液压系统一样，均为闭式系统。原理不赘述。

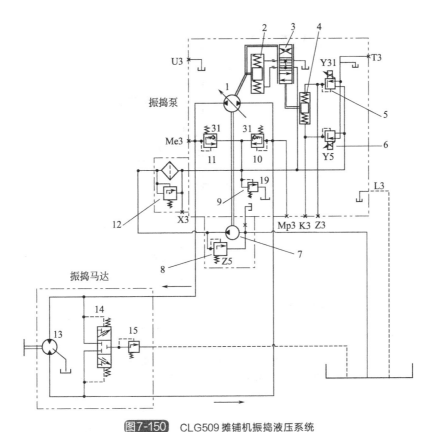

图7-150 CLG509摊铺机振捣液压系统

1—振捣泵；2—泵变量缸；3—伺服滑阀；4—前级伺服缸；5,6—电比例减压阀；7—补油泵；
8,9—溢流阀；10,11—多功能阀；12—旁通阀；13—振捣马达；14—液动换向阀；15—背压阀

7.4.5 振动液压系统

图7-151为CLG509摊铺机的振动液压系统，这是典型的定量系统溢流调速回路。该系统由振动泵（定量泵）1、电比例溢流调速阀2、溢流阀3和振动马达（定量马达）4等元件组成。振动马达转速（即频率）的调节依靠系统中的电比例溢流调速阀，该阀内部的压力补偿阀保证在负载变化时通过调速阀的流量不变化，另外其电比例无级调节的节流阀使得该阀的流量无级可调，即进入振动马达的流量仅与电比例溢流调速阀中节流阀的开度有关，与负载压力无关，达到了振动马达的转速稳定且无级调整的目的，即给电比例溢流调速阀一个电信号，振动马达就有一个稳定的振动频率。

当马达所需流量小于泵的流量时，多余的油液将通过溢流调速阀内部排回油箱。回路中溢流阀3的作用是当负载压力达到调定压力时该阀溢流，防止回路过载。

7.4.6 辅助液压系统

辅助液压系统主要有调平液压系统，大臂油缸系统，料斗开合系统和履带自动张紧系统等，它们都由一个辅助泵（定量泵）供油。这些系统中最为重要的就是调平系统，为了使摊铺的路面质量达到要求，在摊铺过程中必须不时地调整摊铺厚度，因此，摊铺机要随时根据传感器发出的信号，用控制器来控制调平液压系统工作。为了使调平液压系统能够快速、精确地进行调整，系统应该有一个稳定的流量输出，CLG509摊铺机采用了单路稳流阀的稳流支路专为调平液压系统供油，而另外一路输油路供给其他系统。系统原理图如图7-152所示。

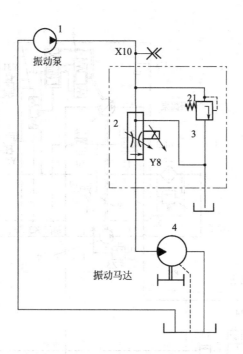

图7-151 CLG509摊铺机振动液压系统

1—振动泵；2—电比例溢流调速阀；3—溢流阀；4—振动马达

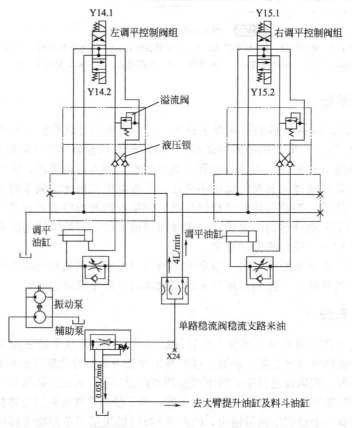

图7-152 CLG509摊铺机调平液压系统

从单路稳流阀稳流支路来的液压油首先进入分流阀，然后将油液分为两路，分别供给左、右调平控制阀组，没有调平信号时这些油回到油箱，调平液压缸在液压锁2的作用下被封闭，没有泄漏，摊铺机牵引大臂保持在某个状态。调平系统工作时，左、右调平控制阀组接到电信号开始动作，单路稳流阀稳流支路来的液压油打开液压锁进入调平液压缸，于是摊铺机牵引大臂开始上、下动作，调整摊铺厚度。

其他系统都比较简单，不再进行分析。

通过对摊铺机液压系统的分解、分析，我们逐步掌握了复杂系统的分析方法。在这里需要特别提醒读者的是，对工况的理解非常重要，因为任何一个系统都是为了满足工况的需要而设计的，不能很好地理解工况，就不可能设计出好的液压系统。

值得一提的是，电控技术的应用使得各种自动控制功能成为可能，例如自动起振，振动和振捣频率与行驶速度关联，熨平板自动加热，温度可控等，只要作业工况需要、提高作业质量并能减轻劳动强度，都可以通过电-液技术实现自动化和智能化控制。

参 考 文 献

[1]   路甬祥. 液压气动技术手册. 北京：机械工业出版，2002.

[2]   贾培起编著. 液压传动. 天津：天津科学技术出版社，1982.

[3]   姜继海，宋锦春，高常识. 液压与气压传动. 北京：高等教育出版社，2009.

[4]   李壮云. 液压元件与系统. 北京：机械工业出版社，1999.

[5]   何存兴. 液压元件. 北京：机械工业出版社，1982.

[6]   官忠范，液压传动系统. 北京：机械工业出版社，2004,

[7]   杨曙东. 液压传动与气压传动. 武汉：华中科技大学出版社，2008.

[8]   黎启柏. 液压元件手册. 北京：冶金工业出版社，机械工业出版社，1999.

[9]   胡燕平，液阻网络系统学. 北京：机械工业出版社，2002.

[10] 罗邦杰. 工程机械液力传动. 北京：机械工业出版社，1991.

[11] 罗邦杰，液力机械传动. 北京：人民交通出版社，2012.

[12] 马文星. 液力传动理论与设计. 北京：化学工业出版社，2004.

[13] 李有义. 液力传动. 哈尔滨：哈尔滨工业大学出版社，2000.

[14] 秦大同，谢里阳. 现代机械设计手册. 北京：化学工业出版社，2013.

[15] 吉林工业大学. 工程机械液压与液力传动. 北京：机械工业出版社，1979.

[16] 王春行. 液压伺服控制系统. 北京：机械工业出版社，1987.

[17] 同济大学、西安冶金建筑学院、哈尔滨建筑工程学院. 工程机械底盘构造与设计. 北京：中国建筑工业出版
      社，1980.